Dyson Quantenfeldtheorie

Freeman Dyson

Dyson Quantenfeldtheorie

Die weltbekannte Einführung
von einem der Väter der QED

Aus dem Englischen übersetzt von Franziska Riedel
und Benedikt Ziebarth

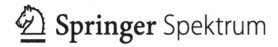 Springer Spektrum

Freeman Dyson
Institute for Advanced Study
Princeton, New Jersey, USA

ISBN 978-3-642-37677-1   ISBN 978-3-642-37678-8 (eBook)
DOI 10.1007/978-3-642-37678-8

Die Deutsche Nationalbibliothek verzeichnet diese Publikation in der Deutschen Nationalbibliografie;
detaillierte bibliografische Daten sind im Internet über http://dnb.d-nb.de abrufbar.

Springer Spektrum

Aus dem Amerikanischen übersetzt von Franziska Riedel und Benedikt Ziebarth. Übersetzung der amerikanischen Ausgabe: Advanced Quantum Mechanics, Second Edition, von Freeman Dyson (translated an
transcribed by David Derbes), erschienen bei World Scientific Publishing Co. Pte. Ltd 2011, Copyright (c)
2011by World Scientific Publishing Co. Pte. Ltd. All rights reserved. This book, or parts thereof, may mot
be reproduced,in any form or by any means, electronic or mechanical, including photocopying, recording
or any information storage and retreival system now known or to be invented, without written permission
from the Publisher. German translation arranged with World Scientific Publishing Co. Pte. Ltd., Singapore.

Planung und Lektorat: Dr. Vera Spillner, Stefanie Adam
Redaktion: Dr. Michael Zillgitt
Einbandentwurf: deblik, Berlin

Gedruckt auf säurefreiem und chlorfrei gebleichtem Papier

Springer Spektrum ist eine Marke von Springer DE.
Springer DE ist Teil der Fachverlagsgruppe Springer Science+Business Media
www.springer-spektrum.de

Vorwort

Freeman Dysons Vorlesungsunterlagen zu „*Advanced Quantum Mechanics*"
haben über Jahre hinweg viele Anhänger gefunden, obwohl sie erst seit kurzer
Zeit offiziell veröffentlicht sind. Es sich könnte bei ihnen durchaus um einen
der erfolgreichsten und begehrtesten Vertreter des *Samizdats* der Physik in
der Moderne handeln.[1]

Die Aufzeichnungen stammen aus einem Kurs für Studenten im Aufbau-
studium, den Dyson im Herbstsemester 1951 an der Cornell University gab.
Der Kurs war in vielerlei Hinsicht etwas Besonderes, nicht zuletzt deshalb,
weil der Dozent – Dyson – nur vier Jahre zuvor zum ersten Mal nach Cornell
gekommen war, als er selbst gerade im ersten Jahr des Aufbaustudiums war.
In kürzester Zeit stieg er in die höchsten Kreise der Physiker auf, die sich
der großen Herausforderung der Quantenfeldtheorie und der in ihr auftretenden problematischen Divergenzen stellten. Er erkannte als Erster, wie man
die unterschiedlichen Ansätze von Sin-itiro Tomonaga, Julian Schwinger und
Richard Feynman zur Renormierung miteinander abgleichen kann. Er führte
ihre Versuche zum Erfolg, indem er zeigte, dass die Renormierung in jeder
Ordnung der Näherung in der Störungsentwicklung funktioniert, also nicht
nur in der niedrigsten. Und, was wahrscheinlich am wichtigsten ist: Er war
der Erste, der viele Physiker die Einzelheiten der neuen Verfahren lehrte.
Obwohl erst Mitte zwanzig, erhielt Dyson bereits eine vollwertige Professur
in Cornell, um sich die Lehrverpflichtungen mit Hans Bethe zu teilen. Weder
Cornells physikalisches Institut noch die Universitätsverwaltung störten sich
an der Kleinigkeit, dass Dyson eigentlich niemals promoviert hatte.[2]

Der in Großbritannien geborene Dyson studierte an der Universität von
Cambridge Mathematik, bevor sein Studium durch den zweiten Weltkrieg
unterbrochen wurde. Während des Krieges nutzte er seine Fähigkeiten, um
im Royal Air Force Bomber Command als Analytiker in der Operational Re-
search Section zu arbeiten. Wenn er die Zeit fand, beschäftigte er sich mit
reiner Mathematik, nicht zuletzt, um „inmitten des Wahnsinns der Bomben-

einsätze bei Verstand zu bleiben".[3] In dieser Zeit entdeckte Dyson Walter Heitlers Buch *The Quantum Theory of Radiation* (1936), das ihm die Augen für die Schönheit und auch die Herausforderungen der Quantenfeldtheorie öffnete. Nachdem er eine Weile mit der Entscheidung rang, wechselte er schließlich von der Mathematik zur Physik. Mithilfe eines Trinity-Stipendiums kehrte er am Ende des Krieges nach Cambridge zurück, um bei dem theoretischen Physiker Nicholas Kemmer zu studieren. Bald jedoch wurde Dyson in Cambridge unruhig: Kemmers Aufmerksamkeit teilte sich auf viele Studenten auf, und diese schienen, zumindest laut Dyson, nicht mit Begeisterung bei der Sache zu sein. Mit der Unterstützung durch ein Commonwealth-Stipendium ging Dyson in die USA, um sein Studium bei Hans Bethe in Cornell fortzuführen. Er kam im September 1947 in Ithaca an.[4]

Das Leben als Student bereitete ihm viel Vergnügen. Sein Zimmer im Studentenwohnheim war „sehr behaglich und gut zum Arbeiten geeignet", versicherte er seinen Eltern, kurz nachdem er eingezogen war. Die Bedingungen schienen genau richtig für ein ernsthaftes Studium: „Es ist nicht für ein geselliges Leben konzipiert, die Regeln sind streng: kein Kochen, kein Alkohol und keine Frauen."[5] Das Essen in der Cafeteria war gut, und seine Kommilitonen waren sogar noch besser. „Ich denke, ich kann viele Dinge schon durch den Umgang mit diesen jungen Menschen lernen", schrieb er nach Hause. „Sie alle sind während der Arbeitszeit recht ruhig, ganz im Gegensatz zu der Cavendish-Schar, entweder, weil sie an echten Problemstellungen arbeiten, oder weil es keine Mädchen in der Nähe gibt."[6] Einen Monat später berichtete er seinen Eltern, dass er ein „stark professionalisiertes Leben" führe, „ohne ein erwähnenswertes Privatleben. Ich wache am Morgen auf und denke über Mesonen und Photonen nach, und dagegen gibt es nicht viel einzuwenden." Nicht, dass er sich beschweren würde. „Zum ersten Mal in meinem Leben denke ich ständig und ohne Anstrengung über Physik nach, und diese Gewohnheit möchte ich lieber festigen, anstatt sie aufzugeben."[7]

Bethe übertrug Dyson eine Aufgabe zum Bearbeiten, und Dyson machte sich rasch ans Werk. Die Aufgabe bestand darin, die Auswirkungen von Quantenfluktuationen eines den Atomkern umgebenden elektromagnetischen Feldes auf die Energieniveaus des Wasserstoffatoms zu berechnen – um damit Bethes eigene Berechnung der Lamb-Verschiebung zu verfeinern. In Bethes erstem Ansatz des Problems hatte er in nicht-relativistischer Näherung gearbeitet und die berühmten Divergenzen eliminiert, indem er die entsprechenden Integrale begrenzte. Dysons Aufgabe war es, eine vergleichbare, aber relativistische Berechnung vorzunehmen, während er an anderen Stellen noch immer vereinfachende Annahmen heranzog. Dyson stürzte sich in die Arbeit und füllte einen großen Stapel Schmierpapier mit seinen Berechnungen. Bethe war beeindruckt und schlug Dyson vor, das Ergebnis zu veröffentlichen.[8]

Bethe ging noch einen Schritt weiter und ermutigte Dyson, noch für ein zweites Jahr in den Vereinigten Staaten zu bleiben, um unter J. Robert Oppenheimer am Institute for Advanced Study in Princeton, New Jersey, zu arbeiten. Dyson war wie berauscht. „All dies zeigt, wie richtig die Entscheidung war, zur Physik zu wechseln", schrieb er aufgeregt nach Hause. Das Institut übte dabei auf ganz eigene Art eine große Versuchung auf ihn aus. „Ich bin nicht immun gegen die allgemeine Krankheit des Berühmtheiten-Jagens", erklärte er seinen Eltern. Die Chance, Koryphäen wie Albert Einstein, Hermann Weyl und John von Neumann an dem renommierten Institut zu treffen, schien zu schön, um wahr zu sein.[9] Nicht schlecht für sein erstes Semester in Cornell.

Immer häufiger fand sich in Dysons Briefen nach Hause ein neuer Name: Richard Feynman. „Er ist der klügste der jungen Theoretiker hier", berichtete Dyson seinen Eltern, „und er ist das erste Exemplar einer seltenen Spezies, das ich treffe, nämlich die des gebürtig amerikanischen Wissenschaftlers."[10] Feynman war seit dem Ende des zweiten Weltkrieges in Cornell gewesen, als Bethe ihn aus Los Alamos abgeworben hatte. In den Jahren seit dem Krieg, während er größtenteils für sich arbeitete, kehrte Feynman zu dem Problem der Divergenzen in der Quantenelektrodynamik zurück. Er hatte begonnen, kleine Linienzeichnungen zu skizzieren, die ihm halfen, sich durch die verschiedenen Terme der Störungsentwicklungen durchzuarbeiten. Sie sollten bald als „Feynman-Diagramme" bekannt werden. Mit ihrer Hilfe und mit vergleichbaren Rechentricks – einschließlich seiner berühmten Methode, die Nenner von Integranden in Integralen zusammenzufassen – bastelte Feynman eine Möglichkeit zurecht, aus den Berechnungen in der Quantenelektrodynamik endliche Zahlenwerte zu gewinnen, ohne auf das plumpe Abschneiden zurückzugreifen, das bisherige Berechnungen beeinträchtigt hatte.[11] Er hatte noch keines seiner neuen Ergebnisse sorgfältig niedergeschrieben. Wie Dyson später seinen Eltern erzählte, „brütete Feynman immer über neuen Ideen, die meisten eher eindrucksvoll als nützlich, und kaum eine reifte sehr lange heran, bevor sie wieder von neuen Inspirationen verdrängt wurde." Dyson verfolgte gebannt dieses Vorgehen: Feynmans „wertvollster Beitrag zur Physik ist seine Rolle als Bewahrer der Einstellung zur Arbeit: Wenn er mit seinem neuesten Geistesblitz in einen Raum stürmt und beginnt, ihn gestikulierend und in schwärmerischem Tonfall darzulegen, dann ist das Leben zumindest nicht langweilig."[12]

Dyson freundete sich mit Feynman an, und beide begannen im Frühling, mehr über Feynmans eigenwilligen Ansatz der Quantenelektrodynamik zu sprechen. Feynmans Methoden – noch immer eher Faustformeln als sorgfältige Herleitungen – schienen Dyson „vollkommen rätselhaft."[13] Im Sommer 1948 fuhren die beiden kreuz und quer durchs Land, und Dyson, der noch immer mit Feynmans Ansatz nicht weiterkam, erhielt hier wichtige Anregungen. Die Reise nahm in den brieflichen Schilderungen an seine Eltern fast olympische Ausmaße an.[14] Gleich danach machte sich Dyson auf nach Ann Arbour, Michigan, um die jährliche Summer School für theoretische Physik zu besuchen. Die Hauptattraktion jenes Sommers war Julian Schwinger. „Gestern ist der großartige Schwinger angekommen, und zum ersten Mal habe ich mit ihm gesprochen", schrieb Dyson begeistert nach Hause. Schwingers eleganter Ansatz der Renormierung – in Stil und Art ganz das Gegenteil zu Feynmans temperamentvollem Gekritzel – machte sofort Eindruck auf Dyson. „Ich denke, in ein paar Monaten haben wir vergessen, wie die Prä-Schwinger-Physik aussah", berichtete er seinen Eltern.[15] Er lauschte jeden Morgen hingerissen den Vorlesungen Schwingers, bevor er den ganzen Nachmittag über eigene Berechnungen anstellte. Er fand ein paar Wege, Schwingers Herleitungen „aufzuräumen" – Einzelheiten, die Dyson in diesem Sommer ein paar ehrenvolle persönliche Gespräche mit Schwinger einbrachten.[16]

Bis zum Ende des Sommers war einiges an Zeit zusammengekommen, in der Dyson direkt von Feynman und Schwinger gelernt hatte, wie jeder der beiden Physiker das Problem der Renormierung anging. Niemand sonst in der Welt hatte eine vergleichbare Erfahrung gemacht. Sogar Feynman und Schwinger gaben zu, dass sie nicht verstanden, was der jeweils andere tat. Während Dyson im Sommer mit dem Bus zurück nach Osten fuhr, verfiel sein müder Geist in „eine Art halber Benommenheit" und er „begann, sehr ausgiebig über Physik nachzudenken, insbesondere über die miteinander konkurrierenden Strahlungstheorien von Schwinger und Feynman." Und dann gab es einen klassischen „Heureka!"-Moment, genauso erhebend wie Archimedes' Erkenntnis der Verdrängung des Wassers, als er gerade in eine Badewanne stieg, oder August Kekulés nächtlicher Traum von der schlangenartigen Struktur des Benzolmoleküls. Dyson schrieb seinen Eltern, was als nächstes geschah:

> Nach und nach wurden meine Gedankengänge klarer und schlüssiger, und bevor ich wusste, wie mir geschah, hatte ich das Problem gelöst, das das ganze Jahr über in meinem Kopf steckte, nämlich den Beweis, dass beide Theorien äquivalent sind. Mehr noch: Da jede der beiden Theorien in bestimmten Details der jeweils anderen überlegen war, lie-

ferte der Beweis nebenbei noch eine neue Form der Schwinger-Theorie,
die die Vorteile beider Theorien miteinander verknüpfte.

Er hatte nun eine Mission. Seine erste Aufgabe, nachdem er am Institute for
Advanced Study eingetroffen war, war es, seine während der Reise zusammengekommenen Eingebungen zu Papier zu bringen.[17]

Dyson schrieb in diesem Herbst am Institut zwei Veröffentlichungen. Die
erste präsentierte Feynmans und Schwingers verschiedene Ansätze und zeigte ihre mathematische Entsprechung – keine geringe Leistung, hatten doch
weder Feynman noch Schwinger bisher „irgendetwas einigermaßen Verständliches zu ihren Theorien" veröffentlicht.[18] Feynman hatte noch nichts von seinem neuen Ansatz in Druck gegeben, und Schwinger hatte bisher über seine
Methoden nur einen kurzen Brief an den Herausgeber der *Physical Review*
geschrieben. (Zu der Zeit, als er den Artikel schrieb, machte sich Dyson auch
mit dem Ansatz der Renormierung von Sin-itiro Tomonaga vertraut, der in
den USA noch nicht sonderlich bekannt war. Tomonagas Methoden waren denen von Schwinger so ähnlich, dass er sie in seinem Artikel zu einem einzigen
„Tomonaga-Schwinger"-Ansatz zusammenfassen konnte, der Feynmans diagrammartigem Ansatz gegenüberstand.) In seiner zweiten Veröffentlichung
– noch länger und komplizierter als die erste – verallgemeinerte Dyson die
bisherigen Theorien der Renormierung auf beliebige Ordnungen in der Störungsentwicklung und zeigte damit zum ersten Mal, dass die Divergenzen,
die die Quantenelektrodynamik so lange geplagt hatten, systematisch und in
sich konsistent entfernt werden können.[19] Zusammen boten die beiden Artikel
Dysons eine Art Rezept oder Anleitung, wie man bei den neuen Berechnungen vorgehen musste. Obwohl Feynman nur wenige Monate später selbst zwei
Artikel über seine neuen Methoden veröffentlichte, wurden Dysons Abhandlungen von 1949 für die nächsten anderthalb Jahrzehnte viel öfter zitiert als
Feynmans.[20]

Nun trat umgehend die Cornell University auf den Plan und berief Dyson
wieder zu sich, lockte ihn also nach Ithaca zurück. Eine seiner ersten Aufgaben war es nun, die Vorlesungen über Quantenelektrodynamik von Feynman
zu übernehmen. Kurz zuvor hatte nämlich das California Institute of Technology Feynman berufen und ihn damit von Cornell abgeworben. Einer von
Dysons Studenten erinnerte sich an dessen Art zu lehren. „Lieber Vater",
begann der Student,

> er [Dyson] ist ein ziemlich guter Dozent. Er hat eine sehr klare und
> einleuchtende Art, obwohl er, zumindest in diesem Kurs [der Kerntheorie] kaum Vorlesungsunterlagen verwendet. Normalerweise verweist er

auf einen Stapel *Physical Reviews*, den er mit in die Vorlesung bringt. Damit kommt er die meiste Zeit aus, da er sich offensichtlich viele Gedanken über die Vorlesung gemacht hat und überhaupt den ganzen Stoff gut beherrscht, aber manchmal kommt er durcheinander. Er gibt sich sehr große Mühe, um sicherzugehen, dass jeder versteht, wovon er spricht, und er ist sehr geduldig, wenn er Dinge im Detail erklärt.

Er ist bei den Studenten sehr beliebt und bemüht sich auch darum, denke ich.[21]

Dyson berichtete damals seinen Eltern, dass er das Lehren „recht vergnüglich" fand „und nicht viel dafür arbeiten" musste.[22]

Mehr noch als die beiden Artikel von 1949 stellten die Mitschriften von Dysons Kurs 1951 in Cornell die detailliertesten, klarsten und aktuellsten Instruktionen dar, um die Quantenfeldtheorie und die Renormierung in Angriff zu nehmen. Bethe, der sich in den vorangegangenen Jahren mit Feynman als Dozent dieses Kurses abgewechselt hatte, bezeichnete Dysons Version schlicht als „das Modell".[23] Bald zeigten sich noch mehr Physiker als nur Bethe beeindruckt. Drei Studenten des Kurses bereiteten eine Vervielfältigung der Mitschriften des Kurses vor, ursprünglich mit der Absicht, sie anderen Teilnehmern zur Verfügung zu stellen. Aber die Kunde von Dysons Kurs verbreitete sich rasch auch außerhalb Ithacas, und bald wollten auch Physiker anderer Universitäten eigene Exemplare der Mitschriften haben. Dieses Echo beeindruckte die Studenten, die bald darauf ein Rundschreiben an Physikinstitute richteten. Sie boten die Kopien für 2,50 Dollar an, um ihre Kosten für Vervielfältigung und Versand zu decken. (Selbst unter Einberechnung der Inflation war das ein Schnäppchen – im Jahre 2011 wären dies weniger als 22 Dollar gewesen und damit weniger als für ein gedrucktes Lehrbuch). Drei Jahre später erstellte ein anderer Cornell-Student, Michael Moravcsik, eine überarbeitete Version der Mitschriften, und auch diese fand weite Verbreitung.[24]

Die Dyson-Mitschriften wurden in den Kursen anderer Institute oft eingesetzt, obwohl bereits einige Bücher zu diesem Thema erschienen waren. Viele dieser Bücher wiederum hielten sich sehr eng an Dysons Darstellungen und verwiesen oftmals auch lobend auf die Mitschriften von 1951. Die Notizen wurden häufig auch für das Selbststudium genutzt. Zahlreiche junge Physiker zitierten die unveröffentlichten Mitschriften in ihren Artikeln und Dissertationen.[25] Der mathematische Physiker Elliot Lieb stellte Mitte der 90er Jahre – fast 50 Jahre, nachdem die Kopien erstmals verbreitet wurden – fest, dass Dysons Vorlesungsunterlagen „in einigen Privatbibliotheken noch immer als lang gehegte Schätze" überdauerten. Ungefähr zur selben Zeit deutete ein älterer Physiker, den ich besuchte, auf die vergilbten Seiten in seinem Regal und nannte sie nur „meine Bibel".[26]

Dysons Vorlesungsmitschriften haben den Test der Zeit bestanden. Obwohl es inzwischen Dutzende von Büchern zur Quantenfeldtheorie und zur Renormierung gibt, können nur wenige mit der Raffinesse von Dysons ursprünglichen Darstellungen mithalten. Danke an David Derbes dafür, dass er die Mitschriften in eine so schöne, moderne Form gebracht hat, und danke an die Herausgeber und Lektoren von World Scientific dafür, dass sie Dysons berühmte Mitschriften so weitreichend zugänglich gemacht haben.

David Kaiser

Germeshausen Professor of the History of Science,
Director, Program in Science, Technology, and Society,
und Senior Lecturer, Department of Physics,
Massachusetts Institute of Technology
dikaiser@mit.edu

25. Juli 2011

Anmerkungen

[1]Dieser kurze Essay stammt hauptsächlich aus meinem Buch: David Kaiser, *Drawing Theories Apart: The Dispersion of Feynman Diagrams in Postwar Physics* (Chicago: University of Chicago Press, 2005), vor allem Kapitel 3. Interessierte Leser sollten auch Silvan S. Schwebers wertvolle Lektüre hinzuziehen: *QED and the Men Who Made It: Dyson, Feynman, Schwinger, and Tomonaga* (Princeton: Princeton University Press, 1994), hier vor allem Kapitel 9. Ich danke Prof. Dyson dafür, dass er mir seine persönliche Korrespondenz zugänglich machte, während ich an *Drawing Theories Apart* arbeitete. Darüber hinaus bin ich den Herausgebern von World Scientific für ihre freundliche Einladung dankbar, etwas zu diesem Buch beizutragen.

[2]Hans Bethe, Lloyd Smith und Robert Wilson an Dean L. S. Cottrell jr., am 27. Oktober 1950, zitiert nach Kaiser, *Drawing Theories Apart*, 71. Siehe auch ebenda, 102.

[3]Freeman Dyson, „Comments on selected papers", in *Selected Papers of Freeman Dyson with Commentary*, Hrsg. Freeman Dyson (Providence: American Mathematical Society, 1996), 2–49, insbes. 6. Siehe auch Dyson, „Reflections: The sell-out", *The New Yorker* 46 (21. Februar 1970) 44–59.

[4]Schweber, *QED and the Men Who Made It*, 490–493; Kaiser, *Drawing Theories Apart*, 66. Vgl. Walter Heitler, *The Quantum Theory of Radiation* (Oxford: Clarendon, 1936).

[5]Freeman Dyson an seine Eltern, 20. September 1947, zitiert nach Kaiser, *Drawing Theories Apart*, 67. Dieser Brief ist, wie auch die anderen hier zitierten Briefe, im Besitz von Prof. Dyson am Institute for Advanced Study in Princeton, New Jersey.

[6]Dyson an seine Eltern, 25. September 1947, zitiert nach Kaiser, *Drawing Theories Apart*, 67.

[7]Dyson an seine Eltern, 29. Oktober 1947, zitiert nach Kaiser, *Drawing Theories Apart*, 68.

[8]Dyson, „The electromagnetic shift of energy levels", *Phys. Rev.* 73 (1948) 617–626. Bei den vereinfachenden Annahmen zu seinen Berechnungen ignorierte Dyson den Spin des Elektrons und nutzte, wie Bethe, explizite Cut-Offs, um divergente Integrale in eine endliche Form zu zwingen. Vgl. H. A.

Bethe, „The electromagnetic shift of energy levels", *Phys. Rev.* 72 (1947) 339–341.

[9]Dyson an seine Eltern, 7. Dezember 1947 und 14. Dezember 1947, zitiert nach Kaiser, *Drawing Theories Apart*, 71.

[10]Dyson an seine Eltern, 19. November 1947, zitiert nach Kaiser, *Drawing Theories Apart*, 71–72.

[11]Siehe z. B. Schweber, *QED and the Men Who Made It*, Kap. 8; Kaiser, *Drawing Theories Apart*, Kap. 2 und 5; Lawrence M. Krauss, *Quantum Man: Richard Feynman's Life in Science* (New York: W. W. Norton, 2011), Kap. 9–10.

[12]Dyson an seine Eltern, 19. November 1947, zitiert nach Kaiser, *Drawing Theories Apart*, 72.

[13]Dyson, „Comments on selected papers", 12.

[14]Dyson an seine Eltern, 25. Juni und 2. Juli 1948; und Kaiser, *Drawing Theories Apart*, 72–73.

[15]Dyson an seine Eltern, 22. Juli 1948; zitiert nach Kaiser, *Drawing Theories Apart*, 73.

[16]Dyson an seine Eltern, 8. August 1948, zitiert nach Kaiser, *Drawing Theories Apart*, 73.

[17]Dyson an seine Eltern, 14. September 1948, zitiert nach Kaiser, *Drawing Theories Apart*, 74.

[18]Dyson an seine Eltern, 30. September 1948, zitiert nach Kaiser, *Drawing Theories Apart*, 75.

[19]F. J. Dyson, „The radiation theories of Tomonaga, Schwinger, and Feynman", *Phys. Rev.* 75 (1949) 486–502; Dyson, „The S matrix in quantum electrodynamics", *Phys. Rev.* 75 (1949) 1736–1755.

[20]R. P. Feynman, „The theory of positrons", *Phys. Rev.* 76 (1949) 749–759; Feynman, „Space-time approach to quantum electrodynamics", *Phys. Rev.* 76 (1949) 769–789. Zu Zitiermustern siehe Kaiser, *Drawing Theories Apart*, 81.

[21][Robert W. Birge?] an Raymond T. Birge, 18. Mai 1952, zitiert nach Kaiser, *Drawing Theories Apart*, 82.

[22]Dyson an seine Eltern, 29. Februar 1952, zitiert nach Kaiser, *Drawing Theories Apart*, 82.

[23]Hans A. Bethe an Aage Bohr, 13. März 1953, zitiert nach Kaiser, *Drawing Theories Apart*, 82.

[24]Kaiser, *Drawing Theories Apart*, 82–83.

[25]Kaiser, *Drawing Theories Apart*, 82–83, 104–108.

[26]Elliot Lieb, „Foreword", in Dyson, *Selected Papers*, xi–xii, insbes. xi; Henry P. Stapp, Interview mit dem Autor, 21. August 1998 in Berkeley, zitiert nach Kaiser, *Drawing Theories Apart*, 82–83.

Kommentar zur zweiten Auflage

Kaum ein Jahr, nachdem World Scientific die *Advanced Quantum Mechanics* auf den Markt gebracht hatte, schrieb mir Prof. Dyson, dass er auf einige seiner Vorlesungsunterlagen zur Summer School von 1954 in Les Houches gestoßen war. Diese sollten als Ergänzung zu den Mitschriften der *Advanced Quantum Mechanics* dienen, vielleicht der Neuauflage angehängt werden. Ich bat ihn um eine Kopie, die er mir auch zusandte. Die Seiten waren stellenweise etwas unverständlich, weshalb ich mit Prof. Cécile DeWitt-Morette Kontakt aufnahm, die die Begründerin und für die meiste Zeit des Bestehens die Leiterin der Summer School von Les Houches war. Ich hegte dabei die Hoffnung, dass sie noch andere Unterlagen zur Summer School besaß[1].

Prof. DeWitt-Morette besaß eine eingescannte Version und sandte mir auf meine Anfrage eine etwas längere pdf-Datei, die Unterlagen von nicht nur einer, sondern gleich drei von Prof. Dysons Vorlesungen enthielt, zusammen mit vielen Seiten Vorlesungsmaterial, das im Sommer von ihrem Mann, Prof. Bryce S. DeWitt, beigesteuert wurde. Ich leitete es an Prof. Dyson weiter, der viele Jahre lang keine Aufzeichnungen über seine letzten beiden Vorlesungen gesehen hatte. Ich versprach ihm, auch diese Ergänzungen irgendwann abzutippen. Ein Jahr oder etwas mehr verging. Bob Jantzen, der beim Veröffentlichen der Originalunterlagen auf der Website arXiv.org unentbehrlich gewesen war, erzählte mir, dass Prof. Dyson im Oktober 2010 anlässlich des 100. Geburtstags von Chandrasekhar einen Vortrag an der University of Chicago halten würde[2]. Die Veranstaltung fand im International House statt, nur zehn Minuten Fußweg von meinem Haus entfernt. Ich stellte mich Prof. Dyson kurz vor dem Vortrag vor und entschuldigte mich dafür,

---

[1]Siehe dazu auch Freeman Dyson, *From Eros to Gaia*, S. 332–334.
[2]Freeman Dyson, „Chandrasekhar's Role in 20th-Century Science", *Physics Today* **63** (2010) 44–48.

dass ich die Unterlagen zur Les Houches Summer School noch nicht abgetippt hatte. Wir unterhielten uns, und er schilderte, wie er nach seiner berühmten Busfahrt nach Osten[3] einige Tage in Chicago verbracht hatte und von dem berühmten Mathematiker André Weil in der Gegend und an der Universität herumgeführt worden war. Sie waren stundenlang unterwegs und hatten viel zu erzählen, eine der besten Arten, Bedeutendes entstehen zu lassen. Dyson war entzückt gewesen, aber auch ein wenig verwundert, dass ein so berühmter Wissenschaftler ihm, einem jungen und relativ unbekannten Mann, seine Zeit widmete und ihm einen so großzügigen Empfang bereitete. Wo waren Sie untergebracht, fragte ich ihn, und wo hatten Sie begonnen, Ihre Ergebnisse aufzuschreiben? In genau diesem Gebäude, antwortete er, dem International House.

Im Dezember schrieb mir Kellye Curtis von World Scientific und fragte mich, wie es mit einer Neuauflage stünde. Ich erzählte ihr von den Unterlagen von Les Houches und von meinem Versprechen gegenüber Prof. Dyson. Sie fragte auch ihn, und er war einverstanden mit einer Neuauflage, in die die Unterlagen von Les Houches einbezogen werden sollten. Und hier liegt nun das Ergebnis vor. Ich möchte mich bei Dr. Curtis für ihre harte Arbeit bedanken. Es war traumhaft, mit ihr als Physikerin wie auch als Lektorin zusammenzuarbeiten.

Zusätzlich zu der wertvollen Hilfe von Prof. DeWitt-Morette gab es noch einige andere, ohne deren Unterstützung das Projekt kaum möglich gewesen wäre. Die letzte Vorlesung, über Renormierung, war besonders schwer umzusetzen. Die Notizen lagen auf Französisch vor, einer Sprache, die ich teilweise als Kind in New Orleans gelernt und hin und wieder durch zumeist erfolglose Schulkurse aufgefrischt hatte. Zudem war die Problematik selbst um einiges herausfordernder als das vorherige Material, und ich konnte nicht immer klar erkennen, wo vielleicht Fehler im Manuskript vorlagen. Um hier meine Defizite auszugleichen, wandte ich mich an einen früheren Kommilitonen an der Lab School, Matthew Headrick, einen theoretischen Physiker, der nun an der Brandeis University arbeitete. Matthew, der in Gabun für das Peace Corps zwei Jahre lang Mathematik und Naturwissenschaften unterrichtet hatte, verstand von beidem, Physik und Französisch, sehr viel mehr als ich. (Ich mag dafür vielleicht der bessere Schreiber sein.) Er korrigierte verschiedene Fehler (sprachliche und physikalische) und besserte einige verunglückte Stellen aus, wofür ich ihm sehr dankbar bin. Er merkte an, dass es recht interessant sei, wie wenig sich die Herangehensweise an die Renormierung in den vielen Jahrzehnten zwischen Prof. Dysons Version und

---

[3]Freeman Dyson, *Disturbing the Universe*, S. 66–68.

der, die er von Sidney Coleman in Harvard gelernt hatte, verändert hatte. Schließlich musste noch die Erlaubnis für die Verwendung der französischen Aufzeichnungen von denen eingeholt werden, die sie einst niedergeschrieben hatten: Jean Lascoux und Jacques Mandelbrojt. Prof. Mandelbrojt wurde von World Scientific kontaktiert und gab mit Vergnügen (und in lupenreinem Englisch) sein Einverständnis zur Einarbeitung des Materials. Leider war Prof. Lascoux bereits verstorben, doch Henri Epstein, einer seiner Kollegen, gab uns die Adresse seiner Witwe, Mme. Françoise Lascoux. Steven Farver, ein Französischlehrer an den Lab Schools (und bei weitem der gewitzteste Lab-School-Lehrer), übersetzte meinen Brief an Mme. Lascoux in elegantes Französisch. Mme. Lascoux antwortete freundlich und erklärte sich einverstanden. Sie fügte hinzu, dass sie hoffte, es würde helfen, das Andenken ihres Mannes Jean zu bewahren. Ich teile ihre Hoffnung und danke ihr für ihr Entgegenkommen. Zum Schluss sei erwähnt, dass die Feynman-Diagramme zum größten Teil mit Pierre Chateliers großartigem *LaTeXiT* unter Verwendung des **feynmf**-Package von Thorsten Ohl gezeichnet wurden. Gelegentlich wurde auch der Adobe *Illustrator* genutzt, um einzelne Teile besonders komplizierter Diagramme zusammenzufügen. Es wäre schwierig gewesen, dies nur mit dem *Illustrator* allein zu machen.

Wieder bin ich Prof. Dyson überaus dankbar, dass er zugestimmt hat, den Erlös des Verkaufs der neuen Auflage weiterhin der New Orleans Public Library zukommen zu lassen, wie es auch bei der Auflage davor der Fall war. In den letzten fünf Jahren hat sich schon viel in New Orleans getan, aber es gibt noch immer viel zu tun.

David Derbes

The Laboratory Schools
The University of Chicago
loki@uchicago.edu

2. September 2011

Kommentar zur ersten Auflage

Sowohl Kaisers wunderbares *Drawing Theories Apart* [8] als auch Schwebers meisterliches *QED and the Men Who Made It* [7] erwähnen häufig den berühmten Kurs über Quantenelektrodynamik, den Freeman Dyson 1951 an der Cornell University gab. Vor zwei Generationen verteilten Studenten (und ihre Professoren), die die neuen Verfahren der Quantenelektrodynamik lernen wollten, Kopien der Mitschriften von Dysons Kurs in Cornell, die damals beste und ausführlichste Aufbereitung der Problematik. Einige Jahre später erschienen Fachbücher, so beispielsweise von Jauch und Rohrlich [25] und von Schweber [6], doch das Interesse an den Dyson-Mitschriften verschwand niemals ganz. Der bekannte Theoretiker E. T. Jaynes schrieb 1984 in einem unveröffentlichten Artikel [26] zu Dysons autobiografischem Werk *Disturbing the Universe*:

> Aber die Notizen zu Dysons Kurs in Cornell von 1951 über Quantenelektrodynamik waren das Fundament sämtlicher Lehrveranstaltungen, die ich seitdem gegeben habe. Für eine ganze Generation von Physikern waren sie das ideale Hilfsmittel: klarer und fundierter begründet als bei Feynman und schneller zum Punkt kommend als bei Schwinger. Keines der Lehrbücher, die bisher dazu erschienen sind, machte sie überflüssig. Das war natürlich auch zu erwarten, ist doch Dyson wahrscheinlich bis zum heutigen Tag bestens als derjenige bekannt, der als Erster die Einheitlichkeit der Ansätze von Schwinger und Feynman erklärte.

Als Student an Nicholas Kemmers Institut für theoretische Physik (in Edinburgh, Schottland) hatte ich nebenbei von Dysons Vorlesung gehört (entweder von Kemmer oder von meinem Doktorvater, Peter Higgs) und seine klassischen Veröffentlichungen [27], [28] in Schwingers Sammlung [4] gelesen. Mir ist nie in den Sinn gekommen, Kemmer nach einem Exemplar der Dyson-Mitschriften zu fragen, von denen er mit Sicherheit eines besaß.

Mein Interesse daran erwachte dreißig Jahre später wieder, durch die Bücher von Kaiser und Schweber. Binnen weniger Minuten hatte mich Google zu einer eingescannten Fassung der Mitschriften [29] des Dibner Archive (History of Recent Science & Technology) am MIT geleitet, betreut von Karl Hall, einem Historiker der Central European University in Budapest, Ungarn. Er hatte von Dyson die Erlaubnis erhalten, Scans der Cornell-Notizen ins Netz zu stellen. Aufgrund der Bemühungen von Hall, Schweber und Babak Ashrafi konnten sie im Dibner Archive hochgeladen werden. Um ein Exemplar in Papierform zu erhalten, müsste man allerdings fast zweihundert Bilder herunterladen, was Zeit und auch Speicherplatz erfordern würde. Gab es eine Textfassung? Hatte irgendjemand die Mitschriften neu abgetippt? Hall wusste es nicht, und auch die weitere Suche brachte keine Ergebnisse. Ich meldete mich freiwillig für diese Aufgabe. Hall hielt dies für ein sinnvolles Unterfangen, ebenso Dyson, der mir eine Ausgabe der zweiten Fassung zuschickte, derjenigen, die von Michael J. Moravcsik überarbeitet worden war (dieses Exemplar gehörte ursprünglich Sam Schweber). Dyson schlug vor, die zweite Fassung abzutippen, nicht die erste. Beinahe alles, was beide Versionen voneinander unterscheidet, sind Randbemerkungen Moravcsiks zu vielen Berechnungen; im eigentlichen Text gibt es keine wesentlichen Unterschiede, und abgesehen von Tippfehlern sind alle nummerierten Gleichungen identisch.

Zwischen dieser geschriebenen Version und Moravcsiks zweiter Fassung gibt es nur wenige Unterschiede, und diese sind alle in den beigefügten Hinweisen vermerkt[4]. (Außerdem habe ich Quellen und ein Stichwortverzeichnis ergänzt.) Etwa die Hälfte bezog sich auf die Korrektur von Schreibfehlern. Fehlende Wörter oder Sätze wurden anhand des Vergleichs mit der ersten Fassung wieder eingefügt, und sehr selten wurde auch mal ein Wort oder eine Formulierung herausgestrichen. Ein paar Änderungen wurden in der Notation vorgenommen. Zwischenschritte zwischen zwei Berechnungen wurden korrigiert, am Ergebnis jedoch nichts geändert. Einige Anmerkungen verweisen nun auf Bücher oder Artikel. Ohne Zweifel sind aber auch neue Fehler entstanden. Hinweise diesbezüglich sind immer willkommen! Junge Physiker werden ihnen bekannte Ausdrücke und Schreibweisen erwarten, die mitunter anders als die von 1951 sind, während sich Historiker *keine* Änderungen wünschen. Es war nicht leicht, hier einen guten Kompromiss zu finden.

Bevor ich mit diesem Projekt begann, kannte ich LaTeX kaum. Mein Freund (und Kommilitone aus Princeton 1974) Robert Jantzen war mir eine große Hilfe und stand mir sehr großzügig mit Zeit und seinem enormen Wissen über LaTeX zur Seite. Danke, Bob. Danke auch an Richard Koch, Gerben

---

[4]A.d.Ü.: Diese Hinweise sind nicht in die deutsche Fassung übernommen worden

Wierda und ihre Kollegen, die LATEX auf einem Macintosh so leicht bedienbar gemacht haben. George Grätzers Buch *Math into LATEX* lag niemals weit von der Tastatur entfernt. Jeder, der wissenschaftliche oder technische Inhalte eintippen möchte, sollte LATEX kennen.

Dieses Projekt wäre ohne die Zustimmung von Prof. Dyson und den Mühen der Professoren Hall, Schweber und Ashrafi, die die Mitschriften zugänglich gemacht haben, nicht möglich gewesen. Ich danke Prof. Hall für seine stete Unterstützung während der unzähligen Stunden des Schreibens. Ich danke Prof. Dyson – zum Einen für seine freundliche Mithilfe und zum Anderen für die Erlaubnis, dass man seine wundervolle Vorlesung nun leichter erhalten, mit Freude lesen und für viele Jahre großen Nutzen aus ihr ziehen kann.

Ursprünglich sollte die abgetippte Version als Ergänzung zu Karl Halls eingescannten Seiten auf der Dibner-Webseite dienen. Bob Jantzen, ein in der relativistischen Physik tätiger Forscher, bestand darauf, es auch auf der Website arXiv.org für physikalische Vorveröffentlichungen in elektronischer Form zur Verfügung zu stellen, was nach harten Bemühungen seinerseits schließlich auch möglich war. Wenige Wochen später trat das fleißige und aufmerksame Team von World Scientific[5] mit Prof. Dyson in Kontakt und bat ihn um die Erlaubnis, seine Mitschriften zu veröffentlichen. Er war damit einverstanden, sagte ihnen jedoch, sie sollten zuvor mit mir darüber sprechen. Ich war hocherfreut, konnte jedoch nicht guten Gewissens Profit aus der Arbeit von Prof. Dyson ziehen. So schlug ich vor, dass mein Anteil der New Orleans Public Library zugute kommt, die nach der Zerstörung durch den Hurrikan Katrina um eine Wiedereröffnung ringt. Prof. Dyson stimmte dem sofort zu. Ich bin ihm sehr dankbar, dass er sich auf diese Art am Wiederaufbau meiner Heimatstadt beteiligt.

David Derbes

The Laboratory Schools
The University of Chicago
loki@uchicago.edu

11. Juli 2006

---

[5]World Scientific möchte Professor Freeman Dyson und Dr. David Derbes für dieses großartige Manuskript danken.

Allgemeine Schreibweise

A^* = konjugiert komplex und transponiert (hermitesch konjugiert)

A^+ = konjugiert komplex (nicht transponiert)

$\bar{A}$ = $A^*\beta = A^*\gamma_4$ = adjungiert

A^{-1} = invers

A^{T} = transponiert

$\mathbb{I}$ = Einheitsmatrix oder -operator

$\operatorname{Sp} A$ = Spur der Matrix A (Summe der Elemente der Diagonalen)

$\not{a}$ = $\sum_\mu a_\mu \gamma_\mu$ (Diese Schrägstrichnotation wird auch „Feynman-Dagger" genannt.)

Inhaltsverzeichnis

Kapitel 1

Einführung

1.1 Literatur

W. Pauli, „*Die Allgemeinen Principien der Wellenmechanik*"; *Handbuch der Physik*, 2. Aufl., Bd. 24, Teil 1; Edwards reprint, Ann Arbor 1947 [1].

W. Heitler, *Quantum Theory of Radiation*, 2nd Edition, Oxford. 3rd Edition vor Kurzem veröffentlicht [2].

G. Wentzel, *Introduction to the Quantum Theory of Wave-Fields*, Interscience, N.Y. 1949 [3].

Ich gehe nicht davon aus, dass Sie eines der Bücher gelesen haben, aber ich beziehe mich auf sie, während wir voranschreiten. Der spätere Teil des Kurses wird neuer Stoff sein, der hauptsächlich den Veröffentlichungen von Feynman und Schwinger entnommen ist [4], [5], [6], [7], [8].

1.2 Gegenstand

Sie haben bereits einen vollständigen Kurs zur nicht-relativistischen Quantentheorie absolviert. Das entsprechende Wissen setze ich voraus. Alle allgemeinen Prinzipien der nicht-relativistischen Theorie sind weiterhin gültig und für alle Bedingungen wahr, insbesondere auch dann, wenn das System relativistisch ist. Was Sie gelernt haben, ist demnach noch immer anwendbar.

Sie haben auch Kurse zur klassischen Mechanik und zur Elektrodynamik samt spezieller Relativitätstheorie absolviert. Sie wissen, was mit einem relativistischen System gemeint ist; die Bewegungsgleichungen sind formal invariant gegenüber der Lorentz-Transformation. Die allgemeine Relativitätstheorie werden wir nicht behandeln.

F. Dyson, *Dyson Quantenfeldtheorie*,
DOI 10.1007/978-3-642-37678-8_1, © Springer-Verlag Berlin Heidelberg 2014

Dieser Kurs beschäftigt sich mit der Entwicklung einer *Lorentz-invarianten Quantentheorie*. Das ist keine allgemein dynamische Methode wie die nicht-relativistische Quantentheorie, die man auf alle Systeme anwenden kann. Wir können noch keine allgemeine Methode dieser Art entwickeln, und wahrscheinlich ist das auch nicht möglich. Stattdessen müssen wir herausfinden, welche Systeme und Bewegungsgleichungen mit der nicht-relativistischen Quantendynamik beschrieben werden können und gleichzeitig Lorentz-invariant sind.

In der nicht-relativistischen Theorie stellte sich heraus, dass fast jedes klassische System behandelbar, d. h. quantisierbar ist. Aber nun sehen wir im Gegenteil, dass es nur sehr wenige Möglichkeiten für ein relativistisches quantisierbares System gibt. Das ist eine sehr wichtige Tatsache. Sie bedeutet, dass es allein mit der Anfangskonstellation von Relativität und Quantisierbarkeit nur für sehr spezielle Arten von Objekten mathematisch überhaupt möglich ist, zu existieren. Somit kann man also einige sehr wichtige Aspekte der Realität mathematisch *vorhersagen*. Die wichtigsten Beispiele hierfür finden sich bei:

(i) Dirac, der aus Studien über das Elektron die Existenz des Positrons vorhersagte, das später entdeckt wurde [9];

(ii) Yukawa, der aus den Studien über die Kernkräfte die Existenz des Mesons vorhersagte, das später entdeckt wurde [10].

Diese beiden Beispiele sind Spezialfälle des allgemeinen Prinzips, das dem fundamentalen Erfolg der relativistischen Quantentheorie zugrunde liegt, nämlich dass *eine relativistische Quantentheorie mit einer endlichen Zahl von Teilchen unmöglich ist*. Eine relativistische Quantentheorie bedarf notwendigerweise folgender Merkmale: Eine unendliche Anzahl an Teilchen einer oder mehrerer Arten muss vorhanden sein, wobei die Teilchen jedes Typs identisch und ununterscheidbar sind, und es muss die Möglichkeit zur Teilchenerzeugung und -vernichtung bestehen.

Demzufolge führt uns die Kombination aus den Grundsätzen der Relativitäts- und der Quantentheorie zu einer Welt, die aus verschiedenen Arten fundamentaler Teilchen aufgebaut ist, was uns darauf vertrauen lässt, dass wir auf dem richtigen Weg sind, die reale Welt zu verstehen. Zusätzlich ergeben sich einige detaillierte Eigenschaften der beobachteten Teilchen als notwendige Konsequenzen aus der allgemeinen Theorie. Das sind zum Beispiel:

(i) das magnetische Moment des Elektrons (Dirac) [9],

(ii) die Relation zwischen Spin und Statistik (Pauli) [11].

1.3 Der Ablauf dieses Kurses

Wir werden nicht auf direktem Weg eine exakte Theorie entwickeln, die viele Teilchen zum Bestand hat. Stattdessen werden wir der historischen Entwicklung folgen. Wir werden versuchen, eine relativistische Quantentheorie für *ein* Teilchen aufzustellen, und ausprobieren, wie weit wir kommen und wann wir auf Schwierigkeiten stoßen. Dann werden wir herausfinden, wie wir die Theorie ändern können, und werden die Schwierigkeiten überbrücken, indem wir viele Teilchen einführen. Übrigens sind die Ein-Teilchen-Theorien recht nützlich, da sie in vielen Situationen, in denen die Erzeugung von neuen Teilchen nicht auftritt und etwas Besseres als eine nicht-relativistische Abschätzung benötigt wird, zufriedenstellend genau sind. Ein Beispiel stellt die Dirac-Theorie des Wasserstoffatoms dar.

Die nicht-relativistische Theorie gibt die Niveaus korrekt wieder, jedoch ohne die Feinstruktur (mit einer Genauigkeit von einem Zehntausendstel). Die Ein-Teilchen-Theorie von Dirac gibt alle Hauptcharakteristiken der Feinstruktur korrekt wieder, wobei die Anzahl von Niveaus und Aufspaltungen bestenfalls auf 10 % genau ist (Genauigkeit bis auf ein Hunderttausendstel).

Die Viel-Teilchen-Theorie von Dirac spiegelt die Feinstruktur-Aufspaltungen (Lamb-Experiment) mit einer Genauigkeit von einem Zehntausendstel wider (Genauigkeit insgesamt von 10^{-8}).

Für eine höhere Genauigkeit als 10^{-8} ist sogar die Dirac'sche Viel-Teilchen-Theorie wahrscheinlich nicht ausreichend, und man müsste alle Arten von Meson-Effekten berücksichtigen, die bisher noch nicht auf korrekte Weise behandelt wurden. Die Experimente sind bisher nur zu etwa 10^{-8} genau.

In diesem Kurs werde ich zunächst die Ein-Teilchen-Theorien im Detail behandeln. Danach werde ich etwas über ihren Niedergang sagen. An diesem Punkt werde ich neu beginnen und besprechen, wie man mittels der neuen Methoden von Feynman und Schwinger eine relativistische Quantentheorie im Allgemeinen entwickelt. Von hier an werden wir an die Viel-Teilchen-Theorien herangeführt. Ich werde die allgemeinen Eigenschaften dieser Theorien besprechen. Dann werde ich mir das spezielle Beispiel der Quantenelektrodynamik vornehmen und damit, so weit wie ich komme, voranschreiten, bis der Kurs den Abschluss erreicht.

1.4 Ein-Teilchen-Theorien

Der einfachste Fall ist der eines Teilchens, auf das keine Kräfte wirken. Hier lehrt uns die Wellenmechanik, die Gleichung $E = \frac{1}{2m}p^2$ der klassischen Mechanik zu verwenden und zu schreiben:

$$E \to i\hbar\frac{\partial}{\partial t} \qquad p_x \to -i\hbar\frac{\partial}{\partial x} \qquad (1)$$

um die Wellengleichung

$$i\hbar\frac{\partial}{\partial t}\psi = -\frac{\hbar^2}{2m}\left(\frac{\partial^2}{\partial x^2} + \frac{\partial^2}{\partial y^2} + \frac{\partial^2}{\partial z^2}\right)\psi = -\frac{\hbar^2}{2m}\nabla^2\psi \qquad (2)$$

zu erhalten, die von der Funktion ψ erfüllt wird.

Um der Funktion ψ eine physikalische Bedeutung zu verleihen, legen wir $\rho = \psi^*\psi$ als Wahrscheinlichkeit fest, das Teilchen am Punkt x, y, z zu einer bestimmten Zeit t zu finden. Die Wahrscheinlichkeit bleibt erhalten, da

$$\frac{\partial\rho}{\partial t} + \nabla \cdot \vec{j} = 0 \qquad (3)$$

gilt, mit

$$\vec{j} = \frac{\hbar}{2mi}(\psi^*\nabla\psi - \psi\nabla\psi^*) \qquad (4)$$

und darin mit ψ^* als der zu ψ konjugiert komplexen Funktion.

Nun zum relativistischen Weg. Klassisch gilt

$$E^2 = m^2c^4 + c^2p^2 \qquad (5)$$

wodurch wir die Wellengleichung

$$\frac{1}{c^2}\frac{\partial^2}{\partial t^2}\psi = \nabla^2\psi - \frac{m^2c^2}{\hbar^2}\psi \qquad (6)$$

erhalten.

Das ist die historisch bedeutsame Klein-Gordon-Gleichung. Schrödinger versuchte schon 1926, eine relativistische Quantentheorie daraus zu machen. Aber es gelang ihm nicht, so wie vielen Anderen auch nicht, bis Pauli und Weißkopf 1934 die Viel-Teilchen-Theorie fanden [12].

Warum gelang es nicht? – Weil wir zum Interpretieren der Wellenfunktion als Wahrscheinlichkeit eine Kontinuitätsgleichung benötigen. Diese erhalten wir nur aus der Wellengleichung, wenn wir $\vec{j}$ wie zuvor definieren und ansetzen:

$$\rho = \frac{i\hbar}{2mc^2}\left(\psi^*\frac{\partial\psi}{\partial t} - \frac{\partial\psi^*}{\partial t}\psi\right) \qquad (7)$$

Aber das ist eine Gleichung zweiter Ordnung, und ψ sowie $\partial\psi/\partial t$ sind frei wählbar. Dadurch ist ρ nicht zwangsläufig positiv, und es treten *negative*

Wahrscheinlichkeiten auf. Das verhinderte alle Versuche, eine sinnvolle Ein-Teilchen-Theorie aufzustellen.

Jedoch kann die Theorie recht einfach konzipiert werden, wenn wir ψ einer Ansammlung von Teilchen mit sowohl positiver als auch negativer Ladung zuweisen und ρ als *Netto*-Ladungsdichte an jedem Punkt verstehen. Eben dies taten Pauli und Weißkopf, und die sich daraus ergebende Theorie ist gültig für π-Mesonen, also Mesonen, wie sie in einem Synchrotron erzeugt werden. Darüber werde ich später mehr erzählen.

Kapitel 2

Die Dirac-Theorie

2.1 Die Form der Dirac-Gleichung

Historisch betrachtet kam vor der relativistischen Quantentheorie die Ein-Teilchen-Theorie von Dirac. Diese war beim Beschreiben des Elektrons so erfolgreich, dass sie über viele Jahre hinweg die einzige angesehene relativistische Quantentheorie war. Und die Schwierigkeiten, die sie mit sich brachte, waren weitaus weniger offensichtlich als die der Ein-Teilchen-Theorie von Klein-Gordon.

Dirac nahm an, ein Teilchen könne in verschiedenen bestimmten Zuständen mit dem gleichen Impuls (und verschiedenen Spinrichtungen) existieren. Dann müsste die Wellenfunktion ψ, die die Beziehung (6) erfüllt, verschiedene *Komponenten* aufweisen; sie wäre dann kein Skalar, sondern eine Menge von Zahlen, von denen jede einer Wahrscheinlichkeitsamplitude entspräche, das Teilchen an einem bestimmten Ort in einem bestimmten Subzustand vorzufinden. Somit schreiben wir ψ als eine einspaltige Matrix

$$\psi = \begin{bmatrix} \psi_1 \\ \psi_2 \\ \cdot \\ \cdot \\ \cdot \end{bmatrix} \qquad \text{mit den Komponenten } \psi_\alpha \qquad \alpha = 1, 2, \ldots$$

Dirac nahm an, dass die Wahrscheinlichkeitsdichte an jedem Punkt durch

$$\rho = \sum_\alpha \psi_\alpha^* \psi_\alpha \tag{8}$$

F. Dyson, *Dyson Quantenfeldtheorie*,
DOI 10.1007/978-3-642-37678-8_2, © Springer-Verlag Berlin Heidelberg 2014

bestimmt sei, was wir – wie in der nicht-relativistischen Theorie – als

$$\rho = \psi^* \psi$$

schreiben. Hierbei ist ψ^* eine ein*zeilige* Matrix:

$$[\psi_1^*, \psi_2^*, \ldots]$$

Dabei muss (3) noch immer erfüllt sein. Somit muss ψ eine Wellengleichung *erster Ordnung* in t erfüllen. Da jedoch die Gleichungen relativistisch sind, muss die Gleichung ebenfalls erster Ordnung in x, y, z sein. Folglich lautet die allgemeinste mögliche Wellengleichung

$$\frac{1}{c}\frac{\partial \psi}{\partial t} + \sum_1^3 \alpha^k \frac{\partial \psi}{\partial x_k} + i\frac{mc}{\hbar}\beta\psi = 0 \tag{9}$$

wobei x_1, x_2, x_3 anstelle von x, y, z geschrieben werden und α^1, α^2, α^3, β quadratische Matrizen sind, deren Elemente Zahlen sind. Bildet man von (9) das komplex Konjugierte, so erhält man

$$\frac{1}{c}\frac{\partial \psi^*}{\partial t} + \sum_1^3 \frac{\partial \psi^*}{\partial x_k}\alpha^{k*} - i\frac{mc}{\hbar}\psi^*\beta^* = 0 \tag{10}$$

mit α^{k*} und β^* als hermitesch Konjugierten.

Um nun (3) aus (8), (9) und (10) zu erhalten, muss $\alpha^{k*} = \alpha^k$ und $\beta^* = \beta$ gelten. Demnach sind α^k und β *hermitesch*, und es ist

$$j_k = c(\psi^* \alpha^k \psi) \tag{11}$$

Was fordern wir als Nächstes von Gleichung (9)? Zwei Dinge. (A) Sie muss mit (6), der Gleichung zweiter Ordnung, mit der wir begonnen haben, konsistent sein. (B) Die gesamte Theorie muss Lorentz-invariant sein.

Lassen Sie uns zuerst (A) betrachten. Wenn (9) mit (6) konsistent ist, muss es möglich sein, exakt Gleichung (6) zu erhalten, indem wir (9) mit dem Operator

$$\frac{1}{c}\frac{\partial}{\partial t} - \sum_1^3 \alpha^\ell \frac{\partial}{\partial x_\ell} - i\frac{mc}{\hbar}\beta \tag{12}$$

multiplizieren, der so gewählt ist, dass sich die gemischten Ableitungen $\frac{\partial}{\partial t}$, $\frac{\partial}{\partial x_k}$ und $\frac{\partial}{\partial t}$ herauskürzen. Das ergibt

$$\frac{1}{c^2}\frac{\partial^2\psi}{\partial t^2} = \sum_{k\neq\ell}\sum \frac{1}{2}(\alpha^k\alpha^\ell + \alpha^\ell\alpha^k)\frac{\partial^2\psi}{\partial x_k\partial x_\ell} + \sum_k \alpha_k^2\frac{\partial^2\psi}{\partial x_k^2}$$

$$- \frac{m^2c^2}{\hbar^2}\beta^2\psi + i\frac{mc}{\hbar}\sum_k(\alpha^k\beta + \beta\alpha^k)\frac{\partial\psi}{\partial x_k}$$

Das stimmt mit (6) genau dann überein, wenn gilt

$$\alpha^k\alpha^\ell + \alpha^\ell\alpha^k = 0 \quad k \neq \ell$$
$$\alpha^k\beta + \beta\alpha^k = 0 \tag{13}$$
$$\alpha^{k2} = \beta^2 = \mathbb{I} \quad \text{(Einheitsmatrix)}$$

Folglich können wir nicht die Gleichung zweiter Ordnung in zwei Gleichungen als *Faktoren* mit Operatoren erster Ordnung mit regulären Zahlen *zerlegen*. Aber mit *Matrizen* können wir das machen.

Wir betrachten die uns vertrauten Pauli-Spin-Matrizen

$$\sigma_1 = \begin{pmatrix} 0 & 1 \\ 1 & 0 \end{pmatrix} \qquad \sigma_2 = \begin{pmatrix} 0 & -i \\ i & 0 \end{pmatrix} \qquad \sigma_3 = \begin{pmatrix} 1 & 0 \\ 0 & -1 \end{pmatrix} \tag{14}$$

Sie erfüllen die Beziehung

$$\sigma_k\sigma_\ell + \sigma_\ell\sigma_k = 2\delta_{\ell k}$$

Aber wir können nicht alle vier Matrizen dieser Art antikommutativ machen. Die gesuchten Matrizen müssen *mindestens* eine Größe von 4×4 haben.

Ein mögliches Ensemble von α^k und β ist

$$\alpha^k = \begin{pmatrix} 0 & \sigma_k \\ \sigma_k & 0 \end{pmatrix} \qquad \beta = \begin{pmatrix} \begin{smallmatrix} 1 & 0 \\ 0 & 1 \end{smallmatrix} & 0 \\ 0 & \begin{smallmatrix} -1 & 0 \\ 0 & -1 \end{smallmatrix} \end{pmatrix} \tag{15}$$

Insbesondere gilt

$$\alpha^1 = \begin{pmatrix} 0 & 0 & 0 & 1 \\ 0 & 0 & 1 & 0 \\ 0 & 1 & 0 & 0 \\ 1 & 0 & 0 & 0 \end{pmatrix} \qquad \alpha^2 = \begin{pmatrix} 0 & 0 & 0 & -i \\ 0 & 0 & i & 0 \\ 0 & -i & 0 & 0 \\ i & 0 & 0 & 0 \end{pmatrix}$$

$$\alpha^3 = \begin{pmatrix} 0 & 0 & 1 & 0 \\ 0 & 0 & 0 & -1 \\ 1 & 0 & 0 & 0 \\ 0 & -1 & 0 & 0 \end{pmatrix}$$

Diese sind, wie gewünscht, hermitesch. Wenn α^k und β einen bestimmten Satz von Matrizen bilden, der (13) erfüllt, dann bilden $S\alpha^k S^{-1}$ und $S\beta S^{-1}$ natürlich einen anderen Satz von Matrizen, wobei S eine *unitäre* Matrix $SS^* = 1$ ist. Umgekehrt kann gezeigt werden, dass alle möglichen (4×4)-Matrizen α^k und β ebenfalls diese Form haben – mit *irgendeiner* solchen Matrix S. Wir werden das hier jedoch nicht zeigen.

Die Dirac-Gleichung ist demnach ein Gebilde aus vier gleichzeitig linearen partiellen Differenzialgleichungen in den vier Funktionen ψ_α.

2.2   Lorentz-Invarianz der Dirac-Gleichung

Was bedeutet das? Betrachten wir eine allgemeine Lorentz-Transformation mit x'_μ als den neuen Koordinaten:

$$x'_\mu = \sum_{\nu=0}^{3} a_{\mu\nu} x_\nu \qquad (x_o = ct) \tag{16}$$

Die Wellenfunktion im neuen Koordinatensystem ist ψ'. Natürlich erwarten wir nicht, dass $\psi' = \psi$ ist. Ein Beispiel: In der Maxwell-Theorie, die relativistisch ist, ist das magnetische Feld H nicht mehr ein bloßes Magnetfeld in einem bewegten System. Stattdessen verhält es sich bei der Transformation wie ein Tensor. Wir müssen also *irgendein* Transformationsgesetz für ψ finden, das die physikalischen Konsequenzen der Gleichungen invariant gegenüber der Transformation macht.

Dafür benötigen wir zwei Dinge: (i) Die Interpretation von $\psi^*\psi$ als Wahrscheinlichkeitsdichte muss erhalten bleiben. (ii) Die Gültigkeit der Dirac-Gleichung muss im neuen System erhalten bleiben.

Betrachten wir zunächst (i). Die Größe, die direkt beobachtet werden kann und invariant sein muss, ist

$$(\psi^*\psi) \times V$$

wobei V ein Volumen darstellt. Indem wir nun zu einem neuen Lorentz-System mit der Relativgeschwindigkeit v übergehen, ändert sich das Volumen V aufgrund der Fitzgerald-Kontraktion zu dem Wert

$$V' = V\sqrt{1 - \frac{v^2}{c^2}}$$

Folglich ist

$$(\psi^{*\prime}\psi^\prime) = \frac{\psi^*\psi}{\sqrt{1 - \frac{v^2}{c^2}}} \tag{17}$$

Somit verhält sich $(\psi^*\psi) = \rho$ bei der Transformation wie eine *Energie*, d. h. wie die vierte Komponente eines Vektors. Dies zeigt uns sofort, dass $\psi^\prime \neq \psi$ ist. Weil ρ und $\vec{\jmath}$ über die Kontinuitätsgleichung miteinander verknüpft sind, sind die räumlichen Komponenten des 4er-Vektors gegeben durch

$$(S_1, S_2, S_3) = \psi^*\alpha^k\psi = \frac{1}{c}j_k \tag{18}$$

Wir fordern also, dass sich die vier Größen

$$(S_1, S_2, S_3, S_0) = (\psi^*\alpha^k\psi, \psi^*\psi) \tag{19}$$

wie ein *4er-Vektor* transformieren lassen. Das wird ausreichen, um die angesprochene Interpretation der Theorie beizubehalten.

Wir nehmen an, dass

$$\psi^\prime = S\psi \tag{20}$$

gilt, wobei S ein *linearer* Operator ist. Dann ist

$$\psi^{\prime*} = \psi^*S^* \tag{21}$$

Somit fordern wir:

$$\psi^{*\prime}\alpha^k\psi^\prime = \psi^*S^*\alpha^k S\psi = \sum_{\nu=0}^{3} a_{k\nu}\psi^*\alpha^\nu\psi$$

$$\psi^{*\prime}\psi^\prime = \psi^*S^*S\psi = \sum_{\nu=0}^{3} a_{0\nu}\psi^*\alpha^\nu\psi \tag{22}$$

mit $\alpha^0 = \mathbb{I}$.

Demnach benötigen wir die Beziehung

$$S^*\alpha^\mu S = \sum_{\nu=0}^{3} a_{\mu\nu}\alpha^\nu \qquad \mu = 0, 1, 2, 3 \tag{23}$$

Lassen Sie uns nun (ii) betrachten. Die Dirac-Gleichung für $\psi^\prime$ lautet

$$\sum_{0}^{3} \alpha^\nu \frac{\partial}{\partial x_\nu^\prime}\psi^\prime + i\frac{mc}{\hbar}\beta\psi^\prime = 0 \tag{24}$$

Nun wird die ursprüngliche Dirac-Gleichung für ψ in Abhängigkeit von den neuen Koordinaten formuliert:

$$\sum_{\mu=0}^{3}\sum_{\nu=0}^{3} \alpha^{\mu}\frac{\partial}{\partial x'_{\nu}}a_{\nu\mu}S^{-1}\psi' + i\frac{mc}{\hbar}\beta S^{-1}\psi' = 0 \tag{25}$$

Die beiden Gleichungen (24) und (25) müssen äquivalent sein, nicht aber identisch. Folglich muss (25) der Gleichung (24) entsprechen, wenn man diese mit $\beta S^{-1}\beta$ multipliziert. Es muss also gelten:

$$\beta S^{-1}\beta\alpha^{\nu} = \sum_{0}^{3} \alpha^{\lambda}a_{\nu\lambda}S^{-1} \tag{26}$$

Jedoch sind (23) und (26) identisch, wenn gilt:

$$\beta S^{-1}\beta = S^{*} \quad \text{also} \quad S^{*}\beta S = \beta \tag{27}$$

Somit verhält sich β bei der Transformation wie ein Skalar, jedoch α^{ν} wie ein 4er-Vektor, wenn diese mit $S^{*}S$ multipliziert werden.

2.3   Die Bestimmung von S

Mit zwei aufeinander folgenden Koordinatentransformationen, deren Matrizen schon feststehen, entspricht nun die kombinierte Transformation dem Produkt dieser Matrizen. Daher müssen wir nur drei einfache Arten von Transformationen betrachten:

(1) Reine Rotationen

$$x'_0 = x_0 \qquad\qquad\qquad x'_3 = x_3$$
$$x'_1 = x_1 \cos\theta + x_2 \sin\theta$$
$$x'_2 = -x_1 \sin\theta + x_2 \cos\theta$$

(2) Reine Lorentz-Transformationen

$$x'_1 = x_1 \qquad\qquad\qquad x'_2 = x_2$$
$$x'_3 = x_3 \cosh\theta + x_0 \sinh\theta$$
$$x'_0 = x_3 \sinh\theta + x_0 \cosh\theta$$

(3) Reine Spiegelungen

$$x'_1 = -x_1 \qquad x'_2 = -x_2 \qquad x'_3 = -x_3 \qquad x'_0 = x_0$$

Fall 1. Es ist

$$S = \cos\frac{1}{2}\theta + i\sigma_3 \sin\frac{1}{2}\theta \tag{28}$$

Hier kommutiert

$$\sigma_3 = \begin{pmatrix} \sigma_3 & 0 \\ 0 & \sigma_3 \end{pmatrix}$$

mit α_3 und β.

$$\sigma_3 \alpha_1 = i\alpha_2, \qquad \sigma_3 \alpha_2 = -i\alpha_1$$

$$S^* = \cos \frac{1}{2}\theta - i\sigma_3 \sin \frac{1}{2}\theta$$

Dann ist

$$S^*\beta S = \beta$$
$$S^*\alpha^0 S = \alpha^0$$
$$S^*\alpha^3 S = \alpha^3$$

wie gefordert.

$$S^*\alpha^1 S = \cos\theta\alpha^1 + \sin\theta\alpha^2$$
$$S^*\alpha^2 S = -\sin\theta\alpha^1 + \cos\theta\alpha^2$$

Fall 2.

$$S = S^* = \cosh \frac{1}{2}\theta + \alpha_3 \sinh \frac{1}{2}\theta \tag{29}$$

Hier gilt

$$S^*\beta S = \beta$$
$$S^*\alpha^1 S = \alpha^1$$
$$S^*\alpha^2 S = \alpha^2$$
$$S^*\alpha^3 S = \cosh\theta\alpha^3 + \sinh\theta\alpha^0$$
$$S^*\alpha^0 S = \sinh\theta\alpha^3 + \cos\theta\alpha^0$$

Fall 3.

$$S = S^* = \beta \tag{30}$$

Man beachte, dass S in allen Fällen bis auf den Faktor ± 1 bestimmt ist. So führt im Fall 1 eine Rotation von $360°$ zu $S = -1$.

Aufgabe 1. Ermitteln Sie das S, das einer allgemeinen infinitesimalen Koordinatentransformation entspricht. Zeigen Sie durch einen Vergleich, dass es mit den hier angegebenen exakten Lösungen übereinstimmt.

Die Transformationen der ψ_α mit den S-Transformationen werden *Spinoren* genannt. Sie sind eine direkte Erweiterung der nicht-relativistischen Zwei-Komponenten-Spin-Funktionen. Die mathematische Theorie der Spinoren ist nicht sehr hilfreich. Vielmehr werden wir in der Praxis immer herausfinden, dass die Berechnungen am einfachsten sind, wenn man die explizite Darstellung der Spinoren vermeidet. *Wir verwenden nur formale Algebra und die Kommutationsrelationen der Matrizen.*

2.4   Die kovariante Schreibweise

Um die Unterscheidung zwischen kovarianten und kontravarianten Vektoren zu vermeiden (was wir bisher ungerechtfertigterweise ignoriert haben), ist es hilfreich, die imaginäre vierte Koordinate zu nutzen:

$$x_4 = ix_0 = ict \tag{31}$$

In diesem Koordinatensystem sind diese vier Matrizen ein 4er-Vektor:

$$\gamma_{1,2,3,4} = (-i\beta\alpha^{1,2,3}, \beta) \qquad \text{also} \tag{32}$$

$$\gamma_1 = \begin{pmatrix} 0 & \begin{smallmatrix} 0 & -i \\ -i & 0 \end{smallmatrix} \\ \begin{smallmatrix} 0 & i \\ i & 0 \end{smallmatrix} & 0 \end{pmatrix} \qquad \gamma_2 = \begin{pmatrix} 0 & \begin{smallmatrix} 0 & -1 \\ 1 & 0 \end{smallmatrix} \\ \begin{smallmatrix} 0 & 1 \\ -1 & 0 \end{smallmatrix} & 0 \end{pmatrix}$$

$$\gamma_3 = \begin{pmatrix} 0 & \begin{smallmatrix} -i & 0 \\ 0 & i \end{smallmatrix} \\ \begin{smallmatrix} i & 0 \\ 0 & -i \end{smallmatrix} & 0 \end{pmatrix} \qquad \gamma_4 = \begin{pmatrix} \begin{smallmatrix} 1 & 0 \\ 0 & 1 \end{smallmatrix} & 0 \\ 0 & \begin{smallmatrix} -1 & 0 \\ 0 & -1 \end{smallmatrix} \end{pmatrix}$$

Sie sind alle hermitesch und erfüllen die Beziehung

$$\gamma_\mu\gamma_\nu + \gamma_\nu\gamma_\mu = 2\delta_{\mu\nu} \tag{33}$$

Die Dirac-Gleichung und ihre komplex Konjugierte können nun so geschrieben werden:

$$\sum_1^4 \gamma_\mu \frac{\partial\psi}{\partial x_\mu} + \frac{mc}{\hbar}\psi = 0$$

$$\sum_1^4 \frac{\partial\overline{\psi}}{\partial x_\mu}\gamma_\mu - \frac{mc}{\hbar}\overline{\psi} = 0 \tag{34}$$

mit

$$\overline{\psi} = \psi^*\beta \qquad \text{und} \tag{35}$$

$$s_\mu = i\left(\overline{\psi}\,\gamma_\mu\,\psi\right) = \left(\frac{1}{c}\,\boldsymbol{j}, i\rho\right) \tag{36}$$

Diese Schreibweisen sind die für Berechnungen gebräuchlichsten.

2.5   Erhaltungssätze und die Existenz des Spins

Der Hamilton-Operator in dieser Theorie lautet

$$i\hbar\frac{\partial\psi}{\partial t} = H\psi \tag{37}$$

$$H = -i\hbar c\sum_1^3 \alpha^k\frac{\partial}{\partial x_k} + mc^2\beta = -i\hbar c\,\boldsymbol{\alpha}\cdot\nabla + mc^2\beta \tag{38}$$

Er kommutiert mit dem Impuls $\boldsymbol{p} = -i\hbar\nabla$. Somit ist der Impuls $\boldsymbol{p}$ eine Konstante der Bewegung.

Dagegen ist der Drehimpuls-Operator

$$\boldsymbol{L} = \boldsymbol{r}\times\boldsymbol{p} = -i\hbar\boldsymbol{r}\times\nabla \tag{39}$$

keine Konstante. Hier gilt

$$[H,\boldsymbol{L}] = -\hbar^2 c\,\boldsymbol{\alpha}\times\nabla \tag{40}$$

Aber es ist

$$[H,\boldsymbol{\sigma}] = -i\hbar c\,\nabla\cdot[\boldsymbol{\alpha},\boldsymbol{\sigma}] \qquad\text{mit}\qquad \boldsymbol{\sigma} = (\sigma_1,\sigma_2,\sigma_3)$$

mit

$$[\alpha^1,\sigma_1] = 0 \qquad [\alpha^1,\sigma_2] = 2i\alpha^3 \qquad [\alpha^1,\sigma_3] = -2i\alpha^2 \qquad\text{etc.}$$

Damit ergibt sich

$$[H,\sigma_3] = 2\hbar c\left(\alpha^1\nabla_2 - \alpha^2\nabla_1\right) \qquad\text{und folglich}$$

$$[H,\boldsymbol{\sigma}] = 2\hbar c\,\boldsymbol{\alpha}\times\nabla \tag{41}$$

Daher ist

$$\boldsymbol{L} + \tfrac{1}{2}\hbar\boldsymbol{\sigma} = \hbar\boldsymbol{J} \tag{42}$$

eine Konstante – der Gesamtdrehimpuls –, denn aufgrund von (40), (41) und (42) gilt:

$$[H,\boldsymbol{J}] = 0$$

$\boldsymbol{L}$ ist der Bahndrehimpuls und $\tfrac{1}{2}\hbar\boldsymbol{\sigma}$ der Spindrehimpuls. Das stimmt mit der nicht-relativistischen Theorie überein. Aber in dieser Theorie waren Spin und Bahndrehimpuls eines freien Teilchens *jeweils für sich* konstant. Das ist jetzt nicht mehr der Fall.

Wenn ein Zentralkraftpotenzial $V(r)$ zu H summiert wird, ist der Operator $\boldsymbol{J}$ noch immer konstant.

2.6   Elementare Lösungen

Für ein Teilchen mit einem bestimmten Impuls $\boldsymbol{p}$ und einer bestimmten Energie E lautet die Wellenfunktion

$$\psi(x,t) = u \exp\left(i\frac{\boldsymbol{p}\cdot\boldsymbol{x}}{\hbar} - i\frac{Et}{\hbar}\right) \tag{43}$$

wobei u einen konstanten Spinor darstellt. Die Dirac-Gleichung wird dann eine Gleichung ausschließlich für u:

$$Eu = \left(c\,\boldsymbol{\alpha}\cdot\boldsymbol{p} + mc^2\beta\right)u \tag{44}$$

Nun setzen wir

$$p_+ = p_1 + ip_2 \qquad p_- = p_1 - ip_2 \tag{45}$$

Die Gleichung (44) lautet dann vollständig ausgeschrieben:

$$\begin{aligned}
\left(E - mc^2\right)u_1 &= c\left(p_3 u_3 + p_- u_4\right) \\
\left(E - mc^2\right)u_2 &= c\left(p_+ u_3 - p_3 u_4\right) \\
\left(E + mc^2\right)u_3 &= c\left(p_3 u_1 + p_- u_2\right) \\
\left(E + mc^2\right)u_4 &= c\left(p_+ u_1 - p_3 u_2\right)
\end{aligned} \tag{46}$$

Diese vier Gleichungen bestimmen u_3 und u_4, wenn u_1 und u_2 gegeben sind, oder umgekehrt. Entweder u_1 und u_2 oder u_3 und u_4 können beliebig gewählt werden, falls gilt:

$$E^2 = m^2 c^4 + c^2 p^2 \tag{47}$$

Demnach gibt es bei gegebenem p mit $E = +\sqrt{m^2 c^4 + c^2 p^2}$ zwei unabhängige Lösungen von (46); diese sind, in nicht-normierter Form:

$$\begin{pmatrix} 1 \\ 0 \\ \dfrac{c\,p_3}{E + mc^2} \\ \dfrac{c\,p_+}{E + mc^2} \end{pmatrix} \qquad \begin{pmatrix} 0 \\ 1 \\ \dfrac{c\,p_-}{E + mc^2} \\ \dfrac{-c\,p_3}{E + mc^2} \end{pmatrix} \tag{48}$$

Diese liefern die beiden Spinzustände des Elektrons mit dem gegebenen Impuls, wie es physikalisch gefordert wird.

Es gibt jedoch auch Lösungen mit $E = -\sqrt{m^2 c^4 + c^2 p^2}$. Dies sind wiederum zwei unabhängige Lösungen, sodass insgesamt vier Lösungen vorliegen.

Die letzten beiden sind die berühmten *Zustände negativer Energie*. Warum können wir nicht einfach übereinkommen, diese Zustände zu ignorieren, also zu sagen, sie seien physikalisch nicht vorhanden? Weil die Theorie bei einwirkenden Feldern Übergänge von positiven zu negativen Zuständen vorhersagt; beispielsweise sollte das Wasserstoffatom innerhalb von 10^{-10} Sekunden oder weniger in einen negativen Zustand relaxieren.

Allerdings sind energetisch negative Teilchen physikalisch nicht erlaubt. Sie können beispielsweise nicht von ruhender Materie gebremst werden, und mit jedem Stoß würden sie sich jeweils schneller bewegen. Somit kam Dirac zu seiner Loch-Theorie.

2.7 Die Loch-Theorie

Normalerweise sind alle Zustände negativer Energie mit jeweils einem Elektron gefüllt. Aufgrund des Pauli-Prinzips sind Übergänge normaler Elektronen zu diesen Zuständen verboten. Wenn nun manchmal ein Zustand negativer Energie mit dem Impuls $-p$ und der Energie $-E$ *unbesetzt* ist, so erscheint er nach außen hin wie ein Teilchen mit dem Impuls p, der Energie $+E$ und der entgegengesetzten Ladung eines Elektrons, also wie ein normales Positron.

Um sinnvolle Ergebnisse zu erhalten, wurden wir also umgehend an eine Viel-Teilchen-Theorie herangeführt: mit Teilchen mit dem Spin 0 für positive Wahrscheinlichkeiten und mit Teilchen mit dem Spin $\frac{1}{2}$ für positive Energien.

Die Dirac-Theorie kann in ihrer Ein-Teilchen-Form die Wechselwirkung zwischen mehreren Teilchen nicht korrekt beschreiben. Aber solange wir nur über freie Teilchen sprechen, können wir sie mit Ein-Teilchen-Wellenfunktionen beschreiben.

2.8 Positronenzustände

Welche Wellenfunktion beschreibt nun ein Positron mit dem Impuls p und der Energie E? Natürlich sollte sie die Form

$$\phi(x, t) = v \exp\left(i\frac{\boldsymbol{p} \cdot \boldsymbol{x}}{\hbar} - i\frac{Et}{\hbar}\right) \tag{49}$$

haben, wie stets in der Quantenmechanik. Das Elektron negativer Energie, dessen *Fehlen* ein Positron darstellt, hat jedoch eine Wellenfunktion der Form

$$\psi(x, t) = u \exp\left(-i\frac{\boldsymbol{p} \cdot \boldsymbol{x}}{\hbar} + i\frac{Et}{\hbar}\right) \tag{50}$$

weil es den Impuls $-p$ und die Energie $-E$ hat. Wir setzen daher

$$\phi = C\psi^+ \qquad \text{also} \qquad v = Cu^+ \tag{51}$$

wobei ψ^+ die Funktion ψ mit komplex konjugierten Elementen, jedoch *nicht* transponiert ist, und C eine geeignete, konstante Matrix ist:

$$\psi^+(x,t) = u^+ \exp\left(i\frac{\boldsymbol{p}\cdot\boldsymbol{x}}{\hbar} - i\frac{Et}{\hbar}\right)$$

Wir wissen, dass u eine Lösung von

$$Eu = \left(c\,\boldsymbol{\alpha}\cdot\boldsymbol{p} - mc^2\beta\right)u \tag{52}$$

darstellt.

Wir möchten, dass die Theorie keinen Unterschied zwischen Elektronen und Positronen macht, weshalb v ebenfalls die Dirac-Gleichung erfüllen muss:

$$Ev = \left(c\,\boldsymbol{\alpha}\cdot\boldsymbol{p} + mc^2\beta\right)v$$
$$ECu^+ = \left(c\,\boldsymbol{\alpha}\cdot\boldsymbol{p} + mc^2\beta\right)Cu^+ \tag{53}$$

Aus (52) können wir für u^+ jedoch die Gleichung

$$Eu^+ = \left(c\,\boldsymbol{\alpha}^+\cdot\boldsymbol{p} - mc^2\beta^+\right)u^+ \tag{54}$$

ansetzen. Damit (53) und (54) identisch sind, muss gelten:

$$C\alpha^{k+} = \alpha^k C \qquad C\beta^+ = -\beta C \tag{55}$$

In der Tat ist

$$\alpha^{1+} = \alpha^1 \qquad \alpha^{3+} = \alpha^3 \qquad \alpha^{2+} = -\alpha^2 \qquad \beta^+ = \beta$$

Demnach würde ein geeignetes C wie folgt aussehen:

$$C = -i\beta\alpha^2 = \gamma_2 = \begin{pmatrix} 0 & \begin{smallmatrix} 0 & -1 \\ 1 & 0 \end{smallmatrix} \\ \begin{smallmatrix} 0 & 1 \\ -1 & 0 \end{smallmatrix} & 0 \end{pmatrix} \tag{56}$$

Die Beziehung zwischen ψ und ϕ ist symmetrisch, weil gilt:

$$C^2 = \mathbb{I} \qquad \text{also} \qquad \psi = C\phi^+ \tag{57}$$

Hier wird ϕ als *ladungskonjugierte* Wellenfunktion bezüglich ψ, der Wellenfunktion des Elektrons negativer Energie, bezeichnet. Offensichtlich gelten

$$\phi^*\phi = \left(C\psi^+\right)^*\left(C\psi^+\right) = \psi^T C^* C\psi^+ = \psi^*\left(C^*C\right)^T\psi = \psi^*\psi \tag{58}$$

und

$$\phi^* \alpha^k \phi = \psi^T C^* \alpha^k C \psi^+ = \psi^* C \alpha^{kT} C \psi = \psi^* \alpha^k \psi \qquad (59)$$

Die Wahrscheinlichkeit und die Flussdichte sind also für ein Positron und das dazu konjugierte negative Elektron gleich.

Für viele Zwecke ist es einfacher, Positronen direkt durch die $\overline{\psi}$-Wellenfunktion darzustellen, beispielsweise bei der Berechnung von Querschnitten für die Paarerzeugung usw., wie wir es später tun werden. Wenn man aber das Positron wirklich *sehen* möchte, also z. B. bei der detaillierten Beschreibung eines Positronium-Experiments, ist es notwendig, die ϕ-Wellenfunktion heranzuziehen, beispielsweise für die Richtung des Spins.

Das ist alles, was hier zu freien Elektronen und Positronen zu sagen ist.

2.9   Elektromagnetische Eigenschaften des Elektrons

Gegeben sei ein externes, elektromagnetisches Feld (als kommutierende Größe), definiert durch die Potenziale

$$A_\mu \qquad \mu = 1, 2, 3, 4 \qquad A_4 = i\Phi$$

die als Funktionen von Raum und Zeit gegeben sind. Dann kann die Bewegung eines Teilchens im Feld beschrieben werden, indem man im Lagrangian eines freien Teilchens entsprechend substituiert:

$$E + e\,\Phi \quad \text{für } E$$

$$\boldsymbol{p} + \frac{e}{c}\boldsymbol{A} \quad \text{für } \boldsymbol{p} \qquad (60)$$

wobei $(-e)$ die Ladung des Elektrons ist. Wenn wir für den Impuls-Energie-4er-Vektor

$$p = (p_1,\ p_2,\ p_3,\ p_4 = iE/c) \qquad (61)$$

schreiben, so müssen wir einfach ersetzen:

$$p_\mu + \frac{e}{c} A_\mu \quad \text{für } p_\mu \qquad (62)$$

Nun gilt in der Quantentheorie

$$p_\mu \rightarrow -i\hbar \frac{\partial}{\partial x_\mu} \qquad (63)$$

Demzufolge lautet die Dirac-Gleichung unter Einbeziehung von Feldern:

$$\sum_1^4 \gamma_\mu \left(\frac{\partial}{\partial x_\mu} + \frac{ie}{\hbar c} A_\mu \right) \psi + \frac{mc}{\hbar}\, \psi = 0 \qquad (64)$$

$$\sum_{1}^{4} \left(\frac{\partial}{\partial x_\mu} - \frac{ie}{\hbar c} A_\mu \right) \overline{\psi}\, \gamma_\mu - \frac{mc}{\hbar}\, \overline{\psi} = 0 \tag{65}$$

In der nicht-kovarianten Schreibweise ist dies

$$i\hbar \frac{\partial \psi}{\partial t} = \left[-e\,\Phi + \sum_{1}^{3} \left(-i\hbar c \frac{\partial}{\partial x_k} + eA_k \right) \alpha^k + mc^2 \beta \right] \psi \tag{66}$$

denn wegen (57) gilt $\overline{\psi}\gamma_\mu = \psi^* \beta \gamma_\mu = (C\phi^+)^T \beta \gamma_\mu = \phi^T C^T \beta \gamma_\mu$. Die Wellenfunktion $\phi = C\psi^+$ eines Positrons erfüllt wegen (65) die Beziehung

$$\sum \left(\frac{\partial}{\partial x_\mu} - \frac{ie}{\hbar c} A_\mu \right) \gamma_\mu^T \beta C \phi - \frac{mc}{\hbar} \beta C \phi = 0 \tag{67}$$

Multiplizieren mit $C\beta$ ergibt

$$\sum \left(\frac{\partial}{\partial x_\mu} - \frac{ie}{\hbar c} A_\mu \right) \gamma_\mu \phi + \frac{mc}{\hbar}\, \phi = 0 \tag{68}$$

Dies ist genau die Dirac-Gleichung für ein Teilchen mit positiver Ladung $(+e)$. Dafür haben wir die Beziehung

$$C\beta \gamma_\mu^T \beta C = -\gamma_\mu \tag{69}$$

genutzt, was aus (15), (32) und (55) folgt.

2.10   Das Wasserstoffatom

Dies ist nun das eine Beispiel, das man mit der Ein-Elektron-Dirac-Theorie sehr exakt behandeln kann. Das Problem besteht darin, die Eigenzustände der Gleichung

$$E\psi = H\psi$$
$$H = -i\hbar c\, \boldsymbol{\alpha} \cdot \nabla + mc^2 \beta - \frac{e^2}{r} \tag{70}$$

zu finden. Wie in der nicht-relativistischen Theorie gibt es auch hier als Quantenzahlen – zusätzlich zu E selbst – die Größen

$$j_z = -i\left[\boldsymbol{r} \times \nabla \right]_3 + \tfrac{1}{2}\sigma_3 \tag{71}$$

$$j(j+1) = J^2 = \left[-i\left(\boldsymbol{r} \times \nabla \right) + \tfrac{1}{2}\boldsymbol{\sigma} \right]^2 \tag{72}$$

wobei j_z und j nun gemäß der gewöhnlichen Theorie des Drehimpulses *unge-radzahlige Vielfache von* $\frac{1}{2}$ sind. Diese Quantenzahlen reichen nicht aus, um den Zustand zu spezifizieren, da jeder Wert von j zu zwei nicht-relativistischen Zuständen mit $\ell = j \pm \frac{1}{2}$ gehören könnte. Deshalb brauchen wir einen zusätzlichen Operator, der mit H kommutiert und der unterscheidet, ob $\boldsymbol{\sigma}$ parallel oder antiparallel zu $\boldsymbol{J}$ ist. Naheliegend ist es,

$$Q = \boldsymbol{\sigma} \cdot \boldsymbol{J}$$

zu setzen. Jedoch ist $[H, \boldsymbol{\sigma}]$ verschieden von null und ein eher komplizierter Ausdruck. Wir versuchen es also besser mit

$$Q = \beta \boldsymbol{\sigma} \cdot \boldsymbol{J} \tag{73}$$

was innerhalb der nicht-relativistischen Grenze das Gleiche ist. Somit gilt

$$[H, Q] = [H, \beta \boldsymbol{\sigma} \cdot \boldsymbol{J}] = [H, \beta \boldsymbol{\sigma}] \cdot \boldsymbol{J} + \beta \boldsymbol{\sigma} \cdot [H, \boldsymbol{J}]$$

Nun ist jedoch $[H, \boldsymbol{J}] = 0$, und wegen

$$\alpha^k \beta \sigma_\ell = \beta \sigma_\ell \alpha^k \quad (k \neq \ell) \quad \text{und} \quad \alpha^k \beta \sigma_k = -\beta \sigma_k \alpha^k$$

erhalten wir

$$[H, \beta \boldsymbol{\sigma}] = -i\hbar c \left\{ (\boldsymbol{\alpha} \cdot \nabla) \beta \boldsymbol{\sigma} - \beta \boldsymbol{\sigma} (\boldsymbol{\alpha} \cdot \nabla) \right\} = -2i\hbar c \sum_{k=1}^{3} \alpha^k \sigma_k \beta \nabla_k$$

Folglich ist

$$[H, \beta \boldsymbol{\sigma}] \cdot \boldsymbol{J} = -2\hbar c \sum_{k=1}^{3} \alpha^k \sigma_k \beta \nabla_k (\boldsymbol{r} \times \nabla)_k - i\hbar c (\boldsymbol{\alpha} \cdot \nabla) \beta$$

$$= -i\hbar c (\boldsymbol{\alpha} \cdot \nabla) \beta = \left[H, \tfrac{1}{2} \beta \right]$$

aufgrund von

$$\nabla \cdot \boldsymbol{r} \times \nabla = 0 \quad \text{und} \quad \alpha^k \sigma_k = \begin{pmatrix} 0 & 1 \\ 1 & 0 \end{pmatrix} \quad \text{für alle } k$$

Demnach ist die Größe, die mit H kommutiert und eine Konstante der Bewegung ist, diese hier:

$$K = \beta \boldsymbol{\sigma} \cdot \boldsymbol{J} - \tfrac{1}{2} \beta \tag{74}$$

Es muss einen Zusammenhang zwischen K und J geben. Dabei gilt

$$K^2 = \left(\frac{\boldsymbol{\sigma} \cdot \boldsymbol{L}}{\hbar} + 1\right)^2 = \frac{L^2}{\hbar^2} + \frac{\boldsymbol{\sigma} \cdot \boldsymbol{L}}{\hbar} + 1$$

$$J^2 = \left(\frac{\boldsymbol{L}}{\hbar} + \frac{1}{2}\boldsymbol{\sigma}\right)^2 = \frac{L^2}{\hbar^2} + \frac{\boldsymbol{\sigma} \cdot \boldsymbol{L}}{\hbar} + \frac{3}{4}$$

und daher

$$K^2 = J^2 + \tfrac{1}{4} = \left(j + \frac{1}{2}\right)^2 \tag{75}$$

Demzufolge hat K *ganzzahlige* Eigenwerte, die von null verschieden sind:

$$K = k = \pm \left(j + \frac{1}{2}\right) \tag{76}$$

$$j = |k| - \frac{1}{2}, \quad k = \pm 1, \pm 2, \pm 3, \ldots \tag{77}$$

Mit den Eigenwerten von K können wir den Hamiltonian vereinfachen, was wir zuvor in der nicht-relativistischen Theorie mit den Eigenwerten von L^2 allein nicht tun konnten. Zunächst ergibt sich

$$\boldsymbol{\sigma} \cdot \boldsymbol{r}\, \boldsymbol{\sigma} \cdot (\boldsymbol{r} \times \nabla) = i\boldsymbol{\sigma} \cdot (\boldsymbol{r} \times (\boldsymbol{r} \times \nabla)) = i\,(\boldsymbol{\sigma} \cdot \boldsymbol{r})\,(\boldsymbol{r} \cdot \nabla) - ir^2 \boldsymbol{\sigma} \cdot \nabla \tag{78}$$

Nun setzen wir

$$\epsilon = -i\alpha^1 \alpha^2 \alpha^3 \qquad \sigma_k = \epsilon \alpha^k \tag{79}$$

Wenn wir dann (78) mit ϵ^{-1} multiplizieren, erhalten wir:

$$-r^2\, i\boldsymbol{\alpha} \cdot \nabla = \boldsymbol{\alpha} \cdot \boldsymbol{r}\, \boldsymbol{\sigma} \cdot (\boldsymbol{r} \times \nabla) - i\,\boldsymbol{\alpha} \cdot \boldsymbol{r}\left(r\frac{\partial}{\partial r}\right)$$

Mit der Definition $\alpha_r = \frac{1}{r}\,\boldsymbol{\alpha} \cdot \boldsymbol{r}$ und mithilfe von (39) und (42) ergibt sich

$$-i\,\boldsymbol{\alpha} \cdot \nabla = \frac{1}{r}\alpha_r\left(i\boldsymbol{\sigma} \cdot \boldsymbol{J} - \frac{3}{2}i\right) - i\alpha_r\frac{\partial}{\partial r} = \frac{1}{r}\alpha_r\,(i\beta K - i) - i\alpha_r\frac{\partial}{\partial r}$$

So können wir schließlich (70) in dieser Form schreiben:

$$H = mc^2\beta - \frac{e^2}{r} + i\hbar c\,\alpha_r\left(\frac{\beta K}{r} - \frac{1}{r} - \frac{\partial}{\partial r}\right) \tag{80}$$

Daraus erhalten wir die Dirac-Gleichung als eine Gleichung, die nur von einer einzelnen Variable r abhängt, da nun alle Winkelvariablen separiert wurden. Zur Lösung dieser Gleichung siehe Dirac, *Quantum Mechanics*, 3. Auflage, Abschnitt 72, Seite 268–271.

2.11 Lösung der Radialfunktion

Wir wählen die Zwei-Komponenten-Darstellung mit

$$\beta = \begin{pmatrix} 1 & 0 \\ 0 & -1 \end{pmatrix} \qquad \alpha_r = \begin{pmatrix} 0 & i \\ -i & 0 \end{pmatrix} \qquad \psi = \begin{pmatrix} u \\ v \end{pmatrix} \tag{81}$$

Dann ergibt sich

$$\left(E - mc^2\right) u = -\frac{e^2}{r} u + \hbar c \left(\frac{1+K}{r} + \frac{\partial}{\partial r}\right) v$$

$$\left(E + mc^2\right) v = -\frac{e^2}{r} v + \hbar c \left(-\frac{1-K}{r} - \frac{\partial}{\partial r}\right) u \tag{82}$$

Jetzt verwenden wir die Beziehungen

$$a_1 = \frac{-E + mc^2}{\hbar c} \qquad a_2 = \frac{E + mc^2}{\hbar c} \qquad \alpha = \frac{e^2}{\hbar c} \tag{83}$$

wobei α die Feinstrukturkonstante ist. Dann können wir schreiben:

$$\left(-a_1 + \frac{\alpha}{r}\right) u = \left(\frac{1+K}{r} + \frac{\partial}{\partial r}\right) v$$

$$\left(a_2 + \frac{\alpha}{r}\right) v = \left(\frac{-1+K}{r} - \frac{\partial}{\partial r}\right) u \tag{84}$$

Als Nächstes setzen wir $a = \sqrt{a_1 a_2} = \sqrt{m^2 c^4 - E^2}/\hbar c$, was den Betrag des imaginären Impulses eines freien Elektrons der Energie E darstellt. Dann erhalten wir im Unendlichen $\psi \approx e^{-ar}$. Damit ergibt sich

$$u = \frac{e^{-ar}}{r} f$$

$$v = \frac{e^{-ar}}{r} g \tag{85}$$

und daraus

$$\left(\frac{\alpha}{r} - a_1\right) f = \left(\frac{\partial}{\partial r} - a + \frac{k}{r}\right) g$$

$$\left(\frac{\alpha}{r} + a_2\right) g = \left(-\frac{\partial}{\partial r} + a + \frac{k}{r}\right) f \tag{86}$$

Nun probieren wir für die Lösungen die Reihendarstellung

$$f = \sum c_s r^s, \qquad g = \sum d_s r^s \tag{87}$$

und erhalten

$$\alpha\, c_s - a_1 c_{s-1} = -a d_{s-1} + (s+k)\, d_s$$
$$\alpha\, d_s + a_2 d_{s-1} = +a c_{s-1} + (-s+k)\, c_s \tag{88}$$

Wir setzen jetzt

$$e_s = a_1 c_{s-1} - a d_{s-1}$$

woraus folgt:

$$e_s = \alpha\, c_s - (s+k)\, d_s = \frac{a_1}{a}\left(\alpha\, d_s + (s-k)\, c_s\right)$$

sowie

$$c_s = \frac{a_1 \alpha + a\,(s+k)}{a_1 \alpha^2 + a_1(s^2 - k^2)}\, e_s \qquad d_s = \frac{a\alpha - a_1\,(s-k)}{a_1 \alpha^2 + a_1(s^2 - k^2)}\, e_s$$

$$e_{s+1} = \frac{\left(a_1^2 - a^2\right)\alpha + 2 s a a_1}{a_1 \alpha^2 + a_1\,(s^2 - k^2)}\, e_s$$

Falls die Reihen nicht konvergieren, erhalten wir für hinreichend große s:

$$\frac{e_{s+1}}{e_s} \approx \frac{c_{s+1}}{c_s} \approx \frac{2a}{s} \qquad \text{wegen} \qquad f \approx \exp\left(2ar\right)$$

Dies ist zulässig, wenn a imaginär ist. Folglich gibt es ein Kontinuum aus Zuständen mit

$$E > mc^2 \tag{89}$$

Für reelle a müssen die Reihen an beiden Enden „abgeschnitten" werden, um nicht im Unendlichen zu „explodieren". Nehmen wir nun an, e_s wird nicht null für

$$s = \epsilon + 1,\ \epsilon + 2, \ldots, \epsilon + n \qquad n \geq 1 \tag{90}$$

aber in allen anderen Fällen null. Damit ergibt sich

$$\alpha^2 + \epsilon^2 - k^2 = 0$$

$$\left(a_1^2 - a^2\right)\alpha + 2\,(\epsilon + n)\, a a_1 = 0$$

Nun sind nicht c_ϵ und d_ϵ beide gleich null, da die Wellenfunktion $r^{-1+\epsilon}$ bei null integrierbar sein muss. Also ist $\epsilon > -\frac{1}{2}$. Jedoch gilt $\epsilon = \pm\sqrt{k^2 - \alpha^2}$. Dann ist $k^2 \geq 1$, also $\sqrt{k^2 - \alpha^2} > \frac{1}{2}$, sowie

$$\epsilon = +\sqrt{k^2 - \alpha^2} \tag{91}$$

Außerdem gilt

$$(\epsilon + n)^2 = \left(\frac{a_1^2 - a^2}{2aa_1}\right)^2 \alpha^2 = \left(\frac{\left((mc^2 - E)^2 - (m^2c^4 - E^2)\right)^2}{4\left(m^2c^4 - E^2\right)(mc^2 - E)^2}\right) \alpha^2$$

$$= \frac{4E^2\alpha^2}{4\left(m^2c^4 - E^2\right)}$$

$$E^2 = \frac{m^2c^4}{\left(1 + \frac{\alpha^2}{(\epsilon+n)^2}\right)}$$

Das ergibt in in diesem Fall

$$E = \frac{mc^2}{\sqrt{1 + \frac{\alpha^2}{\left(n + \sqrt{k^2 - \alpha^2}\right)^2}}} \tag{92}$$

Bei E als positivem Wert ist $\left(a_1^2 - a^2\right)$ negativ; siehe dazu (83) und (84). Somit ist es legitim, zum Finden der Lösung $(\epsilon + n)$ zu quadrieren, ohne dass Schwierigkeiten auftreten. Für jedes

$$k = \pm 1, \pm 2, \pm 3, \ldots$$
$$n = 1, 2, 3, \ldots \tag{93}$$

existieren also Lösungen, für die E durch (92) gegeben ist.

Die alternative Möglichkeit besteht darin, dass *alle e_s gleich null sind*. Nehmen wir an, dass nicht sowohl c_ϵ als auch d_ϵ gleich null sind, dann gilt wie zuvor $\alpha^2 + \epsilon^2 - k^2 = 0$ und somit $\epsilon = \sqrt{k^2 - \alpha^2}$. Aber nun ist

$$a_1 c_\epsilon - a d_\epsilon = 0$$

$$\alpha\, c_\epsilon - (\epsilon + k) d_\epsilon = 0$$

Folglich ist $a\alpha - a_1(\epsilon + k) = 0$, und k muss positiv sein, sodass gilt: $\epsilon + k = \sqrt{k^2 - \alpha^2} + k > 0$. Danach kann beim Lösen wie zuvor vorgegangen werden. Lösungen für (92) gibt es also für

$$n = 0 \qquad k = +1, +2, +3, \ldots \tag{94}$$

Die Hauptquantenzahl N ist

$$N = n + |k|$$

Nach Potenzen von α entwickelt, ergibt sich

$$E = mc^2 \left[1 - \underbrace{\frac{1}{2} \frac{\alpha^2}{N^2}}_{\text{n.-rel. Niv.}} + \underbrace{\frac{\alpha^4}{N^3} \left(\frac{3}{8N} - \frac{1}{2|k|} \right)}_{\text{Feinstruktur}} \right] \tag{95}$$

Es gibt bei einem gegebenen $|k|$ eine *genaue* Entartung zwischen zwei Zuständen. Nicht-relativistische Zustände sind gegeben durch

$$j = \ell + \frac{1}{2} \rightarrow k = -(\ell + 1)$$

$$j = \ell - \frac{1}{2} \rightarrow k = +\ell$$

Demnach gilt

$$\left.\begin{array}{l} {}^2P_{1/2} \quad \text{entspricht} \quad j = \dfrac{1}{2}, \quad k = 1 \\[2mm] {}^2S_{1/2} \quad \text{entspricht} \quad j = \dfrac{1}{2}, \quad k = -1 \end{array}\right\} \text{entartet}$$

$$ {}^2S_{3/2} \quad \text{entspricht} \quad j = \frac{1}{2}, \quad k = -2 $$

2.12 Verhalten eines Elektrons in nicht-relativistischer Näherung

Wenn wir die Dirac-Gleichung (64) mit $\sum_\nu \gamma_\nu \left(\frac{\partial}{\partial x_\nu} + i \frac{e}{\hbar c} A_\nu \right) - \frac{mc}{\hbar}$ multiplizieren, erhalten wir:

$$\sum_\mu \sum_\nu \gamma_\mu \gamma_\nu \left(\frac{\partial}{\partial x_\mu} + i \frac{e}{\hbar c} A_\mu \right) \left(\frac{\partial}{\partial x_\nu} + i \frac{e}{\hbar c} A_\nu \right) \psi - \frac{m^2 c^2}{\hbar^2} \psi = 0 \tag{96}$$

Verwendet man $\gamma_\mu^2 = 1$ und $\gamma_\mu \gamma_\nu + \gamma_\nu \gamma_\mu = 0$, dann ergibt sich:

$$\sum_\mu \left\{ \left(\frac{\partial}{\partial x_\mu} + \frac{ie}{\hbar c} A_\mu \right)^2 \right\} \psi - \frac{m^2 c^2}{\hbar^2} \psi + \frac{ie}{2\hbar c} \sum_\mu \sum_\nu \sigma_{\mu\nu} F_{\mu\nu} \psi = 0 \tag{97}$$

Hierbei sind

$$\sigma_{\mu\nu} = \tfrac{1}{2} \left(\gamma_\mu \gamma_\nu - \gamma_\nu \gamma_\mu \right) \qquad F_{\mu\nu} = \frac{\partial A_\nu}{\partial x_\mu} - \frac{\partial A_\mu}{\partial x_\nu}$$

Folglich ist $F_{12} = H_3$ die Komponente des Magnetfelds, und es sind

$$F_{14} = i\frac{\partial \Phi}{\partial x_1} + \frac{i}{c}\frac{\partial A_1}{\partial t} = -iE_1 \qquad \text{die Komponente des elektrischen Feldes}$$

$$\sigma_{12} = i\sigma_3 \qquad \text{die Spinkomponente}$$

$$\sigma_{14} = i\alpha_1 \qquad \text{die Geschwindigkeitskomponente}$$

Somit wird (97) zu

$$\sum_{\mu}\left\{\left(\frac{\partial}{\partial x_\mu} + \frac{ie}{\hbar c}A_\mu\right)^2\right\}\psi - \frac{m^2c^2}{\hbar^2}\psi - \frac{e}{\hbar c}\left\{\boldsymbol{\sigma}\cdot\boldsymbol{H} - i\boldsymbol{\alpha}\cdot\boldsymbol{E}\right\}\psi = 0 \qquad (98)$$

Das ist noch immer exakt und ohne jegliche Näherung.

In der nicht-relativistischen Näherung gilt nun

$$i\hbar\frac{\partial}{\partial t} = mc^2 + O(1)$$

$$\left\{\left(\frac{\partial}{\partial x_4} + \frac{ie}{\hbar c}A_4\right)^2\right\} - \frac{m^2c^2}{\hbar^2} = \frac{1}{\hbar^2 c^2}\left\{\left(-i\hbar\frac{\partial}{\partial t} - e\Phi\right)^2 - m^2c^4\right\}$$

$$= \frac{1}{\hbar^2 c^2}\left\{\left(-i\hbar\frac{\partial}{\partial t} - e\Phi - mc^2\right)\right.$$

$$\left.\times\left(-i\hbar\frac{\partial}{\partial t} - e\Phi + mc^2\right)\right\}$$

$$= \frac{1}{\hbar^2 c^2}\{-2mc^2 + O(1)\}$$

$$\times\left(-i\hbar\frac{\partial}{\partial t} - e\Phi + mc^2\right)$$

und daher

$$\left(-i\hbar\frac{\partial}{\partial t} - e\Phi + mc^2\right)\psi - \frac{h^2}{2m}\sum_{k=1}^{3}\left\{\left(\frac{\partial}{\partial x_k} + \frac{ie}{\hbar c}A_k\right)^2\right\}\psi$$

$$+ \frac{e\hbar}{2mc}[\boldsymbol{\sigma}\cdot\boldsymbol{H} - i\boldsymbol{\alpha}\cdot\boldsymbol{E}]\psi + O\left(\frac{1}{mc^2}\right) = 0$$

Die nicht-relativistische Näherung bedeutet nun, dass wir die Terme $O\left(1/mc^2\right)$ weglassen. Demnach sieht die nicht-relativistische Schrödinger-

Gleichung so aus:

$$i\hbar \frac{\partial \psi}{\partial t} = \left\{ mc^2 - e\Phi - \frac{h^2}{2m} \sum_{k=1}^{3} \left(\frac{\partial}{\partial x_k} + \frac{ie}{\hbar c} A_k \right)^2 + \frac{e\hbar}{2mc} (\boldsymbol{\sigma} \cdot \boldsymbol{H} - i\boldsymbol{\alpha} \cdot \boldsymbol{E}) \right\} \psi$$
$$(99)$$

Der Term $\boldsymbol{\alpha} \cdot \boldsymbol{E}$ ist jedoch in Wahrheit relativistisch und sollte entweder herausgenommen oder genauer behandelt werden. Dann ergibt sich exakt die Bewegungsgleichung für ein nicht-relativistisches Teilchen mit dem magnetischen Spinmoment

$$M = -\frac{e\hbar}{2mc}\sigma \qquad (100)$$

Es war einer der größten Erfolge Diracs, dass er dieses magnetische Moment direkt aus seinen allgemeinen Annahmen herleiten konnte, ohne irgendwelche Größen beliebig zu wählen.

Diese Beziehung wurde durch Messungen in einer Genauigkeit von bis zu einem Tausendstel bestätigt. Man beachte jedoch, dass bei den meisten kürzlich vorgenommenen Messungen eine gewisse Diskrepanz festgestellt wurde. Der Wert dieser Messungen entspricht

$$M = -\frac{e\hbar}{2mc}\sigma \left\{ 1 + \frac{e^2}{2\pi\hbar c} \right\} \qquad (101)$$

wie von Schwinger unter Verwendung der vollständigen Mehr-Teilchen-Theorie berechnet.

Aufgabe 2. Berechnen Sie die Energien und die Wellenfunktionen eines Dirac-Teilchens, das sich in einem unendlich ausgedehnten homogenen Magnetfeld bewegt. Diese Berechnung kann exakt durchgeführt werden. Siehe F. Sauter, *Zeitschrift für Physik* **69** (1931) 742.

Lösung

Wir wählen das Feld $\boldsymbol{B}$ in z-Richtung:

$$A_1 = -\frac{1}{2}By \qquad A_2 = \frac{1}{2}Bx$$

Die Dirac-Gleichung zweiter Ordnung (98) liefert uns für einen stationären Zustand der Energie $\pm E$ die Beziehung

$$\left(\frac{E^2}{\hbar^2 c^2} - \frac{m^2 c^2}{\hbar^2}\right)\psi + \left(\frac{\partial}{\partial x} - \frac{1}{2}\frac{ieB}{\hbar c}y\right)^2 \psi$$

$$+ \left(\frac{\partial}{\partial y} + \frac{1}{2}\frac{ieB}{\hbar c}x\right)^2 \psi + \frac{\partial^2}{\partial z^2}\psi - \frac{eB}{\hbar c}\sigma_z\psi = 0$$

Wir wählen eine Darstellung, in der σ_z diagonal ist. Darin spaltet sich dieses sofort in zwei Zustände $\sigma_z = \pm 1$ auf. Außerdem ist

$$L_z = -i\hbar\left\{x\frac{\partial}{\partial y} - y\frac{\partial}{\partial x}\right\}$$

eine Konstante der Bewegung, sagen wir $L_z = \ell\hbar$, wobei ℓ ganzzahlig ist. Und es gilt $-i\hbar\frac{\partial}{\partial z} = p_z$. Definieren wir $\lambda = |eB\hbar c|$, dann ist

$$\left\{E^2 - m^2 c^4 - c^2 p_z^2 \pm (\ell_z \pm 1)\lambda\right\}\psi = \hbar^2 c^2 \left\{\frac{1}{4}\frac{\lambda^2 r^2}{\hbar^4 c^4} - \left(\frac{\partial^2}{\partial x^2} + \frac{\partial^2}{\partial y^2}\right)\right\}\psi$$

Das ist ein Eigenwertproblem mit Eigenwerten eines zweidimensionalen, harmonischen Oszillators. Wir erhalten also

$$E^2 = m^2 c^4 + c^2 p_z^2 + \lambda\left\{n \pm (\ell_z \pm 1)\right\}$$

mit $\ell_z = 0, \pm 1, \pm 2, \ldots, \pm(n-1)$.

Die Eigenwerte sind also

$$E = \sqrt{m^2 c^4 + c^2 p_z^2 + M|eB\hbar c|} \quad \text{mit } M = 0, 1, 2, \ldots$$

Der niedrigste Zustand hat eine Energie von genau mc^2.

2.13 Zusammenfassung der Matrizen der Dirac-Theorie in unserer Schreibweise

$$\alpha^k\alpha^\ell + \alpha^\ell\alpha^k = 2\delta_{k\ell}\mathbb{I} \qquad \alpha^k\beta + \beta\alpha^k = 0 \qquad \beta^2 = \mathbb{I} \qquad \sigma_k\sigma_\ell + \sigma_\ell\sigma_k = 2\delta_{k\ell}\mathbb{I}$$

$$\gamma_k = -i\beta\alpha^k \qquad \alpha^k = i\beta\gamma_k \qquad \gamma_4 = \beta \qquad \gamma_\mu\gamma_\nu + \gamma_\nu\gamma_\mu = 2\delta_{\mu\nu}\mathbb{I} \qquad (\gamma_k)^* = \gamma_k$$

$$\alpha^k\gamma_\ell - \gamma_\ell\alpha^k = 2i\delta_{\ell k}\beta \qquad \gamma_5 = \gamma_1\gamma_2\gamma_3\gamma_4 \qquad \gamma_\mu\gamma_5 + \gamma_5\gamma_\mu = 0$$

$$\alpha^k\gamma_5 - \gamma_5\alpha^k = 0 \qquad \gamma_5^2 = \mathbb{I}$$

Wir verwenden folgende Darstellung:

$$\sigma_1 = \begin{pmatrix} 0 & 1 \\ 1 & 0 \end{pmatrix} \quad \sigma_2 = \begin{pmatrix} 0 & -i \\ i & 0 \end{pmatrix} \quad \sigma_3 = \begin{pmatrix} 1 & 0 \\ 0 & -1 \end{pmatrix} \quad \alpha^k = \begin{pmatrix} \mathbb{O} & \sigma_k \\ \sigma_k & \mathbb{O} \end{pmatrix}$$

d. h.

$$\alpha^1 = \begin{pmatrix} 0 & 0 & 0 & 1 \\ 0 & 0 & 1 & 0 \\ 0 & 1 & 0 & 0 \\ 1 & 0 & 0 & 0 \end{pmatrix} \quad \alpha^2 = \begin{pmatrix} 0 & 0 & 0 & -i \\ 0 & 0 & i & 0 \\ 0 & -i & 0 & 0 \\ i & 0 & 0 & 0 \end{pmatrix}$$

$$\alpha^3 = \begin{pmatrix} 0 & 0 & 1 & 0 \\ 0 & 0 & 0 & -1 \\ 1 & 0 & 0 & 0 \\ 0 & -1 & 0 & 0 \end{pmatrix} \quad \beta = \begin{pmatrix} \mathbb{I} & \mathbb{O} \\ \mathbb{O} & -\mathbb{I} \end{pmatrix}$$

d. h.

$$\beta = \gamma_4 = \begin{pmatrix} 1 & 0 & 0 & 0 \\ 0 & 1 & 0 & 0 \\ 0 & 0 & -1 & 0 \\ 0 & 0 & 0 & -1 \end{pmatrix}$$

$$\gamma_5 = \begin{pmatrix} \mathbb{O} & -\mathbb{I} \\ -\mathbb{I} & \mathbb{O} \end{pmatrix} = \begin{pmatrix} 0 & 0 & -1 & 0 \\ 0 & 0 & 0 & -1 \\ -1 & 0 & 0 & 0 \\ 0 & -1 & 0 & 0 \end{pmatrix} \quad \gamma_k = \begin{pmatrix} \mathbb{O} & -i\sigma_k \\ i\sigma_k & \mathbb{O} \end{pmatrix}$$

d. h.

$$\gamma_1 = \begin{pmatrix} 0 & 0 & 0 & -i \\ 0 & 0 & -i & 0 \\ 0 & i & 0 & 0 \\ i & 0 & 0 & 0 \end{pmatrix} \quad \gamma_2 = \begin{pmatrix} 0 & 0 & 0 & -1 \\ 0 & 0 & 1 & 0 \\ 0 & 1 & 0 & 0 \\ -1 & 0 & 0 & 0 \end{pmatrix}$$

$$\gamma_3 = \begin{pmatrix} 0 & 0 & -i & 0 \\ 0 & 0 & 0 & i \\ i & 0 & 0 & 0 \\ 0 & -i & 0 & 0 \end{pmatrix}$$

$$\sigma_k = \epsilon\alpha^k \qquad \alpha^k = \epsilon\sigma_k \qquad \eta = i\epsilon\beta \qquad \epsilon = -i\alpha^1\alpha^2\alpha^3\epsilon^2 = \eta^2 = \mathbb{I}$$

$$\gamma_5 = -\epsilon \qquad \sigma_k = \eta\gamma_k \qquad \gamma_k = \eta\sigma_k \qquad \epsilon = -i\eta\beta \qquad \eta = -\alpha^1\alpha^2\alpha^3$$

$$\epsilon = \begin{pmatrix} \mathbb{O} & \mathbb{I} \\ \mathbb{I} & \mathbb{O} \end{pmatrix} = \begin{pmatrix} 0 & 0 & 1 & 0 \\ 0 & 0 & 0 & 1 \\ 1 & 0 & 0 & 0 \\ 0 & 1 & 0 & 0 \end{pmatrix}$$

$$\eta = \begin{pmatrix} \mathbb{O} & -i\mathbb{I} \\ i\mathbb{I} & \mathbb{O} \end{pmatrix} = \begin{pmatrix} 0 & 0 & -i & 0 \\ 0 & 0 & 0 & -i \\ i & 0 & 0 & 0 \\ 0 & i & 0 & 0 \end{pmatrix}$$

$$\alpha^k \sigma_\ell + \sigma_\ell \alpha^k = 2\delta_{\ell k}\epsilon \qquad \gamma_k \sigma_\ell + \sigma_\ell \gamma_k = 2\delta_{\ell k}\eta \qquad \beta\sigma_k - \sigma_k\beta = 0$$

$$\sigma_k \sigma_\ell = \alpha_k \alpha_\ell = \gamma_k \gamma_\ell = i\sigma_m \qquad k, \ell, m = (1,2,3) \text{ zyklisch permutiert}$$

$$\alpha^k \epsilon - \epsilon\alpha^k = \gamma_\mu\epsilon + \epsilon\gamma_\mu = \sigma_k\epsilon - \epsilon\sigma_k = 0$$

$$\alpha^k \eta + \eta\alpha^k = \gamma_k\eta - \eta\gamma_k = \sigma_k\eta - \eta\sigma_k = \beta\eta + \eta\beta = 0$$

$$\left.\begin{array}{l} \alpha_k \sigma_\ell = i\alpha_m \\ \sigma_k \gamma_\ell = i\gamma_m \\ \gamma_k \alpha_\ell = \beta\sigma_m \end{array}\right\} \quad k, \ell, m = (1,2,3) \text{ zyklisch permutiert}$$

Vergleich mit der Dirac-Schreibweise: $\quad \rho_1 = \epsilon \quad \rho_2 = \eta \quad \rho_3 = \beta$.
Lateinische Indices: 1, 2, 3; griechische Indices: 1, 2, 3, 4.

2.14 Zusammenfassung der Matrizen der Dirac-Theorie in der Feynman-Schreibweise

$$\alpha^k \alpha^\ell + \alpha^\ell \alpha^k = 2\delta_{k\ell}\mathbb{I} \qquad \alpha^k \beta + \beta\alpha^k = 0 \qquad g_{00} = +1 \qquad g_{kk} = -1$$

$$g_{\mu\nu} = 0, \; \mu \neq \nu \qquad \sigma_k \sigma_\ell + \sigma_\ell \sigma_k = 2\delta_{k\ell}\mathbb{I} \qquad \beta^2 = \mathbb{I} \qquad \gamma_k = \beta\alpha^k$$

$$\alpha^k = \beta\gamma_k \qquad \gamma_0 = \beta \qquad \gamma_\mu\gamma_\nu + \gamma_\nu\gamma_\mu = 2g_{\mu\nu}\mathbb{I} \qquad (\gamma_k)^* = -\gamma_k$$

$$\alpha^k \gamma_\ell - \gamma_\ell \alpha^k = -2\delta_{\ell k}\beta \qquad \gamma_5 = i\gamma_0\gamma_1\gamma_2\gamma_3 \qquad \gamma_\mu\gamma_5 + \gamma_5\gamma_\mu = 0$$

$$\alpha^k \gamma_5 - \gamma_5\alpha^k = 0 \qquad \gamma_5^2 = -\mathbb{I}$$

Darstellung:

$$\sigma_1 = \begin{pmatrix} 0 & 1 \\ 1 & 0 \end{pmatrix} \qquad \sigma_2 = \begin{pmatrix} 0 & -i \\ i & 0 \end{pmatrix}$$

$$\sigma_3 = \begin{pmatrix} 1 & 0 \\ 0 & -1 \end{pmatrix} \qquad \alpha^k = \begin{pmatrix} \mathbb{O} & \sigma_k \\ \sigma_k & \mathbb{O} \end{pmatrix}$$

d. h.

$$\alpha^1 = \begin{pmatrix} 0 & 0 & 0 & 1 \\ 0 & 0 & 1 & 0 \\ 0 & 1 & 0 & 0 \\ 1 & 0 & 0 & 0 \end{pmatrix} \qquad \alpha^2 = \begin{pmatrix} 0 & 0 & 0 & -i \\ 0 & 0 & i & 0 \\ 0 & -i & 0 & 0 \\ i & 0 & 0 & 0 \end{pmatrix}$$

$$\alpha^3 = \begin{pmatrix} 0 & 0 & 1 & 0 \\ 0 & 0 & 0 & -1 \\ 1 & 0 & 0 & 0 \\ 0 & -1 & 0 & 0 \end{pmatrix} \qquad \beta = \begin{pmatrix} \mathbb{I} & \mathbb{O} \\ \mathbb{O} & -\mathbb{I} \end{pmatrix}$$

d. h.

$$\beta = \gamma_0 = \begin{pmatrix} 1 & 0 & 0 & 0 \\ 0 & 1 & 0 & 0 \\ 0 & 0 & -1 & 0 \\ 0 & 0 & 0 & -1 \end{pmatrix} \qquad \gamma_k = \begin{pmatrix} \mathbb{O} & \sigma_k \\ -\sigma_k & \mathbb{O} \end{pmatrix}$$

d. h.

$$\gamma_1 = \begin{pmatrix} 0 & 0 & 0 & 1 \\ 0 & 0 & 1 & 0 \\ 0 & -1 & 0 & 0 \\ -1 & 0 & 0 & 0 \end{pmatrix} \qquad \gamma_2 = \begin{pmatrix} 0 & 0 & 0 & -i \\ 0 & 0 & i & 0 \\ 0 & -i & 0 & 0 \\ i & 0 & 0 & 0 \end{pmatrix}$$

$$\gamma_3 = \begin{pmatrix} 0 & 0 & 1 & 0 \\ 0 & 0 & 0 & -1 \\ -1 & 0 & 0 & 0 \\ 0 & 1 & 0 & 0 \end{pmatrix}$$

$$\rho_1 = \begin{pmatrix} \mathbb{O} & \mathbb{I} \\ \mathbb{I} & \mathbb{O} \end{pmatrix} = \begin{pmatrix} 0 & 0 & 1 & 0 \\ 0 & 0 & 0 & 1 \\ 1 & 0 & 0 & 0 \\ 0 & 1 & 0 & 0 \end{pmatrix} = \gamma_5$$

$$\rho_2 = \begin{pmatrix} \mathbb{O} & -i\mathbb{I} \\ i\mathbb{I} & \mathbb{O} \end{pmatrix} = \begin{pmatrix} 0 & 0 & -i & 0 \\ 0 & 0 & 0 & -i \\ i & 0 & 0 & 0 \\ 0 & i & 0 & 0 \end{pmatrix}$$

$$\sigma_k = \rho_1 \alpha^k \qquad \alpha^k = \rho_1 \sigma_k \qquad \rho_2 = i\rho_1\beta \qquad \rho_1 = -i\alpha^1\alpha^2\alpha^3 \qquad \rho_1^2 = \rho_2^2 = \mathbb{I}$$

$$\sigma_k = -i\rho_2\gamma_k \qquad \gamma_k = i\rho_2\sigma_k \qquad \rho_1 = -i\rho_2\beta \qquad \rho_2 = -\alpha^1\alpha^2\alpha^3\beta$$

$$\alpha^k\sigma_\ell + \sigma_\ell\alpha^k = 2\delta_{\ell k}\rho_1 \qquad \gamma_k\sigma_\ell + \sigma_\ell\gamma_k = -2\delta_{\ell k}\rho_2 \qquad \beta\sigma_k - \sigma_k\beta = 0$$

$$\sigma_k\sigma_\ell = \alpha_k\alpha_\ell = -\gamma_k\gamma_\ell = i\sigma_m \qquad k,\ell,m = (1,2,3) \text{ zyklisch permutiert}$$

$$\alpha^k\rho_1 - \rho_1\alpha^k = \gamma_\mu\rho_1 + \rho_1\gamma_\mu = \sigma_k\rho_1 - \rho_1\sigma_k = 0$$

$$\alpha^k\rho_2 + \rho_2\alpha^k = \gamma_k\rho_2 - \rho_2\gamma_k = \sigma_k\rho_2 - \rho_2\sigma_k = \beta\rho_2 + \rho_2\beta = 0$$

$$\left.\begin{array}{l} \alpha_k\sigma_\ell = i\alpha_m \\ \sigma_k\gamma_\ell = i\gamma_m \\ \gamma_k\alpha_\ell = i\beta\sigma_m \end{array}\right\} \quad k,\ell,m = (1,2,3) \text{ zyklisch permutiert}$$

Lateinische Indices: 1, 2, 3; griechische Indices: 0, 1, 2, 3.

Kapitel 3

Streuprobleme und die Born-Näherung

3.1 Allgemeine Diskussion

Das Problem der Streuung eines Dirac-Teilchens an einem Potenzial kann genau behandelt werden, indem man die Kontinuumslösungen der Dirac-Gleichung ermittelt. Das ist selbst für den einfachsten Fall einer Coulomb-Kraft eine komplizierte Angelegenheit. Berechnet wurde es von Mott; siehe *Proc. Roy. Soc. A* **135** (1932) 429.

Bei den meisten relativistischen Problemen und immer dann, wenn die Streuung durch komplizierte Effekte, denen die Strahlungstheorie zugrunde liegt, verursacht wird, verwendet man die *Born-Näherung*. Sie besagt, dass man die Streuung nur bis zur ersten Ordnung der Wechselwirkung oder bis zu der Ordnung behandelt, an der man interessiert ist.

Die Formel für eine Streuung von einem Anfangszustand A in einen Endzustand B – wobei beide in einem Kontinuum von Zuständen liegen – entspricht der Übergangswahrscheinlichkeit pro Zeiteinheit:

$$w = \frac{2\pi}{\hbar} \rho_E \left| V_{BA} \right|^2 \tag{102}$$

Diese sollten Sie bereits kennen. ρ_E ist die Dichte der Endzustände pro Einheitsenergieintervall. V_{BA} ist das Matrixelement des Potenzials V für den Übergang. Hierbei kann V alles Mögliche darstellen, es könnte sogar selbst ein Effekt zweiter oder höherer Ordnung sein, der bei Verwendung einer Störungstheorie höherer Ordnung auftritt.

F. Dyson, *Dyson Quantenfeldtheorie*,
DOI 10.1007/978-3-642-37678-8_3, © Springer-Verlag Berlin Heidelberg 2014

Die Schwierigkeiten bei wirklichen Berechnungen rühren von den Faktoren 2 und π sowie der korrekten *Normierung der Zustände* her. Ich werde das Zustandskontinuum nie auf die altbekannte Weise normieren (ein Teilchen pro Volumeneinheit, was nicht invariant wäre), sondern stattdessen so:

$$\text{ein Teilchen pro Volumen } \frac{mc^2}{|E|} \tag{103}$$

wobei $|E|$ die Energie der Teilchen ist. Dann wird sich bei einer Lorentz-Transformation das Volumen wie $1/|E|$ ändern, sodass die Festlegung invariant bleibt.

Ein durch den Spinor $\psi = u\exp\{(i\boldsymbol{p}\cdot\boldsymbol{x} - iEt)/\hbar\}$ gegebener Kontinuumszustand wird daher so normiert, dass sich ergibt:

$$u^*u = \frac{|E|}{mc^2} \tag{104}$$

Wenn wir nun die Dirac-Gleichung (44) für ein freies Teilchen auf der linken Seite mit $\overline{u}$ multiplizieren, erhalten wir $Eu^*\beta u = cu^*\beta\boldsymbol{\alpha}\cdot\boldsymbol{p}u + mc^2u^*u$. Die konjugiert komplexe Version lautet $Eu^*\beta u = -cu^*\beta\boldsymbol{\alpha}\cdot\boldsymbol{p}u + mc^2u^*u$, weil $\beta\boldsymbol{\alpha}$ anti-hermitesch ist. Addieren beider Ausdrücke liefert

$$E\,\overline{u}u = mc^2u^*u \tag{105}$$

Somit wird die Normierung zu

$$\left.\begin{array}{l} \overline{u}u = +1 \text{ für Elektronenzustände} \\ \quad\ = -1 \text{ für Positronenzustände} \end{array}\right\} = \epsilon; \quad \text{dies ist die Definition von } \epsilon \tag{106}$$

Mit dieser Normierung ist die Zustandsdichte im Impulsraum gleich 1 pro Phasenraumvolumen h^3, also

$$\rho = \frac{1}{h^3}\frac{mc^2}{|E|}\,dp_1dp_2dp_3 \tag{107}$$

pro Volumen $dp_1dp_2dp_3$ des Impulsraums – für *jede* Richtung des Spins und jedes Ladungsvorzeichen. Nun haben wir wieder ein invariantes Differenzial:

$$\frac{dp_1dp_2dp_3}{|E|} \tag{108}$$

3.2 Projektionsoperatoren

Normalerweise sind wir weder an dem Spin eines Zwischenzustands noch an dem eines Anfangs- oder Endzustands interessiert. Daher müssen wir Summen über Spinzustände der Form

$$S = \sum_2 (\bar{s}Ou)(\bar{u}Pr) \tag{109}$$

ansetzen, wobei O und P zu einer bestimmten Art von Operatoren sowie s und r zu einer bestimmten Art von Spinzuständen gehören und die Summe über die zwei Spinzustände u eines Elektrons mit dem Impuls p und der Energie E ausgeführt wird.

Wir schreiben

$$\not{p} = \sum_\mu p_\mu \gamma_\mu \qquad p_4 = iE/c \tag{110}$$

Die Dirac-Gleichung, die von u erfüllt wird, lautet:

$$(\not{p} - imc)\,u = 0 \tag{111}$$

Die zwei Spinzustände mit dem Impuls-4er-Vektor $(-p)$ erfüllen die Beziehung

$$(\not{p} + imc)\,u = 0 \tag{112}$$

Wie man mithilfe von (48) leicht zeigen kann, sind diese vier Zustände alle orthogonal in dem Sinne, dass $(\bar{u}'u) = 0$ für jedes Paar $u'u$ ist. Deshalb kann der Einheitsoperator in der Form

$$\mathbb{I} = \sum_4 (u\bar{u})\,\epsilon \tag{113}$$

geschrieben werden – als Summe über alle vier Zustände und mit unserem zuvor definierten ϵ. Aufgrund von (111), (112) und (113) wird aus (109) nun:

$$S = \sum_4 \left(\bar{s}O\frac{\not{p}+imc}{2imc}\epsilon u\right)(\bar{u}Pr) = (\bar{s}O\Lambda_+ Pr) \tag{114}$$

Wegen (113) ist der Operator

$$\Lambda_+ = \frac{\not{p}+imc}{2imc} \tag{115}$$

hierbei ein Projektionsoperator für *Elektronen* mit dem Impuls p.

Auf die gleiche Weise können wir für eine Summe über die beiden Positronenzustände u mit dem Impuls p und der Energie E vorgehen. Dann erhalten wir

$$S = \sum_2 (\bar{s}Ou)(\bar{u}Pr) = (\bar{s}O\Lambda_- Pr) \tag{116}$$

mit

$$\Lambda_- = \frac{\not{p} - imc}{2imc} \tag{117}$$

Daraus folgt

$$\Lambda_+ - \Lambda_- = \mathbb{I} \tag{118}$$

Diese Projektionsoperatoren sind kovariant. Heitler verfuhr anders, wobei die Operatoren am Ende nicht-kovariant und mathematisch „unhandlicher" sind.

Beachten Sie, dass ladungskonjugierte Wellenfunktionen hier *keine* Anwendung finden. Die Positronen mit dem Impuls p werden durch Wellenfunktionen u von Elektronen mit dem Impuls $(-p)$ und der Energie $(-E)$ dargestellt.

3.3   Berechnung von Spuren

Nehmen wir an, wir müssen einen Ausdruck wie

$$\frac{1}{2} \sum_I \sum_F (\bar{u}_F O u_I)(\bar{u}_I O u_F)$$

berechnen, wobei hier nur über die Elektronenzustände summiert wird. Das liefert

$$\frac{1}{2} \sum (\bar{u}_F O\Lambda_+ O\Lambda_+ u_F)\,\epsilon$$

summiert über alle vier Spinzustände u_F. Um dies zu berechnen, betrachten wir den allgemeinen Ausdruck

$$\sum_u \epsilon\,(\bar{u}Qu)$$

summiert über alle vier Spinzustände, wobei Q eine beliebige (4×4)-Matrix ist. Seien w_1, w_2, w_3, w_4 die Eigenvektoren von Q mit den Eigenwerten λ_1, λ_2, λ_3, λ_4. Dann ist

$$Q = \sum_{k=1}^{4} \lambda_k w_k w_k^*$$

und

$$\sum_u \epsilon \left(\overline{u}Qu\right) = \sum_u \epsilon \sum_{k=1}^{4} \lambda_k \left(\overline{u}w_k\right)\left(w^*u\right) = \sum_{k=1}^{4} \lambda_k w^* \left\{\sum_u \epsilon \left(u\overline{u}\right)\right\} w_k$$

Mithilfe von (113) ergibt sich daraus

$$\sum_u \epsilon \left(\overline{u}Qu\right) = \sum \lambda$$

Nun ist $\sum \lambda$ die Summe der Diagonalelemente von Q und damit die Spur von Q. Es ist also

$$\sum_u \epsilon \left(\overline{u}Qu\right) = \operatorname{Sp} Q$$

und das ist immer einfach zu berechnen.

Aufgabe 3. Gegeben seien ein stationäres Potenzial V als Funktion des Ortes und ein Strahl einfallender Teilchen, und zwar Elektronen. Lösen Sie die Schrödinger-Gleichung in der Born-Näherung:

    (a) mit der stationären Störungstheorie,

    (b) mit der zeitabhängigen Störungstheorie.

    Zeigen Sie, dass die Ergebnisse übereinstimmen und sich eine Übergangswahrscheinlichkeit von $w = (2\pi/\hbar)\rho_E|V_{BA}|^2$ pro Zeiteinheit ergibt. Schätzen Sie den Wirkungsquerschnitt ab für den Fall, dass $V = -Ze^2/r$ ist, indem Sie den Spin über den Anfangszustand mitteln und über den Endzustand aufsummieren.

    (c) Wiederholen Sie Ihre Berechnung mit Teilchen, die der Klein-Gordon-Gleichung genügen. Lassen Sie in beiden Methoden den V^2-Term weg. Vergleichen Sie die Winkelverteilungen beider Fälle.

Aufgabe 4. Ein Kern (^{16}O) hat einen geradzahligen ($j = 0$) Grundzustand und einen geradzahligen ($j = 0$) angeregten Zustand bei 6 MeV. Berechnen Sie die absolute Paar-Emissionsrate sowie die Winkel- und die Impulsverteilung.

Lösung

Es seien ΔE die Anregungsenergie sowie ρ_N und $\boldsymbol{j}_N$ der Ladungs- bzw. der Stromdichteoperator des Kerns. Dann sind wir beim Übergang daran interessiert, dass ρ_N und $\boldsymbol{j}_N$ Funktionen des Ortes r mit der zeitlichen Änderung eines einzelnen Matrixelements sind, die durch $\exp\{-i\Delta E/\hbar\}$ gegeben ist. Ferner gilt

$$\nabla \cdot \boldsymbol{j}_N = -\frac{\partial \rho_H}{\partial t} = i\frac{\Delta E}{\hbar}\rho_N \tag{119}$$

Das Matrixelement des elektrostatischen Potenzials des Kerns ist

$$\nabla^2 V = -4\pi\rho_N \tag{120}$$

Die Zustände sind kugelsymmetrisch, sodass ρ_N nur eine Funktion von r ist. Dann vereinfacht sich die allgemeine Lösung der Poisson-Gleichung zu[1]

$$V(r) = -\frac{6\pi}{r}\int_0^r r_1^2\,\rho_N(r_1)\,dr_1 \tag{121}$$

Außerhalb des Kerns ist $V(r) = Ze^2/r$ zeitlich konstant, sodass das Matrixelement von $V(r)$ für diesen Übergang gleich null ist. In der Tat erhalten wir aus (119) und (120) durch Integration:

$$V(r) = \frac{\hbar}{i\Delta E}(-4\pi)(-r)j_{No}(r) = \frac{4\pi r\hbar}{i\Delta E}j_{No}(r) \tag{122}$$

wobei j_{No} die nach außen zeigende Komponente des Stroms ist.

Die Wechselwirkung, welche Paare erzeugt, ist dann gegeben durch

$$I = \int \frac{4\pi r\hbar}{i\Delta E}\,j_{No}(r)\,(-e\psi^*\psi(r))\,d\tau \tag{123}$$

Als Näherung setzen wir die de-Broglie-Wellenlänge aller Paare als groß im Vergleich zum Durchmesser des Atomkerns an. Dann gilt

$$I = \psi^*\psi(0)\,\frac{4\pi\hbar e i}{\Delta E}\int r\,j_{No}(r)\,d\tau \tag{124}$$

---

[1] Diese Gleichung unterscheidet sich von der in der ersten englischen Auflage um den Faktor (-6π), aber keine von beiden ist korrekt. Der gewünschte Ausdruck lautet

$$V(r) = \frac{4\pi}{r}\int_0^r \rho_N(r')r'^2 dr' + 4\pi\int_r^\infty \rho_N(r')r'dr'$$

was durch Differenziation nachgewiesen werden kann. Mit $\rho_N(r)$ als kugelsymmetrischer Funktion wird die Poisson-Gleichung $\nabla^2 V = -4\pi\rho_N$ zu

$$\frac{1}{r^2}\frac{\partial}{\partial r}\left(r^2\frac{\partial}{\partial r}V(r)\right) = -4\pi\rho_N(r)$$

Siehe W. H. K. Panofsky und M. Phillips, *Classical Electricity and Magnetism*, 2. Aufl. (Addision-Wesley, 1955), „Exercise" 10, S. 27; und H. u. B. S. Jeffreys, *Methods of Mathematical Physics* (Cambridge, U. P., 1946), Kap. 6, „Potential Theory", S. 187 (D. Holliday, private Mitteilung).

Die Konstante $\int r\, j_{No}(r)\, d\tau$ ist nicht genau bekannt. Zum Abschätzen der Ordnung nehmen wir an, dass die Ladung Ze des Kerns sowohl im Grundzustand als auch im angeregten Zustand gleichförmig in einer Kugel vom Radius r_o verteilt ist. Da ρ_N innerhalb des Kerns annähernd konstant ist, erhalten wir durch Integration von (119):

$$j_N = \frac{i\Delta E}{3\hbar}\bar{r}\rho_N \qquad \text{also}$$

$$I = \psi^*\psi(0)\left(\frac{-4\pi e}{3}\right)\int r^2 \rho_N(r)\, d\tau = \psi^*\psi(0)\left(\frac{-4\pi e}{3}\right)Q e^{-i\Delta Et/\hbar} \quad (125)$$

Dabei ist Q ein ungefähres Maß für das Ladungsträgheitsmoment des Kerns und entspricht

$$\frac{3}{5}Zer_o^2$$

Es ist daher

$$I = -\frac{4\pi Ze^2 r_o^2}{5}\left\{\psi^*\psi(0)\right\}e^{-i\Delta Et/\hbar} \quad (126)$$

Das Problem ist also, die Wahrscheinlichkeiten von Paar-Emissionen bei dieser Wechselwirkung zu berechnen. Beachten Sie, dass reale Strahlung bei einem 0–0-Übergang strikt verboten ist und diese Paare daher in dieser Reaktion beobachtet werden:

$$p + {}^{19}\text{F} \rightarrow {}^{16}\text{O}^* + \alpha \rightarrow {}^{16}\text{O} + e^+ + e^- + \alpha \quad (127)$$

Ist es richtig, wenn wir für die Wechselwirkung nur

$$\int V(r)\left(-e\psi^*\psi\right)d\tau$$

heranziehen und damit nur das Coulomb-Potenzial der Kernladung berücksichtigen und alle weiteren elektrodynamischen Effekte außer Acht lassen? – Ja. Denn allgemein würde die Wechselwirkung wie folgt aussehen:

$$\int\left\{\varphi\left(-e\psi^*\psi\right) - \sum_k A_k\left(-e\psi^*\alpha_k\psi\right)\right\}d\tau \quad (128)$$

wobei φ und A_k das skalare bzw. das Vektor-Potenzial sind, die die Maxwell-Gleichungen

$$\nabla^2\varphi + \frac{1}{c}\nabla\cdot\frac{\partial \boldsymbol{A}}{\partial t} = -4\pi\rho_N$$

$$\nabla^2 \boldsymbol{A} - \frac{1}{c^2}\frac{\partial^2 \boldsymbol{A}}{\partial t^2} - \nabla\left\{\nabla\cdot\boldsymbol{A} + \frac{1}{c}\frac{\partial\varphi}{\partial t}\right\} = -\frac{4\pi}{c}\boldsymbol{j}_N$$

erfüllen.

Das Matrixelement der Wechselwirkung (128) bleibt bei jeglicher Eichtransformation der $(\boldsymbol{A},\varphi)$ unverändert. Demnach wählen wir die Eichung, in der gilt:

$$\nabla\cdot\boldsymbol{A} = 0$$

Übrigens reduziert sich wegen $\varphi = V(r)$ die zweite Maxwell-Gleichung auf

$$\nabla^2 \boldsymbol{A} - \frac{1}{c^2}\frac{\partial^2 \boldsymbol{A}}{\partial t^2} - = -\frac{4\pi}{c}\boldsymbol{j}_N$$

Nun, da keine freie Strahlung mehr präsent ist, ist in dieser Eichung auch $\nabla\times\boldsymbol{A} = 0$ und damit $\boldsymbol{A} = 0$. Darum können wir tatsächlich alle elektrodynamischen Effekte unbeachtet lassen.

Lassen Sie uns nun die Wahrscheinlichkeit der Paaremission mit der Wechselwirkung (126) berechnen. Ein typischer Endzustand besteht aus einem Elektron mit dem Impuls p_1 und einem Positron mit dem Impuls p_2 mit der Energie E_1 bzw. E_2 und dem Spin u_1 bzw. u_2. Für die Erzeugung dieses Paares ist das Matrixelement von I gegeben durch

$$I = -C\,\overline{u}_1\beta u_2 \qquad C = \frac{4\pi Z e^2 r_o^2}{5} \tag{128a}$$

Die Dichte der Endzustände ist gemäß (107):

$$\frac{1}{(2\pi\hbar)^6}\frac{m^2 c^4}{E_1 E_2}\,p_1^2 dp_1\,d\omega_1\,p_2^2 dp_2\,d\omega_2 \tag{129}$$

wobei $d\omega_1$ und $d\omega_2$ die Raumwinkel für p_1 und p_2 sind. Die Erzeugungswahrscheinlichkeit pro Zeiteinheit ist demzufolge gemäß (102):

$$w = \frac{2\pi}{\hbar}\frac{\rho_E}{dE}|I|^2 = \frac{2\pi}{\hbar}\frac{dp_1 dp_2}{d\left(E_1+E_2\right)}C^2\frac{1}{(2\pi\hbar)^6}\frac{m^2 c^4\,p_1^2\,p_2^2\,d\omega_1\,d\omega_2}{E_1 E_2}\sum_{u_1,u_2}|\,\overline{u}_1\beta u_2\,|^2 \tag{130}$$

Mit festgelegtem p_1 ergibt sich

$$\frac{dp_2}{d(E_1+E_2)} = \frac{dp_2}{dE_2} = \frac{E_2}{c^2 p_2}$$

und

$$\sum_{u_1,u_2} |\bar{u}_1 \beta u_2|^2 = \sum_{u_1,u_2} (\bar{u}_1 \beta u_2)(\bar{u}_2 \beta u_1) = \mathrm{Sp}\left\{\beta \frac{\not{p}_2 - imc}{2imc} \beta \frac{\not{p}_1 + imc}{2imc}\right\}$$

$$= -1 + \frac{\boldsymbol{p}_1 \cdot \boldsymbol{p}_2}{m^2 c^2} + \frac{E_1 E_2}{m^2 c^4} = \frac{E_1 E_2 - m^2 c^4 + c^2 p_1 p_2 \cos\theta}{m^2 c^4}$$

wobei θ der Winkel zwischen den Teilchen des Paares ist. Wir ersetzen in (130):

$$dE_1 = dp_1 \frac{c^2 p_1}{E_1}, \qquad d\omega_1 = 4\pi, \qquad d\omega_2 = 2\pi \sin\theta \, d\theta$$

und erhalten damit für die differenzielle Wahrscheinlichkeit in Abhängigkeit von E_1 und θ:

$$w_o = \frac{4Z^2 e^4 r_o^4}{25\pi c^4 \hbar^7} p_1 p_2 \, dE_1 \left(E_1 E_2 - m^2 c^4 + c^2 p_1 p_2 \cos\theta\right) \sin\theta \, d\theta \qquad (131)$$

Wegen

$$\Delta E = 6\,\mathrm{MeV} = 12\,mc^2$$

können wir in guter Näherung alle Teilchen als sehr stark relativistisch behandeln, sodass gilt:

$$w_o = \frac{4Z^2 e^4 r_o^4}{25\pi c^6 \hbar^7} E_1^2 E_2^2 \, dE_1 \left(1 + \cos\theta\right) \sin\theta \, d\theta \qquad (132)$$

Die Paare haben also vorherrschend *gleiche* Energien und eine Winkelverteilung, die sich in der *gleichen* Hemisphäre konzentriert. Wegen

$$\int_0^\pi (1 + \cos\theta) \sin\theta \, d\theta = 2 \quad \text{und} \quad \int_0^{\Delta E} E_1^2 E_2^2 \, dE_1$$

$$= \int_0^{\Delta E} E_1^2 (E_1 + \Delta E)^2 dE_1 = \frac{1}{15}(\Delta E)^5$$

erhalten wir für die absolute Wahrscheinlichkeit der Erzeugung pro Zeiteinheit:

$$w_T = \frac{4Z^2 e^4 r_o^4}{25\pi \hbar^7 c^6} \frac{1}{15} (\Delta E)^5 \qquad (133)$$

Die Zahlenwerte sind

$$\frac{Ze^2}{\hbar c} \approx \frac{1}{17} \quad \text{und} \quad \frac{\Delta E r_o}{\hbar c} \approx \frac{1}{10} \qquad \text{wegen } r_o = 4 \times 10^{-13}\,\mathrm{cm}$$

und die Lebensdauer beträgt

$$\tau = 15 \times 25\pi \times 10^5 \times 17^2 \times \frac{1}{4} \times \frac{r_o}{c} = 10^{10} \frac{r_o}{c} \approx 10^{-13}\,\mathrm{s} \qquad (134)$$

3.4 Streuung zweier Elektronen in der Born-Näherung – Die Møller-Formel

Wir berechnen nun das Übergangsmatrixelement M für die Streuung zwischen einem Anfangszustand A, der aus zwei Elektronen mit den Impulsen p_1 und p_2 sowie den Spins u_1 und u_2 besteht, und einem Endzustand B, der aus zwei Elektronen mit den Impulsen p'_1 und p'_2 sowie den Spins u'_1 und u'_2 besteht. Demnach liefert uns M die Wahrscheinlichkeitsamplitude dafür, nach langer Zeit den Zustand B zu erreichen, wenn bekannt ist, dass das System zu Beginn im Zustand A war. Dann sollte M an sich *invariant* gegenüber der Tatsache sein, ob wir relativistisch rechnen oder nicht.

Wir behandeln die Wechselwirkung in der Born-Näherung, d. h. wir betrachten die Teilchen, wie sie direkt von dem Zustand A eines freien Teilchens zu einem anderen Zustand B eines freien Teilchens übergehen, indem wir den Wechselwirkungsoperator einmal auf den Zustand A anwenden. Für Elektronen mit ziemlich hohen oder relativistischen Geschwindigkeiten ist dies eine sehr gute Näherung ($e^2/\hbar v \ll 1$). Außerdem behandeln wir die elektromagnetische Wechselwirkung klassisch, genau wie beim ^{16}O-Problem, indem wir das Feld, das von Teilchen 1 gemäß den klassischen Maxwell-Gleichungen verursacht wird, direkt auf Teilchen 2 wirken lassen. Dies lässt die Tatsache, dass das Feld aus Quanten besteht, außer Acht. Wir werden später, nachdem wir die Quantenfeldtheorien entwickelt haben, sehen, dass dies *keine Fehler* erzeugt, solange wir uns in der Born-Näherung bewegen.

Für das Feld, das von Teilchen 1 bei einem Übergang vom Zustand p_1, u_1 zum Zustand p'_1, u'_1 erzeugt wird, sind die Matrixelemente beispielsweise $\varphi_{(1)}, \boldsymbol{A}_{(1)}$. Wir nutzen nun nicht die Eichung mit $\nabla \cdot \boldsymbol{A} = 0$, sondern die kovariante Eichung, in der gilt:[2]

$$\sum_{\mu} \frac{\partial A_{\mu}}{\partial x_{\mu}} = 0 \qquad A_4 = i\varphi \tag{135}$$

Wenn wir also die kovariante Schreibweise verwenden, ergibt sich in dieser Eichung:

$$\sum_{\nu} \frac{\partial^2}{\partial x_{\nu}^2} A_{\mu(1)} = +4\pi e s_{\mu\,(1)} \qquad \text{(Die Ladung ist } - e) \tag{136}$$

---

[2]In der Literatur wird die Eichbedingung $\nabla \cdot \boldsymbol{A} = 0$ inzwischen „Coulomb-Eichung" genannt; Die Wahl der Eichbedingung $\partial_\mu A^\mu = 0$ (mit der Einstein'schen Summenkonvention) heißt „Lorentz-Eichung"; siehe auch Gl. (588). In der hier beschriebenen, von Moravcsik überarbeiteten Version wird die Einstein'sche Summenkonvention nicht genutzt. Siehe dazu auch die Erläuterung nach Gl. (234a).

$$s_{\mu(1)} = i\left(\overline{u}'_1 \gamma_\mu u_1\right) \exp\left\{\sum_\nu \frac{i}{\hbar}\left(p_{1\nu} - p'_{1\nu}\right) x_\nu\right\} \tag{137}$$

woraus wir erhalten:

$$A_{\mu(1)} = -4\pi i e\hbar^2 \left[\frac{\left(\overline{u}'_1 \gamma_\mu u_1\right) \exp\left\{\sum_\nu \frac{i}{\hbar}\left(p_{1\nu} - p'_{1\nu}\right) x_\nu\right\}}{\sum_\lambda \left(p_{1\lambda} - p'_{1\lambda}\right)^2}\right] \tag{138}$$

mit

$$\sum_\nu \left(p_{1\nu} - p'_{1\nu}\right)^2 = \left|\boldsymbol{p}_1 - \boldsymbol{p}'_1\right|^2 - \frac{1}{c^2}\left(E_1 - E'_1\right)^2 \tag{139}$$

Der Effekt des Feldes (138) auf Teilchen 2 ist durch den Wechselwirkungsterm in der Dirac-Gleichung für Teilchen 2 gegeben:

$$-e\varphi + e\boldsymbol{\alpha}\cdot\boldsymbol{A} = ie\beta \sum_\mu \gamma_\mu A_\mu \tag{140}$$

Daraus ergibt sich bei Teilchen 2 für den Übergang vom Zustand p_2, u_2 zum Zustand p'_2, u'_2 das Übergangsmatrixelement

$$\int d\tau\, \psi'^*_2 \left(ie\beta \sum_\mu \gamma_\mu A_{\mu(1)}\right) \psi_2 \tag{141}$$

was ein dreidimensionales Raumintegral zum Zeitpunkt t ist. Für das gesamte Übergangsmatrixelement M erhalten wir mithilfe der Störungsentwicklung erster Ordnung

$$\begin{aligned}M &= -\frac{i}{\hbar}\int_{-\infty}^{\infty} dt \int d\tau\, \overline{\psi}'_2 \left(ie \sum_\mu \gamma_\mu A_{\mu(1)}\right) \psi_2 \\ &= -\frac{i}{\hbar c}\int d^4x\, \overline{\psi}'_2 \left(ie \sum_\mu \gamma_\mu A_{\mu(1)}\right) \psi_2\end{aligned} \tag{142}$$

Dabei beinhaltet das 4-fach-Integral dx_1, dx_2, dx_3, dx_0, $x_0 = ct$. Einsetzen der Werte von $A_{\mu(1)}$, ψ'_2 und ψ_2 liefert

$$M = -\frac{4\pi e^2 \hbar i}{c} \sum_{\mu} (\overline{u}'_2 \gamma_\mu u_2)(\overline{u}'_1 \gamma_\mu u_1) \frac{1}{\sum_\nu (p_{1\nu} - p'_{1\nu})^2} \int d^4 x$$

$$\times \exp \left\{ \sum_\lambda \frac{i}{\hbar} (p_{1\lambda} - p'_{1\lambda} + p_{2\lambda} - p'_{2\lambda}) x_\lambda \right\}$$

$$= -\frac{4\pi e^2 \hbar i}{c} \sum_{\mu,\nu} \frac{(\overline{u}'_2 \gamma_\mu u_2)(\overline{u}'_1 \gamma_\mu u_1)}{(p_{1\nu} - p'_{1\nu})^2} (2\pi\hbar)^4 \delta^4 (p_1 + p_2 - p'_1 - p'_2) \quad (143)$$

mit $\delta^4(x) = \prod_{k=1}^4 \delta(x_k)$.

Es gibt außerdem noch den Austauschprozess, in dem das Teilchen von p_1, u_1 in den Zustand p'_2, u'_2 übergeht *und umgekehrt*. Dieser Austauschprozess trägt zu M mit einem negativen Vorzeichen bei, da die Wellenfunktionen beider Teilchen antisymmetrisch zueinander sein sollten. Folglich lautet das Endergebnis

$$M = -\frac{4\pi e^2 \hbar i}{c} (2\pi\hbar)^4 \delta^4 (p_1 + p_2 - p'_1 - p'_2)$$

$$\times \sum_{\mu,\nu} \left\{ \frac{(\overline{u}'_2 \gamma_\mu u_2)(\overline{u}'_1 \gamma_\mu u_1)}{(p_{1\nu} - p'_{1\nu})^2} - \frac{(\overline{u}'_2 \gamma_\mu u_1)(\overline{u}'_1 \gamma_\mu u_2)}{(p_{1\nu} - p'_{2\nu})^2} \right\} \quad (144)$$

Diese kovariante Formel ist elegant und einfach herzuleiten. Die Frage lautet nun: Wie gelangt man von einer solchen Formel zu einem Wirkungsquerschnitt?

Wir nehmen an, dass bei einem Stoßprozess zweier Teilchen das Übergangsmatrixelement allgemein wie folgt aussieht:

$$M = K(2\pi\hbar)^4 \delta^4 (p_1 + p_2 - p'_1 - p'_2) \quad (145)$$

Was also wäre der Querschnitt, ausgedrückt in Termen, die von K abhängen? Wir nehmen diese Berechnung jetzt einmalig hier vor, sodass wir später aufhören können, sobald wir für M einen Ausdruck der Art (145) gefunden haben, was z. B. praktischerweise auch bei der Strahlungstheorie der Fall ist.

3.5 Beziehung zwischen Querschnitten und Übergangsamplituden

Es sei w die Übergangswahrscheinlichkeit pro Volumeneinheit und Zeiteinheit. Sie ist verknüpft mit der Übergangswahrscheinlichkeit für einen einzelnen Endzustand, welche lautet:

$$w_s = c|K|^2 (2\pi\hbar)^4 \delta^4 (p_1 + p_2 - p_1' - p_2') \qquad (146)$$

da in $|M|^2$ einer der beiden Faktoren $(2\pi\hbar)^4 \delta^4 (p_1 + p_2 - p_1' - p_2')/c$ lediglich das Volumen in der Raumzeit angibt, in der die Wechselwirkung stattfinden kann. Die Anzahl der Endzustände ist gemäß (107):

$$\frac{1}{(2\pi\hbar)^6} \frac{mc^2}{|E_1'|} \frac{mc^2}{|E_2'|} \, dp_{11}' \, dp_{12}' \, dp_{13}' \, dp_{21}' \, dp_{22}' \, dp_{23}' \qquad (147)$$

Die Multiplikation von (146) mit (147) liefert die absolute Übergangswahrscheinlichkeit:

$$w = |K|^2 \frac{1}{(2\pi\hbar)^2} \frac{m^2 c^4}{E_1' E_2'} c \, \delta^4 (p_1 + p_2 - p_1' - p_2') \, dp_{11}' \, dp_{12}' \, dp_{13}' \, dp_{21}' \, dp_{22}' \, dp_{23}' \qquad (148)$$

Wegen $\delta(ax) = \frac{1}{a}\delta(x)$ ergibt sich

$$\delta^4 (p_1 + p_2 - p_1' - p_2') = \delta^3 (\boldsymbol{p}_1 + \boldsymbol{p}_2 - \boldsymbol{p}_1' - \boldsymbol{p}_2') \, c \, \delta(E_1 + E_2 - E_1' - E_2')$$

und die Integration über dp_2 liefert aufgrund der Impulserhaltung

$$w = |K|^2 \frac{c^2}{(2\pi\hbar)^2} \frac{m^2 c^4}{E_1' E_2'} \delta(E_1 + E_2 - E_1' - E_2') \, dp_{11}' \, dp_{12}' \, dp_{13}' \qquad (148a)$$

Weiterhin gilt für $f(a) = 0$:

$$f(x) = f(a) + f'(a)(x - a) = f'(a)(x - a)$$

und daher

$$\delta(f(x)) = \delta\{f'(a)(x - a)\} = \frac{\delta(x - a)}{f'(a)}$$

Wenn wir dies in (148a) mit $f(x) = f(p_{13}') = E_1 + E_2 - E_1' - E_2'$ sowie mit $a = (p_{13}')_c$ und dem Wert von p_{13}', der Impuls- und Energieerhaltung garantiert, anwenden, dann ergibt sich:

$$\delta(E_1 + E_2 - E_1' - E_2') = \frac{1}{\dfrac{d(E_1 + E_2 - E_1' - E_2')}{dp_{13}'}} \delta\{p_{13}' - (p_{13}')_c\}$$

und daraus schließlich

$$w = |K|^2 \frac{m^2 c^4}{E_1' E_2'} \frac{c^2}{(2\pi\hbar)^2} \frac{dp_{11}' \, dp_{12}' \, dp_{13}'}{d(E_1' + E_2')}$$

Wir wählen ein Lorentz-System, in dem p_1 und p_2 entlang der x_3-Richtung liegen, und verwenden p_{11}' und p_{12}' als die Variablen, über die die Übergangswahrscheinlichkeit ermittelt wird. Dies ist notwendig für die relativistische Invarianz. Mit festgelegtem p_{11}' und p_{12}' sowie der Folgerung aus der Impulserhaltung, dass $p_{13}' = -p_{23}'$ gilt, erhalten wir

$$\frac{d(E_1' + E_1')}{dp_{13}'} = \left| \frac{dE_1'}{dp_{13}'} - \frac{dE_2'}{dp_{23}'} \right| = c^2 \frac{|E_2' \, p_{13}' - E_1' \, p_{23}'|}{E_1' E_2'} \qquad (149)$$

Dann ist in diesem System der Querschnitt σ gegeben durch

$$\sigma = \frac{w V_1 V_2}{|\boldsymbol{v}_1 - \boldsymbol{v}_2|} \qquad (150)$$

wobei V_1 das Normierungsvolumen für Teilchen 1 und v_1 dessen Geschwindigkeit ist. Gemäß (103) folgt

$$V_1 = \frac{mc^2}{E_1} \qquad V_2 = \frac{mc^2}{E_2} \qquad (\boldsymbol{v}_1 - \boldsymbol{v}_2) = \frac{c^2 \boldsymbol{p}_1}{E_1} - \frac{c^2 \boldsymbol{p}_2}{E_2} \qquad (151)$$

Der Querschnitt wird also zu

$$\sigma = \frac{w \left(mc^2\right)^2}{c^2 |\boldsymbol{p}_1 E_2 - \boldsymbol{p}_2 E_1|}$$

$$= |K|^2 \frac{\left(mc^2\right)^4}{c^2 |E_2 p_{13} - E_1 p_{23}| \, |E_2' \, p_{13}' - E_1' \, p_{23}'|} \frac{1}{(2\pi\hbar)^2} \, dp_{11}' \, dp_{12}' \qquad (152)$$

Es ist erwähnenswert, dass der Faktor $(\boldsymbol{p}_1 E_2 - \boldsymbol{p}_2 E_1)$ invariant bezüglich derjenigen Lorentz-Transformationen ist, die die Komponenten x_1 und x_2 unverändert lassen (z. B. eine Anhebung parallel zur x_3-Achse). Um das zu beweisen, müssen wir zeigen, dass $p_{13} E_2 - p_{23} E_1 = \tilde{p}_{13}\tilde{E}_2 - \tilde{p}_{23}\tilde{E}_1$ gilt (hier bezeichnet die Tilde ~ die Größen nach der Lorentz-Transformation), da wir ein Lorentz-System gewählt haben, in dem der Impulsvektor in Richtung der x_3-Achse zeigt. Dann gilt

$$\tilde{E} = E \cosh\theta - cp \sinh\theta$$

$$\tilde{p} = p \cosh\theta - \frac{E}{c} \sinh\theta$$

Wegen $E^2 = p^2 c^2 + m^2 c^4$ können wir schreiben:

$$E = mc^2 \cosh\phi \qquad pc = mc^2 \sinh\phi \qquad \text{also}$$

$$\tilde{E} = mc^2 \cosh(\phi - \theta) \qquad \tilde{p}c = mc^2 \sinh(\phi - \theta) \qquad \text{und damit}$$

$$\begin{aligned}
\tilde{E}_2 \tilde{p}_{13} - \tilde{E}_1 \tilde{p}_{23} &= m^2 c^3 \{\cosh(\phi_2 - \theta)\sinh(\phi_1 - \theta) \\
&\quad - \cosh(\phi_1 - \theta)\sinh(\phi_2 - \theta)\} \\
&= m^2 c^3 \sinh(\phi_1 - \phi_2)
\end{aligned}$$

was unabhängig von θ ist. Wir erkennen also, dass σ invariant bezüglich Lorentz-Transformationen parallel zur x_3-Achse ist.

3.6 Ergebnisse bei der Møller-Streuung

Ein Elektron sei anfangs in Ruhe, und das andere habe die Energie $E = \gamma mc^2$:

$$\gamma = \frac{1}{\sqrt{1 - (v/c)^2}}$$

$$\text{Streuwinkel} = \theta \text{ im Laborsystem}$$

$$= \theta^* \text{ im Schwerpunktsystem}$$

Dann ist der differenzielle Querschnitt (siehe Mott und Massey, *Theory of Atomic Collisions*, 2. Aufl., S. 368) gegeben durch

$$2\pi\sigma(\theta)\, d\theta = 4\pi \left(\frac{e^2}{mv^2}\right)^2 \left(\frac{\gamma + 1}{\gamma^2}\right) dx$$

$$\times \left\{ \frac{4}{(1 - x^2)^2} - \frac{3}{1 - x^2} + \left(\frac{\gamma - 1}{2\gamma}\right)^2 \left(1 + \frac{4}{1 - x^2}\right) \right\} \quad (153)$$

mit

$$x = \cos\theta^* = \frac{2 - (\gamma + 3)\sin^2\theta}{2 + (\gamma - 1)\sin^2\theta}$$

Ohne Spin erhält man einfach

$$4\pi \left(\frac{e^2}{mv^2}\right)^2 \left(\frac{\gamma + 1}{\gamma^2}\right) dx \left\{ \frac{4}{(1 - x^2)^2} - \frac{3}{1 - x^2} \right\}$$

Die Auswirkung des Spins ist eine messbare *Zunahme* der Streuung über das Ausmaß gemäß der Mott-Formel hinaus. Der Einfluss des Austauschs entspricht ungefähr dem Term $\frac{3}{1 - x^2}$. Die Streuung von Elektron und Positron verläuft sehr ähnlich, nur dass die Austauschwirkung aufgrund der Annihilationswahrscheinlichkeit anders ist.

3.7   Bemerkung zur Behandlung der Austauschwirkung

Der Anfangs- und der Endzustand bei diesem Problem sind, korrekt normiert, folgende:

$$\frac{1}{\sqrt{2}}\left\{\psi_1(1)\psi_2(2) - \psi_1(2)\psi_2(1)\right\}$$

$$\frac{1}{\sqrt{2}}\left\{\psi_1'(1)\psi_2'(2) - \psi_1'(2)\psi_2'(1)\right\}$$

$$(154)$$

wobei $\psi_2(1)$ das Teilchen 2 im Zustand 1 beschreibt usw. Mit diesen Zuständen ist das Matrixelement M genau so, wie wir es zuvor inklusive des Austauschterms berechnet haben.

Die Anzahl der möglichen Endzustände ist nur halb so groß wie die Anzahl der Zustände zweier unterscheidbarer Teilchen. Aber das bringt keinen Faktor $\frac{1}{2}$ in den differenziellen Querschnitt ein, da die Dichte antisymmetrischer Zustände, in denen eines der beiden Teilchen einen Impuls in einem bestimmten Bereich dp_1, dp_2, dp_3 hat, genau der Dichte der Zustände zweier unterscheidbarer Teilchen entspricht, in denen das Teilchen, das mit 1 bezeichnet wird, im vorgegebenen Bereich liegt. Deshalb gilt allgemein die Regel: Der differenzielle Querschnitt weist *keinen* Faktor $\frac{1}{2}$ auf, aber der absolute Querschnitt *hat* diesen Faktor, weil jeder Endzustand nur einmal gezählt werden darf, wenn über die Winkel integriert wird.

3.8   Relativistische Behandlung bei mehreren Teilchen

Die Møller-Methode ist bei der Beschreibung der Wechselwirkung zweier Elektronen erfolgreich, weil das Feld von Teilchen 1 für alle Zeiten berechnet werden kann, ohne dass die Auswirkung von Teilchen 2 auf Teilchen 1 in Betracht gezogen wird. Wie kann man eine genauere Berechnung bewerkstelligen, die solche Reaktionen einbezieht? Offensichtlich müssen wir eine Bewegungsgleichung aufstellen, die den Bewegungen beider Teilchen kontinuierlich mit der Zeit folgt und beide stets miteinander verknüpft. Wir brauchen also eine Dirac-Gleichung für zwei Elektronen, die deren Wechselwirkung untereinander exakt berücksichtigt, indem in die Gleichung auch das Verhalten des Maxwell-Feldes eingefügt wird.

Diese Form der Zwei-Teilchen-Dirac-Gleichung ist nicht mehr relativistisch invariant, wenn wir jedem Teilchen verschiedene Positionen im Raum, jedoch allen die gleiche *Zeit* zuordnen. Um das zu vermeiden, konstruierte Dirac die *Viel-Zeiten*-Theorie, in der jedes Elektron seine eigene, „private" Zeitkoordinate hat und seine eigene, „private" Dirac-Gleichung erfüllt.

Diese Theorie ist im Prinzip vollkommen richtig. Aber sie wird hoffnungslos kompliziert, wenn Paarerzeugung stattfindet und Gleichungen mit neuen Zeitkoordinaten plötzlich auftauchen und wieder verschwinden. Tatsächlich entpuppt sich die ganze Vorstellung der Quantisierung der Elektronentheorie als einer Theorie diskreter Teilchen, von denen jedes seine eigene Zeit hat, als unsinnig, wenn man mit einem unendlichen „Meer" oder einer unendlichen Anzahl von Teilchen konfrontiert ist. – Damit sind wir am Ende dessen angelangt, was wir mit der relativistischen Quantentheorie der Teilchen anfangen können.

Wo ist bei der Theorie etwas schiefgelaufen? Viele Schwierigkeiten entstanden offensichtlich schon dadurch, dass ein Teilchen immer durch einen Operator r beschrieben wurde, der die Position im Raum zur Zeit t darstellte, wobei t hier allerdings eine Zahl und kein Operator ist. Das machte die Interpretation des Formalismus *hauptsächlich* nicht-relativistisch – sogar dann, wenn die Gleichungen dem gegenüber formal invariant waren. In Gleichungen wie der Klein-Gordon- oder der Dirac-Gleichung erscheinen die Raum- und Zeitkoordinaten symmetrisch.

Somit gelangen wir zu einem neuen Standpunkt: Die relativistische Quantentheorie ist die Untersuchung von Größen ψ, die Funktionen der vier Koordinaten x_1, x_2, x_3 und x_0 sind, wobei alle Koordinaten reine Zahlen und nur die Ausdrücke mit ψ Operatoren sind, die das dynamische System beschreiben.

Das dynamische System wird durch die Größe ψ näher beschrieben, die an allen Punkten der Raumzeit existiert; somit besteht es aus einem System aus Feldern. Die relativistische Quantentheorie ist zwangsläufig eine Feldtheorie.

Der Prozess der Neuinterpretierung einer Ein-Teilchen-Wellenfunktion wie der des ψ von Dirac als einem quantisierten Feldoperator wird *zweite Quantisierung* genannt.

Kapitel 4

Feldtheorie

Bevor wir mit der Konzeption unserer Quantentheorie für Felder beginnen, sind einige Anmerkungen zur klassischen Feldtheorie angebracht.

4.1 Klassische relativistische Feldtheorie

Wir betrachten ein Feld mit Komponenten (Vektor, Spinor etc.), die mit dem Index α gekennzeichnet sind. Es gelte

$$\phi_\mu^\alpha = \frac{\partial \phi^\alpha}{\partial x_\mu} \tag{155}$$

Die Theorie wird vollständig durch eine invariante Funktion des Ortes beschrieben, und zwar durch die sogenannte Lagrange-Dichte

$$\mathscr{L} = \mathscr{L}\left(\phi^\alpha(x), \phi_\mu^\alpha(x)\right) \tag{156}$$

Dies ist eine Funktion von ϕ^α und dessen *ersten* Ableitungen am Punkt x. Das Verhalten des Feldes ist durch das *Wirkungsprinzip* festgelegt. Wenn Ω ein beliebiges endliches oder unendliches Gebiet der Raumzeit ist, dann ist

$$I(\Omega) = \frac{1}{c} \int_\Omega \mathscr{L}\, d^4x \tag{157}$$

stationär für die physikalisch möglichen Felder ϕ^α. Folglich erzeugt die Variation $\phi^\alpha \to \phi^\alpha + \delta\phi^\alpha$ keine Änderung von I in der ersten Ordnung von $\delta\phi^\alpha$, wenn $\delta\phi^\alpha$ eine beliebige Variation ist, die auf der Grenze von Ω zu null wird.

Es wird stets angenommen, dass $\mathscr{L}$ höchstens quadratisch in ϕ_μ^α ist und auch hinsichtlich verschiedener anderer Aspekte analytisch gut beschrieben werden kann.

F. Dyson, *Dyson Quantenfeldtheorie*,
DOI 10.1007/978-3-642-37678-8_4, © Springer-Verlag Berlin Heidelberg 2014

Seien Σ die Grenze von Ω und $d\sigma$ ein dreidimensionales Volumenelement auf Σ sowie n_μ der nach außen zeigende, zu $d\sigma$ normale Einheitsvektor. Ferner gelte

$$d\sigma_\mu = n_\mu d\sigma \qquad \sum_\mu n_\mu^2 = -1 \qquad \mu = 1, 2, 3, 4 \qquad x_0 = ct$$

$$d\sigma_\mu = (dx_2\,dx_3\,dx_0,\; dx_1\,dx_3\,dx_0,\; dx_1\,dx_2\,dx_0,\; -i\,dx_1\,dx_2\,dx_3)$$

(158)

Dann ist

$$c\,\delta I(\Omega) = \int_\Omega \sum_\alpha \left(\frac{\partial\mathscr{L}}{\partial\phi^\alpha}\delta\phi^\alpha + \sum_\mu \frac{\partial\mathscr{L}}{\partial\phi^\alpha_\mu}\delta\phi^\alpha_\mu \right) d^4x$$

$$= \int_\Omega \sum_\alpha \left\{ \frac{\partial\mathscr{L}}{\partial\phi^\alpha} - \sum_\mu \frac{\partial}{\partial x_\mu}\left(\frac{\partial\mathscr{L}}{\partial\phi^\alpha_\mu} \right) \right\} \delta\phi^\alpha d^4x + \int_\Sigma \sum_{\alpha,\mu} n_\mu \frac{\partial\mathscr{L}}{\partial\phi^\alpha_\mu}\delta\phi^\alpha d\sigma$$

(159)

Somit liefert das Wirkungsprinzip die Feldgleichungen

$$\frac{\partial\mathscr{L}}{\partial\phi^\alpha} - \sum_\mu \frac{\partial}{\partial x_\mu}\left(\frac{\partial\mathscr{L}}{\partial\phi^\alpha_\mu} \right) = 0$$

(160)

die die Bewegung der Felder definieren.

Die Größe

$$\pi_\alpha = \frac{1}{c}\sum_\mu n_\mu \frac{\partial\mathscr{L}}{\partial\phi^\alpha_\mu}$$

(161)

ist der zu ϕ^α konjugierte Impuls, definiert an der Stelle x und bezogen auf die Oberfläche Σ.

Eine allgemeinere Form der Variation wird erreicht, wenn man nicht nur ϕ^α, sondern auch die Grenze von Ω variiert, indem jeder Punkt x_μ zur Position $(x_\mu + \delta x_\mu)$ verschoben wird. Hierbei ist δx_μ entweder konstant oder über die Oberfläche hinweg veränderlich. Wenn wir $_N\phi^\alpha$ für das neue und $_O\phi^\alpha$ für das alte ϕ^α schreiben, erhalten wir:

$$\delta\phi^\alpha(x) = {_N\phi^\alpha}(x+\delta x) - {_O\phi^\alpha}(x)$$

$${_O\phi^\alpha}(x+\delta x) = {_O\phi^\alpha}(x) + \sum_\mu \delta x_\mu\, {_O\phi^\alpha_\mu}(x)$$

$$\Delta\phi^\alpha(x) = {_N\phi^\alpha}(x) - {_O\phi^\alpha}(x)$$

(162)

Somit ergibt sich durch die zusammengefügte Variation:

$$c\,\delta I(\Omega) = \int_{\Omega_N} \mathscr{L}\left({}_N\phi^\alpha(x), {}_N\phi_\mu^\alpha(x)\right) d^4x - \int_{\Omega_O} \mathscr{L}\left({}_O\phi^\alpha(x), {}_O\phi_\mu^\alpha(x)\right) d^4x$$

$$= \left\{\int_{\Omega_N} - \int_{\Omega_O}\right\} \mathscr{L}\left({}_N\phi^\alpha(x), {}_N\phi_\mu^\alpha(x)\right) d^4x$$

$$- \int_{\Omega_O} \left\{\mathscr{L}\left({}_N\phi^\alpha(x), {}_N\phi_\mu^\alpha(x)\right) - \mathscr{L}\left({}_O\phi^\alpha(x), {}_O\phi_\mu^\alpha(x)\right)\right\} d^4x$$

$$= \int_\Sigma \sum_{\alpha,\mu} n_\mu \delta x_\mu \mathscr{L}\left({}_N\phi^\alpha(x), {}_N\phi_\mu^\alpha(x)\right) d\sigma + c \int_\Sigma \sum_\alpha \pi_\alpha(x)\Delta\phi^\alpha(x)\, d\sigma$$

wobei Letzteres gemäß (159) unter der Annahme von (160) gilt.

Nun ist aufgrund von (162):

$$\delta\phi^\alpha(x) = {}_N\phi^\alpha(x) + \sum_\mu \delta x_\mu\, {}_N\phi_\mu^\alpha(x) - {}_O\phi^\alpha(x) = \Delta\phi^\alpha + \sum_\mu \delta x_\mu\, {}_N\phi_\mu^\alpha(x)$$

und wir erhalten damit schließlich

$$\delta I(\Omega) = \int_\Omega \sum_{\alpha,\mu} \left\{\pi_\alpha \delta\phi^\alpha + \left(\frac{1}{c}n_\mu\mathscr{L} - \phi_\mu^\alpha \pi^\alpha\right)\delta x_\mu\right\} d\sigma \qquad (163)$$

mit allen neuen Größen auf der rechten Seite.

Bei dem physikalisch relevanten Fall wird die tatsächliche Bewegung eindeutig festgelegt, indem man die Werte von ϕ^α überall auf den beiden Oberflächen σ_2 und σ_1 der Raumzeit, welche die frühere bzw. die zukünftige Grenze des Volumens Ω bilden, festlegt. Eine raumartige Oberfläche liegt vor, wenn für jedes auf ihr liegendes Punktepaar gilt, dass der eine Punkt außerhalb des Lichtkegels des jeweils anderen liegt, sodass die Felder an jedem Punkt voneinander unabhängig festgelegt werden können.

Im speziellen Fall der nicht-relativistischen Theorie stellen sowohl σ_1 als auch σ_2 nur den Raum zur Zeit t_1 bzw. t_2 dar, und δx_μ ergibt sich aus der Multiplikation von ic mit einer Verschiebung der Zeit um δt_1 und δt_2. Dann dürfen wir $n_\mu = (0,0,0,i)$ und $\pi_\alpha = \partial\mathscr{L}/\partial\dot\phi^\alpha$ schreiben und für den Hamiltonian

$$H = \int d\tau \left(\sum_\alpha \pi_\alpha \dot\phi^\alpha - \mathscr{L}\right) \qquad (164)$$

ansetzen. Damit ergibt sich

$$\delta I(\Omega) = \int d\tau \sum_{\alpha} \left\{ (\pi_\alpha \delta\phi^\alpha)(t_1) - (\pi_\alpha \delta\phi^\alpha)(t_2) \right\} - \left\{ H(t_1)\,\delta t_1 - H(t_2)\,\delta t_2 \right\}$$

(165)

Wesentlich an dieser klassischen Theorie ist, dass das Wirkungsprinzip nur für Variationen gilt, die auf der Grenze von Ω verschwinden. Daraus kann man wie in (163) und (165) die Auswirkung auf $I(\Omega)$ durch Variationen, die an der Grenze nicht verschwinden, *herleiten*. Dies ist deshalb möglich, weil jeder Bewegungszustand durch die Festlegung *so vieler Feldgrößen wie möglich* definiert wird, die man unabhängig voneinander festlegen kann (z. B. alle Felder auf zwei raumartigen Oberflächen oder alle Felder mit ihren zeitlichen Ableitungen auf einer Oberfläche). Dann ist sind gesamte Vergangenheit und Zukunft der Bewegung durch die Feldgleichungen bestimmt.

$$\dot{\phi}^\alpha = \frac{\partial H}{\partial \pi_\alpha}, \qquad \dot{\pi}_\alpha = -\frac{\partial H}{\partial \phi^\alpha}$$

Beispiele:

1. Klein-Gordon-Feld, reell:

$$\mathscr{L}_K = -\frac{1}{2}c^2 \left\{ \sum_\mu \left(\frac{\partial \psi}{\partial x_\mu} \right)^2 + \mu^2 \psi^2 \right\}$$

(166)

2. Klein-Gordon-Feld, komplex:

$$\mathscr{L}'_K = -c^2 \left\{ \sum_\mu \left(\frac{\partial \psi}{\partial x_\mu} \frac{\partial \psi^*}{\partial x_\mu} \right) + \mu^2 \psi \psi^* \right\}$$

(167)

Hierbei betrachten wir ψ und ψ^* als voneinander unabhängige Ein-Komponenten-Felder.

3. Maxwell-Feld, vier-komponentiges A_μ, Fermi-Form:

$$\mathscr{L}_M = -\frac{1}{4} \sum_{\mu,\nu} \left(\frac{\partial A_\nu}{\partial x_\mu} - \frac{\partial A_\mu}{\partial x_\nu} \right)^2 - \frac{1}{2} \sum_\mu \left(\frac{\partial A_\mu}{\partial x_\mu} \right)^2$$

(168)

4. Dirac-Feld:

$$\mathscr{L}_D = -\hbar c\, \overline{\psi} \left(\sum_\lambda \gamma_\lambda \frac{\partial}{\partial x_\lambda} + \mu \right) \psi \qquad \mu = \frac{mc}{\hbar}$$

(169)

5. Dirac-Feld in Wechselwirkung mit Maxwell-Feld:

$$\mathscr{L}_Q = \mathscr{L}_D + \mathscr{L}_M - \sum_\lambda ie A_\lambda \overline{\psi} \gamma_\lambda \psi \qquad (170)$$

Hierbei steht Q für „Quantenelektrodynamik".

Aufgabe 5. Bearbeiten Sie die obigen Beispiele. Ermitteln Sie für jedes die Feldgleichungen, den zu jeder Komponente des Feldes zugehörigen Impuls und die Hamilton-Funktion (die Impulse und der Hamiltonian sind nur für den Fall eines ebenen Raums σ definiert). Beweisen Sie, dass der Hamiltonian eine korrekte kanonische Darstellung der Feldgleichungen als Hamilton-Gleichungen der Bewegung ergibt.

4.2 Relativistische Quantenfeldtheorie

Die klassischen relativistischen Feldtheorien wurden normalerweise quantisiert, indem man die Hamilton-Form der Feldgleichungen verwendete und die Kommutatorbeziehungen zwischen Koordinaten und Impulsen aus der nicht-relativistischen Quantenmechanik einführte. Näheres zu diesem Ansatz findet sich in Wentzels Buch. Er ist eine ziemlich schlechte Methode; sie ist kompliziert, und es ist nicht offensichtlich und keinesfalls leicht zu beweisen, dass die so aufgestellte Theorie relativistisch ist, da der gesamte Hamilton-Ansatz nicht-kovariant ist.

Erst vor Kurzem haben wir eine viele bessere Methode dafür kennen gelernt, die ich Ihnen im Folgenden näher bringen möchte. Sie geht auf Feynman und Schwinger zurück.

Literatur: R. P. Feynman   *Rev. Mod. Phys.* **20** (1948) 367
                                  Phys. Rev. **80** (1950) 440
             J. Schwinger   *Phys. Rev.* **82** (1951) 914

Sie ist voll und ganz relativistisch und viel einfacher als die alten Verfahren; sie basiert direkt auf der Form des Wirkungsprinzips der alten Theorie, die ich soeben dargestellt habe, und nicht auf der Hamilton-Form.

In der Quantentheorie sind die ϕ^α Operatoren, die wie zuvor an jedem Punkt der Raumzeit definiert sind. Sie erfüllen dieselben Feldgleichungen wie zuvor, was gewährleistet ist, wenn wir annehmen, dass das Wirkungsprinzip

$$\delta I(\Omega) = 0$$
$$I(\Omega) = \frac{1}{c} \int_\Omega \mathscr{L} \left(\phi^\alpha, \phi^\alpha_\mu \right) d^4x \tag{171}$$

für alle Variationen $\delta\phi^\alpha$ der Operatoren gilt, die an den Grenzen von Ω verschwinden.

In der Quantentheorie ist es aufgrund komplementärer Beziehungen nicht möglich, allen Feldoperatoren während einer physikalischen Bewegung Zahlenwerte zuzuweisen. Tatsächlich wird ein Bewegungszustand dadurch beschrieben, dass man den ϕ^α Zahlenwerte auf *einer* raumartigen Oberfläche gibt. Die Zukunft eines Bewegungszustands kann dann nicht aus den Feldgleichungen hergeleitet werden, die im Allgemeinen Differenzialgleichungen zweiter Ordnung sind. Folglich genügt das Wirkungsprinzip (171), das für die klassische Theorie ausreichte, nicht mehr. Wir müssen einige zusätzliche Aussagen über das Verhalten von δI bei Variationen $\delta\phi^\alpha$ treffen, die auf den Grenzen von Ω nicht null werden.

Ein Bewegungszustand wird beschrieben, indem man eine Raumzeit-Oberfläche σ und einen Satz von Zahlenwerten ϕ'^α für die Eigenwerte, die die Operatoren ϕ^α auf σ haben, bestimmt. Der Zustand ist durch den Dirac-Ket-Vektor $|\phi'^\alpha, \sigma\rangle$ gekennzeichnet. Dies ist eine spezielle Zustandsform, in der die ϕ^α auf σ Eigenwerte haben: Der allgemeine Zustand ist eine Linearkombination von $|\phi'^\alpha, \sigma\rangle$ mit verschiedenen Werten von ϕ'^α. Die physikalisch beobachtbaren Größen sind Ausdrücke wie das Matrixelement

$$\left\langle \phi_1'^\alpha, \sigma_1 \,\middle|\, \phi^\beta(x) \,\middle|\, \phi_2'^\alpha, \sigma_2 \right\rangle \tag{172}$$

des Feldoperators $\phi^\beta(x)$ zwischen den zwei Zuständen, die durch $\phi_1'^\alpha$ auf σ_1 und durch $\phi_2'^\alpha$ auf σ_2 beschrieben werden. Insbesondere ist die Amplitude der Übergangswahrscheinlichkeit zwischen den beiden Zuständen

$$\left\langle \phi_1'^\alpha, \sigma_1 \,\middle|\, \phi_2'^\alpha, \sigma_2 \right\rangle \tag{173}$$

Der quadrierte Betrag hiervon gibt die Wahrscheinlichkeit an, die Werte $\phi_1'^\alpha$ für die Felder auf σ_1 bei einer Bewegung zu finden, die durch die Felder definiert ist, wobei die festen Werte $\phi_2'^\alpha$ auf σ_2 gegeben sind.

4.3   Das Feynman-Verfahren der Quantisierung

Das Feynman-Verfahren der Quantisierung der Theorie besteht darin, eine explizite Formel für die Übergangsamplitude (173) aufzustellen, und zwar:

$$\langle \phi_1'^{\,\alpha}, \sigma_1 \mid \phi_2'^{\,\alpha}, \sigma_2 \rangle = N \sum_H \exp\left\{ \frac{i}{\hbar} I_H(\Omega) \right\} \tag{174}$$

Hier stellt H eine *Historie* der Felder zwischen σ_2 und σ_1 dar, also einen beliebigen Satz klassischer Funktionen $\phi^\alpha(x)$, die im Gebiet Ω zwischen σ_2 und σ_1 definiert sind und die Werte $\phi_1'^{\,\alpha}$ auf σ_1 und $\phi_2'^{\,\alpha}$ auf σ_2 annehmen. $I_H(\Omega)$ ist der Wert von $I(\Omega)$, welcher mit diesen Funktionen berechnet wurde. Die Summe $\sum_H$ wird über alle Historien, die möglich sind, ausgeführt. Sie ist eine kontinuierliche, unendliche Summe, deren exakte mathematische Definition nicht einfach zu formulieren ist. N ist ein von den betrachteten Zuständen unabhängiger Normierungsfaktor, der so gewählt wird, dass er die Summe der Amplitudenquadrate für den Übergang von einem gegebenen Zustand zu allen anderen Zuständen gleich 1 werden lässt. Diese Formel wurde von Feynman aus sehr allgemeinen Betrachtungen hergeleitet, wobei er das Huygens'sche Prinzip auf die Lösung der Wellenmechanik anwandte, genau so, wie man es in der Wellenoptik tut. Durch diese eine Formel wird die gesamte Theorie quantisiert, und die Lösung jedes physikalischen Problems ist prinzipiell gegeben. Das Verfahren ist nicht nur auf die Feldtheorie anwendbar, sondern auch auf die gewöhnliche nicht-relativistische Quantentheorie. Wir wollen an dieser Stelle nicht versuchen, Feynmans Formel herzuleiten oder ihre Gültigkeit zu beweisen. Wir wollen nur zeigen, dass sie die gleichen Ergebnisse liefert wie die normale Quantenmechanik. Näheres zu den Schwierigkeiten der Definition der Summe $\sum_H$ und zu einer Methode, sie für einfache Fälle auszuführen, findet sich bei C. Morette, *Phys. Rev.* **81** (1951) 848.

Aus Gleichung (174) können wir sofort das allgemeinste *Korrespondenzprinzip* herleiten, das uns beim Grenzübergang $\hbar \to 0$ zur klassischen Theorie zurückführt. Unter der Annahme $\hbar \to 0$ wird der exponentielle Faktor in (174) eine extrem schnell oszillierende Funktion von H für alle Historien H, *ausgenommen* diejenige, für die $I(\Omega)$ stationär ist. Somit reduziert sich die Summe $\sum_H$ in diesem Grenzfall zu dem Beitrag der klassischen Bewegung, die von $\phi_2'^{\,\alpha}$ auf σ_2 zu $\phi_1'^{\,\alpha}$ auf σ_1 führt – alle anderen Beiträge verschwinden durch destruktive Interferenz. Die klassische Bewegung definiert sich durch die Bedingung $\delta I(\Omega) = 0$ für alle kleinen Variationen der ϕ^α zwischen σ_2 und σ_1. Dieser Weg zur klassischen Theorie ist genau analog zum Weg von

der Wellenoptik zur geometrischen Optik, bei dem man die Wellenlänge des
Lichts gegen null tendieren lässt. Die WKB-Näherung erhält man, indem
man $\hbar$ als sehr klein, aber nicht direkt als null annimmt.

Um eine Verbindung zwischen seinem Verfahren und der üblichen Methode der Quantisierung herzustellen, musste Feynman festlegen, was in seinen
Ausführungen unter einem Operator zu verstehen ist. Das tat er folgendermaßen: Sei x ein beliebiger Punkt der Raumzeit innerhalb von Ω. Sei $\mathcal{O}(x)$
ein beliebiger Feldoperator, definiert bei x, zum Beispiel $\phi^\beta(x)$ oder $\phi^\beta_\mu(x)$.
Dann erhält $\mathcal{O}(x)$ eine Bedeutung, wenn wir sein Matrixelement zwischen
den Zuständen $|\phi'^\alpha_2, \sigma_2\rangle$ und $|\phi'^\alpha_1, \sigma_1\rangle$ definieren, wobei σ_2 und σ_1 zwei belie-
bige Oberflächen in Richtung Vergangenheit bzw. Zukunft von x sind. Das
Matrixelement ist

$$\langle \phi'^\alpha_1, \sigma_1 \,|\, \mathcal{O}(x) \,|\, \phi'^\alpha_2, \sigma_2 \rangle = N \sum_H \mathcal{O}_H(x) \exp\left\{ \frac{i}{\hbar} I_H(\Omega) \right\} \tag{175}$$

Die Größe $\mathcal{O}_H$ ist nun der Wert, den der Ausdruck $\mathcal{O}$ annimmt, wenn die ϕ^α
die Werte erhalten, die sie in der Historie H haben. Es kann leicht nachgewie-
sen werden, dass die beiden Definitionen (174) und (175) physikalisch sinnvoll
sind und die richtigen formalen Eigenschaften von Übergangsamplituden und
Matrixelementen von Operatoren haben.

Das Feynman-Verfahren hat einen fatalen Nachteil: Wir können es erst
nutzen, wenn wir eine Möglichkeit kennen, die Summen über die Historien
zu berechnen oder zumindest anzuwenden. Und bisher fand noch niemand
eine geeignete Methode, das zu tun. Schwinger hat jedoch gezeigt, wie man
aus dem Feynman-Verfahren eine Formulierung des Wirkungsprinzips für die
Theorie herleiten kann, die diese Schwierigkeit umgeht.

4.4   Das Schwinger'sche Wirkungsprinzip

Wir nehmen die Sätze der Eigenwerte ϕ'^α_1 und ϕ'^α_2 in (174) als fixiert an.
Dann variieren wir die Werte $\phi^\alpha_H(x)$ so, dass $\phi^\alpha_H(x)$ durch $\phi^\alpha_H(x) + \delta\phi^\alpha(x)$
ersetzt wird, wobei $\delta\phi^\alpha(x)$ eine beliebige, infinitesimale Größe ist. Die Oberflächen σ_1 und σ_2 werden nun so variiert, dass sich der Punkt x_μ zu $x_\mu + \delta x_\mu$
verschiebt. Und die Funktion $\mathscr{L}$ wird ebenfalls so verändert, dass sie durch
$\mathscr{L} + \delta\mathscr{L}$ ersetzt wird, wobei $\delta\mathscr{L}$ ein beliebiger Ausdruck ist, der die ϕ^α und
ϕ^α_μ beinhaltet. Durch diese dreifache Variation wird (174) zu

$$\delta \langle \phi'^\alpha_1, \sigma_1 \,|\, \phi'^\alpha_2, \sigma_2 \rangle = N \sum_H \left\{ \frac{i}{\hbar} \delta I_H(\Omega) \exp\left(\frac{i}{\hbar} I_H(\Omega) \right) \right\} \tag{176}$$

Mithilfe von (175) können wir schreiben

$$\delta \langle \phi_1'^{\alpha}, \sigma_1 \,|\, \phi_2'^{\alpha}, \sigma_2 \rangle = \frac{i}{\hbar} \langle \phi_1'^{\alpha}, \sigma_1 \,|\, \delta I(\Omega) \,|\, \phi_2'^{\alpha}, \sigma_2 \rangle \tag{177}$$

Hier ist $\delta I(\Omega)$ der Operator, den wir erhalten, wenn wir die drei Variationen beim Operator $I(\Omega)$ ausführen. Formal gesehen ist $\delta I(\Omega)$ das Gleiche wie die Variation, die wir auch in der klassischen Theorie erhalten:

$$\delta I(\Omega) = \frac{1}{c} \int_{\Omega} \left\{ \delta \mathscr{L} + \sum_{\alpha,\mu} \left(\frac{\partial \mathscr{L}}{\partial \phi^{\alpha}} - \frac{\partial}{\partial x_{\mu}} \frac{\partial \mathscr{L}}{\partial \phi_{\mu}^{\alpha}} \right) \delta \phi^{\alpha} \right\} d^4 x$$

$$+ \left\{ \int_{\sigma_1} - \int_{\sigma_2} \right\} \sum_{\alpha,\mu} \left\{ \pi_{\alpha} \delta \phi^{\alpha} + \left(\frac{1}{c} n_{\mu} \mathscr{L} - \phi_{\mu}^{\alpha} \pi_{\alpha} \right) \delta x_{\mu} \right\} d\sigma \tag{178}$$

Allerdings ist hier jetzt alles auf der rechten Seite ein Operator.

Was ist nun die Bedeutung der Dreifach-Variation, wie sie auf der linken Seiten von (174) durchgeführt wurde? Da die $\phi_H^{\alpha}(x)$ nur Variablen der Summation sind, wirkt sich die Änderung von $\phi_H^{\alpha}(x)$ zu $\phi_H^{\alpha}(x) + \delta \phi^{\alpha}(x)$ nur auf die linke Seite aus, und zwar durch die Änderung der Werte der Grenze, die $\phi_H^{\alpha}(x)$ auf σ_1 und σ_2 einnehmen muss. Dadurch ergibt sich anstelle von $\phi_H^{\alpha}(x) = \phi_1^{\alpha \prime \prime}(x)$ auf σ_1 jetzt die neue Summationsvariable

$$\phi_H^{\alpha}(x) + \delta \phi^{\alpha} = \phi_1^{\alpha \prime \prime}(x) + \delta \phi^{\alpha} \quad \text{auf} \ \sigma_1$$

Die Änderung in ϕ_H^{α} ist somit ebenso einfach wie die Änderungen

$$\phi_1^{\alpha \prime \prime} \quad \text{zu} \quad \phi_1^{\alpha \prime \prime} + \delta \phi^{\alpha} \quad \text{auf} \ \sigma_1$$
$$\phi_2^{\alpha \prime} \quad \text{zu} \quad \phi_2^{\alpha \prime} + \delta \phi^{\alpha} \quad \text{auf} \ \sigma_2$$

Die Änderungen in $\mathscr{L}$ und in der Position von σ erzeugen eine Änderung auf der linken Seite von (174), und zwar durch die Änderungen der Operatoren ϕ^{α} auf σ_1 und σ_2, verursacht durch die Variationen $\delta \mathscr{L}$ und δx_{μ} gemäß den Feldgleichungen.

Letztlich bewirkt die Dreifach-Variation auf der linken Seite von (174) die Änderung im Matrixelement $\langle \phi_1^{\alpha \prime \prime}, \sigma_1 \,|\, \phi_2^{\alpha \prime}, \sigma_2 \rangle$, wenn die $\phi_1^{\alpha \prime \prime}$ und $\phi_2^{\alpha \prime}$ auf der linken Seite fixiert sind, wobei die Operatoren $\phi^{\alpha}(x)$ auf σ_1 und σ_2 infolge der Variationen $\delta \mathscr{L}$ und δx_{μ} gemäß den Feldgleichungen modifiziert wurden und außerdem $\phi^{\alpha}(x)$ auf σ_1 und σ_2 zu $\phi^{\alpha}(x) - \delta \phi^{\alpha}(x)$ geändert wurde.

Schwinger verwendet Gleichung (177) als fundamentales Prinzip, um die Quantentheorie aufzustellen. Auf diese Weise wird er das unschöne $\sum_H$ los. Aus diesem Wirkungsprinzip kann man sehr einfach alle Haupteigenschaften einer Quantenfeldtheorie gewinnen, wie sie im Folgenden behandelt wird.

4.4.1 Die Feldgleichungen

Wir betrachten den speziellen Fall einer Variation $\delta\phi^\alpha$, die auf der Grenze von Ω verschwindet, und verwenden die Beziehung $\delta\mathscr{L} = \delta x_\mu = 0$. Dann hängt $\langle \phi_1^{\alpha'}, \sigma_1 \mid \phi_2^{\alpha'}, \sigma_2 \rangle$ nur von den Operatoren ϕ^α auf σ_1 und σ_2 ab und wird durch die Variation nicht beeinflusst. Für alle Variationen dieser Art gilt also

$$\delta I(\Omega) = 0 \tag{171}$$

$$\frac{\partial\mathscr{L}}{\partial\phi^\alpha} - \sum_\mu \frac{\partial}{\partial x_\mu}\frac{\partial\mathscr{L}}{\partial\phi^\alpha_\mu} = 0 \tag{179}$$

Das bedeutet nun: Das klassische Wirkungsprinzip und die klassischen Feldgleichungen sind für Quantenfeldoperatoren gültig.

Wir sehen, dass (177) genau die Art von Verallgemeinerung ist, die wir für das alte Wirkungsprinzip (171) haben wollen. Es beinhaltet die für eine Quantentheorie notwendigen Informationen und berücksichtigt die Auswirkung von Variationen auf $I(\Omega)$, die an der Grenze von Ω nicht verschwinden.

4.4.2 Die Schrödinger-Gleichung für die Zustandsfunktion

Wir legen σ_1 und σ_2 als den gesamten Raum zu den Zeiten t_1 und t_2 fest. Dann ist

$$\langle \phi_1'^\alpha, \sigma_1 \mid \phi_2'^\alpha, \sigma_2 \rangle = \langle \phi_1'^\alpha, t_1 \mid \phi_2'^\alpha, t_2 \rangle = \Psi\left(\phi_1'^\alpha, t_1\right)$$

die Schrödinger-Wellenfunktion, die bei den Anfangsbedingungen $\phi_2'^\alpha$ zur Zeit t_2 die Wahrscheinlichkeitsamplitude dafür liefert, das System zur Zeit t_1 im Zustand $\phi_1'^\alpha$ zu finden. Die Entwicklung von $\Psi\left(\phi_1'^\alpha, t_1\right)$ mit der Zeit t_1 ist daher eine Beschreibung der zeitlichen Entwicklung des Zustands des Systems in der Schrödinger-Darstellung.

Jetzt nehmen wir in (177) eine Variation vor, bei der $\delta\phi^\alpha = \delta\mathscr{L} = 0$ ist und sich die Oberfläche σ_1 infolge der Verschiebung um δt in Richtung der Zeit verschoben hat. Dann erhalten wir mit (165) und (164):

$$\delta\Psi\left(\phi_1'^\alpha, t_1\right) = -\frac{i}{\hbar}\left\langle \phi_1'^\alpha, t_1 \mid H\left(t_1\right) \mid \phi_2'^\alpha, t_2 \right\rangle \delta t_1$$

oder

$$i\hbar\frac{d}{dt}\left\langle \phi_1'^\alpha, t_1 \mid \phi_2'^\alpha, t_2 \right\rangle = \left\langle \phi_1'^\alpha, t_1 \mid H\left(t_1\right) \mid \phi_2'^\alpha, t_2 \right\rangle \tag{180}$$

Das ist die gewöhnliche Schrödinger-Gleichung in der Dirac-Schreibweise. Sie zeigt, dass das Schwinger'sche Wirkungsprinzip genug Informationen enthält, um das zukünftige Verhalten eines Systems vorherzusagen, das sich anfangs in einem bekannten Quantenzustand befunden hat.

4.4.3 Operator-Form des Schwinger'schen Prinzips

Feynman definierte Operatoren, indem er die Gleichung (175) für ihre Matrixelemente zwischen Zuständen, die auf zwei verschiedenen Oberflächen definiert waren, vorgab. Der Anfangszustand musste in der Vergangenheit und der Endzustand in der Zukunft festgelegt werden, während sich der Operator auf eine bestimmte Zeit bezog, die als Gegenwart angenommen wurde.

Der übliche und im Allgemeinen nützlichere Weg zur Definition von Operatoren besteht darin, ihre Matrixelemente zwischen Zuständen, die auf der gleichen Oberfläche definiert sind, anzugeben. Wir sind also an einem Matrixelement der Art

$$\langle \phi'^{\alpha}, \sigma \,|\, \mathcal{O} \,|\, \phi''^{\alpha}, \sigma \rangle \tag{181}$$

interessiert. Hierbei sind ϕ'^{α} und ϕ''^{α} gegebene Sätze von Eigenwerten und σ eine Oberfläche, die relativ zu den Punkten des Feldes, auf die sich $\mathcal{O}$ bezieht, in der Vergangenheit, Gegenwart oder Zukunft liegt.

Wir nehmen an, dass eine Referenzoberfläche σ_o in ferner Vergangenheit gewählt wurde. Nun werden ϕ^{α}, σ und $\mathscr{L}$ so variiert, dass alles auf σ_o unverändert bleibt. Für eine solche Variation ergibt (178) unter der Annahme, dass (179) gilt:

$$\delta I(\Omega) = \frac{1}{c} \int_{\Omega} \delta\mathscr{L}\, d^4x + \int_{\sigma} \sum_{\alpha,\mu} \left\{ \pi_{\alpha}\delta\phi^{\alpha} + \left(\frac{1}{c} n_{\mu}\mathscr{L} - \phi^{\alpha}_{\mu}\pi_{\alpha} \right) \delta x_{\mu} \right\} d\sigma \tag{182}$$

mit Ω als dem Gebiet, das von σ_o und σ begrenzt wird. Wir berechnen nun zunächst die Variation von (181), die von der Änderung in der Bedeutung der Zustände $|\phi'^{\alpha}, \sigma\rangle$ und $|\phi''^{\alpha}, \sigma\rangle$ herrührt. Der Operator $\mathcal{O}$ selbst ist an diesem Punkt fest und wird nicht durch die Variationen in ϕ^{α}, σ und $\mathscr{L}$ beeinflusst. Dann ist

$$\langle \phi'^{\alpha}, \sigma \,|\, \mathcal{O} \,|\, \phi''^{\alpha}, \sigma \rangle$$

$$= \sum_{\phi'_o} \sum_{\phi''_o} \langle \phi'^{\alpha}, \sigma \,|\, \phi'^{\alpha}_o, \sigma_o \rangle \langle \phi'^{\alpha}_o, \sigma_o \,|\, \mathcal{O} \,|\, \phi''^{\alpha}_o, \sigma_o \rangle \langle \phi''^{\alpha}_o, \sigma_o \,|\, \phi''^{\alpha}, \sigma \rangle \tag{183}$$

Daraus erhalten wir mit der Notation

$$\langle \phi'^{\alpha}, \sigma \,|\, \mathcal{O} \,|\, \phi''^{\alpha}, \sigma \rangle = \langle \sigma' \,|\, \mathcal{O} \,|\, \sigma'' \rangle \qquad \text{etc.}$$

Folgendes:

$$\delta \langle \sigma' \,|\, \mathcal{O} \,|\, \sigma'' \rangle = \sum_{'} \sum_{''} \left(\delta \langle \sigma' \,|\, \sigma'_o \rangle \right) \langle \sigma'_o \,|\, \mathcal{O} \,|\, \sigma''_o \rangle \langle \sigma''_o \,|\, \sigma'' \rangle$$

$$+ \sum_{'} \sum_{''} \langle \sigma' \,|\, \sigma'_o \rangle \langle \sigma'_o \,|\, \mathcal{O} \,|\, \sigma''_o \rangle \left(\delta \langle \sigma''_o \,|\, \sigma'' \rangle \right)$$

weil $|\phi_o'^\alpha\rangle$ und $|\phi_o''^\alpha\rangle$ durch die Variation nicht geändert werden, was auch für $\mathcal{O}$ gilt. Unter Anwendung von (177) ergibt sich deshalb

$$\delta\langle\sigma'|\mathcal{O}|\sigma''\rangle = \sum_{'}\sum_{''}\frac{i}{\hbar}\langle\sigma'|\delta I_{\sigma-\sigma_o}\mathcal{O}|\sigma''\rangle + \sum_{'}\sum_{''}\frac{i}{\hbar}\langle\sigma'|\mathcal{O}\,\delta I_{\sigma_o-\sigma}|\sigma''\rangle$$

wobei sich der Index $(\sigma-\sigma_o)$ auf die Oberflächenintegrale in (178) bezieht. Aufgrund von $\delta I_{\sigma-\sigma_o} = -\delta I_{\sigma_o-\sigma}$ erhalten wir schließlich

$$\delta\langle\phi'^\alpha,\sigma|\mathcal{O}|\phi''^\alpha,\sigma\rangle = \frac{i}{\hbar}\langle\phi'^\alpha,\sigma|[\delta I(\Omega),\mathcal{O}]|\phi''^\alpha,\sigma\rangle \qquad (184)$$

Hierbei gilt $[P,R] = PR - RP$. Das trifft für den Fall zu, dass $\mathcal{O}$ fest ist und die Zustände sich ändern.

Jetzt berechnen wir die Variation von $\langle\phi'^\alpha,\sigma|\mathcal{O}|\phi''^\alpha,\sigma\rangle$ für den Fall, dass die Zustände fest sind und sich $\mathcal{O} = \mathcal{O}(\phi^\alpha(\sigma))$ ändert. Das ist jedoch das Gleiche wie im vorangegangenen Fall, nur dass das Vorzeichen ein anderes ist, denn die Variation des Matrixelements

$$\langle\phi'^\alpha,\sigma|\mathcal{O}|\phi''^\alpha,\sigma\rangle \qquad (185)$$

ist null, wenn sich die Zustände und $\mathcal{O}$ *beide gleichzeitig* ändern. Wenn wir also eine Darstellung wählen, in der die Matrixelemente von $\mathcal{O}$ zwischen Zuständen definiert sind, die *keine* Variation erfahren, dann folgt:

$$i\hbar\,\delta\mathcal{O}(\sigma) = [\delta I(\Omega),\mathcal{O}(\sigma)] \qquad (186)$$

Das ist das Schwinger'sche Wirkungsprinzip in Operatorform. Es steht mit (177) im gleichen Zusammenhang wie die Heisenberg-Darstellung mit der Schrödinger-Darstellung in der elementaren Quantenmechanik.

4.4.4 Die kanonischen Kommutatorregeln

Wir betrachten für σ den Raum zur Zeit t, für $\mathcal{O}(\sigma)$ den Operator $\phi^\alpha(r,t)$ am Raumpunkt r und $\delta x_\mu = \delta\mathcal{L} = 0$. Dann ergibt sich aufgrund von (182) und (186) bei einer beliebigen Variation $\delta\phi^\alpha$:

$$-i\hbar\,\delta\phi^\alpha(r,t) = \sum_\beta \int [\pi_\beta(r',t)\,\delta\phi^\beta(r',t),\,\phi^\alpha(r,t)]\,d^3\boldsymbol{r'} \qquad (187)$$

weil wegen (158) gilt: $d\sigma = -n_\mu\,d\sigma_\mu = -i(-i\,dx_1'dx_2'dx_3') = -d^3r'$. Der Einheitsvektor in Richtung *zunehmender* Zeit ist i, und das ist die nach außen zeigende Richtung, da wir σ_o in der Vergangenheit gewählt haben. Somit gilt für jedes r, r':

$$[\phi^\alpha(r,t),\ \pi_\beta(r',t)] = i\hbar\,\delta_{\alpha\beta}\,\delta^3(\boldsymbol{r}-\boldsymbol{r}') \qquad (188)$$

Außerdem gilt, da die $\phi^\alpha(r)$ auf σ als voneinander unabhängige Variablen angenommen werden:

$$[\phi^\alpha(r,t),\ \phi^\beta(r',t)] = 0 \qquad (189)$$

Dieses Verfahren führt automatisch zu den richtigen kanonischen Kommutatorregeln für die Felder. Es ist nicht nötig, zu zeigen, dass die Kommutatorregeln mit den Feldgleichungen konsistent sind, wie es bei den älteren Verfahren noch erforderlich war.

4.4.5 Die Heisenberg'sche Bewegungsgleichung für Operatoren

Nehmen wir an, σ sei eine ebene Oberfläche zur Zeit t und es werde eine Variation vorgenommen, indem die Oberfläche wie oben in B während einer kurzen Zeit δt verschoben wird. Jedoch sei $\mathcal{O}(t) = \mathcal{O}(\sigma)$ nun ein Operator, der aus den Feldoperatoren ϕ^α auf σ aufgebaut ist. Dann ist wegen (165) und (186) die Änderung in $\mathcal{O}(t)$, verursacht durch die Variation, gegeben durch

$$i\hbar\,\delta\mathcal{O}(t) = [-H(t)\,\delta t,\ \mathcal{O}(t)]$$

Das bedeutet, dass $\mathcal{O}(t)$ die Heisenberg'sche Bewegungsgleichung

$$i\hbar\,\frac{d\mathcal{O}(t)}{dt} = [\mathcal{O}(t),\ H(t)] \qquad (190)$$

erfüllt, wobei $H(t)$ der Gesamt-Hamiltonian ist.

4.4.6 Allgemeine kovariante Kommutatorregeln

Aus (186) können wir sofort die allgemeine kovariante Form der Kommutatorregeln gewinnen, die 1950 von Peierls gefunden wurden [13]. Diese kovariante Form ist im Hamilton-Formalismus nicht einfach zu erzielen.

Gegeben seien zwei Feldpunkte z und y und zwei Operatoren $\mathcal{R}(z)$ und $\mathcal{Q}(y)$, die von den Feldgrößen ϕ^α bei z und y abhängig sind. Es sei eine feste Referenzfläche σ_o in der Vergangenheit von z und y definiert. Nehmen wir an, die Größe

$$\delta_\mathcal{R}(\mathscr{L}) = \epsilon\,\delta^4(x-z)\mathcal{R}(z) \qquad (191)$$

wird zur Lagrange-Dichte $\mathscr{L}(x)$ addiert, wobei ϵ eine infinitesimale Zahl ist. Dies wird höchstens eine infinitesimale Änderung $\epsilon\,\delta_\mathcal{R}\phi^\alpha(x)$ in den Lösungen $\phi^\alpha(x)$ der Feldgleichungen hervorrufen. Angenommen, das neue $\phi^\alpha(x)$ ist identisch mit dem alten auf σ_o, dann ist $\delta_\mathcal{R}\phi^\alpha(x)$ nur im Zukunfts-Lichtkegel von z verschieden von null.

Ähnlich erzeugt die Addition von

$$\delta_\mathcal{Q}(\mathscr{L}) = \epsilon\,\delta^4(x-y)\mathcal{Q}(y) \tag{192}$$

zu $\mathscr{L}(x)$ höchstens eine Änderung von $\epsilon\,\delta_\mathcal{Q}\phi^\alpha(x)$ in $\phi^\alpha(x)$. Sei $\epsilon\,\delta_\mathcal{R}\mathcal{Q}(y)$ die Änderung in $\mathcal{Q}(y)$, die durch die Addition (191) erzeugt wird, während $\epsilon\,\delta_\mathcal{Q}\mathcal{R}(z)$ die Änderung ist, die in $\mathcal{R}(z)$ durch (192) entsteht. Angenommen, y liegt auf einer Oberfläche σ, die in der Zukunft von z liegt. Dann verwenden wir $\mathcal{Q}(y)$ anstelle von $\mathcal{O}(\sigma)$ in (186) und $\delta\mathscr{L}$, das durch (191) gegeben ist. Das $\delta I(\Omega)$, gegeben durch (182), reduziert sich dann einfach zu

$$\delta I(\Omega) = \frac{1}{c}\,\epsilon\,\mathcal{R}(z)$$

Es wird angenommen, dass es keine intrinsische Änderung $\delta\phi^\alpha$ von ϕ^α oder δx_μ von σ gibt, abgesehen von der Änderung, deren Auswirkung bereits im Term $\delta\mathscr{L}$ enthalten ist. Somit ergibt sich aus (186):

$$\begin{aligned}
[\mathcal{R}(z),\,\mathcal{Q}(y)] &= i\hbar c\,\delta_\mathcal{R}\mathcal{Q}(y) \quad (y_0 > z_0)\\
[\mathcal{R}(z),\,\mathcal{Q}(y)] &= -i\hbar c\,\delta_\mathcal{Q}\mathcal{R}(z) \quad (z_0 > y_0)
\end{aligned} \tag{193}$$

Wenn y und z durch ein raumartiges Intervall getrennt sind, ist der Kommutator gleich null, weil die Störung $\mathcal{R}(z)$ sich mit einer Geschwindigkeit von maximal c fortbewegt und somit nur den Zukunfts-Lichtkegel von z beeinflussen kann. In diesem Fall heißt das, dass $\delta_\mathcal{R}\mathcal{Q}(y) = 0$ ist.

Peierls' Formel, die für jedes Paar von Feldoperatoren gültig ist, lautet

$$[\mathcal{R}(z),\,\mathcal{Q}(y)] = i\hbar c\,\{\delta_\mathcal{R}\mathcal{Q}(y) - \delta_\mathcal{Q}\mathcal{R}(z)\} \tag{194}$$

Diese Gleichung ist nützlich bei der kovarianten Berechnung von Kommutatoren.

4.4.7 Antikommutierende Felder

Es gibt eine Art der Feldtheorie, die mithilfe von Schwingers Wirkungsprinzip leicht konstruiert werden kann, jedoch nicht aus Feynmans Darstellungen herzuleiten ist. Nehmen wir eine klassische Feldtheorie an, in der eine Gruppe

Feldoperatoren ψ^α in der Lagrange-Dichte immer in bilinearen Kombinationen wie $\overline{\psi}^\beta \psi^\alpha$ mit der Gruppe von Feldoperatoren $\overline{\psi}$ auftritt. Beispiele sind das Dirac'sche $\mathscr{L}_D$ und das $\mathscr{L}_Q$ der Quantenelektrodynamik.

Dann lassen wir nicht jedes ϕ^α auf einer gegebenen Oberfläche σ wie in (189) kommutieren, sondern wir lassen jedes Paar von ψ^α antikommutieren. Das ergibt

$$\{\psi^\alpha(r,t), \psi^\beta(r',t)\} = 0 \qquad \{\mathcal{P}, \mathcal{R}\} = \mathcal{P}\mathcal{R} + \mathcal{R}\mathcal{P} \qquad (195)$$

Die bilineare Kombination wird noch immer kommutieren, wie es bei den ϕ^α zuvor der Fall war. Die ψ^α kommutieren wie zuvor mit jeder Feldgröße auf σ, anders als die ψ und $\overline{\psi}$. Schwinger nimmt dann an, dass (177) genau wie zuvor gilt, abgesehen davon, dass bei der Berechnung von $\delta I(\Omega)$ gemäß (178) die Variation $\delta\psi^\alpha$ nun mit allen Operatoren ψ^α und $\overline{\psi}^\beta$ *antikommutiert*. Bei diesen Theorien stellt sich heraus, dass der zu ψ^α konjugierte Impuls π_α gerade eine Linearkombination von $\overline{\psi}$ ist, weil der Langrangian nur in den Ableitungen von ψ linear ist. Mit den antikommutierenden Feldern können die Feldgleichungen (179) und auch die Schrödinger-Gleichung (180) wie zuvor hergeleitet werden, wobei die Kommutatorregeln durch (186) und (187) gegeben sind. Damit nun aber (187) gültig ist, muss, da $\delta\psi^\beta$ mit den ψ- und den π-Operatoren antikommutiert, die kanonische Kommutatorregel folgendermaßen geschrieben werden:

$$\{\psi^\alpha(r,t),\, \pi_\beta(r',t)\} = -i\hbar\, \delta_{\alpha\beta}\, \delta^3(\boldsymbol{r}-\boldsymbol{r}') \qquad (196)$$

Die allgemeine Kommutatorregel (194) gilt noch immer, falls $\mathcal{Q}$ und $\mathcal{R}$ auch Ausdrücke sind, die bilinear in $\overline{\psi}$ und ψ sind.

Die Interpretation der Operatoren und die Begründung für das Prinzip von Schwinger sind im Fall antikommutierender Felder nicht recht klar. Aber es ist klar, dass das Schwinger'sche Prinzip in diesem Fall eine konsistente und einfache Formulierung einer relativistischen Quantenfeldtheorie liefert. Und wir können auch Vorteile für uns aus dieser Methode ziehen, selbst wenn wir ihre konzeptionelle Basis nicht verstehen. Die daraus resultierende Theorie ist mathematisch gesehen widerspruchsfrei und liefert Ergebnisse, die mit dem Experiment übereinstimmen. Das sollte ausreichen.

Kapitel 5

Beispiele quantisierter Feldtheorien

5.1 Das Maxwell-Feld

Lagrange-Dichte, Gleichung (168):

$$\mathscr{L}_M = -\frac{1}{4}\sum_{\mu,\nu}\left(\frac{\partial A_\nu}{\partial x_\mu} - \frac{\partial A_\mu}{\partial x_\nu}\right)^2 - \frac{1}{2}\sum_\mu\left(\frac{\partial A_\mu}{\partial x_\mu}\right)^2$$

Feldgleichungen:

$$\sum_\mu \frac{\partial^2}{\partial x_\mu^2}A_\lambda = \Box^2 A_\lambda = 0 \tag{197}$$

Kommutatorregeln für A_λ: Um diese zu finden, verwenden wir die Methode von Peierls. Wir betrachten zwei Punkte y und z mit $z_0 > y_0$, und es seien $\mathcal{Q}(y) = A_\lambda(y)$ und $\mathcal{R}(z) = A_\mu(z)$. Beachten Sie, dass in diesem Abschnitt x, y, z, k usw. die Komponenten 1, 2, 3 und 0 haben, während dies bei x_μ, y_μ, z_μ, k_μ usw. $\mu = 1,2,3$ und 4 sind. Wenn $\delta_{\mathcal{Q}}(\mathscr{L}) = \epsilon\,\delta^4(x-y)A_\lambda(y)$ zu $\mathscr{L}_M$ addiert wird, wird die Feldgleichung für A_μ zu

$$\Box^2 A_\mu + \delta_{\lambda\mu}\,\epsilon\,\delta^4(x-y) = 0 \tag{198}$$

Diese Gleichung wird (per Definition) durch $A_\mu + \delta_{\mathcal{Q}}A_\mu(z)$ erfüllt – und damit auch wegen (197) durch $\delta_{\mathcal{Q}}A_\mu(z)$. Daher ist $\delta_{\mathcal{Q}}A_\mu(z)$ durch folgende Bedingungen definiert:

$$\Box^2(\delta_{\mathcal{Q}}A_\mu(z)) = -\delta_{\lambda\mu}\,\delta^4(z-y)$$

$$\delta_{\mathcal{Q}}A_\mu(z) = 0 \quad \text{für } z_0 < y_0 \tag{199}$$

F. Dyson, *Dyson Quantenfeldtheorie*,
DOI 10.1007/978-3-642-37678-8_5, © Springer-Verlag Berlin Heidelberg 2014

Das heißt, $\delta_Q A_\mu(z)$ ist eine kommutierende Größe und entspricht dem retardierten Potenzial, das von einer Punktquelle, die unmittelbar am Raumzeit-Punkt y wirkt, erzeugt wird.

$$\delta_Q A_\mu(z) = \delta_{\lambda\mu} D_R(z - y)$$
$$\Box^2 D_R(z - y) = -\delta^4(z - y) \tag{200}$$

Wenn x ein beliebiger 4er-Vektor ist und wir die Beziehung

$$\delta(x^2 - a^2) = \frac{1}{2a}\{\delta(x - a) + \delta(x + a)\} \qquad a > 0$$

nutzen, erhalten wir

$$D_R(x) = \frac{1}{2\pi}\Theta(x)\,\delta(x^2) = \frac{1}{4\pi|\boldsymbol{r}|}\,\delta(x_0 - |\boldsymbol{r}|) \tag{201}$$

Hierbei ist

$$|\boldsymbol{r}| = \sqrt{x_1^2 + x_2^2 + x_3^2} \qquad x_o = ct$$

$$x^2 = r^2 - x_o^2 \qquad \Theta(x) = \begin{cases} +1 & \text{für } x > 0 \\ 0 & \text{für } x < 0 \end{cases}$$

Auf die gleiche Weise ergibt sich

$$\delta_R A_\lambda(y) = \delta_{\lambda\mu} D_A(z - y) = \delta_{\lambda\mu} D_R(y - z) \tag{202}$$

wobei D_A das avancierte Potenzial der gleichen Quelle ist:

$$D_A(x) = \frac{1}{4\pi|\boldsymbol{r}|}\,\delta(x_0 + |\boldsymbol{r}|)$$

Somit wird hier die Kommutatorregel (194) zu

$$[A_\mu(z),\, A_\lambda(y)] = i\hbar c\,\delta_{\lambda\mu}\,[D_A(z - y) - D_R(z - y)]$$

$$= i\hbar c\,\delta_{\lambda\mu} D(z - y) \qquad \text{(Definition von } D\text{)} \tag{203}$$

Diese invariante D-Funktion erfüllt aufgrund von (200) die Beziehung

$$\Box^2 D(x) = -\delta^4(x) - (-\delta^4(x)) = 0 \tag{204}$$

wie es auch gefordert ist. Weiterhin ergibt sich

$$D(x) = \frac{1}{4\pi|\boldsymbol{r}|}\,[\delta(x_0 + |\boldsymbol{r}|) - \delta(x_0 - |\boldsymbol{r}|)]$$

$$= -\frac{1}{2\pi}\,\epsilon(x)\,\delta(x^2) \qquad \epsilon(x) = \text{sign}(x_0) \tag{205}$$

5.1.1 Impulsdarstellungen

Es gilt

$$\delta^4(x) = \frac{1}{(2\pi)^4} \int \exp(ik \cdot x)\, d^4k \tag{206}$$

wobei das Integral vierfach ist – über $dk_1\, dk_2\, dk_3\, dk_4$. Somit ist

$$D_R(x) = \frac{1}{(2\pi)^4} \int_+ \exp(ik \cdot x)\frac{1}{k^2}\, d^4k \tag{207}$$

mit $k^2 = |\boldsymbol{k}|^2 - k_0^2$. Die Integration über k_1, k_2 und k_3 ist ein gewöhnliches, reelles Integral. Die Integration über k_0 ist jedoch ein Kurvenintegral, das sich entlang der reellen Achse und *oberhalb* der beiden Polstellen bei $k_0 = \pm|\boldsymbol{k}|$ erstreckt.

Zu genauen Berechnungen siehe die Ergänzung nach Gleichung (210). Hier ergibt sich für D_R richtigerweise, dass es für $x_0 < 0$ zu null wird. Ähnlich gilt

$$D_A(x) = \frac{1}{(2\pi)^4} \int_- \exp(ik \cdot x)\frac{1}{k^2}\, d^4k \tag{208}$$

mit einer Kurve, die *unterhalb* beider Polstellen verläuft. Daraus folgt

$$D(x) = \frac{1}{(2\pi)^4} \int_s \exp(ik \cdot x)\frac{1}{k^2}\, d^4k \tag{209}$$

mit einer Kurve s, wie hier dargestellt.

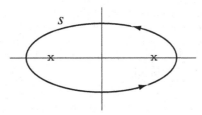

Auswerten der Residuen liefert

$$D(x) = -\frac{i}{(2\pi)^3} \int \exp(ik \cdot x)\, \delta(k^2)\, \epsilon(k)\, d^4k \tag{210}$$

was nun ein normales, reelles Integral ist.

Ergänzung

Wir beweisen als Beispiel die Gleichung (207). Für $x_0 < 0$ müssen wir den oberen Pfad nehmen, der dargestellt ist – andernfalls würde der Integrand „explodieren". Dies ergibt offensichtlich null.

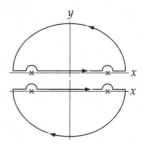

Für $x_0 > 0$ müssen wir den unteren Pfad nehmen; dann ist

$$D_R(x) = \frac{1}{(2\pi)^4} \int_+ \frac{e^{i\boldsymbol{k}\cdot\boldsymbol{x}}e^{-ik_0x_0}}{\boldsymbol{k}^2 - k_0^2}\, d^3k\, dk_0$$

wobei $\boldsymbol{k}$ und $\boldsymbol{x}$ dreidimensionale Vektoren sind.

Nun ist aufgrund der im Uhrzeigersinn verlaufenden Richtung

$$\int_+ \frac{e^{-ik_0x_0}}{\boldsymbol{k}^2 - k_0^2}\, dk_0 = -\int_+ \frac{e^{-ik_0x_0}}{(k_0 - |\boldsymbol{k}|)(k_0 + |\boldsymbol{k}|)}\, dk_0$$

$$= 2\pi i\,(\text{Residuum bei } k_0 = |\boldsymbol{k}| + \text{Residuum bei } k_0 = -|\boldsymbol{k}|)$$

$$= 2\pi i \left(\frac{e^{-i|\boldsymbol{k}|x_0}}{2|\boldsymbol{k}|} - \frac{e^{+i|\boldsymbol{k}|x_0}}{2|\boldsymbol{k}|} \right)$$

Daher ist

$$D_R(x) = \frac{i}{(2\pi)^3} \int \frac{1}{2|\boldsymbol{k}|}e^{i\boldsymbol{k}\cdot\boldsymbol{x}} \left\{ e^{i|\boldsymbol{k}|x_0} - e^{-i|\boldsymbol{k}|x_0} \right\} d^3k$$

$$= \frac{i}{(2\pi)^3} 2\pi \iint \frac{1}{2|\boldsymbol{k}|}e^{i|\boldsymbol{k}||\boldsymbol{x}|\cos\theta} \left\{ e^{i|\boldsymbol{k}|x_0} - e^{-i|\boldsymbol{k}|x_0} \right\} |\boldsymbol{k}|^2 d|\boldsymbol{k}| \sin\theta\, d\theta$$

$$= -\frac{i}{(2\pi)^2} \int_0^\infty \frac{1}{2|\boldsymbol{k}|} \frac{1}{i|\boldsymbol{k}||\boldsymbol{x}|} \left\{ e^{i|\boldsymbol{k}|x_0} - e^{-i|\boldsymbol{k}|x_0} \right\} |\boldsymbol{k}|^2$$

$$\times \left(e^{i|\boldsymbol{k}||\boldsymbol{x}|\alpha} \Big|_{\alpha=-1}^{\alpha=+1} \right) d|\boldsymbol{k}|$$

$$= -\frac{1}{4\pi^2} \frac{1}{2|\boldsymbol{x}|} \int_0^\infty \left\{ e^{i|\boldsymbol{k}|(x_0+|\boldsymbol{x}|)} - e^{i|\boldsymbol{k}|(x_0-|\boldsymbol{x}|)} - e^{-i|\boldsymbol{k}|(x_0-|\boldsymbol{x}|)} \right.$$

$$\left. + e^{-i|\boldsymbol{k}|(x_0+||\boldsymbol{x}|)} \right\} d|\boldsymbol{k}|$$

$$= -\frac{1}{4\pi|\boldsymbol{x}|}\frac{1}{2\pi}\int_{-\infty}^{+\infty}\left\{e^{i|\boldsymbol{k}|(x_0+|\boldsymbol{x}|)} - e^{i|\boldsymbol{k}|(x_0-|\boldsymbol{x}|)}\right\}d|\boldsymbol{k}|$$

$$= -\frac{1}{4\pi|\boldsymbol{x}|}\,\delta(x_0 - |\boldsymbol{x}|) \quad \text{für } x_0 > 0.$$

5.1.2 Fourier-Analyse von Operatoren

Wir zerlegen das Potenzial A_μ in seine Fourier-Koeffizienten:

$$A_\mu(x) = B\int d^3k\,|\boldsymbol{k}|^{-1/2}\left\{a_{k\mu}\exp(ik\cdot x) + \tilde{a}_{k\mu}\exp(-ik\cdot x)\right\} \tag{211}$$

wobei der Faktor $|\boldsymbol{k}|^{-1/2}$ nur aus Gründen der Zweckmäßigkeit erscheint – die eigentlichen Fourier-Koeffizienten sind dann $|\boldsymbol{k}|^{-1/2}\,a_{k\mu}$ und $|\boldsymbol{k}|^{-1/2}\,\tilde{a}_{k\mu}$. Die Integration wird über alle 4er-Vektoren (k) mit $k_0 = +|\boldsymbol{k}|$ durchgeführt. B ist ein Normierungsfaktor, der später bestimmt wird. Die $a_{k\mu}$ und $\tilde{a}_{k\mu}$ sind von x unabhängige Operatoren.

Weil A_1, A_2, A_3 und A_0 hermitesch sind, ist

$$\begin{aligned}\tilde{a}_{k\mu} = a_{k\mu}^* &= \text{ hermitesch konjugiert zu } a_{k\mu}\,, \quad \mu = 1,2,3,0, \text{ also}\\ \tilde{a}_{k4} = -a_{k4}^* &= -\text{ hermitesch konjugiert zu } a_{k4}\end{aligned} \tag{212}$$

Wenn wir den Kommutator $[\,A_\mu(z),\,A_\lambda(y)\,]$ von (211) berechnen und das Ergebnis mit (203) in der Impulsdarstellung (210) vergleichen, erhalten wir zunächst, da das Ergebnis nur eine Funktion von $(z - y)$ ist:

$$\begin{aligned}[\,a_{k\mu},\,a_{k'\lambda}\,] &= 0\\ [\,\tilde{a}_{k\mu},\,\tilde{a}_{k'\lambda}\,] &= 0\\ [\,a_{k\mu},\,\tilde{a}_{k'\lambda}\,] &= \delta^3(\boldsymbol{k} - \boldsymbol{k}')\,\delta_{\mu\lambda}\end{aligned} \tag{213}$$

Die zwei Ergebnisse für den Kommutator stimmen schließlich genau dann überein, wenn wir schreiben:

$$B = \sqrt{\frac{\hbar c}{16\pi^3}} \tag{214}$$

5.1.3 Emissions- und Absorptionsoperatoren

Die Operatoren $A_\mu(x)$ folgen den Heisenberg'schen Bewegungsgleichungen für Operatoren (190):

$$i\hbar\,\frac{\partial A_\mu}{\partial t} = [\,A_\mu,\,H\,] \tag{190a}$$

Daher hat der Operator $a_{k\mu} \exp(ik \cdot x)$ nur Matrixelemente zwischen einem Anfangszustand mit der Energie E_1 und einem Endzustand mit der Energie E_2, wenn gilt:

$$i\hbar(-ick_0) = E_1 - E_2 = \hbar c |\boldsymbol{k}| \tag{215}$$

da aus (211) und (190a) hervorgeht:

$$\psi_1 \, i\hbar(-ick_0)a_{k\mu} \, \psi_2 = \psi_1 \, \hbar c |\boldsymbol{k}| \, a_{k\mu} \, \psi_2$$

$$= \psi_1 \, [\, a_{\mu k}, \, H \,] \, \psi_2 = (E_1 - E_2)\psi_1 \, a_{\mu k} \, \psi_2 \tag{216}$$

Nun ist $\hbar c |\boldsymbol{k}|$ eine konstante Energie, charakterisiert durch die Frequenz $\omega = ck$ und die entsprechenden Fourier-Koeffizienten des Feldes. Der Operator $a_{k\mu}$ kann nur bewirken, dass die Energie des Systems um diesen Betrag *reduziert* wird. Auf die gleiche Weise wird $\tilde{a}_{k\mu}$ nur wirken, wenn

$$E_1 - E_2 = -\hbar c |\boldsymbol{k}|$$

gilt, um die Energie um die gleiche Menge zu *erhöhen.*

Dies ist die fundamentale Eigenschaft der quantisierten Feldoperatoren, dass sie die Energie eines Systems nicht kontinuierlich, sondern „portionsweise" ändern. Das zeigt uns, dass unser Formalismus das aus Experimenten bekannte Quantenverhalten der Strahlung richtig beinhaltet.

Wir bezeichnen $a_{k\mu}$ als *Absorptions*operator für den Feldoszillator mit dem Ausbreitungsvektor k und der Polarisationsrichtung μ. Analog dazu ist $\tilde{a}_{k\mu}$ der *Emissions*operator.

Es gibt also vier Polarisationsrichtungen für ein Photon mit gegebenem Impuls. Nicht alle werden bei elektromagnetischer Strahlung beobachtet. Freie Strahlung kann nur aus transversalen Wellen bestehen und hat damit nur zwei mögliche Polarisationsrichtungen. Dies ist darauf zurückzuführen, dass die physikalisch erlaubten Zustände Ψ durch eine zusätzliche Bedingung

$$\sum_\mu \frac{\partial A_\mu^{(+)}}{\partial x_\mu} \Psi = 0 \tag{217}$$

eingeschränkt sind, wobei $A_\mu^{(+)}$ der Anteil positiver Frequenz von A_μ ist, also der Teil, der die Absorptionsoperatoren beinhaltet. In der klassischen Theorie haben wir die Bedingung

$$\sum_\mu \frac{\partial A_\mu}{\partial x_\mu} = 0$$

eingeführt, um die Maxwell-Gleichungen in die einfache Form $\Box^2 A_\mu = 0$ zu bringen. In der Quantentheorie ist es üblich,

$$\sum_\mu \frac{\partial A_\mu}{\partial x_\mu} \Psi = 0$$

anzusetzen, doch das bedeutet, dass Photonen einer bestimmten Art von einem physikalischen Zustand aus nicht *emittiert* werden können, der physikalisch schwer zu verstehen ist und mathematische Unstimmigkeiten in die Theorie einbringt. Daher nehmen wir nur die Beziehung (216) an, die einfach nur aussagt, dass diese Photonen *nicht vorhanden* sind und nicht aus einem physikalisch sinnvollen Zustand absorbiert werden können. Das leuchtet aus physikalischer Sicht ein. Außerdem ist innerhalb der Grenzen der klassischen Theorie $\sum_\mu \partial A_\mu / \partial x_\mu$ eine reelle Größe, und somit folgt korrekterweise $\sum_\mu \partial A_\mu / \partial x_\mu = 0$ allein aus (216).

Die Methode, (216) als zusätzliche Bedingung einzuführen, stammt von Gupta und Bleuler:

S. N. Gupta   *Proc. Roy. Soc. A* **63** (1950) 681,
K. Bleuler   *Helv. Phys. Acta* **23** (1950) 567.

Das ältere Verfahren ist unnötig und schwierig, also werden wir uns nicht weiter damit befassen.

Wegen (211) ist (216) äquivalent zu der Annahme

$$\sum_\mu (k_\mu a_{k\mu}) \Psi = 0 \tag{216a}$$

für jeden Impulsvektor k eines Photons.

Gemäß der Arbeit von Gupta und Bleuler tauchen die ergänzenden Bedingungen in der praktischen Anwendung der Theorie gar nicht mehr auf. Wir nutzen die Theorie und erhalten richtige Ergebnisse; somit können wir dabei diese zusätzlichen Einschränkungen außer Acht lassen.

5.1.4 Eichinvarianz der Theorie

Die Theorie ist eichinvariant. Das bedeutet, dass das Hinzufügen eines Gradienten $\Lambda_\mu = \partial \Lambda / \partial x_\mu$ zu den Potenzialen die Felder nicht so verändert, dass dies Auswirkungen auf physikalisch beobachtbare Größen hätte. Daher sind alle Zustände, die sich voneinander nur durch einen solchen Zusatz zu den Potenzialen unterscheiden, physikalisch identisch.

Wenn Ψ ein beliebiger Zustand ist, dann ist

$$\Psi' = \left(1 + \lambda \sum_{\mu} k_{\mu} \tilde{a}_{k\mu}\right) \Psi$$

ein Zustand, der aus Ψ durch die Emission eines „Pseudo-Photons" mit Potenzialen proportional zu $\partial \Lambda / \partial x_{\mu}$ entsteht. Daher sollte Ψ' ununterscheidbar von Ψ sein.

Wenn nun Ψ_2 ein beliebiger Zustand ist, der die Zusatzbedingung (216a) erfüllt, dann ist das Matrixelement gegeben durch

$$(\Psi'^*, \Psi_1) = \left(\Psi^* \left(1 + \lambda \sum_{\mu} k_{\mu}^* \tilde{a}_{k\mu}^*\right), \Psi_2\right)$$

$$= \left(\Psi^*, \left(1 + \lambda \sum_{\mu} k_{\mu} a_{k\mu}^*\right) \Psi_2\right) = (\Psi^*, \Psi_2) \qquad (216b)$$

Damit sind die Matrixelemente von Ψ' und Ψ für einen beliebigen physikalischen Zustand Ψ_2 gleich. Somit sind die Ergebnisse, die die Theorie liefert, unabhängig davon, ob der Zustand Ψ durch den Vektor Ψ oder den Vektor Ψ' dargestellt wird. Dies sollte ausreichen, um zu zeigen, dass die Theorie eichinvariant ist, trotz der Tatsache, dass die Zustände durch Potenziale beschrieben werden, die selbst nicht eichinvariant sind.

5.1.5 Der Zustand des Vakuums

Der Zustand des Vakuums ist per Defintion der Zustand niedrigster Energie, sodass alle Absorptionsoperatoren, die auf ihn wirken, null ergeben:

$$a_{k\mu} \Psi_o = 0 \qquad (217a)$$

Deshalb gilt aufgrund von (212):

$$(a_{k\mu} \Psi_o)^* = (\Psi_o^* a_{k\mu}^*) = \pm(\Psi_o^* \tilde{a}_{k\mu}) = 0 \qquad (217b)$$

Gegeben sei ein beliebiger Operator $\mathcal{Q}$. Wir sind nun am „Erwartungswert des Vakuums" von $\mathcal{Q}$ interessiert, der definiert ist als

$$\langle \mathcal{Q} \rangle_o = (\Psi_o^*, \mathcal{Q}\Psi_o) \qquad (218)$$

Dann ergibt sich sofort

$$\langle a_{k\mu} a_{k'\lambda} \rangle_o = 0 \quad \text{wegen (217a)} \qquad (219a)$$

$$\langle \tilde{a}_{k\mu} \tilde{a}_{k'\lambda} \rangle_o = 0 \quad \text{wegen (217b)} \qquad (219b)$$

$$\langle \tilde{a}_{k\mu} a_{k'\lambda} \rangle_o = 0 \quad \text{wegen (217a,b)} \qquad (219c)$$

Mithilfe der Kommutatorregeln (213) und (219c) folgt

$$\langle a_{k\mu} \tilde{a}_{k'\lambda}\rangle_o = \langle\,[\,a_{k\mu},\,\tilde{a}_{k'\lambda}\,]\,\rangle_o = \delta^3(\boldsymbol{k}-\boldsymbol{k}')\,\delta_{\mu\lambda} \qquad (220)$$

Der Erwartungswert des Vakuums $\langle A_\mu(z)\,A_\lambda(y)\rangle_o$ ist also gerade der Teil des Kommutators $[\,A_\mu(z),\,A_\lambda(y)\,]$, der positive Frequenzen $\exp\{ik\cdot(z-y)\}$ mit $k_0>0$ enthält, wie man mithilfe von (211), (219) und (220) ersehen kann. Daher ist

$$\langle A_\mu(z)\,A_\lambda(y)\rangle_o = i\hbar c\,\delta_{\mu\lambda}\,D^+(z-y) \qquad (221)$$

$$D^+(x) = -\frac{i}{(2\pi)^3}\int_{k_0>0}\exp(ik\cdot x)\,\delta(k^2)\,\Theta(k)\,d^4k \qquad (222)$$

Wir schreiben nun:

$$D(x) = D^+(x) + D^-(x) \qquad (223)$$

$$D^+ = \frac{1}{2}\left(D - iD^{(1)}\right) \qquad D^- = \frac{1}{2}\left(D + iD^{(1)}\right) \qquad (224)$$

Die gerade Funktion $D^{(1)}$ wird dann definiert durch

$$\langle A_\mu(z)\,A_\lambda(y) + A_\lambda(y)\,A_\mu(z)\rangle_o = \hbar c\,\delta_{\mu\lambda}\,D^{(1)}(z-y) \qquad (225)$$

$$D^{(1)}(x) = \frac{1}{(2\pi)^3}\int\exp(ik\cdot x)\,\delta(k^2)\,d^4k \qquad (226)$$

Jetzt ist es leicht zu zeigen, dass gilt:

$$D^{(1)}(x) = \frac{1}{2\pi^2 x^2} \qquad (227)$$

siehe die Ergänzung nach Gleichung (229). Die Funktionen D und $D^{(1)}$ sind zwei unabhängige Lösungen von $\Box^2 D = 0$: die eine ungerade und die andere gerade. Dann definieren wir die Funktion

$$\overline{D}(x) = -\frac{1}{2}\epsilon(x)\,D(x) = \frac{1}{2}\left(D_R(x) + D_A(x)\right) = \frac{1}{4\pi}\,\delta(x^2)$$

$$= \frac{1}{(2\pi)^4}\int\exp(ik\cdot x)\,\frac{1}{k^2}\,d^4k \qquad (228)$$

wobei der letzte Teil ein reelles Hauptwertintegral darstellt. Dies ist die gerade Lösung der Gleichung einer Punktquelle:

$$\Box^2\overline{D}(x) = -\delta^4(x) \qquad (229)$$

Ergänzung

$$D^{(1)}(x) = \frac{1}{(2\pi)^3} \int e^{ik\cdot x}\,\delta(k^2)\,d^4k$$

$$= -\frac{1}{(2\pi)^2} \int_{-1}^{+1} d\mu \int_{-\infty}^{\infty} dk_0 \int_{0}^{\infty} d|\mathbf{k}|e^{i|\mathbf{k}||\mathbf{x}|\mu}e^{-ik_0x_0}$$

$$\times \frac{\{\delta(k_0 - |\mathbf{k}|) + \delta(k_0 + |\mathbf{k}|)\}|\mathbf{k}|^2}{2|\mathbf{k}|}$$

$$= \frac{1}{(2\pi)^2} \int_{0}^{\infty} d|\mathbf{k}|\frac{1}{i|\mathbf{k}||\mathbf{x}|}\left\{e^{i|\mathbf{k}||\mathbf{x}|} - e^{-i|\mathbf{k}||\mathbf{x}|}\right\}$$

$$\times \frac{1}{2|\mathbf{k}|}\left\{e^{-i|\mathbf{k}|x_0} + e^{i|\mathbf{k}|x_0}\right\}|\mathbf{k}|^2$$

$$= \frac{1}{2\pi^2}\frac{1}{|\mathbf{x}|} \int_{0}^{\infty} \sin(|\mathbf{k}||\mathbf{x}|)\cos(|\mathbf{k}|x_0)\,d|\mathbf{k}|$$

$$= \frac{1}{2\pi^2}\frac{1}{2|\mathbf{x}|} \int_{0}^{\infty} d|\mathbf{k}|\left\{\sin((|\mathbf{x}| + x_0)|\mathbf{k}|) + \sin((|\mathbf{x}| - x_0)|\mathbf{k}|)\right\}$$

Wir werten das Integral im Abel'schen Sinne aus:

$$\lim_{\epsilon \to 0} \int_{0}^{\infty} e^{-\epsilon x}\sin ax\,dx = \lim_{\epsilon \to 0} \frac{a}{\epsilon^2 + a^2} = \frac{1}{a}$$

Damit ergibt sich in unserem Fall

$$D^{(1)}(x) = \frac{1}{2\pi^2}\frac{1}{2|\mathbf{x}|}\left\{\frac{1}{|\mathbf{x}| + x_0} + \frac{1}{|\mathbf{x}| - x_0}\right\} = \frac{1}{2\pi^2 x^2}$$

5.1.6   Die Gupta-Bleuler-Methode

Bei der eben beschriebenen Theorie gibt es eine Schwierigkeit. Wir nehmen gemäß (220) an:

$$\langle a_{k\mu}a_{k'\lambda}^*\rangle_o = \pm\delta^3(\mathbf{k} - \mathbf{k}')\,\delta_{\mu\lambda} \tag{220a}$$

Hier gilt das positive Vorzeichen für $\mu = 1, 2, 3$ und das negative für $\mu = 4$. Wenn nun die Operatoren $a_{k\mu}$, $a_{k\mu}^*$ auf die übliche Weise durch Matrizen dargestellt werden, wie in der elementaren Theorie für den harmonischen Oszillator (siehe Wentzel S. 33, Gl. (6.16)), dann werden die Erwartungswerte des Vakuums eines Produkts $(a_{k\mu}a_{k\mu}^*)$ immer *positiv* sein, d. h. das

Pluszeichen in (220a) sollte auch für $\mu = 4$ gelten. Tatsächlich wird $(a_{k\mu}\, a_{k\mu}^*)$ in jedem Zustand einen positiven Erwartungswert haben, wenn die Photonenoszillatoren wie gewöhnliche, elementare Oszillatoren behandelt werden.

Daher müssen wir unterscheiden zwischen dem Skalarprodukt (Ψ_1^*, Ψ_2), wie wir es durch unsere kovariante Theorie definiert haben, und dem Skalarprodukt $(\Psi_1^*, \Psi_2)_E$, das man errechnen würde, wenn man die explizite Matrixdarstellung der Operatoren wählen würde. Das Produkt $(\Psi_1^*, \Psi_2)_E$ hat keine physikalische Bedeutung, weil die Matrixdarstellungen der a_{k4} sich auf Zustände beziehen, bei denen Photonen nur in der zeitlichen Dimension polarisiert sind, was physikalisch nicht vorkommen kann. Jedoch ist es nützlich, wenn man auch in der Lage ist, die Matrixdarstellungen in der Praxis anzuwenden.

Um die Matrixdarstellungen zu nutzen, müssen wir nur einen Operator η durch die Bedingung

$$\eta\Phi = (-1)\Phi \tag{220b}$$

definieren, wobei Φ ein beliebiger Zustand ist, in dem eine bestimmte Anzahl N von Photonen jeweils in der 4er-Richtung polarisiert ist. Dann ist das physikalische Skalarprodukt in Ausdrücken der expliziten Matrixdarstellung gegeben durch

$$(\Psi_1^*, \Psi_2) = (\Psi_1^*, \eta\Psi_2)_E \tag{220c}$$

Diese Definition, eingeführt von Gupta, passt die Matrixdarstellungen an alle Anforderungen der kovarianten Theorie an, und insbesondere gibt sie die Beziehung (220) korrekt wieder. Das physikalische Skalarprodukt ist daher aus der Sicht der Matrixdarstellung eine *unbestimmte Metrik*. Jedoch haben wir in (216b) gesehen, dass für beliebige *physikalische* Zustände das Skalarprodukt (Ψ_1^*, Ψ_2) gleich dem Produkt (Ψ_{1T}^*, Ψ_{1T}) ist, wobei Ψ_{1T} ein Zustand ist, der nur transversale Photonen enthält, und das Produkt daher positiv ist. Für physikalische Zustände ist die Metrik demnach bestimmt, und das ist alles, was wir von ihr fordern.

5.1.7 Beispiel: Spontane Strahlungsemission

Dies ist ein reiner quantenmechanischer Effekt. Eine klassische Behandlung, welche die Reaktion des Atoms auf ein angelegtes klassisches Maxwell-Feld betrachtet, berücksichtigt auf korrekte Weise die Absorption von Strahlung oder die stimulierte Emission, versagt jedoch bei spontaner Emission.

Ein Atom habe zwei Zustände: den Grundzustand 1 und einen angeregten Zustand 2 mit der Energie $\hbar c q$. Für den Übergang $2 \to 1$ soll die Ladungsstromdichte des Atoms die unintegrierten Matrixelemente

$$j_{\mu A}(x) = j_{\mu A}(r,t) \quad \text{am Punkt } x = (r,t)$$

haben. Die Wechselwirkung mit dem Maxwell-Feld hat das Matrixelement

$$I = -\frac{1}{c} \int \sum_{\mu} j_{\mu A}(r,t) \langle A_{\mu}(r,t) \rangle_{\text{emit}} \, d^3 \boldsymbol{r} \tag{230}$$

für einen Übergang unter Emission eines Photons. Die absolute Emissions-wahrscheinlichkeit pro Zeiteinheit erhält man mithilfe der zeitabhängigen Störungstheorie:

$$w = \frac{1}{T} \sum |a_1(T)|^2$$

$$= \frac{1}{T} \sum_{\substack{\text{Photonen-}\\\text{zustände}}} \left| \frac{1}{i\hbar} \int \left\{ -\frac{1}{c} \int \sum_{\mu} j_{\mu A}(r,t) \langle A_{\mu}(r,t) \rangle_{\text{emit}} \, d^3 \boldsymbol{r} \right\} dt \right|^2$$

$$= \frac{1}{Tc^4\hbar^2} \iint \sum_{\lambda,\mu} j^*_{\lambda A}(x') \, j_{\mu A}(x) \, \langle A^*_{\lambda}(x') A_{\mu}(x) \rangle_o \, d^4x \, d^4x' \tag{231}$$

wobei sich das Integral über den gesamten Raum und eine sehr lange Zeit T erstreckt, aber die Summe nur über die physikalischen Zustände der Photonen. Es ist *nicht* korrekt, als Photonenzustände in (231) alle vier Zustände der Polarisationsrichtungen $\mu = 1, 2, 3, 4$ anzusetzen, da dies keine physikalischen Zustände sind.

Mit einer Summenregel für die Summation über die Zustände erhalten wir

$$w = \frac{1}{Tc^4\hbar^2} \iint \sum_{\lambda,\mu} j^*_{\lambda A}(x') \, j_{\mu A}(x) \, \langle A^*_{\lambda}(x') A_{\mu}(x) \rangle_o \, d^4x \, d^4x'$$

Wir schreiben $\tilde{j}_{\lambda A}(x')$ für das Matrixelement von $j_{\lambda A}(x')$ für den umgekehrten Übergang $1 \to 2$. Dann ist

$$j^*_{\lambda A}(x') = \eta_\lambda \tilde{j}_{\lambda A}(x'), \qquad A^*_{\lambda}(x') = \eta_\lambda A_{\lambda}(x')$$

mit $\eta_\lambda = +1$, $\lambda = 1, 2, 3$ und $\eta_4 = -1$. Damit folgt

$$w = \frac{1}{Tc^4\hbar^2} \iint \sum_{\lambda,\mu=1}^{4} j^*_{\lambda A}(x') \, j_{\mu A}(x) \, \langle A^*_{\lambda}(x') A_{\mu}(x) \rangle_o \, d^4x \, d^4x'$$

$$= \frac{\hbar c}{(2\pi)^3} \int d^4k \, \delta(k^2) \Theta(k_0) \sum_{\mu=1}^{4} j_{\mu A}(k) \tilde{j}_{\mu A}(k) \frac{1}{Tc^4\hbar^2}$$

$$\times \int_0^{cT} \int_0^{cT} dx_0 \, dx_0' \exp\left\{i(x - x_0)(q - k_o)\right\}$$

$$= \frac{1}{(2\pi)^2 \hbar c^2} \sum_{\mu=1}^{4} \int d^3k \, \delta(|\boldsymbol{k}|^2 - q^2) j_{\mu A}(\boldsymbol{k}) \tilde{j}_{\mu A}(\boldsymbol{k}) \tag{232}$$

wegen

$$\frac{1}{cT} \int_0^{cT} \int_0^{cT} dx_0 \, dx_0' \exp\left\{i(x - x_0)(q - k_o)\right\}$$

$$= cT \frac{\sin^2 \frac{cT}{2}(q - k_0)}{\left(\frac{cT}{2}(q - k_0)\right)^2} \to \pi\delta(q - k_0) \quad \text{für } cT \to \infty$$

wobei gilt:

$$j_{\mu A}(\boldsymbol{k}) = \int j_{\mu A}(r) \, e^{-i\boldsymbol{k}\cdot\boldsymbol{r}} \, d^3\boldsymbol{r} \qquad \tilde{j}_{\mu A}(\boldsymbol{k}) = \int \tilde{j}_{\mu A}(r) \, e^{i\boldsymbol{k}\cdot\boldsymbol{r}} \, d^3\boldsymbol{r}$$

Wegen der Ladungserhaltung ist

$$\sum_\mu k_\mu j_{\mu A}(k) = 0 \qquad\qquad \sum_\mu k_\mu \tilde{j}_{\mu A}(k) = 0$$

und daher

$$\sum_\mu j_{\mu A}(k)\tilde{j}_{\mu A}(k) = \frac{1}{q^2} q j_{4A} \, q \tilde{j}_{4A} + \sum_i^3 |j_{iA}(k)|^2$$

$$= -\frac{1}{q^2} \sum_{i,\ell=1}^{3} \left\{k_i j_{iA}(k) \, k_\ell \tilde{j}_{\ell A}(k)\right\} + \sum_i^3 |j_{iA}(k)|^2$$

$$= -\frac{1}{q^2} |\boldsymbol{k}|^2 |\boldsymbol{j}_A|^2 \cos^2\theta + |\boldsymbol{j}_A|^2$$

$$= |\boldsymbol{j}_A|^2 (1 - \cos^2\theta) = |j_{1A}|^2 + |j_{2A}|^2 \tag{232a}$$

wobei 1 und 2 die beiden Richtungen der Polarisation in transversaler Richtung sind. Dies macht deutlich, warum bei realen Emissionsproblemen die dritte und die vierte Polarisationsrichtung nicht auftreten. Das gleiche Ergebnis würden wir erhalten, wenn wir die unbestimmte Metrik explizit verwenden würden, also die Summe in (231) über die vier Polarisationszustände

$\mu = 1, 2, 3, 4$ ansetzen, wobei dem $\mu = 4$ ein Minuszeichen durch das η in (220c) gegeben würde. Aber es ist immer einfacher, direkt mit dem kovarianten Formalismus zu arbeiten, als sich mit den nicht-physikalischen Photonenzuständen zu befassen und dann das η verwenden zu müssen, um die richtigen Ergebnisse zu erhalten.

Schließlich erhalten wir mithilfe von (232), (232a) und der Beziehung $\delta(|\boldsymbol{k}|^2 - q^2) = \frac{1}{2q}\delta(|\boldsymbol{k}| - q)$ für $q > 0$ die Emissionswahrscheinlichkeit für die Polarisationsrichtung 1 und die durch den Raumwinkel $d\Omega$ festgelegte Ausbreitungsrichtung:

$$w = \frac{q \, d\Omega}{8\pi^2 \hbar c^2} \left| j_{1A}(x) \right|^2 \tag{233}$$

Für die Dipolstrahlung eines Ein-Elektronen-Atoms mit den Koordianten (x, y, z) gilt

$$j_1 = e\dot{x} = iecqx \qquad \boldsymbol{k} \cdot \boldsymbol{r} \ll 1$$

und

$$w = \frac{e^2 q^3 \, d\Omega}{8\pi^2 \hbar} \left| \langle x \rangle_{12} \right|^2 \tag{234}$$

Dies stimmt mit den Angaben in Bethes *Handbuch*-Artikel überein.[1]

Das Beispiel zeigt, wie kovariante Verfahren funktionieren, sogar bei Problemen solch grundlegender Natur, auf die sie eigentlich nicht so gut passen. Die kovariante Methode umgeht die Notwendigkeit, sich mit der Normierung der Photonenzustände zu befassen, da die Faktoren 2, π usw. automatisch gegeben sind, wenn man (221) nutzt.

5.1.8 Der Hamilton-Operator

Aus der Gleichung

$$i\hbar \frac{\partial A_\mu}{\partial t} = [A_\mu, H]$$

erhalten wir

$$[a_{k\mu}, H] = \hbar c |\boldsymbol{k}| a_{k\mu}$$
$$[\tilde{a}_{k\mu}, H] = -\hbar c |\boldsymbol{k}| \tilde{a}_{k\mu}$$

Wenn wir die Kommutatorregeln (213) nutzen, finden wir einen Operator H, der alle diese Bedingungen gleichzeitig erfüllt, nämlich:

$$H = \int d^3\boldsymbol{k} \, \hbar c |\boldsymbol{k}| \sum_1^4 \tilde{a}_{k\lambda} a_{k\lambda} \tag{234a}$$

---

[1] Bethe und Salpeter, [20], S. 249, Gl. 59.7

Dieser Operator ist sogar – abgesehen von einer frei wählbaren additiven Konstante – eindeutig. Um die Konstante zu bestimmen, fordern wir $\langle H \rangle_o = 0$, was genau zu dem Ergebnis (234a) führt, wie man sofort aus (219) sehen kann. Daher ist (234a) der Hamiltonian in dieser Theorie, der in dieser Impulsdarstellung recht einfach ist.

H aus der Lagrange-Funktion herzuleiten, ist ebenfalls möglich, wenn auch viel schwieriger. Aus (234a) ersehen wir, dass

$$N_{k\lambda} = \tilde{a}_{k\lambda} a_{k\lambda} \qquad \text{(nicht summiert)}$$

ein Operator ist, der die Anzahl an Quanten mit der Frequenz k und der Polarisation λ darstellt. Es folgt sofort aus den Kommutatorregeln (213) und aus dem singulären Faktor mit der δ-Funktion, der vom kontinuierlichen Spektrum herrührt, wobei $N_{k\lambda}$ die Anzahl der Quanten pro Frequenzeinheit darstellt, dass $\int N_{k\lambda} d^3 \mathbf{k}$, über *irgendeine* Region des Impulsraums integriert, die ganzzahligen Eigenwerte $0, 1, 2, \ldots$ hat. Dies liegt daran, dass der Zustand mit n_i Teilchen mit dem Impuls k_i gegeben ist durch $\Psi = \prod_{i=1}^{\ell} (\tilde{a}_{k_i\lambda})^{n_i} \Psi_o$. Wenn wir nun $\int_{\Omega} N_{k\lambda} d^3 \mathbf{k}$ mit den Impulsen $k_1, k_2, \ldots, k_j$ ansetzen, erhalten wir:

$$\int_{\Omega} N_{k\lambda} d^3 \mathbf{k} \, \Psi = \int_{\Omega} \tilde{a}_{k\lambda} a_{k\lambda} \prod_{i=1}^{\ell} (\tilde{a}_{k_i\lambda})^{n_i} \Psi_o \, d^3 \mathbf{k} \qquad .$$

$$= \int_{\Omega} \tilde{a}_{k\lambda} \left\{ \sum_{i=1}^{\ell} n_i \prod_{i=1}^{\ell} \tilde{a}_{k_i\lambda}^{(n_i-1)} [a_{k\lambda}, \tilde{a}_{k_i\lambda}] \right.$$

$$\left. + \prod_{i=1}^{\ell} (a_{k_i\lambda})^{n_i} a_{k\lambda} \right\} \Psi_o \, d^3 \mathbf{k} \qquad \text{nach (213) und (217a)}$$

$$= \int_{\Omega} \tilde{a}_{k\lambda} \sum_{i=1}^{\ell} n_i \prod_{i=1}^{\ell} \tilde{a}_{k_i\,\lambda}^{(n_i-1)} \delta^3(\mathbf{k} - \mathbf{k}_i) \Psi_o \, d^3 \mathbf{k}$$

$$= \sum_{i=1}^{j} n_i \prod_{i=1}^{\ell} (\tilde{a}_{k_i\lambda})^{n_i} \Psi_o = \sum_{i=1}^{j} n_i \Psi$$

5.1.9 Feldfluktuationen

Da die elektromagnetischen Felder $\mathbf{E}$ und $\mathbf{H}$ quantenmechanische Variablen sind, haben sie keine klar bestimmten Werte in einem Zustand, in dem Energie und Impuls klar definiert sind, beispielsweise im Vakuumzustand. Ein

Zustand der Felder kann *entweder* dadurch angegeben werden, dass man die Werte für E und H definiert, *oder* durch Festlegen der Anzahl von Quanten, die bei verschiedenen Energien und Impulsen vorhanden sind. Die beiden Beschreibungen ergänzen sich gegenseitig und sind beide nur im klassischen Grenzfall großer Anzahlen von Quanten und sehr starker Felder möglich.

Eine beispielhafte, lesenswerte Diskussion dieser Fragen, wobei ein Hohlraumresonator mit einer Schwingungsmode im Detail betrachtet wurde, findet sich bei L. P. Smith, *Phys. Rev.* **69** (1946) 195. Wichtig ist hierbei die Tatsache, dass man nicht gleichzeitig die Zeitabhängigkeit des Feldes (Phase) und eine feste Anzahl an Quanten (Energie) festlegen kann.

Betrachten wir nun ein allgemeineres Problem. Was ist die mittlere quadratische Fluktuation einer Feldgröße im Vakuumzustand? Wir definieren

$$E_1(VT) = \frac{1}{VT} \int_{VT} E_1(x)\, d\tau\, dt$$

$$H_1(VT) = \frac{1}{VT} \int_{VT} H_1(x)\, d\tau\, dt \tag{235}$$

gemittelt über ein endliches Raumvolumen V und auch über eine Zeit T. Es sei $V(\boldsymbol{k}) = \int_V e^{-i\boldsymbol{k}\cdot\boldsymbol{r}}\, d\tau$. Dann ergibt sich wegen $\boldsymbol{H} = \nabla \times \boldsymbol{A}$:

$$\Big\langle \{H_1(VT)\}^2 \Big\rangle_o$$

$$= \frac{1}{V^2 T^2} \iint d\tau\, d\tau'\, dt\, dt' \left\langle \left(\frac{\partial}{\partial x_2} A_3 - \frac{\partial}{\partial x_3} A_2\right)\left(\frac{\partial}{\partial x'_2} A'_3 - \frac{\partial}{\partial x'_3} A'_2\right)\right\rangle_o$$

$$= \frac{1}{V^2 T^2}\frac{\hbar c}{2} \iint d\tau\, d\tau'\, dt\, dt' \left(\frac{\partial}{\partial x_2}\frac{\partial}{\partial x'_2} + \frac{\partial}{\partial x_3}\frac{\partial}{\partial x'_3}\right)$$

$$\times D^{(1)}(x - x') \qquad \text{mithilfe von (225)}$$

$$= \frac{1}{V^2 T^2}\frac{\hbar c}{16\pi^3} \iint d\tau\, d\tau'\, dt\, dt' \left(\frac{\partial}{\partial x_2}\frac{\partial}{\partial x'_2} + \frac{\partial}{\partial x_3}\frac{\partial}{\partial x'_3}\right)$$

$$\times \int d^4 k\, e^{ik\cdot(x-x')}\delta(k^2) \qquad \text{mithilfe von (226)}$$

$$= \frac{\hbar c}{16\pi^3 V^2 T^2} \int_0^T \int_0^T \int \frac{d^3\boldsymbol{k}}{|\boldsymbol{k}|}(k_2^2 + k_3^2)\,|V(k)|^2\, e^{i|\boldsymbol{k}|x_0}\, e^{-i|\boldsymbol{k}|x'_0}\, dt\, dt'$$

$$= \frac{\hbar c}{16\pi^3 V^2 T^2} \int \frac{d^3\boldsymbol{k}}{|\boldsymbol{k}|}(k_2^2 + k_3^2)\,|V(k)|^2\, \frac{4\sin^2(\frac{1}{2}c|\boldsymbol{k}|T)}{c^2|\boldsymbol{k}|^2}$$

$$\left\langle \{E_1(VT)\}^2 \right\rangle_o$$

$$= \frac{1}{V^2 T^2} \frac{\hbar c}{2} \iint d\tau \, d\tau' \, dt \, dt' \left(-\frac{\partial}{\partial x_4} \frac{\partial}{\partial x_4'} - \frac{\partial}{\partial x_1} \frac{\partial}{\partial x_1'} \right) D^{(1)}(x - x')$$

$$= \frac{\hbar c}{16\pi^3 V^2 T^2} \int \frac{d^3 k}{|\boldsymbol{k}|} (|\boldsymbol{k}|^2 - k_1^2) \, |V(k)|^2 \, \frac{4 \sin^2(\frac{1}{2} c|\boldsymbol{k}| T)}{c^2 |\boldsymbol{k}|^2}$$

$$= \left\langle \{H_1(VT)\}^2 \right\rangle_o \tag{236}$$

Wenn wir für V ein beliebiges endliches Volumen und für T eine endliche Zeit ansetzen, ist auch die mittlere quadratische Schwankung endlich. Ein Beispiel: Bei einer Kugel mit dem Radius R gilt

$$V(K) = \frac{4\pi}{|\boldsymbol{k}|^3} \left(\sin R|\boldsymbol{k}| - R|\boldsymbol{k}| \cos R|\boldsymbol{k}| \right) \tag{237}$$

Wenn jedoch entweder R oder T gegen null strebt, laufen die Schwankungen gegen ∞ und divergieren im Grenzfall sogar. Das bedeutet, dass nur Messungen von Feldgrößen, die sowohl im Raum als auch in der Zeit gemittelt sind, in physikalischer Realität auch durchgeführt werden können.

5.1.10 Fluktuation der Position eines Elektrons in einem quantisierten elektromagnetischen Feld – Die Lamb-Verschiebung

Wir betrachten ein Elektron, das durch eine ausgedehnte geladene Kugel vom Radius R dargestellt wird und sich in einem stationären Zustand im Potenzial $\phi(r)$ eines Wasserstoffatoms befindet. Es hat eine bestimmte Wellenfunktion $\psi(r)$. Wir betrachten alles nicht-relativistisch, abgesehen von dem quantisierten Strahlungsfeld, mit dem das Elektron interagiert. Die Fluktuation des Feldes bewirkt nun eine schnelle Fluktuation in der Position des Elektrons. Bei schnellen Änderungen gilt

$$m\ddot{r} = -e\boldsymbol{E}$$

Eine fluktuierende Komponente von $\boldsymbol{E}$ mit der Frequenz $c|\boldsymbol{K}|$ erzeugt daher die gleiche Fluktuation in $\boldsymbol{r}$, wobei die Amplitude mit dem Faktor $\frac{e}{m} \frac{1}{c^2 |\boldsymbol{K}|^2}$ multipliziert wird. Langsamen Fluktuationen in $\boldsymbol{E}$ kann das Elektron nicht folgen, wenn die Frequenz kleiner als die atomare Frequenz cK_H ist. Wir erhalten somit aus (236), wenn wir T gegen null streben lassen:

$$\langle r_1^2 \rangle_o = \frac{e^2}{m^2} \frac{\hbar c}{16\pi^3 V^2} \int_{K_H}^{\infty} \frac{d^3 \boldsymbol{K}}{|\boldsymbol{K}|} (K_2^2 + K_3^2) \, |V(K)|^2 \frac{1}{c^4 |\boldsymbol{K}|^4}$$

da $\lim\limits_{x \to 0} \frac{\sin^2 x}{x^2} = 1$ gilt. Das Integral konvergiert nun wegen der endlichen Größe des Elektrons bei ∞. Da R sehr klein ist, dürfen wir (237) annähern durch

$$V(K) = \begin{cases} \frac{4}{3}\pi R^3 = V & \text{für } |\boldsymbol{K}|R < 1 \\ 0 & \text{für } |\boldsymbol{K}|R > 1 \end{cases}$$

Weil $(K_2^2 + K_3^2) = |\boldsymbol{K}|^2(1 - \cos^2\theta)$ und $\int_0^\pi \sin^2\theta \, \sin\theta \, d\theta = \frac{4}{3}$ ist, ergibt sich:

$$\langle r_1^2 \rangle_o = \frac{e^2\hbar}{6m^2c^3\pi^2} \int_{K_H}^{1/R} \frac{d|\boldsymbol{K}|}{|\boldsymbol{K}|} = \frac{e^2\hbar}{6m^2c^3\pi^2} \log\left(\frac{1}{RK_H}\right) \tag{238}$$

Diese Fluktuation der Position des Elektrons erzeugt eine Änderung des effektiven Potenzials, das auf das Elektron wirkt. Demnach ist

$$\langle V(r + \delta r) \rangle = V(r) + \langle \delta\boldsymbol{r} \cdot \nabla V(r) \rangle_o + \frac{1}{2}\left\langle (\delta\boldsymbol{r})^2 \right\rangle_o \frac{\partial^2 V}{\partial r^2} + \cdots$$

$$= V(r) + \frac{1}{2}\left\langle r_1^2 \right\rangle_o \nabla^2 V$$

ungerade, weil $\langle \delta\boldsymbol{r} \cdot \nabla V(r) \rangle_o = 0$ ist. Nun ist in einem Wasserstoffatom $\nabla^2 V = e^2\delta^3(\boldsymbol{r})$ (in Heaviside-Einheiten). Daher ist die Änderung der Energie des Elektrons durch die Fluktuationen ($a_o = $ Bohr-Radius):

$$\Delta E = \int \psi^* \, \delta V \, \psi \, d\tau = \frac{1}{2}\left\langle r_1^2 \right\rangle_o e^2 |\psi(0)|^2$$

$$= \begin{cases} \dfrac{e^4\hbar}{12\pi^2 m^2 c^3} \log\left(\dfrac{1}{RK_H}\right) \dfrac{1}{\pi n^3 a_o^3} & \text{für s-Zustände} \\ 0 & \text{für alle anderen} \end{cases} \tag{239}$$

da für das Wasserstoffatom ($\rho = r\sqrt{-8m_r E_n}/\hbar$) gilt:

$$\psi_{n\ell m}(r, \theta, \varphi) = -\frac{1}{\sqrt{2\pi}} \, e^{im\varphi} \left\{ \frac{(2\ell + 1)(\ell - |m|)!}{2(\ell + |m|)!} \right\}^{1/2}$$

$$\times P_\ell^{|m|}(\cos\theta) \left[\left(\frac{2}{na_o}\right)^3 \frac{(n - \ell - 1)!}{2n[(n + \ell)!]^3} \right]^{1/2} e^{-\rho/2} \rho^\ell L_{n+\ell}^{2\ell+1}(\rho)$$

und

$$\psi_{n00}(0, \theta, \varphi) = \frac{1}{\sqrt{2\pi}} \frac{\sqrt{2}}{2} \left\{ -\left[\left(\frac{2}{na_o}\right)^3 \frac{(n - 1)!}{2n(n!)^3} \right]^{1/2} \right\} \left(-\frac{(n!)^2}{(n - 1)!} \right)$$

$$= \frac{1}{\pi^{1/2} a_o^{3/2} n^{3/2}}$$

Durch die Fluktuationen wird sich außerdem eine (viel größere) Zunahme der kinetischen Energie ergeben. Wir ignorieren dies vor dem Hintergrund, dass dieses Phänomen für alle atomaren Zustände auftreten und somit keine relativistische Verschiebung hervorrufen wird. Natürlich ist das kein gutes Argument.

Also ermitteln wir die erste Näherung für die Lamb-Verschiebung. Der $2s$-Zustand ist gegenüber den $2p$-Zuständen um

$$\Delta E = +\frac{e^4 \hbar}{96\pi^3 m^2 c^3 a_o^3} \log \frac{1}{RK_H}$$

verschoben. Dabei ist[2]

$$a_o = \frac{4\pi\hbar^2}{me^2} = \frac{1}{\alpha}\frac{\hbar}{mc} \quad \text{(Bohr-Radius)}$$

$$\text{Ry} = \frac{e^4 m}{32\pi^2 \hbar^4} \quad \text{(Rydberg'sche Energieeinheit)}$$

$$K_H = \frac{\text{Ry}}{4\hbar c}$$

Wir verwenden $R = (\hbar/mc)$, die Compton-Wellenlänge des Elektrons, weil bei dieser Frequenz die nicht-relativistische Behandlung völlig falsch wird. Dann ist

$$RK_H = \frac{\text{Ry}}{4mc^2} = \frac{1}{8}\alpha^2$$

$$\Delta E = +\frac{\alpha^3}{3\pi} \log(8 \times 137^2)\,\text{Ry}$$

(240)

Genau genommen ist $\frac{\alpha^3}{3\pi}$ Ry = 136 MHz in Frequenzeinheiten. Das hat zur Folge, dass wir das richtige Vorzeichen und die richtige Größenordnung erhalten. Diese Methode geht auf Welton zurück [14].

Die Größe des Logarithmus ist falsch, da der niedrigfrequente Cut-Off schlecht ausgeführt wurde. Wir erhalten $\Delta E \approx 1600$ MHz anstelle des richtigen Wertes 1060 MHz. Physikalisch jedoch wird der Ursprung der Verschiebung auf diese Art korrekt beschrieben.

5.2 Theorie der Linienverschiebung und Linienbreite

Um den Effekt der Strahlungswechselwirkung auf die Energieniveaus besser zu behandeln, müssen wir versuchen, die Bewegungsgleichung für das System

---

[2]mit $a_o = 0.529177 \times 10^{-8}$ cm; Ry = 13.6056 eV

Atom + Strahlungsfeld genauer zu lösen. Die Auswirkung des Feldes zeigt sich nicht nur in einer Verschiebung der Energieniveaus, sondern auch in einer endlichen *Breite* der Niveaus aufgrund realer Strahlung. Grob gesagt: Wenn der Zustand eine Lebensdauer T bis zum Zerfall durch Strahlung hat, dann ist die Breite Γ des Energieniveaus oder die mittlere Variation der Energie der emittierten Photonen gegeben durch das Unschärfeprinzip: $\Gamma \approx \hbar/T$. Die Linienverschiebung und die Linienbreite sind Effekte der gleichen Art und können nicht exakt behandelt werden – außer in Kombination.

Wir konzipieren nun also eine Theorie, die das Atom nicht-relativistisch behandelt, jedoch die Strahlungswechselwirkung korrekt berücksichtigt. Das bedeutet, dass wir die Berechnung der spontanen Emission durch ein Atom wiederholen, aber nun die Reaktion der Strahlung auf das Atom einbeziehen, anstatt das Atom als fest vorgegebenen Ladungs-Strom-Oszillator zu betrachten.

Für diese Art der Berechnung ist es immer günstig, in einer speziellen Darstellungsform zu arbeiten, die *Wechselwirkungsdarstellung* genannt wird.

5.2.1 Die Wechselwirkungsdarstellung

In der Schrödinger-Darstellung erfüllt die Wellenfunktion Ψ die Bewegungsgleichung

$$i\hbar\frac{\partial}{\partial t}\Psi = H\Psi \tag{241}$$

wobei H der Hamiltonian ist. Wenn ein Atom mit einem Strahlungsfeld wechselwirkt, gilt:

$$H = H_A + H_M + H_I^S \tag{242}$$

wobei H_A der Hamilton-Operator des Atoms und H_M der des Maxwell-Feldes ohne Wechselwirkung ist. H_M ist gegeben durch (234a), und gemäß (170) gilt in der Quantenelektrodynamik

$$H_I^S = -\frac{1}{c}\int \sum_\mu j_\mu^S(r) A_\mu^S(r) d^3\boldsymbol{r} \tag{243}$$

da $j_\mu^S(r) = ie\overline{\psi}\gamma_\mu\psi$ ist und in diesem Fall $\mathscr{H} = \sum_\mu \pi_\mu A_\mu - \mathscr{L} = -\mathscr{L}$ gilt, weil $\pi_\mu = \partial\mathscr{L}/\partial\dot{A}_\mu$ ist und $\dot{A}_\mu$ nicht in $\mathscr{L}_I$ auftritt. Alle Operatoren in (242) und (243) sind zeitunabhängige Operatoren in Schrödinger-Darstellung, weshalb sie mit S bezeichnet werden.

Nun wählen wir eine neue Wellenfunktion $\Phi(t)$, deren Zusammenhang mit Ψ gegeben ist durch:

$$\Psi(t) = \exp\left\{-\frac{i}{\hbar}(H_A + H_M)\,t\right\}\Phi(t) \tag{244}$$

Dieses $\Phi(t)$ wird eine Konstante für jeden Zustand sein, der das Atom und das Maxwell-Feld ohne Wechselwirkung darstellt. Daher beschreibt die zeitliche Variation von $\Phi(t)$ in einem tatsächlichem Zustand *gerade* den Effekt der Wechselwirkung bei der Störung der atomaren Zustände. Mit (241) und (244) ist die zeitliche Variation von Φ gegeben durch die Schrödinger-Gleichung

$$i\hbar\frac{\partial\Phi}{\partial t} = H_I(t)\Phi \tag{245}$$

mit

$$H_I(t) = \exp\left\{\frac{i}{\hbar}(H_A + H_M)t\right\} H_I^S \exp\left\{-\frac{i}{\hbar}(H_A + H_M)t\right\} \tag{246}$$

Daher ist

$$H_I = -\frac{1}{c}\int \sum_\mu j_\mu(r,t)A_\mu(r,t)d^3\boldsymbol{r} \tag{247}$$

mit

$$j_\mu(r,t) = \exp\left\{\frac{i}{\hbar}H_A t\right\} j_\mu^S(\boldsymbol{r}) \exp\left\{-\frac{i}{\hbar}H_A t\right\} \tag{248}$$

$$A_\mu(r,t) = \exp\left\{\frac{i}{\hbar}H_M t\right\} A_\mu^S(r) \exp\left\{-\frac{i}{\hbar}H_M t\right\} \tag{249}$$

Diese Operatoren $j_\mu(r,t)$ und $A_\mu(r,t)$ haben genau die zeitliche Abhängigkeit der Feldoperatoren in der Heisenberg-Darstellung für beide Systeme, Atom und Strahlungsfeld – getrennt voneinander und damit ohne Wechselwirkung betrachtet. Daher ist in der Wechselwirkungsdarstellung die zeitliche Abhängigkeit der Schrödinger-Wellenfunktion in zwei Teile aufgeteilt, wobei die Operatoren die Zeitabhängigkeit der beiden nicht miteinander wechselwirkenden Systeme haben, während die Wellenfunktion in ihrer Zeitabhängigkeit nur die Effekte der Wechselwirkung zeigt. Die Operatoren $A_\mu(r,t)$ erfüllen die Wellengleichung $\square^2 A_\mu = 0$ und die kovarianten Kommutatorregeln (203), denn wir ersehen aus (249), dass gilt:

$$\frac{\partial A_\mu(r,t)}{\partial t} = i\hbar\,[\,H_M,\,A_\mu(r,t)\,]$$

Das bedeutet: Die zeitliche Variation von $A_\mu(r, t)$ ist die gleiche wie die von $A_\mu(x)$ in der Heisenberg-Darstellung ohne Wechselwirkung (siehe (190a)), was wiederum zu den Feldgleichungen (197) führt. Matrixelemente von Operatoren in Wechselwirkungsdarstellung, gegeben durch (246), (248) oder (249), zwischen Wellenfunktionen in der Wechselwirkungsdarstellung, gegeben durch (244), sind natürlich die gleichen wie die Matrixelemente, die man in irgendeiner anderen Darstellung erhalten würde.

5.2.2 Die Wechselwirkungsdarstellung in der Theorie der Linienverschiebung und Linienbreite

Wir betrachten die Lösung von Gleichung (245), in der das Atom anfangs in einem stationären, ungestörten Zustand O mit der Energie E_o gegeben ist, wobei sich das Maxwell-Feld im Vakuumzustand befindet und keine Photonen vorhanden sind. Es sei Φ_o die Wellenfunktion in der Wechselwirkungsdarstellung, die das Atom im Zustand O und das Maxwell-Feld im Vakuumzustand beschreibt – ohne Wechselwirkung. Dabei ist Φ_o unabhängig von der Zeit.

Die Anfangsbedingung $\Phi(t) = \Phi_o$ zur Zeit $t = t_o$ ist eine physikalisch unwirkliche. Dies würde bedeuten, das Atom zum Zeitpunkt 0 in Existenz zu setzen, ohne dass gleichzeitig ein Strahlungsfeld angeregt ist. Das ist physikalisch nicht zulässig. Tatsächlich hängt die Anfangsbedingung für ein Atom in einem angeregten Zustand davon ab, wie es in diesen angeregten Zustand geraten ist. Das kann nicht auf einfache Weise formuliert werden; man braucht ein kompliziertes Modell, um die anfängliche Anregung des Atoms zu beschreiben.

Wir sind daran interessiert, die zeitliche Änderung von $(\Phi_o^*\Phi(t))$ zu berechnen, also die Wahrscheinlichkeitsamplitude dafür, das Atom zur Zeit t noch im ungestörten Zustand Φ_o vorzufinden. Mithilfe von (245) ergibt sich

$$\frac{d}{dt}\left(\Phi_o^*\Phi(t)\right) = -\frac{i}{\hbar}\left(\Phi_o^*H_I(t)\Phi(t)\right) \tag{250}$$

Wir nehmen als physikalisch unrealistische Anfangsbedingung an:

$$\Phi(t) = \Phi_o \qquad \text{bei} \quad t = t_o$$

Dann liefert (250):

$$\frac{d}{dt}\left(\Phi_o^*\Phi(t)\right)_{t=t_o} = 0 \tag{251}$$

weil das H_I, gegeben durch (247), einen Erwartungswert von null im Vakuum des Maxwell-Feldes hat, da $A_\mu(r, t)$ ebenfalls einen Erwartungswert von null im Vakuum hat, wie man aus (211) und (217) erkennen kann. Daher ist $(\Phi_o^* \Phi(t))$ bei $t = t_o$ vorübergehend stationär. Dies ist jedoch uninteressant, da die Bedingungen bei $t = t_o$ vollkommen unphysikalisch sind.

Die Größe von physikalischer Bedeutung ist der Wert von (250) zur Zeit t lange nach der Zeit t_o. Dann wird sich das Atom „beruhigt" haben und einen quasi-stationären Zustand von mit Strahlung verbundenem Zerfall eingenommen haben. Wir dürfen dann annehmen, dass der Wert, den wir mit (250) finden, unabhängig von der gewählten Anfangsbedingung und korrekt für ein Atom ist, das auf eine beliebige sinnvolle Weise in den Zustand Φ_o angeregt wurde.

Wir vollziehen die Berechnungen so, dass wir die Effekte der Strahlung H_I bis zur zweiten Ordnung berücksichtigen. Das bedeutet, dass wir Effekte der Emission und Absorption nur eines Photons einbeziehen. In der Tat wissen wir schon von der physikalischen Seite her, dass Effekte von zwei oder mehr Photonen nur sehr schwach sind und die Näherung somit gut ist.

Nehmen wir an, dass $(t - t_o)$ lang im Vergleich zu allen atomaren reziproken Frequenzen ist. Dann lautet eine Lösung von (245), gültig bis zur ersten Ordnung von H_I:

$$\Phi_1(t) = \left[1 - \frac{i}{\hbar} \int_{-\infty}^{t} H_I(t') \, dt' \right] a(t) \, \Phi_o$$

$$+ \text{ Terme, die andere atomare Zustände } \Phi_n \text{ mit}$$

$$\text{zwei oder mehr Photonen darstellen} \qquad (252)$$

Hier ist $a(t) = (\Phi_o^* \Phi(t))$ eine langsam veränderliche Amplitude, konstant bis zur ersten Ordnung von H_I, und stellt den langsamen Zerfall des Atoms dar. Beachten Sie, dass unsere Behandlung nicht nur eine Störungstheorie ist, die bis zur zweiten Ordnung von H_I korrekt ist, sondern auch die starken Effekte *genau* berücksichtigt, die durch den Zerfall unter Strahlung über eine lange Zeitspanne hinweg erzeugt werden. Deshalb werden wir in (252) nicht $a(t) = 1$ setzen, auch wenn das bis zur ersten Ordnung von H_I richtig wäre.

Wenn wir $a(t) = 1$ in (252) setzen, sollten wir nur die Lösung des Strahlungsemissionsproblems erzielen, wobei alle Effekte der Strahlungsreaktion des Atoms, die wir zuvor aus Gleichung (230) gewonnen haben, vernachlässigt würden.

Der Wert von $\frac{d}{dt} a(t) = \frac{d}{dt} (\Phi_o^* \Phi(t))$ wird korrekt bis zur zweiten Ordnung von H_I geliefert und beinhaltet die Strahlungsreaktionseffekte, wobei wir (252) in (250) einsetzen. Somit ist

$$\frac{1}{a(t)} \frac{d}{dt} a(t) = -\frac{1}{\hbar} \int_{-\infty}^{t} dt' \, \{ \Phi_o^* H_I(t) H_I(t') \Phi_o \} \qquad (253)$$

Dies ergibt mithilfe von (247) und (221):

$$\frac{1}{a}\frac{da}{dt} = -\frac{i}{\hbar c} \int_{-\infty}^{t} dt' \iint d^3r \, d^3r' D^+(r - r', t - t') \sum_{\mu} \langle j_\mu(r, t) j_\mu(r', t') \rangle_{oo}$$

$$= -\frac{1}{(2\pi)^3 \hbar c} \int \frac{d^3k}{2|k|} \int_{-\infty}^{t} dt' \iint d^3r \, d^3r'$$

$$\times \exp\left\{ i k \cdot (r - r') - ic|k|(t - t') \right\} \sum_{\mu} \langle j_\mu(r, t) j_\mu(r', t') \rangle_{oo} \qquad (254)$$

Wir bezeichnen die atomaren Zustände mit n, wobei der Zustand n die Energie E_n hat. Es sei

$$j_\mu^k(n, m) \qquad (255)$$

das Matrixelement des Operators

$$\int j_\mu^S(r) e^{-ik \cdot r} \, d^3r \qquad (256)$$

für den Übergang $m \to n$. Dann nutzen wir eine Matrizenmultiplikation, um $\langle j_\mu(r, t) j_\mu(r', t') \rangle_{oo}$ auszuwerten:

$$\frac{1}{a}\frac{da}{dt} = -\frac{1}{16\pi^3 \hbar c} \int \frac{d^3k}{|k|} \int_{-\infty}^{t} dt'$$

$$\times \sum_{n} \exp\left\{ \frac{i}{\hbar}(t - t')(E_o - E_n - \hbar c|k|) \right\} \sum_{\mu} |j_\mu^k(n, 0)|^2 \quad (257)$$

wobei wir (248) verwendet haben.

Wie zuvor wird die Summe nur über die beiden transversalen Polarisationsrichtungen μ ausgeführt, während die anderen beiden einander genau aufheben. Nun müssen wir

$$\int_{-\infty}^{0} e^{iax} \, dx = \pi\delta(a) + \frac{1}{ia} = 2\pi\delta_+(a) \qquad (258)$$

berechnen, wobei dies die Definition der δ_+-Funktion ist. Demnach ist

$$\frac{1}{a}\frac{da}{dt} = -\frac{1}{8\pi^2 c} \int \frac{d^3k}{|k|} \sum_{n,\mu} |j_\mu^k(n, 0)|^2 \, \delta_+(E_n - E_0 + \hbar c|k|) \qquad (259)$$

Wir setzen nun

$$\frac{1}{a}\frac{da}{dt} = -\frac{1}{2}\Gamma - \frac{i}{\hbar}\Delta E \qquad (260)$$

Dann sind ΔE und Γ reelle Konstanten, gegeben durch:

$$\Delta E = -\frac{\hbar}{16\pi^3 c} \int \frac{d^3 \boldsymbol{k}}{|\boldsymbol{k}|} \sum_{n,\mu} \frac{|j_\mu^k(n,0)|^2}{E_n - E_0 + \hbar c |\boldsymbol{k}|} \tag{261}$$

$$\Gamma = \frac{1}{8\pi^2 c} \int \frac{d^3 \boldsymbol{k}}{|\boldsymbol{k}|} \sum_{n,\mu} |j_\mu^k(n,0)|^2 \, \delta \left(E_n - E_0 + \hbar c |\boldsymbol{k}| \right) \tag{262}$$

Diese sind unabhängig von t. Demnach ist die Amplitude des Zustands Φ_o in der Wellenfunktion $\Phi(t)$ für alle $t \gg t_o$ gegeben durch

$$a(t) = (\Phi_o^* \Phi(t)) = \exp \left\{ -\frac{i}{\hbar} \Delta E \, (t - t_o) - \frac{1}{2} \Gamma \, (t - t_o) \right\} \tag{263}$$

Der Zustand Φ_o als Ergebnis der Störung durch das Strahlungsfeld erfährt in seiner Energie eine Verschiebung um ΔE und zerfällt exponentiell entsprechend

$$|a(t)|^2 = e^{-\Gamma \, (t - t_o)} \tag{263a}$$

Beim Vergleich von (232) und (262) erkennen wir, dass Γ genau der absoluten Wahrscheinlichkeit pro Zeiteinheit für die Strahlung vom Zustand o zu allen anderen Zuständen n entspricht, wobei bei der Berechnung die Strahlungsreaktion vernachlässigt wurde. Dies liefert uns die physikalische Interpretation des Zerfallsgesetzes (263a). Wenn die Nenner in (261) null werden, wird die Integration über $|\boldsymbol{k}|$ als ein Cauchy'scher Hauptwert betrachtet. Die energetische Verschiebung ΔE ist genau das, was wir aus der elementaren Störungstheorie zweiter Ordnung erhalten, wenn wir die Probleme infolge zu null werdender Nenner ignorieren.

Wir berechnen nun das Spektrum der Strahlung, die beim Übergang vom Niveau o zum Niveau n emittiert wird, wobei wir Effekte der Niveauverschiebungen ΔE_o und ΔE_n und der Linienbreiten Γ_o und Γ_n einbeziehen. Es sei b_{nk} die Amplitude zur Zeit t des Zustands, bei dem das Atom im Zustand n und das Photon mit dem Ausbreitungsvektor k zugegen sind. Die Bewegungsgleichung für b_{nk}, inklusive der Strahlungseffekte ausgehend vom Zustand n, lautet

$$\frac{db_{nk}}{dt} = \left\{ -\frac{1}{2} \Gamma_n - \frac{i}{\hbar} \Delta E_n \right\} b_{nk}$$

$$- Q \exp \left\{ \frac{i}{\hbar} \left(E_n - E_o + \hbar c |\boldsymbol{k}| \right) t \right\} a(t) \tag{264}$$

wobei $a(t)$ durch (263) gegeben ist. Hier stellt der letzte Term die Effekte der Übergänge $o \to n$ dar, und Q ist der Raumanteil des Matrixelements von H_I^S, der unabhängig von t ist und sich nur langsam mit k ändert, sodass wir Q als eine Konstante für alle Werte von k innerhalb der Linienbreite betrachten können. Der exponentielle Anteil ist der zeitliche Anteil des Matrixelements, wobei der Exponent proportional zur Energiedifferenz zwischen dem Atom im Zustand n mit dem Photon und dem Atom im Nullzustand ist. Die Lösung von (264) ist, der Einfachheit halber mit $t_o = 0$:

$$b_{nk} = A \left\{ \exp(-\beta t) - \exp(-\gamma t) \right\} \tag{265}$$

mit der Anfangsbedingung $b_{nk} = 0$ bei $t = 0$. Hier ergibt sich

$$
\begin{aligned}
\beta &= \frac{1}{2}\Gamma_o + \frac{i}{\hbar}\left(E_o + \Delta E_o - E_n - \hbar c |\boldsymbol{k}|\right) \\
\gamma &= \frac{1}{2}\Gamma_n + \frac{i}{\hbar}\Delta E_n
\end{aligned}
\tag{266}
$$

und $A = Q/(\beta - \gamma)$.

Die Wahrscheinlichkeit, dass das Atom den Zustand n durch einen zweiten Strahlungsprozess zur Zeit t verlässt und dabei ein Quant k zurücklässt, ist gegeben durch

$$\Gamma_n |b_{nk}(t)|^2$$

Das Quant k stammt aus dem ersten Übergang $o \to n$. Nachdem das Atom einen zweiten Übergang zu einem Kontinuum möglicher Zustände erfahren hat, sind die Endzustände nicht mehr kohärent; somit werden die Quanten, die zu verschiedenen Zeiten t verbleiben, nicht miteinander interferieren. Die absolute Wahrscheinlichkeit für die Emission eines Quants der Frequenz k beim ersten Übergang ist daher

$$P(k) = \Gamma_n |Q|^2 \frac{1}{|\beta - \gamma|^2} \int_0^\infty |e^{-\beta t} - e^{-\gamma t}|^2 \, dt \tag{267}$$

Nun ist

$$\frac{1}{|\beta - \gamma|^2} \int_0^\infty |e^{-\beta t} - e^{-\gamma t}|^2 \, dt$$

$$= \frac{1}{(\beta - \gamma)(\beta^* - \gamma^*)} \left\{ \frac{1}{\beta + \beta^*} + \frac{1}{\gamma + \gamma^*} - \frac{1}{\beta + \gamma^*} - \frac{1}{\beta^* + \gamma} \right\}$$

$$= \frac{1}{\beta - \gamma} \left\{ \frac{1}{(\gamma + \gamma^*)(\beta^* + \gamma)} - \frac{1}{(\beta + \beta^*)(\beta + \gamma^*)} \right\}$$

$$= \frac{\beta + \beta^* + \gamma + \gamma^*}{(\beta + \beta^*)(\gamma + \gamma^*)(\beta + \gamma^*)(\gamma + \beta^*)} = \frac{1}{2} \frac{\operatorname{Re}(\beta + \gamma)}{\operatorname{Re}(\beta)\operatorname{Re}(\gamma)|\beta + \gamma^*|^2} \tag{268}$$

und daher

$$P(k) = |Q|^2 \frac{\Gamma_o + \Gamma_n}{\Gamma_o} \frac{\hbar^2}{(E_o + \Delta E_o - E_n - \Delta E_n - \hbar c|\boldsymbol{k}|)^2 + \frac{1}{4}\hbar^2(\Gamma_o + \Gamma_n)^2} \tag{269}$$

Diese Formel für $P(k)$ liefert die natürliche Form einer Spektrallinie. Das Maximum der Intensität liegt bei

$$\hbar c|\boldsymbol{k}| = (E_o + \Delta E_o) - (E_n + \Delta E_n) \tag{270}$$

also bei der Differenz der Energien beider Niveaus unter Berücksichtigung der Linienverschiebung durch Strahlung. Die Halbwertsbreite

$$\hbar(\Gamma_o + \Gamma_n) \tag{271}$$

ist gerade die Summe der Linienbreiten beider Niveaus, gegeben durch die reziproken Lebensdauern.

Die Gleichungen (270) und (271) sind wichtig für die Deutung moderner Radiofrequenz-Spektroskopie-Experimente und für sehr genaue Messungen von Linienbreiten und -positionen.

5.2.3 Berechnung der Linienverschiebung – nicht-relativistische Theorie

Bei allen atomaren Systemen sind die Linienbreiten endlich und aus den bekannten Übergangsamplituden leicht zu berechnen. Hierfür ist die nicht-relativistische Theorie in allen Fällen hinreichend genau. Die Linienverschiebung gemäß (261) ist viel komplizierter, und die nicht-relativistische Theorie ist nicht genau genug, um sie exakt zu behandeln. Dennoch werden wir (261) mithilfe der nicht-relativistischen Theorie evaluieren, um zu sehen, was wir daraus gewinnen. Es wird sich herausstellen, dass wir dabei manch Interessantes erfahren können.

Zunächst nutzen wir bei der nicht-relativistischen Berechnung die Dipolnäherung, mit deren Hilfe wir bereits (234) hergeleitet haben. Unter Annahme eines Ein-Elektronen-Atoms, wobei das Elektron die Masse m und die Ladung $-e$ hat, setzen wir

$$j_1^k(n0) = -\frac{e}{m}(p_1)_{n0} = -\frac{e}{m}\left\{ \int \psi_n^* \left(-i\hbar\frac{\partial}{\partial x} \right) \psi_0 \, d^3\boldsymbol{r} \right\} \tag{272}$$

Die Linienverschiebung (261) wird zu

$$\Delta E = -\frac{e^2\hbar}{16\pi^3 m^2 c} \int \frac{d^3\boldsymbol{k}}{|\boldsymbol{k}|} \sum_n \frac{|(p_1)_{n0}|^2 + |(p_2)_{n0}|^2}{E_n - E_o + \hbar c|\boldsymbol{k}|}$$

Es wird über die Richtung von $\boldsymbol{k}$ integriert (man vergleiche mit (238)):

$$\Delta E = -\frac{e^2 \hbar}{6\pi^2 m^2 c} \int_0^\infty |\boldsymbol{k}| \, d|\boldsymbol{k}| \sum_n \frac{|\boldsymbol{p}_{n0}|^2}{E_n - E_o + \hbar c |\boldsymbol{k}|} \qquad (273)$$

Das Integral über $|\boldsymbol{k}|$ ist nun offensichtlich divergent, sogar bevor die Summe über n ausgeführt wird. Daher ist die Linienverschiebung *unendlich groß*. Wird eine vollständig relativistische Theorie unter Einbeziehen von Positronen verwendet, dann ist die Divergenz lediglich logarithmisch statt linear, ist jedoch definitiv noch immer vorhanden. Das war viele Jahre lang ein Desaster, das den Glauben an die Theorie erschütterte; diese Schwierigkeit konnte erst 1947 überwunden werden.

5.2.4 Das Konzept der Massenrenormierung

Die Linienverschiebung (273) ist auch bei einem *freien* Elektron mit dem Impuls $\boldsymbol{p}$ unendlich. In diesem Fall ist $\boldsymbol{p}$ ein diagonaler Operator, und die Summe über n reduziert sich auf den Term mit $n = 0$. Somit ist

$$\Delta E_F = -\frac{1}{6\pi^2} \frac{e^2}{m^2 c^2} \left(\int_0^\infty d|\boldsymbol{k}| \right) \boldsymbol{p}^2 \qquad (274)$$

Der Effekt der Strahlungswechselwirkung äußert sich nur dahingehend, dass er einem freien Elektron eine zusätzliche Energie verleiht, die proportional zu seiner kinetischen Energie ($\boldsymbol{p}^2/2m$) ist. Wenn das Integral in (274) an einer oberen Grenze $K \approx (mc/\hbar)$ abgeschnitten wird, um die Tatsache, dass die Theorie im Relativistischen ohnehin falsch ist, zu berücksichtigen, dann ist

$$\Delta E_F \approx -\frac{1}{6\pi^2} \frac{e^2}{\hbar c} \frac{\boldsymbol{p}^2}{m}$$

eine kleine Korrektur an der kinetischen Energie, die durch die Erhöhung der Ruhemasse des Elektrons von m auf $(m + \delta m)$ erzeugt wird:

$$\delta m = \frac{1}{3\pi^2} \frac{e^2}{c^2} \int_0^\infty d|\boldsymbol{k}| \qquad (275)$$

Wir müssen nun berücksichtigen, dass die beobachtete Ruhemasse eines *jeden* Elektrons, ob nun frei oder gebunden, nicht m, sondern $m + \delta m$ ist. Daher stellt in (273) ein Teil

$$-\frac{1}{6\pi^2} \frac{e^2}{c^2} \left(\int_0^\infty d|\boldsymbol{k}| \right) \langle \boldsymbol{p}^2 \rangle_{oo} \qquad (276)$$

nur die Auswirkung der Massenänderung δm auf die kinetische Energie des gebundenen Elektrons dar. Dieser Teil ist bereits in der kinetischen Energie enthalten, wenn wir die beobachtete Masse $(m + \delta m)$ als die Masse in der Formel $(p^2/2m)$ ansetzen. Daher muss der Anteil (276) von der Gleichung (273) subtrahiert werden, um die beobachtbare Linienverschiebung zu erhalten. Diese Subtraktion hebt gerade den Fehler auf, den wir gemacht haben, als wir die Masse m eines „nackten" Elektrons ohne elektromagnetische Wechselwirkung mit der beobachteten Elektronenmasse gleichgesetzt haben.

Der Grundgedanke dieser Massenrenormierung ist Folgender: Obwohl die „nackte" Masse m in der ursprünglichen Beschreibung des Atoms ohne Strahlungsfeld auftaucht, sollten alle Endresultate der Theorie nur von der physikalisch beobachteten Masse $m + \delta m$ abhängen. Diese Idee geht auf Kramers [16] zurück und wurde von Bethe weiter entwickelt (*Phys. Rev.* **72** (1947) 339).

Die Subtraktion von (276) von der Gleichung (273) ergibt die physikalisch beobachtbare Linienverschiebung

$$\Delta E = \frac{e^2}{6\pi^2 m^2 c^2} \int_0^\infty d|\mathbf{k}| \sum_n \frac{(E_n - E_o)\,|\mathbf{p}_{no}|^2}{E_n - E_o + \hbar c|\mathbf{k}|} \tag{277}$$

Die Divergenz bei hohen $|\mathbf{k}|$ ist hier nur noch logarithmisch. Wenn wir nun eine höhere Grenze als Cut-Off für das Integral an dem Punkt

$$\hbar c|\mathbf{k}| = K$$

ansetzen, wobei K eine Energie in der Größenordnung von mc^2 ist, ergibt sich:

$$\Delta E = \frac{e^2}{6\pi^2 m^2 c^3 \hbar} \sum_n (E_n - E_o)\,|\mathbf{p}_{no}|^2 \log \frac{K}{E_n - E_o} \tag{278}$$

Wir erinnern uns dabei daran, dass die Integration über $|\mathbf{k}|$ in (277) als Cauchy'scher Hauptwert angesehen werden muss, wenn $(E_n - E_0)$ negativ ist.

Mit dieser Gleichung (278) kann die Linienverschiebung für die Wasserstoffzustände numerisch berechnet werden, wie es Bethe, Brown und Stehn durchführten (*Phys. Rev.* **77** (1950) 370).

Da der Logarithmus in (278) für Zustände n, die im nicht-relativistischen Bereich liegen, recht groß sein wird (≈ 7), ist es zweckmäßig, zu schreiben:

$$\sum_n (E_n - E_o)\,|\mathbf{p}_{no}|^2 \log |E_n - E_o| = \left\{ \sum_n (E_n - E_o)\,|\mathbf{p}_{no}|^2 \right\} \log (E - E_o)_{\mathrm{av}} \tag{279}$$

was als Definition für $(E - E_o)_{\text{av}}$ dient. Dann ist $(E - E_o)_{\text{av}}$ eine nicht-relativistische Energie. Die exakte Berechnung liefert für den $2s$-Zustand im Wasserstoffatom

$$(E - E_o)_{\text{av}} = 16{,}6 \,\text{Ry} \tag{280}$$

Die wichtigen Übergänge sind daher diejenigen zu Zuständen, die, obwohl nicht-relativistisch, Kontinuumszustände mit sehr hoher Anregung sind. Das ist überraschend.

Beachten Sie, dass in (278) alle Terme positiv sind, wenn E_o der Grundzustand ist. Bei höheren Zuständen wird es sowohl positive als auch negative Beiträge geben. Insbesondere werden wir sehen, dass sich bei einem Coulomb-Potenzial die positiven und die negativen Terme beinahe vollständig gegenseitig aufheben – außer bei den s-Zuständen. Dieses Aufheben scheint mehr oder weniger zufällig zu sein und keine tiefere Bedeutung zu haben.

Nun ist, unter Nutzung einer Summenregel:

$$\sum_n (E_n - E_o) |\boldsymbol{p}_{no}|^2 = \langle \boldsymbol{p} \cdot [H, \boldsymbol{p}] \rangle_{oo} \tag{281}$$

wobei H der Hamiltonian für das Atom ist:

$$H = \frac{1}{2m}\boldsymbol{p}^2 + V \qquad V = -\frac{1}{4\pi}\frac{e^2}{r} \qquad [H, \boldsymbol{p}] = i\hbar(\nabla V) \tag{282}$$

$$\begin{aligned}
\langle \boldsymbol{p} \cdot [H, \boldsymbol{p}] \rangle_{oo} &= \hbar^2 \int \psi_o^* \nabla \cdot (\psi_o \nabla V) \, d\tau \\
&= \frac{\hbar^2}{2} \left\{ \int \psi_o^* \nabla \cdot (\psi_o \nabla V) \, d\tau + \int \psi_o \nabla \cdot (\psi_o^* \nabla V) \, d\tau \right\} \\
&= \frac{\hbar^2}{2} \left\{ 2 \int \psi_o^* \psi_o \nabla^2 V \, d\tau + \int \nabla(\psi_o^* \psi_o) \cdot \nabla V \, d\tau \right\} \\
&= \frac{\hbar^2}{2} \int \psi_o^* \psi_o \nabla^2 V \, d\tau = \frac{1}{2} e^2 \hbar^2 |\psi_o(0)|^2
\end{aligned} \tag{283}$$

Hierbei haben wir das Vektortheorem von Green und die Tatsache, dass $\langle \boldsymbol{p} \cdot [H, \boldsymbol{p}] \rangle_{oo}$ reell ist, sowie das Ergebnis $\nabla^2 V = e^2 \delta^3(\boldsymbol{r})$ in Heaviside-Einheiten verwendet. Daher ist

$$\Delta E = \frac{e^4 \hbar}{12\pi^2 m^2 c^3} |\psi_o(0)|^2 \log \frac{K}{(E - E_o)_{\mathrm{av}}}$$

$$= \frac{e^4 \hbar}{12\pi^2 m^2 c^3} \log \frac{K}{(E - E_o)_{\mathrm{av}}} \times \begin{cases} 1/(\pi n^3 a_o^3) & \text{für } s\text{-Zustände} \\ 0 & \text{für andere Zustände} \end{cases}$$

$$(284)$$

Wir vergleichen das mit (239). Der Unterschied liegt nur darin, dass der Term $\log(K/(E - E_o)_{\mathrm{av}})$ den Ausdruck $\log(1/RK_H)$ ersetzt. Die niederfrequenten Photonen werden nun richtig behandelt und nicht nur angenähert. Nur das hochfrequente Ende ist noch immer ungenau, und zwar wegen der vagen Festlegung des Cut-Offs K. Mit $K = mc^2$ liefert (284) für die Lamb-Verschiebung $2s - 2p$ den Wert 1040 MHz. Er liegt bemerkenswert nahe am experimentellen Wert 1062 MHz.

Der Erfolg dieser Berechnung der Linienverschiebung zeigt, dass die korrekte Behandlung der Wechselwirkung zwischen einem Elektron und dem Maxwell-Feld mithilfe des Konzepts der Massenrenormierung zu sinnvollen Ergebnissen in Übereinstimmung mit dem Experiment führt. Diese Berechnung konnte nicht-relativistisch durchgeführt werden, da die Linienverschiebung im Wesentlichen ein niederfrequenter, nicht-relativistischer Effekt ist.

Es gibt andere Effekte der Strahlungswechselwirkung, die hauptsächlich relativistischen Charakters sind, insbesondere den anormalen Anstieg des beobachteten magnetischen Moments des Elektrons um den Faktor $\left(1 + \frac{\alpha}{2\pi}\right)$ über den Wert hinaus, der von der Dirac-Theorie vorgegeben wird. Um diese Effekte zu untersuchen und um die Lamb-Verschiebung exakt, ohne einen frei wählbaren Cut-Off, zu berechnen, müssen wir eine vollkommen relativistische Quantenelektrodynamik verwenden, in der sowohl Elektronen als auch das Maxwell-Feld relativistisch behandelt werden.

Wir müssen also zurückgehen zu dem Punkt, an dem wir die Theorie des Dirac-Elektrons in Abschnitt 3.1 verlassen haben, und damit beginnen, eine relativistische Theorie von Elektronen und Positronen zu konzipieren, ähnlich der quantisierten Maxwell-Feld-Theorie.

5.3   Feldtheorie des Dirac-Elektrons, ohne Wechselwirkung

Wir wenden auf die Dirac-Gleichung die Methode der Feldquantisierung für antikommutierende Felder an. Den Grund, warum wir dies tun müssen und keine kommutierenden Felder ansetzen dürfen, werden wir später erkennen. Wir setzen an:

$$\mu = (mc/\hbar) \qquad m = \text{Elektronenmasse}$$

Die Lagrange-Dichte ist

$$\mathscr{L}_o = -\hbar c \, \overline{\psi} \left(\sum_\lambda \gamma_\lambda \frac{\partial}{\partial x_\lambda} + \mu \right) \psi \qquad (285)$$

Beachten Sie hier den Faktor $\hbar$. Er bedeutet, dass die Theorie keine klassische Grenze im Sinne des Korrespondenzprinzips hat. Im klassischen Grenzfall haben nur Ladungen und Ströme, die durch viele Teilchen hervorgerufen werden, eine Bedeutung, während das ψ-Feld vollkommen außer Sicht gerät. Der Faktor $\hbar$ muss in (285) eingesetzt werden, damit die Dimensionen stimmen, da $(\overline{\psi}\psi)$ die Dimension (1/Volumen) hat, genau wie in der Ein-Teilchen-Dirac-Theorie, die hier eine Erweiterung erfährt. Die Feldgleichungen lauten

$$\sum_\lambda \gamma_\lambda \frac{\partial \psi}{\partial x_\lambda} + \mu\psi = 0$$

$$\sum_\lambda \frac{\partial \overline{\psi}}{\partial x_\lambda} \gamma_\lambda - \mu\overline{\psi} = 0 \qquad (286)$$

Das ladungskonjugierte Feld ϕ kann gemäß (51) definiert werden durch

$$\phi = C\psi^+$$

und erfüllt auch die Beziehung

$$\left(\sum_\lambda \gamma_\lambda \frac{\partial}{\partial x_\lambda} + \mu \right) \phi = 0 \qquad (287)$$

5.3.1 Kovariante Kommutatorregeln

Wir gehen weiter vor wie bei der Behandlung des Maxwell-Feldes. Wir betrachten zwei Punkte z und y mit $z_0 > y_0$, und es sei

$$\mathcal{Q}(y) = \overline{\psi}(y)\, u$$
$$\mathcal{R}(z) = \overline{v}\, \psi(z) \quad \text{oder} \quad \overline{\psi}(z)\, v \qquad (288)$$

Hier sind u und v Spinor-Operatoren, unabhängig von y oder z, und anti-kommutierend mit allen ψ- und $\overline{\psi}$-Operatoren unserer Gleichungen, wie wir es zu Beginn des Abschnitts angenommen haben. Als Beispiel nehmen wir $u = \psi(w)$ an, wobei w ein Punkt weit außerhalb der Lichtkegel von y und z ist. Wir nehmen an der Lagrange-Dichte die folgende Änderung vor:

$$\delta_Q \mathscr{L} = \epsilon \delta^4(x - y)\,\overline{\psi}(y)\,u \tag{289}$$

Der Faktor u muss eingefügt werden, um aus $\delta_Q\mathscr{L}$ einen bilinearen Ausdruck zu machen, der notwendig für die Anwendbarkeit der Methode von Peierls ist. Tatsächlich haben nur bilineare Ausdrücke physikalisch beobachtbare Bedeutungen, und es ist unter keinen Umständen irgendwie sinnvoll, einen linearen und einen bilinearen Term in einem Feldoperator zu addieren.

Die geänderten Feldgleichungen für ψ und $\overline{\psi}$ lauten

Für $\overline{\psi}$: keine Änderung

$$\text{Für } \psi: \quad \left(\sum_\lambda \gamma_\lambda \frac{\partial}{\partial x_\lambda} + \mu\right)\psi - \frac{\epsilon}{\hbar c}\delta^4(x - y)\,u = 0 \tag{290}$$

Daher ist $\delta_Q\overline{\psi}(z) = 0$, und $\epsilon\delta_Q\psi(z)$ erfüllt (290); man vergleiche mit (198). Somit ist $\delta_Q\psi(z)$ definiert durch die Bedingungen

$$\left(\sum_\lambda \gamma_\lambda \frac{\partial}{\partial x_\lambda} + \mu\right)\delta_Q\psi(z) = \frac{1}{\hbar c}\delta^4(z - y)\,u \tag{291}$$

$$\delta_Q\psi(z) = 0 \quad \text{für } z_0 < y_0$$

Hieraus folgt, dass $\delta_Q\psi(z)$ ein kommutierender Spinor ist. Wir schreiben

$$\delta_Q\psi(z) = -\frac{1}{\hbar c}S_R(z - y)\,u \tag{292}$$

Dann ist $S_R(x)$ eine kommutierende Dirac-Matrix-Funktion von x und erfüllt die Beziehung

$$\left(\sum_\lambda \gamma_\lambda \frac{\partial}{\partial x_\lambda} + \mu\right)S_R(x) = -\delta^4(x) \tag{293}$$

$$S_R(x) = 0 \quad \text{für } x_0 < 0$$

wobei auf der rechten Seite die (4×4)-Einheitsmatrix $\mathbb{I}$ gemeint ist.

Wenn $\mathcal{R} = \overline{\psi}(z)\,v$ ist, dann ist wie zuvor $\delta\overline{\psi} = 0$. Und wenn $\mathcal{R} = \overline{v}\,\psi(z)$ ist, dann gilt:

$$\delta_{\mathcal{R}}\overline{\psi}(y) = -\frac{1}{\hbar c}\,\overline{v}\,S_A(z - y) \tag{294}$$

$$\delta_{\mathcal{R}}\psi(y) = 0$$

wobei $S_A(x)$ die Dirac-Matrix ist, die die folgende Beziehung erfüllt:

$$\left(\sum_\lambda \gamma_\lambda \frac{\partial}{\partial x_\lambda} + \mu \right) S_A(x) = -\delta^4(x) \tag{295}$$

$$S_A(x) = 0 \quad \text{für } x_0 > 0$$

Hätten wir schließlich $\mathcal{Q} = \overline{u}\,\psi(y)$ gewählt, so hätten wir $\delta_\mathcal{Q}\psi(z) = 0$ auf die gleiche Weise erhalten.

Die Nutzung von Peierls' Kommutatorgesetz (194) zusammen mit (292) und (294) liefert also

$$[\,\overline{v}\,\psi(z)\,,\,\overline{u}\,\psi(y)\,] = [\,\overline{\psi}(z)\,v\,,\,\overline{\psi}(y)\,u\,] = 0$$

$$[\,\overline{v}\,\psi(z)\,,\,\overline{\psi}(y)\,u\,] = -i\overline{v}\,[S_A(z-y) - S_R(z-y)]\,u \tag{296}$$

Dies gilt für jede Wahl von u und v, wenn wir sie nun so wählen, dass sie mit allen ψ- und $\overline{\psi}$-Operatoren antikommutieren. Wenn wir also schreiben:

$$S(x) = S_A(x) - S_R(x) \tag{297}$$

dann können wir die Kommutatorregeln für die Operatorkomponenten angeben:

$$\{\psi_\alpha(z),\,\psi_\beta(y)\} = \{\overline{\psi}_\alpha(z),\,\overline{\psi}_\beta(y)\} = 0 \tag{298}$$

$$\{\psi_\alpha(z),\,\overline{\psi}_\beta(y)\} = -iS_{\alpha\beta}(z-y) \tag{299}$$

Die invariante S-Funktion erfüllt wegen (293) und (295) die Beziehung

$$\left(\sum_\lambda \gamma_\lambda \frac{\partial}{\partial x_\lambda} + \mu \right) S(x) = 0 \tag{300}$$

Es gibt im Koordinatenraum keine Formeln für die S-Funktionen, die so einfach sind wie (261) und (265) für die D-Funktionen. In Impulsdarstellungen sind die S-Funktionen jedoch ebenso einfach.

5.3.2 Impulsdarstellungen

Aus

$$S_R(x) = \left(\sum_\lambda \gamma_\lambda \frac{\partial}{\partial x_\lambda} - \mu \right) \Delta_R(x), \quad S_A(x) = \left(\sum_\lambda \gamma_\lambda \frac{\partial}{\partial x_\lambda} - \mu \right) \Delta_A(x)$$

$$S(x) = \left(\sum_\lambda \gamma_\lambda \frac{\partial}{\partial x_\lambda} - \mu \right) \Delta(x) \tag{301}$$

erhalten wir

$$\left(\Box^2 - \mu^2 \right) \Delta_R(x) = \left(\Box^2 - \mu^2 \right) \Delta_A(x) = -\delta^4(x)$$
$$\left(\Box^2 - \mu^2 \right) \Delta(x) = 0 \qquad \Delta(x) = \left(\Delta_A - \Delta_R \right)(x) \tag{302}$$

mit den gleichen Randbedingungen wie zuvor. Die Δ-Funktionen sind dabei genau analog zu den D-Funktionen, wobei die D-Funktionen der Sonderfall für $\mu = 0$ sind. Anstelle von (207) erhalten wir durch die formale Substitution $k^2 \rightarrow k^2 + \mu^2$:

$$\Delta_R(x) = \frac{1}{(2\pi)^4} \int_+ e^{ik \cdot x} \frac{1}{k^2 + \mu^2} \, d^4k \tag{303}$$

wobei die Kurve in der k_0-Ebene oberhalb der beiden Polstellen bei $k_0 = \pm\sqrt{|\boldsymbol{k}|^2 + \mu^2}$ verläuft. Gleiches gilt für (208). Und anstelle von (210) ergibt sich

$$\Delta(x) = -\frac{i}{(2\pi)^3} \int e^{ik \cdot x} \, \delta(k^2 + \mu^2) \, \epsilon(k) \, d^4k \tag{304}$$

Die Nutzung von (301) und der Notation (110) liefert demnach

$$S(x) = \frac{1}{(2\pi)^3} \int e^{ik \cdot x} \, (\not{k} + i\mu) \delta(k^2 + \mu^2) \, \epsilon(k) \, d^4k \tag{305}$$

Beachten Sie, dass hier der Projektionsoperator Λ_+ erscheint, wie wir ihn durch (115) mit dem Impuls $p = \hbar k$ definiert haben. Somit unterscheidet die S-Funktion automatisch zwischen den Elektronenzuständen $k_0 = +\sqrt{|\boldsymbol{k}|^2 + \mu^2}$ und den Positronenzuständen $k_0 = -\sqrt{|\boldsymbol{k}|^2 + \mu^2}$.

5.3.3 Fourier-Analyse von Operatoren

Wir zerlegen ψ_α in Fourier-Koeffizienten, ausgedrückt in einer recht allgemeinen Form:

$$\psi_\alpha(x) = Q \int d^3\boldsymbol{k} \left(\frac{\mu^2}{|\boldsymbol{k}|^2 + \mu^2} \right)^{1/4} \left\{ \sum_{u^+} u_\alpha e^{ik \cdot x} b_{ku} + \sum_{u^-} u_\alpha e^{-ik \cdot x} b_{ku} \right\} \tag{306}$$

wobei, wie in (211), der Faktor $\left(\mu^2/(|\boldsymbol{k}|^2 + \mu^2) \right)^{1/4}$ lediglich die Schreibweise vereinfacht. Die Integration wird über alle 4er-Vektoren k mit $k_0 =$

$+\sqrt{|\boldsymbol{k}|^2 + \mu^2}$ ausgeführt. Für jedes k wird die Summe $\sum_{u+}$ über die zwei Spinzustände u ausgeführt, die mithilfe von (111) die Gleichung

$$(\not{k} - i\mu)\, u = 0 \tag{307}$$

erfüllen, und die Summe $\sum_{u-}$ wird über die zwei Spinzustände u ausgeführt, die mithilfe von (112) die Gleichung

$$(\not{k} + i\mu)\, u = 0 \tag{308}$$

erfüllen, wobei die Normierung durch (106) und (113) gegeben ist. Die b_{ku} sind von x und α unabhängige Operatoren, und ihre Eigenschaften müssen noch bestimmt werden.

Wir ziehen die Adjungierte zu (306) heran und erhalten

$$\overline{\psi}_\alpha(x) = Q \int d^3\boldsymbol{k} \left(\frac{\mu^2}{|\boldsymbol{k}|^2 + \mu^2}\right)^{1/4} \left\{ \sum_{u^+} b_{ku}^* \overline{u}_\alpha e^{-ik\cdot x} + \sum_{u^-} b_{ku}^* \overline{u}_\alpha e^{ik\cdot x} \right\} \tag{309}$$

Hier sind die b_{ku}^* die normalen hermitesch Konjugierten der b_{ku}.

Wenn wir nun die Antikommutatoren (298) und (299) aus (306) und (309) berechnen und die Ergebnisse mit dem Impulsintegral (305) vergleichen, erhalten wir mithilfe von (115) und der Eigenschaften von Λ_+:

$$\{\, b_{ku}, b_{k'v}\,\} = \{\, b_{ku}^*, b_{k'v}^*\,\} = 0 \tag{310}$$

$$\{\, b_{ku}, b_{k'v}^*\,\} = \delta^3(\boldsymbol{k} - \boldsymbol{k}')\, \delta_{uv} \tag{311}$$

und stellen fest, dass die Konstante Q in (306) und (309) gegeben ist durch

$$Q = (2\pi)^{-3/2} \tag{312}$$

5.3.4 Emissions- und Absorptionsoperatoren

Es sei

$$E_k = \hbar c \sqrt{|\boldsymbol{k}|^2 + \mu^2} \tag{313}$$

die Energie eines Elektrons oder Positrons mit dem Impuls $\hbar k$. Wir verwenden das gleiche Argument, dass uns beim Maxwell-Feld zu (215) geführt hat. Damit ergibt sich, dass

$$b_{ku} \quad \text{für Elektronenzustände } u$$
$$b_{ku}^* \quad \text{für Positronenzustände } u$$

Matrixelemente nur für Übergänge von einem Anfangszustand der Energie E_1 zu einem Endzustand der Energie E_2 haben, wobei gilt:

$$E_1 - E_2 = E_k \tag{314}$$

Außerdem haben

b_{ku} für Positronenzustände u

b_{ku}^* für Elektronenzustände u

Matrixelemente, die nur dann nicht null sind, wenn gilt:

$$E_2 - E_1 = E_k \tag{315}$$

Wir sehen also wie zuvor, dass das Feld die Eigenschaften hat, die wir für ein quantisiertes Feld fordern. Es kann Energie nur in diskreten „Portionen" mit dem Betrag E_k für jede Frequenz k tragen. Und die Energie kann durch zwei Arten der Anregung getragen werden, die wir im Vorgriff auf die späteren Ergebnisse der Theorie als Elektronen bzw. Positronen bezeichnet haben. Wir sehen bereits, dass diese zwei Anregungszustände Teilcheneigenschaften haben und dass es zwei Arten von Teilchen gibt.

Die Absorptionsoperatoren sind

b_{ku} für Elektronen

b_{ku}^* für Positronen

und die Emissionsoperatoren sind

b_{ku} für Positronen

b_{ku}^* für Elektronen

5.3.5 Ladungssymmetrische Darstellung

Wir nutzen das ladungskonjugierte Feld ϕ, das durch (51) definiert ist, um die gesamte Theorie in eine Form zu bringen, in der eine vollständige Symmetrie zwischen Elektronen und Positronen vorliegt. Diese Symmetrie ist als Ladungssymmetrie der Theorie bekannt.

Es seien k und ein Spinor u gegeben, der (308) erfüllt und einen Positronenzustand darstellt. Alternativ stellen wir den Positronenzustand durch den ladungskonjugierten Spinor

$$v = Cu^+ \tag{316}$$

dar, der (307) erfüllt, so wie u es für die Elektronenzustände tut. Wir kennzeichnen durch

$$b_{kv}^C = b_{ku}^*$$

den Absorptionsoperator für den Positronenzustand v. Dann formulieren wir anstelle von (306) und (309) das Gleichungspaar

$$\psi_\alpha(x)$$
$$= Q \int d^3 \boldsymbol{k} \left(\frac{\mu^2}{|\boldsymbol{k}|^2 + \mu^2} \right)^{1/4} \left\{ \sum_{u^+} u_\alpha e^{i \boldsymbol{k} \cdot \boldsymbol{x}} b_{ku} + \sum_{v^+} \{ C v^+ \}_\alpha \, e^{-i \boldsymbol{k} \cdot \boldsymbol{x}} b_{kv}^{*C} \right\}$$
$$(317)$$

$$\phi_\alpha(x)$$
$$= Q \int d^3 \boldsymbol{k} \left(\frac{\mu^2}{|\boldsymbol{k}|^2 + \mu^2} \right)^{1/4} \left\{ \sum_{v^+} v_\alpha e^{i \boldsymbol{k} \cdot \boldsymbol{x}} b_{kv}^C + \sum_{u^+} \{ C u^+ \}_\alpha \, e^{-i \boldsymbol{k} \cdot \boldsymbol{x}} b_{ku}^* \right\}$$
$$(318)$$

Die ψ- und die ϕ-Felder sind somit zwischen Positron und Elektron vollkommen symmetrisch; ϕ könnte als Anfangspunkt genommen und ψ daraus abgeleitet werden, und genauso einfach ist es umgekehrt möglich.

Die Kommutatorregeln (311) werden zu

$$\{ b_{ku}, b_{k'u'}^* \} = \delta^3(\boldsymbol{k} - \boldsymbol{k}') \, \delta_{uu'}$$
$$\{ b_{kv}^C, b_{k'v'}^{*C} \} = \delta^3(\boldsymbol{k} - \boldsymbol{k}') \, \delta_{vv'}$$
$$\{ b_{kv'}^C, b_{ku}^* \} = 0 \qquad \text{usw.}$$
$$(318a)$$

Sie sind ebenfalls symmetrisch zwischen Elektron und Positron.

5.3.6 Der Hamiltonian

Der Hamiltonian H unterliegt wie beim Maxwell-Feld Kommutatorregeln mit dem Emissions- und dem Absorptionsoperator. Diese Regeln folgen geradewegs aus den Heisenberg'schen Bewegungsgleichungen für ψ und ϕ. Für jeden Elektronenzustand u oder Positronenzustand v gilt

$$[b_{ku}, H] = E_k b_{ku} \qquad\qquad [b_{kv}^C, H] = E_k b_{kv}^C$$
$$[b_{ku}^*, H] = -E_k b_{ku}^* \qquad\qquad [b_{kv}^{*C}, H] = -E_k b_{kv}^{*C}$$
$$(319)$$

Daher lautet der Hamiltonian der Theorie

$$H = \int d^3 \boldsymbol{k} \, E_k \left\{ \sum_{u^+} b_{ku}^* b_{ku} + \sum_{v^+} b_{kv}^{*C} b_{kv}^C \right\}$$
$$(320)$$

wie man sofort durch Einsetzen in (319) bestätigen kann.

Die additive Konstante ist wieder so gewählt, dass $\langle H \rangle_o$, der Erwartungswert von H im Vakuumzustand, gleich null ist. Das schließt die Möglichkeit einer beliebigen additiven Konstante bei H aus.

In (317), (318) und (320) besteht eine vollständige Symmetrie zwischen Elektronen und Positronen. Die Theorie hätte genauso gut vom Positron anstatt vom Elektron als fundamentalem Teilchen ausgehend aufgebaut werden können.

Allgemein jedoch sollten wir für praktische Berechnungen nicht (317), (318) und (320) nutzen. Es ist im Allgemeinen einfacher, mit der unsymmetrischen Form der Theorie zu arbeiten, also mit den Feldern ψ und $\overline{\psi}$.

5.3.7 Versagen der Theorie bei kommutierenden Feldern

Nehmen wir an, wir wären mit der Theorie bis zu diesem Punkt gekommen und hätten nur ψ und $\overline{\psi}$ als normale, kommutierende Felder angesehen. Dann wären u und v Größen, die in den Beziehungen (296) mit allen ψ und $\overline{\psi}$ kommutieren würden. Die Gleichungen (298) und (299) wären also noch immer richtig, allerdings überall mit Kommutatoren anstelle von Antikommutatoren. Gleiches gilt für (310) und (311). Jedoch sollte in dieser symmetrischen Darstellung anstelle von (318a) Folgendes gelten:

$$\begin{aligned} [\,b_{ku}, b^*_{k'u'}\,] &= \delta^3(\boldsymbol{k} - \boldsymbol{k}')\,\delta_{uu'} \\ [\,b^C_{kv}, b^{*C}_{k'v'}\,] &= -\delta^3(\boldsymbol{k} - \boldsymbol{k}')\,\delta_{vv'} \end{aligned} \tag{321}$$

Und der Hamiltonian sollte nun nicht mehr durch (320), sondern durch

$$H = \int d^3\boldsymbol{k}\, E_k \left\{ \sum_{u^+} b^*_{ku} b_{ku} - \sum_{v^+} b^{*C}_{kv} b^C_{kv} \right\} \tag{322}$$

gegeben sein. Somit würden Positronen eigentlich Teilchen negativer Energie sein, ebenso wie die Elektronen negativer Energie in der Ein-Elektronen-Theorie. Das ist physikalisch unzulässig.

Die Anwendung antikommutierender Felder ist also das Einzige, das uns eine korrekte positive Energie der Positronen liefert. Dies ist einleuchtend, da die intuitive Dirac'sche Loch-Theorie nur durch das Pauli'sche Ausschlussprinzip funktionieren kann, und dies ist wiederum eine Erscheinung antikommutierender Felder.

5.3.8   Das Pauli-Prinzip

Wir betrachten einen beliebigen Erzeugungsoperator b_{ku}^*. Im speziellen Fall von (310) gilt die Identität

$$b_{ku}^* b_{ku}^* = 0 \tag{323}$$

Für irgendeinen gegebenen Zustand Ψ ist das Ergebnis der Erzeugung *zweier* Elektronen mit der Frequenz k und dem Spin u in diesem Zustand $b_{ku}^* b_{ku}^* \Psi = 0$. Es gibt also keine Zustände, in denen sich zwei Elektronen im Impuls und im Spin gleichen. Das Pauli-Prinzip gilt daher für beide: für Elektronen und Positronen. Außerdem schließen sich ein Elektron und ein Positron nicht gegenseitig aus.

Es ist ein großer Erfolg der allgemeinen Feldtheorie, dass sie uns das Pauli-Prinzip automatisch liefert – ohne irgendwelche speziellen Hypothesen wie in der alten Teilchentheorie der Elektronen.

Der allgemeinste Zustand der Felder wird beschrieben, indem man für jeden Elektronen- bzw. Positronenzustand die Anzahl an Teilchen festlegt, die ihn einnehmen. Diese Anzahl kann in jedem Fall nur einen der beiden Werte 0 oder 1 annehmen.

5.3.9   Der Vakuumzustand

Der Vakuumzustand Ψ_o ist definiert durch

$$b_{ku}\Psi_o = 0 \quad \text{und daher} \quad \Psi_o^* b_{ku}^* = 0 \quad \text{für Elektronenzustände } u$$
$$b_{ku}^*\Psi_o = 0 \quad \text{und daher} \quad \Psi_o^* b_{ku} = 0 \quad \text{für Positronenzustände } u \tag{323a}$$

Somit sind die Erwartungswerte des Vakuumzustands für Produkte von Emissions- und Absorptionsoperatoren gegeben durch (311). Wir erhalten mithilfe von (323a):

$$\langle b_{ku} b_{k'v} \rangle_o = \langle b_{ku}^* b_{k'v}^* \rangle_o = 0$$
$$\langle b_{ku} b_{k'v}^* \rangle_o = \Theta_u \, \delta^3(\boldsymbol{k} - \boldsymbol{k}') \, \delta_{uv} \tag{324}$$
$$\langle b_{ku}^* b_{k'v} \rangle_o = (1 - \Theta_u) \, \delta^3(\boldsymbol{k} - \boldsymbol{k}') \, \delta_{uv}$$

wobei gilt:

$$\Theta_u = \begin{cases} 1 & \text{für Elektronenzustände } u \\ 0 & \text{für Positronenzustände} \end{cases}$$

Daher ist gemäß (306) und (309) der Erwartungswert $\left\langle \psi_\alpha(z)\overline{\psi}_\beta(y)\right\rangle_o$ gerade der Anteil des Antikommutators $\{\psi_\alpha(z),\ \overline{\psi}_\beta(y)\}$, der die positiven Frequenzen $\exp[ik \cdot (z - y)]$, mit $k_o > 0$, enthält. Daher ist, ähnlich wie in (221):

$$\left\langle \psi_\alpha(z)\overline{\psi}_\beta(y)\right\rangle_o = -iS^+_{\alpha\beta}(z - y) \tag{325}$$

$$S^+(x) = \frac{1}{(2\pi)^3} \int e^{ik\cdot x}\,(\not{k} + i\mu)\,\delta(k^2 + \mu^2)\,\Theta(k)\,d^4k \tag{326}$$

mit

$$\Theta(x) = \begin{cases} +1 & \text{für } x_0 > 0 \\ 0 & \text{für } x_0 < 0 \end{cases}$$

Wir schreiben daher, wie zuvor:

$$S^+ = \frac{1}{2}\left(S - iS^{(1)}\right) \qquad S^- = \frac{1}{2}\left(S + iS^{(1)}\right) \tag{327}$$

$$\left\langle \overline{\psi}_\beta(y)\psi_\alpha(z)\right\rangle_o = -iS^-_{\alpha\beta}(z - y) \tag{328}$$

$$\left\langle [\,\psi_\alpha(z),\ \overline{\psi}_\beta(y)\,]\right\rangle_o = -S^{(1)}_{\alpha\beta}(z - y) \tag{329}$$

$$S^{(1)}(x) = \frac{i}{(2\pi)^3} \int e^{ik\cdot x}\,(\not{k} + i\mu)\,\delta(k^2 + \mu^2)\,d^4k \tag{330}$$

$$S^-(x) = -\frac{1}{(2\pi)^3} \int e^{ik\cdot x}\,(\not{k} + i\mu)\,\delta(k^2 + \mu^2)\,\Theta(-k)\,d^4k \tag{330a}$$

Diese Ergebnisse der Dirac-Theorie ohne elektromagnetische Wechselwirkung werden wir häufig nutzen, wenn wir zur vollständigen Quantenelektrodynamik sowohl mit quantisierten Dirac- als auch quantisierten Maxwell-Feldern übergehen. In der Zwischenzeit sollten wir einige Aspekte der Theorie quantisierter Dirac-Teilchen in einem gegebenen Maxwell-Feld betrachten.

5.4 Feldtheorie des Dirac-Elektrons im externen Feld

Lagrange-Dichte:

$$\mathcal{L} = \mathcal{L}_D - ie\overline{\psi}\not{A}^e\psi \tag{331}$$

Feldgleichungen:

$$\left\{\sum_\lambda \gamma_\lambda \left(\frac{\partial}{\partial x_\lambda} + \frac{ie}{\hbar c}A^e_\lambda\right) + \mu\right\}\psi = 0 \tag{332}$$

$$\sum_\lambda \left(\frac{\partial \overline{\psi}}{\partial x_\lambda} - \frac{ie}{\hbar c} A_\lambda^e \overline{\psi} \right) \gamma_\lambda - \mu \overline{\psi} = 0 \tag{333}$$

Diese Gleichungen sind noch immer *linear*, wobei die A_μ^e gegebene Funktionen des Ortes sind. Dies sorgt dafür, dass die Theorie noch immer einfach ist.

5.4.1 Kovariante Kommutatorregeln

Aufgrund der Linearität verursacht eine Änderung $\overline{v}\,\psi(z)$ in $\mathscr{L}$ keinen Unterschied in den Feldgleichungen für $\psi(y)$. Daher gilt noch immer wie in (298) für alle Raumzeit-Punkte y und z:

$$\{\psi_\alpha(z),\, \psi_\beta(y)\} = \{\overline{\psi}_\alpha(z),\, \overline{\psi}_\beta(y)\} = 0 \tag{334}$$

Von dieser Stelle aus kann mittels der Theorie für allgemeine zeitabhängige Potenziale A_μ^e nicht mehr viel getan werden. Wann immer zeitabhängige A_μ^e vorliegen, nutzen wir in der Praxis die Störungstheorie, ausgehend vom Formalismus des freien Feldes und unter der Annahme kleiner A_μ^e, oder wir nutzen andere spezielle Kniffe für bestimmte Probleme.

Die in der Praxis wichtigen Fälle, in denen die A_μ^e nicht klein sind, sind immer die, in denen die A_μ^e in einem bestimmten Lorentz-System *zeitunabhängig* sind. Beispiele sind Elektronen, die durch statische Coulomb-Kräfte in Atomen gebunden sind, oder Elektronen, die sich in konstanten makroskopischen elektrischen oder magnetischen Feldern bewegen.

Wir nehmen also $A_\mu^e = A_\mu^e(r)$ als zeitunabhängig an. Wir nehmen außerdem an, dass die A_μ^e physikalisch gut behandelbar sind, sodass die stationäre Eigenwertgleichung

$$E_n \psi_n = \left\{ -e\Phi + \sum_{j=1}^{3} \left(-i\hbar c \frac{\partial}{\partial x_j} + e A_j^e \right) \alpha^j + mc^2 \beta \right\} \psi_n \tag{335}$$

die als eine Gleichung für die kommutierende Dirac'sche Wellenfunktion $\psi_n(r)$ betrachtet werden kann, einen kompletten Satz von Eigenfunktionen ψ_n mit den Eigenwerten E_n hat. Hierbei kann das Spektrum entweder diskret, kontinuierlich oder eine Mischung aus beidem sein. Gleichung (335) wird aus (332) hergeleitet, wenn man die spezielle Funktion

$$\psi = \psi_n(r) \exp\left\{ -i \frac{E_n}{\hbar} t \right\} \tag{336}$$

einsetzt.

Wir nehmen des Weiteren an, dass die Potenziale so geartet sind, dass sich ihre Eigenfunktionen ψ_n klar in zwei Klassen aufteilen: die ψ_{n+} mit positiven E_n und die ψ_{n-} mit negativen E_n. Das ist ebenfalls durch alle Potenziale, die physikalisch auftreten, erfüllt, obwohl man zugeben muss, dass es bei einem Coulomb-Feld mit einer Punktladung von $Z > 137$ versagen würde.

Die zeitunabhängigen Potenziale machen das Problem im Wesentlichen nicht-kovariant; daher werden wir die nicht-kovariante Schreibweise nutzen, um die Theorie zu entwickeln. Wir schreiben die Gleichungen so, als seien alle Niveaus n *diskret*, weshalb $\sum_n$ für eine Summe über diskrete Niveaus plus einem Integral über geeignet normierte kontinuierliche Niveaus steht. Wir sind nun hauptsächlich an diskreten Niveaus interessiert, also brauchen wir die Formeln zur Normierung der kontinuierlichen Niveaus nicht explizit zu formulieren. Das macht das Ganze augenscheinlich einfacher als die Theorie freier Teilchen, bei der die Normierung in jedem Schritt gründlich durchgeführt werden musste. Es ist jedoch nur scheinbar einfacher, da wir die Komplikationen, die aus den kontinuierlichen Zuständen entstehen, einfach vernachlässigen werden.

Die allgemeine Lösung der Feldgleichungen (332) lautet

$$\psi(r,t) = \sum_n b_n \psi_n(r) \exp\left\{-i\frac{E_n}{\hbar}t\right\} \tag{337}$$

wobei die b_n von r und t unabhängige Operatoren sind und E_n sowohl positiv als auch negativ sein kann. Mithilfe von (334) ergibt sich

$$\{b_m, b_n\} = 0 \qquad \{b_m^*, b_n^*\} = 0$$

wobei b_m^* hermitesch konjugiert zu b_m ist. Wir normieren die ψ_n so, dass

$$\int \psi_m^*(r)\,\psi_n(r)\,d^3\boldsymbol{r} = \delta_{nm} \tag{338}$$

gilt, was die übliche nicht-kovariante Methode darstellt. Insbesondere für (339) halten wir fest, dass alle Niveaus als diskrete Niveaus behandelt werden; dies können wir zum Beispiel erreichen, indem wir unser gesamtes System in einem endlich großen Kasten einschließen.

Wir wollen noch immer die kontinuierlichen Regeln zwischen ψ und ψ^* oder b_n und b_m^* finden. Nehmen wir an, wir fügen zur Lagrange-Dichte (331) Folgendes hinzu:

$$\delta\mathscr{L}(r,t) = \epsilon\delta(t - t_o)\,\psi^*(r,t_o)\,\psi_n(r)\,u \tag{339}$$

wobei u ein Operator ist, der wie in (288) mit ψ und ψ^* antikommutiert. Das erzeugt eine Änderung in der Feldgleichung für ψ, das nun zu

$$\left\{ \sum_\lambda \gamma_\lambda \left(\frac{\partial}{\partial x_\lambda} + \frac{ie}{\hbar c} A_\lambda^e \right) + \mu \right\} \psi = \frac{\epsilon}{\hbar c} \delta(t - t_o) \beta \psi_n(r) u \qquad (340)$$

wird. Somit erfüllt die Änderung $\delta\psi$, die in ψ durch die Addition von $\delta\mathscr{L}$ erzeugt wird, die Gleichung (341) mit der Anfangsbedingung $\delta\psi(r,t) = 0$ für $t < t_o$; man vergleiche mit (198) und (290). Nun wird die Lösung für (341) offensichtlich von der Form

$$\delta\psi = a(t)\psi_n(r) \qquad (341)$$

sein, wobei $a(t)$ nur eine Funktion von t ist, da die rechte Seite der linearen Gleichung ebenfalls diese Form hat. Das Einsetzen von (342) in (341) und die Anwendung von (335) liefert

$$\left(i\hbar \frac{\partial}{\partial t} - E_n \right) a(t) = -\epsilon \delta(t - t_o) u \qquad (342)$$

und damit

$$\delta\psi = \frac{i\epsilon}{\hbar} \Theta(t - t_o) \psi_n(r) \exp\left\{ -i\frac{E_n}{\hbar}(t - t_o) \right\} u \qquad (343)$$

wie wir mithilfe von

$$\frac{d}{dt}\Theta(t - t_o) = \delta(t - t_o)$$

zeigen können. Die Integration von (340) über die Raumzeit ergibt mithilfe von (339):

$$c \iint \delta\mathscr{L}(r,t)\, d^3r\, dt = \epsilon\, c\, b_n^* \exp\left\{ i\frac{E_n}{\hbar} t_o \right\} u \qquad (344)$$

Für $t > t_o$ ist (343) die Änderung in $\psi(r,t)$, die sich ergibt, wenn (344) zum Wirkungsintegral addiert wird. Daher folgt mit der Kommutatorregel von Peierls und unter Verwendung von (193), (343) und (344):

$$[\, b_n^* u, \psi(r,t)\,] = -\psi_n(r) \exp\left\{ -i\frac{E_n}{\hbar} t \right\}$$

und daher

$$\{ b_n^*, \psi(r,t) \} = \psi_n(r) \exp\left\{ -i\frac{E_n}{\hbar} t \right\} \qquad (345)$$

aufgrund der Annahme, dass die u mit den ψ antikommutieren. Die Zeit t_o erscheint in (345) nicht mehr, was die Richtigkeit dieser Methode zeigt.

Die Multiplikation von (345) mit $\psi_n^*(r') \exp\{-iE_n t'/\hbar\}$ und die Summation über n liefern

$$\{\psi_\alpha(r,t),\ \psi_\beta^*(r',t')\} = \sum_n \psi_{n\alpha}(r)\psi_{n\beta}^*(r') \exp\left\{-i\frac{E_n}{\hbar}(t-t')\right\} \qquad (346)$$

Dies ist die allgemeine Kommutatorregel, die sich im speziellen Fall freier Teilchen auf (299) reduziert.

Wenn wir (345) mit $\psi_m^*(r)$ multiplizieren und über r integrieren, erhalten wir:

$$\{b_m,\ b_n^*\} = \delta_{nm} \qquad (347)$$

was identisch mit (311) im Fall freier Teilchen ist, wenn die Normierungen richtig gehandhabt werden.

5.4.2 Der Hamiltonian

Wie zuvor sind die b_{n+} Absorptionsoperatoren für Elektronen und die b_{n-}^* Absorptionsoperatoren für Positronen, nur dass Elektronen und Positronen nun durch gebundene Wellenfunktionen dargestellt werden. Der Vakuumzustand Ψ_o ist gegeben durch

$$b_{n+}\Psi_0 = 0 \qquad\qquad b_{n-}^*\Psi_0 = 0 \qquad (348)$$

Und der gesamte Hamiltonian des Systems, um die korrekten Kommutatoren mit den b_n und b_n^* sowie null für den Erwartungswert des Vakuumzustands zu erhalten, ist gegeben durch

$$H = \sum_{n+} E_n b_n^* b_n - \sum_{n-} E_n b_n b_n^* \qquad (349)$$

$$= \sum_{n+} E_n b_n^* b_n + \sum_{n-} |E_n| b_n b_n^* \qquad (350)$$

Aus diesem Hamiltonian wird klar, dass das System nur eine Überlagerung von nicht miteinander wechselwirkenden Teilchenzuständen ist. In jedem Teilchenzustand ist die Anzahl der Teilchen unabhängig voneinander gegeben durch

$$N_n = b_n^* b_n \qquad \text{für Elektronenzustände}$$
$$N_n = b_n b_n^* \qquad \text{für Positronenzustände}$$

Aus den Kommutatorregeln (338) und (347) folgt

$$N_n^2 = N_n \tag{351}$$

sodass jedes N_n nur die zwei Eigenwerte 0 und 1 hat. Das beschreibt genau die physikalische Situation in einem Atom mit mehreren Elektronen, bei dem jedes atomare Niveau entweder gefüllt oder leer sein kann, unabhängig von den anderen.

Wenn jedes N durch die diagonale (2×2)-Matrix

$$N_n = \begin{pmatrix} 0 & 0 \\ 0 & 1 \end{pmatrix} \tag{352}$$

dargestellt wird, dann ergibt sich

$$b_{n+} = \begin{pmatrix} 0 & 1 \\ 0 & 0 \end{pmatrix} \qquad b_{n-}^* = \begin{pmatrix} 0 & 0 \\ 1 & 0 \end{pmatrix}$$
$$b_{n-} = \begin{pmatrix} 0 & 0 \\ 1 & 0 \end{pmatrix} \qquad b_{n-}^* = \begin{pmatrix} 0 & 1 \\ 0 & 0 \end{pmatrix} \tag{353}$$

Dies liefert eine explizite Matrixdarstellung für die Operatoren. Jeder der Zustände n hat seinen eigenen zweiwertigen Reihen- und Spaltenindex. Daher würden die Operatoren für ein Atom mit M Niveaus insgesamt durch $(2^M \times 2^M)$-Matrizen ausgedrückt werden.

Sobald wir den Hamiltonian (350) und die stationären Zustände ψ_n haben, ist die Theorie der Viel-Elektronen-Systeme sehr überschaubar. Wir erkennen, dass die Niveaus des Wasserstoffatoms, die wir durch die Ein-Elektronen-Theorie von Dirac erhalten haben, in dieser Viel-Elektronen-Theorie noch immer richtig sind. Jedoch hat der Hamiltonian (350) nun positive Eigenwerte, und die negativen Energien bereiten uns keine Probleme mehr. Die Positronen tauchen mit positiven Energien auf, sodass uns alle Ergebnisse der Dirac-Theorie einfach und automatisch gegeben werden.

5.4.3 Antisymmetrie der Zustände

Wir wissen, dass wir in der elementaren Quantentheorie der Viel-Elektronen-Systeme die Wellenfunktionen des Systems durch Determinanten von Ein-Teilchen-Wellenfunktionen ausdrücken müssen, sodass die Wellenfunktionen des Systems in den Teilchenkoordinaten immer antisymmetrisch sind. Wir müssen die Wellenfunktionen in der Feldtheorie nun nicht mehr frei wählen, da alle Ergebnisse der Antisymmetrie automatisch durch die Theorie gegeben werden.

Als Beispiel betrachten wir ein Atom mit zwei Elektronen in den Zuständen ψ_1 und ψ_2, während alle anderen Zustände leer sind. Dann ist der Zustand des Systems gegeben durch

$$\Psi = b_1^* b_2^* \Psi_o \qquad (354)$$

wobei Ψ_o der Vakuumzustand ist. Hierin sind keine willkürlich gewählten Parameter mehr vorhanden, und ein Austausch der Indices 1 und 2 wird nur Ψ in $-\Psi$ ändern, was nicht mit einer physikalischen Änderung einher geht. Nun betrachten wir einen Zwei-Teilchen-Wechselwirkungsoperator

$$V = \frac{1}{2} \iint d^3 r_1 \, d^3 r_2 \left\{ \psi^*(r_1)\psi(r_1) \right\} V(r_1 - r_2) \left\{ \psi^*(r_2)\psi(r_2) \right\} \qquad (355)$$

Zum Beispiel könnte V das Coulomb-Potenzial zwischen zwei Elektronen sein, das nicht in der Lagrange-Dichte (331) enthalten ist. Der Faktor $\frac{1}{2}$ wurde eingefügt, damit jedes Paar von Punkten r_1 und r_2 nur einmal gezählt wird. Wir berechnen das Matrixelement von V für den Übergang von Ψ zu einem Zustand

$$\Psi' = b_3^* b_4^* \Psi_o$$

bei dem sich die beiden Elektronen nun in zwei anderen Zuständen ψ_3 und ψ_4 befinden. Das Matrixelement ist

$$M = (\Psi_o^*, b_4 b_3 V b_1^* b_2^* \Psi_o) \qquad (356)$$

Entwickeln wir V entsprechend (337) in eine Summe von Produkten von b_n und b_n^*, dann werden zu (356) nur die vier Terme von V beitragen, die proportional zu $b_1 b_2 b_3^* b_4^*$ sind. Durch Anwenden von Antikommutatorregeln erhalten wir

$$\left(\Psi'^*, b_1 b_2 V b_3^* b_4^* \Psi \right) = -1$$
$$\left(\Psi'^*, b_1 b_2 V b_4^* b_3^* \Psi \right) = 1 \qquad \text{usw.} \qquad (357)$$

Die Addition der vier Terme liefert also

$$M = \iint d^3 r_1 \, d^3 r_2 \, V(r_1 - r_2) \{ \{ \psi_3^*(r_1)\psi_1(r_1) \} \{ \psi_4^*(r_2)\psi_2(r_2) \}$$
$$- \{ \psi_3^*(r_1)\psi_2(r_1) \} \{ \psi_4^*(r_2)\psi_2(r_2) \} \} \qquad (358)$$

Dies ist das genaue Ergebnis, und zwar ohne Austauschwechselwirkung, die durch die Nutzung antisymmetrischer Wellenfunktionen gegeben wäre.

Die Feldtheorie liefert daher die vollständige Kraft gemäß der Fermi-Statistik für Elektronen. Und wir könnten auf die gleiche Art zeigen, dass sie für Photonen die Bose-Statistik ergibt.

5.4.4 Polarisation des Vakuums

Aufgrund der Möglichkeit, das Vakuum durch die Erzeugung eines Positro-
nen-Elektronen-Paares anzuregen, verhält sich das Vakuum wie ein Dielektrikum – ebenso, wie ein Festkörper aufgrund der Möglichkeit, dass seine
Atome durch Maxwell-Strahlung in angeregte Zustände übergehen können,
dielektrische Eigenschaften aufweist. Dieser Effekt hängt nicht von der Quantisierung des Maxwell-Feldes ab, also berechnen wir ihn mithilfe klassischer
Felder.

Wie ein realer dielektrischer Festkörper ist das Vakuum nicht-linear und
dispersiv, d. h. die Dielektrizitätszahl hängt von der Feldstärke und der Frequenz ab. Bei hinreichend großen Frequenzen und Feldstärken ist die Dielektrizitätszahl komplex, was bedeutet, dass es durch Erzeugung realer Paare
dem Feld Energie entziehen kann.

Wir berechnen die Dielektrizitätszahl nur in der linearen Region, also
unter der Annahme schwacher Felder. Die kritische Feldstärke hierfür ist

$$E_c = \frac{m^2 c^3}{e\hbar} \approx 10^{16} \frac{\text{Volt}}{\text{cm}} \qquad (\text{wegen} \quad eE \cdot \tfrac{\hbar}{mc} \approx mc^2) \qquad (359)$$

Und tatsächlich ist die lineare Theorie für fast alle Probleme ausreichend gut
geeignet. Der wichtige Fall, in dem sie *nicht* ausreicht, ist die Ausbreitung von
Photonen in dem starken Coulomb-Feld eines schweren Atomkerns wie Blei.
Die Nichtlinearität erzeugt eine Streuung der Photonen, die zwar schwach
ist, jedoch von Wilson experimentell erfasst wurde [15].

Wir berechnen die dispersiven Effekte genau, also ohne Einschränkung
der Frequenz. Da die Behandlung linear ist, nehmen wir an, das eingeführte
Maxwell-Feld wird durch die Potenziale einer planaren Welle gegeben, deren
Amplitude langsam mit der Zeit zunimmt:

$$A_\mu^e(x) = e_\mu \exp\{iq \cdot x + \delta_o x_o\} \qquad (360)$$

Hier sind e und q gegebene Vektoren und δ_o eine kleine, positive Zahl. Diese
exponentiell anwachsende Amplitude wird so eingefügt, dass das Potenzial
A_μ^e effektiv nur für eine endliche Zeit vor dem Zeitpunkt, zu dem die Beob-
achtungen durchgeführt werden, wirkt. Das ermöglicht es uns, die Anfangsbedingungen des Problems eindeutig festzulegen. Am Ende der Berechnung
werden wir uns der Grenze $\delta_o = 0$ nähern.

Die Vakuumpolarisation ist der Effekt, den gegebene Fluktuationen eines quantisierten Elektron-Positron-Feldes auf ein Maxwell-Feld haben. Die
Lamb-Verschiebung ist der Effekt der Fluktuationen des quantisierten Maxwell-Feldes auf ein gegebenes Elektron. Die beiden Effekte sind zueinander

genau gegenläufig, und die Rollen der beiden Felder sind jeweils vertauscht. Wir können daher die Vakuumpolarisation nun allein mit der Theorie des quantisierten Elektronenfeldes auf geeignete Weise behandeln. Die Behandlung wird relativistisch sein und damit genauer als die Behandlung der Lamb-Verschiebung. Später werden wir, um eine vollständige Theorie beider Effekte zu erarbeiten, beide Felder zusammen quantisieren und jeweils die Reaktion des einen auf das andere untersuchen.

Historisch betrachtet sind die Selbstenergie des Elektrons (Lamb-Verschiebung) und die Polarisation des Vakuums die beiden Probleme, bei denen die Theorie aufgrund von Divergenzen zusammenbrach. Schwinger zeigte, dass man die Vakuumpolarisation berechnen konnte und diese endlich ist, wenn man das Konzept der Renormierung umsetzt, was auch die Lamb-Verschiebung zu einer endlichen und bestimmbaren Größe gemacht hat.

Der Elektronen-Feldoperator ψ_H im Feld (360) erfüllt die Beziehung (332). Hier ist ψ_H der Operator in der Heisenberg-Darstellung. Eine Lösung von (332), die bis zur ersten Ordnung von A_μ^e korrekt ist, lautet

$$\psi_H(x) = \psi(x) + \frac{ie}{\hbar c} \int dx' \, S_R(x - x') \slashed{A}^e(x')\psi(x') \qquad (361)$$

Hierbei ist S_R gegeben durch (293), (301) und (303), und $\psi(x)$ ist eine Lösung der Gleichung (286) für freie Felder. Tatsächlich ist $\psi(x)$ sogar der Feldoperator der Wechselwirkungsdarstellung, wenn die Effekte von A_μ in der Wellenfunktion anstelle der Operatoren dargestellt werden. Die Nutzung des retardierten Potenzials in (361) bedeutet, dass die ungestörten Zustände in der Vergangenheit festgelegt werden – als Anfangszustände, auf die sich A_μ^e später auswirkt. Demnach ist der Vakuumzustand, der durch (323a) definiert ist, der Zustand, in dem anfänglich keine Elektronen oder Positronen vorhanden sind. Dies ist der Zustand, den wir untersuchen wollen, und wir bezeichnen ihn mit Ψ_o.

Wenn wir die Operatoren $\psi(x)$ der Wechselwirkungsdarstellung nutzen, ist Ψ_o der Vakuumzustand und bleibt dieser für alle Zeit, während sich jedoch der physikalische Zustand, der am Anfang Ψ_o ist, später ändert. Bei Anwendung der Heisenberg-Operatoren $\psi_H(x)$ ist Ψ_o für alle Zeiten der physikalische Zustand und nur zu Beginn der Vakuumzustand. Da S_R ein retardiertes Potenzial ist, sind $\psi_H(x)$ und $\psi(x)$ in ferner Vergangenheit bei $x_0 \to -\infty$ identisch.

Der Ausdruck (361) ist nützlich, da wir wissen, wie wir Matrixelemente von $\psi(x)$ vom Zustand Ψ_o berechnen, während die Matrixelemente von ψ_H

keine einfache Form haben. Wir brauchen außerdem die zugehörige Gleichung

$$\overline{\psi}_H(x) = \overline{\psi}(x) + \frac{ie}{\hbar c} \int dx' \, \overline{\psi}(x') A^e(x') S_A(x'-x) \tag{362}$$

wobei $S_A(x)$ durch (295) gegeben ist.

Der vollständige Stromoperator in erster Ordnung von A_μ ist

$$j_{\mu H}(x) = -iec \, \overline{\psi}_H(x) \gamma_\mu \psi_H(x)$$

$$= j_\mu(x) + \frac{e^2}{\hbar} \int d^4x' \{\overline{\psi}(x)\gamma_\mu S_R(x-x') A^e(x')\psi(x')$$

$$+ \overline{\psi}(x') A^e(x') S_A(x'-x)\gamma_\mu \psi(x)\} \tag{363}$$

Hierbei ist

$$j_\mu(x) = -iec \, \overline{\psi}(x)\gamma_\mu \psi(x) \tag{364}$$

der Stromoperator der Wechselwirkungsdarstellung. Der Erwartungswert des Vakuums

$$(\Psi_o^* \, j_\mu(x) \, \Psi_o) = \langle j_\mu(x) \rangle_o$$

$$= -iec \left\langle \sum_{\alpha,\beta} \overline{\psi}_\beta(x)(\gamma_\mu)_{\beta\alpha}\psi_\alpha(x) \right\rangle_o$$

$$= -iec \sum_{\alpha,\beta} (\gamma_\mu)_{\beta\alpha} \left\langle \overline{\psi}_\beta(x)\psi_\alpha(x) \right\rangle_o \tag{365}$$

ist mithilfe von (328) gegeben durch

$$\langle j_\mu(x) \rangle_o = -ec \, \mathrm{Sp} \left\{ \gamma_\mu S^-(0) \right\}$$

$$= \frac{ec}{(2\pi)^3} \int d^3\boldsymbol{k} \, \delta(k^2+\mu^2) \, \Theta(-k) \, \mathrm{Sp} \left\{ \gamma_\mu \left[\not{k} - i\mu \right] \right\}$$

$$= \frac{4ec}{(2\pi)^3} \int d^3\boldsymbol{k} \, \delta(k^2+\mu^2) \, \Theta(-k) \, k_\mu \tag{366}$$

Dies ist ein hochgradig divergentes Integral und mathematisch ohne Bedeutung. Das ist eine der Schwierigkeiten dieser Theorie, über die man sehr lange diskutieren kann.

Jedoch steht es außer Frage, dass richtige physikalische Ergebnisse erhalten werden können, indem man einfach $\langle j_\mu(x) \rangle_o = 0$ setzt. Es gibt zwei gute Gründe, warum man dies tun kann:

(1) Physikalisch: $\langle j_\mu(x)\rangle_o$ als der Erwartungswert des Ladungsstroms im Vakuum in der Abwesenheit aller externen Felder ist im Experiment bekanntermaßen null. Wenn wir nun also $\langle j_\mu(x)\rangle_o$ berechnen und nicht null dafür erhalten, sollten wir einfach den Stromoperator als $j_\mu - \langle j_\mu\rangle_o$ definieren. Mit dieser Festlegung würde der Erwartungswert automatisch null werden.

(2) Mathematisch: $\langle j_\mu(x)\rangle_o$ ist so, wie wir es berechnet haben, ein Vektor, wobei jede Komponente unabhängig vom jeweiligen Koordinantensystem ist. Es gibt jedoch keinen solchen Vektor, der invariant gegenüber Lorentz-Transformationen ist – außer dem Nullvektor. $\langle j_\mu(x)\rangle_o = 0$ ist daher die einzige Annahme, die wir ansetzen *können*, um die Theorie invariant zu halten.

Das ist ein einfaches Beispiel für eine Methode, die in der Quantenelektrodynamik oft angewandt werden muss. Wenn eine Berechnung zu einem divergenten Integral oder einem mathematisch nicht ermittelbaren Ausdruck führt, argumentieren wir physikalisch oder mithilfe der Lorentz-Invarianz, um ein eindeutiges Ergebnis für eine Größe zu erhalten, die wir so nicht berechnen können. Dies ist der Grund für den großen Erfolg der von Schwinger eingeführten kovarianten Formulierung der Elektrodynamik.

Wenn wir also dieses Prinzip nutzen, erhalten wir mithilfe von (328):

$$\langle j_{\mu H}(x)\rangle_o = -\frac{ie^2}{\hbar} \int d^4x' \, \mathrm{Sp}\left\{ \slashed{A}^e(x')S^-(x'-x)\gamma_\mu S_R(x-x') \right.$$

$$\left. + \slashed{A}^e(x')S_A(x'-x)\gamma_\mu S^-(x-x') \right\} \tag{367}$$

Wir nutzen die Impulsdarstellung (303) für S_R. Doch anstatt den Integrationsweg entlang der reellen Achse von k_0 zu wählen, können wir ihn als gerade Linie parallel zur reellen Achse im Abstand δ_o darüber anlegen. Das ergibt die Impulsdarstellung

$$e^{-\delta_0}S_R(x) = \frac{i}{(2\pi)^4} \int e^{ik\cdot x}\frac{\slashed{k}+i\slashed{\delta}+i\mu}{(k+i\delta)^2+\mu^2}d^4k \tag{368}$$

wobei δ_0 eine beliebige positive reelle Zahl und δ der Vektor mit den Komponenten $(0,0,0,\delta_0)$ ist und die Integration entlang der reellen Achse verläuft. Die Polstellen von (368) in der k_0-Ebene werden von der reellen Achse weg geschoben, sodass der Integrand auf dem Integrationsweg frei von Singularitäten ist. Ähnliches gilt für

$$e^{+\delta_0}S_A(x) = \frac{i}{(2\pi)^4} \int e^{ik\cdot x}\frac{\slashed{k}-i\slashed{\delta}+i\mu}{(k-i\delta)^2+\mu^2}d^4k \tag{369}$$

Wenn wir von (368) und (369) Gebrauch machen, sollten wir nach der Integration üblicherweise δ_0 gegen 0 streben lassen, sodass die Konvergenzfaktoren $e^{\pm\delta_0 x_0}$ für jedes endliche x gegen 1 streben.

Damit wird die Impulsdarstellung von (367) zu

$$\langle j_{\mu H}(x)\rangle_o = -\frac{e^2}{\hbar}\frac{1}{(2\pi)^7}\int d^4x' \iint d^4k_1\, d^4k_2$$

$$\times \exp\{iq\cdot x' + i(k_1 - k_2)\cdot(x' - x) + \delta_0 x_0\}$$

$$\times \left\{ \text{Sp}\,\{\phi(k\!\!\!/_1 + i\mu)\gamma_\mu(k\!\!\!/_2 + i\phi\!\!\!/ + i\mu)\}\frac{\delta(k_1^2 + \mu^2)\,\Theta(-k_1)}{(k_2 + i\delta)^2 + \mu^2} \right.$$

$$\left. + \text{Sp}\,\{\phi(k\!\!\!/_1 - i\phi\!\!\!/ + i\mu)\gamma_\mu(k\!\!\!/_2 + i\mu)\}\frac{\delta(k_2^2 + \mu^2)\,\Theta(-k_2)}{(k_1 - i\delta)^2 + \mu^2} \right\}$$

Die Integration über x' wird sofort ausgeführt und ergibt $(2\pi)^4\delta^4(k_1 - k_2 + q)$. Also ist

$$\langle j_{\mu H}(x)\rangle_o = -\frac{e^2}{(2\pi)^3\hbar}e^{iq\cdot x + \delta_0 x_0}$$

$$\times \int d^4k\left\{ \text{Sp}\,\{\phi(k\!\!\!/ + i\mu)\gamma_\mu(k\!\!\!/ + q\!\!\!/ + i\phi\!\!\!/ + i\mu)\} \right.$$

$$\times \frac{\delta(k^2 + \mu^2)\,\Theta(-k)}{(k + q + i\delta)^2 + \mu^2} + \text{Sp}\,\{\phi(k\!\!\!/ - i\phi\!\!\!/ + i\mu)\gamma_\mu(k\!\!\!/ + q\!\!\!/ + i\mu)\}$$

$$\left. \times \frac{\delta\{(k + q)^2 + \mu^2\}\,\Theta(-k - q)}{(k - i\delta)^2 + \mu^2} \right\} \tag{370}$$

Nun betrachten wir die Funktion

$$F_\nu(k) = \text{Sp}\,\{\phi(k\!\!\!/ + i\mu)\gamma_\nu(k\!\!\!/ + q\!\!\!/ + i\phi\!\!\!/ + i\mu)\}\frac{1}{(k^2 + \mu^2)[(k + q + i\delta)^2 + \mu^2]} \tag{371}$$

Diese hat an vier Punkten in der k_0-Ebene Polstellen:

$$k_0 = \pm\sqrt{|\boldsymbol{k}|^2 + \mu^2} \qquad k_0 = -q_0 - i\delta_0 \pm \sqrt{|\boldsymbol{k} + \boldsymbol{q}|^2 + \mu^2} \tag{372}$$

Das Integral im Ausdruck (370) ist einfach eine Summe der Residuen an den beiden Punkten

$$k_0 = -\sqrt{|\boldsymbol{k}|^2 + \mu^2} \qquad k_0 = -q_0 - i\delta_0 - \sqrt{|\boldsymbol{k} + \boldsymbol{q}|^2 + \mu^2} \tag{373}$$

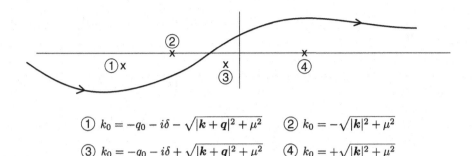

$$① \ k_0 = -q_0 - i\delta - \sqrt{|\boldsymbol{k} + \boldsymbol{q}|^2 + \mu^2} \qquad ② \ k_0 = -\sqrt{|\boldsymbol{k}|^2 + \mu^2}$$

$$③ \ k_0 = -q_0 - i\delta + \sqrt{|\boldsymbol{k} + \boldsymbol{q}|^2 + \mu^2} \qquad ④ \ k_0 = +\sqrt{|\boldsymbol{k}|^2 + \mu^2}$$

Somit ist

$$\langle j_{\nu H}(x) \rangle_o = \frac{ie^2}{(2\pi)^4 \hbar} e^{iq \cdot x + \delta_0 x_0} \int_C F_\nu(k) \, dk \tag{374}$$

wobei $\int_C$ das Kurvenintegral in der k_0-Ebene ist, wie im Diagramm gezeigt, wobei der Pfad von $-\infty$ zu $+\infty$ unter den beiden Polstellen (373) und über den anderen beiden Polstellen verläuft und dann über den oberen Halbkreis der k_0-Ebene im Unendlichen geschlossen wird. Solange $\delta_0 > 0$ gilt, sind die Polstellen klar voneinander getrennt. Nun beginnt mit der Auswertung des Integrals (374) die eigentliche Berechnung. Diese wird typisch für alle Evaluationen in der Quantenelektrodynamik sein, für die die modernen Verfahren genutzt werden müssen.

5.4.5 Berechnung von Impulsintegralen

Wir schreiben $J_\nu = \int_C F_\nu(k) \, dk$. Dann ist J_ν eine Vektorfunktion der Variablen μ (der Masse des Elektrons) und

$$Q = q + i\delta \tag{375}$$

J_ν ist bei $\delta > 0$ zweifellos eine analytische Funktion von μ, und auch von Q, wenn μ groß genug ist, um die Polstellen (373) immer links von der imaginären Achse und die anderen zwei Polstellen (372) immer rechts davon zu halten. Somit können wir J_ν für große Werte von μ und $\delta = 0$ berechnen, sodass $Q = q$ ist.

Um (371) zu vereinfachen, setzen wir $\delta = 0$ und verwenden Feynmans Formel (*Phys. Rev.* **76** (1949) 785):

$$\frac{1}{ab} = \int_0^1 dz \, \frac{1}{[az + b(1 - z)]^2} \tag{376}$$

die wir sofort und recht einfach aus dem bestimmten Integral auf der rechten Seite erhalten. Also ist

$$
\begin{aligned}
J_\nu &= \int_0^1 dz \int_C dk \, \mathrm{Sp} \left\{ \displaystyle{\not}e (\displaystyle{\not}k + i\mu)\gamma_\nu(\displaystyle{\not}k + \displaystyle{\not}q + i\mu) \right\} \frac{1}{\{k^2 + \mu^2 + z(2k \cdot q + q^2)\}^2} \\
&= \int_0^1 dz \int_C dk \, \mathrm{Sp} \left\{ \displaystyle{\not}e (\displaystyle{\not}k - z\displaystyle{\not}q + i\mu)\gamma_\nu(\displaystyle{\not}k + (1-z)\displaystyle{\not}q + i\mu) \right\} \\
&\quad \times \frac{1}{\{k^2 + \mu^2 + (z - z^2)q^2\}^2}
\end{aligned}
\tag{377}
$$

Im letzten Schritt wurde in der k-Integration der Ursprung verschoben, indem k durch $(k - zq)$ ersetzt wurde. Erneut sind die Polstellen in der k_0-Ebene in (377) für jedes z klar durch die imaginäre Achse voneinander getrennt, sofern μ hinreichend groß ist. Wenn wir nun die Spur auswerten sowie Terme, die in k ungerade sind, weglassen und außerdem Gleichung (33) und die Zusammenhänge $\mathrm{Sp}\,\gamma_\nu = 0$ und $\mathrm{Sp}\,\gamma_\mu\gamma_\nu = 4\delta_{\mu\nu}$ anwenden, erhalten wir

$$
\begin{aligned}
J_\nu = 4 &\int_0^1 dz \int_C dk \\
&\times \frac{e_\nu(-k^2 - \mu^2 + (z - z^2)q^2) + 2(e \cdot k)\,k_\nu - 2(z - z^2)(e \cdot q)\,q_\nu}{\{k^2 + \mu^2 + (z - z^2)q^2\}^2}
\end{aligned}
\tag{378}
$$

Die ungeraden Terme fallen weg, denn wir können nun die k_0-Integration direkt an der imaginären Achse nach oben von $-i\infty$ zu $i\infty$ ausführen, wenn wir das wollen. Aus den gleichen Gründen der Symmetrie dürfen wir im Zähler $e \cdot k\, k_\nu$ durch $\frac{1}{4} k^2 e_\nu$ ersetzen, weil gilt:

$$
e \cdot k \, k_\nu = \sum_\lambda e_\lambda k_\lambda k_\nu \;\rightarrow\; e_\nu k_\nu k_\nu \;\rightarrow\; \frac{1}{4} e_\nu k^2
$$

Damit erhalten wir schließlich

$$
J_\nu = 4 \int_0^1 dz \int_C dk \, \frac{e_\nu \{ -\frac{1}{2}k^2 - \mu^2 + (z - z^2)q^2 \} - 2(z - z^2)(e \cdot q)\,q_\nu}{\{k^2 + \mu^2 + (z - z^2)q^2\}^2}
\tag{379}
$$

Dieses Integral ist noch immer stark divergent. Also nehmen wir wieder ein physikalisches Argument her, um dem am stärksten divergierenden Teil einen eindeutigen Wert zuzuweisen. Der Stromoperator muss in der Heisenberg- wie auch in der Wechselwirkungsdarstellung gleichermaßen die Beziehung

$$
\sum_\nu \frac{\partial j_\nu(x)}{\partial x_\nu} = 0
\tag{380}
$$

erfüllen. Daher ergibt (374), da wir nun $\delta = 0$ setzen:

$$\sum_\nu q_\nu J_\nu = 0 \tag{381}$$

was uns den Zusammenhang

$$\int_0^1 dz \int_C dk \, \frac{-\frac{1}{2}k^2 - \mu^2 - (z - z^2)q^2}{\{k^2 + \mu^2 + (z - z^2)q^2\}^2} \equiv 0 \tag{382}$$

liefert. Diese Gleichung ist entscheidend, denn sie besagt, dass ein bestimmter divergenter Ausdruck, der in (379) auftaucht, den Wert 0 erhalten muss, um physikalisch Sinn zu ergeben. Übrig bleibt

$$J_\nu = 8(q^2 e_\nu - e \cdot q \, q_\nu) \int_0^1 dz \, (z - z^2) \int_C \frac{dk}{\{k^2 + \mu^2 + (z - z^2)q^2\}^2} \tag{383}$$

Für irgendein positives Λ ist das Integral

$$I_\Lambda = \int_C \frac{dk}{(k^2 + \Lambda)^3} \tag{384}$$

konvergent und kann ausgewertet werden, indem man für k_0 entlang der imaginären Achse nach oben, von $-i\infty$ bis $+i\infty$, integriert. Damit ergibt sich (siehe die Ergänzung nach Gleichung (392)):

$$I_\Lambda = i \iiiint \frac{dk_1 dk_2 dk_3 dk_0}{(k_1^2 + k_2^2 + k_3^2 + k_0^2 + \Lambda)^3} = 2\pi^2 i \int_0^\infty \frac{k^3 \, dk}{(k^2 + \Lambda)^3}$$

$$= \pi^2 i \int_0^\infty \frac{x \, dx}{(x + \Lambda)^3} = \frac{\pi^2 i}{2\Lambda} \tag{385}$$

Daher wird das Integral

$$\int_C dk \left\{ \frac{1}{(k^2 + \Lambda)^2} - \frac{1}{(k^2 + \mu^2)^2} \right\} = \pi^2 i \log \left(\frac{\mu^2}{\Lambda} \right) \tag{386}$$

bei Integration bezüglich Λ ebenfalls konvergent. Jedoch ist

$$\int_C \frac{dk}{(k^2 + \mu^2)^2}$$

für große k logarithmisch divergent. Sein Wert ist

$$2i\pi^2 \log \left(\frac{k_{\max}}{\mu} \right) = 2i\pi^2 R \tag{387}$$

wobei R der logarithmische Faktor und unabhängig von q ist. Wenn wir (386) und (387) in (383) verwenden und $\Lambda = \mu^2 + (z - z^2)q^2$ setzen, erhalten wir:

$$J_\nu = 8\pi^2 i(q^2 e_\nu - e \cdot q \, q_\nu) \left\{ \frac{1}{3}R - \int_0^1 dz \, (z - z^2) \log\left[1 + \frac{(z - z^2)q^2}{\mu^2}\right] \right\}$$
(388)

Dies ist die analytische Formel für J_ν, gültig für große μ, in welchem Fall der Logarithmus reell ist. Wir führen das Ganze analytisch zu kleinen Werten von μ fort, indem wir $(q + i\delta)$ für q in (388) schreiben, und betrachten dabei δ_0 als klein und positiv. Dann wird q^2 zu $q^2 - 2i\delta q_0$ und der Logarithmus zu

$$\log\left|1 + \frac{(z - z^2)q^2}{\mu^2}\right| + \begin{cases} 0 & \text{für} \quad \dfrac{(z - z^2)q^2}{\mu^2} > -1 \\[4mm] -i\pi \, \epsilon(q_0) & \text{für} \quad \dfrac{(z - z^2)q^2}{\mu^2} < -1 \end{cases}$$

Wenn wir nun z für $4(z - z^2)$ schreiben und (374) nutzen, gehen wir zum Grenzwert $\delta_0 = 0$ über und erhalten[3]

$$\langle j_{\nu H}(x) \rangle_o = -\frac{e^2}{2\pi^2 \hbar} \left(q^2 e_\nu - e \cdot q \, q_\nu\right) e^{iq \cdot x}$$

$$\times \left\{ \frac{1}{3}R - \frac{1}{8} \int_0^1 \frac{z \, dz}{\sqrt{1 - z}} \log\left|1 + \frac{zq^2}{4\mu^2}\right| \right.$$

$$\left. + \frac{i\pi}{8} \, \epsilon(q_0) \int_0^{-4\mu^2/q^2} \frac{z \, dz}{\sqrt{1 - z}} \right\}$$
(389)

wobei der letzte Term null wird, außer wenn gilt:

$$q^2 < -4\mu^2$$
(390)

---

[3]Beachten Sie, dass der Variablenwechsel leichter zu verfolgen ist, wenn man sich zunächst

$$\int_0^1 dz \, (z - z^2) f(z - z^2) = 2 \int_0^{1/2} dz \, (z - z^2) f(z - z^2)$$

verdeutlicht, da der Ausdruck $(z - z^2)$ symmetrisch um $z = \frac{1}{2}$ ist.

Nun ist das externe Potenzial $A_\nu^e(x)$ verbunden mit der klassischen externen Ladungsstromdichte:

$$j_{\nu E}(x) = -c \sum_\lambda \frac{\partial}{\partial x_\lambda} F_{\lambda \nu E}(x)$$

$$= -c \sum_\lambda \left\{ \frac{\partial^2}{\partial x_\lambda^2} A_\nu^e(x) - \frac{\partial^2}{\partial x_\nu \partial x_\lambda} A_\lambda^e(x) \right\}$$

$$= c \left\{ q^2 e_\nu - e \cdot q \, q_\nu \right\} e^{iq \cdot x} \tag{391}$$

Damit liefert uns (389) das Endergebnis, mit $\alpha = \frac{1}{137} = \frac{e^2}{4\pi\hbar c}$ (Heaviside-Einheiten):

$$\langle j_{\nu H}(x) \rangle_o = -\alpha j_{\nu E}(x) \left\{ \frac{2}{3\pi} R - \frac{1}{4\pi} \int_0^1 \frac{z \, dz}{\sqrt{1-z}} \log \left| 1 + \frac{zq^2}{4\mu^2} \right| \right.$$

$$\left. + \frac{i}{4} \epsilon(q_0) \int_0^{-4\mu^2/q^2} \frac{z \, dz}{\sqrt{1-z}} \right\} \tag{392}$$

Ergänzung

Das vierdimensionale Volumenelement ist in vierdimensionalen Polarkoordinaten, siehe (385), gleich $d\xi_1 d\xi_2 d\xi_3 d\xi_4 = 2\pi^2 r^3 \, dr$. Um das zu zeigen, bezeichnen wir die Oberfläche der p-dimensionalen Einheitskugel mit ω. Dann entspricht die Oberfläche einer p-dimensionalen Kugel des Radius R dem Wert $R^{p-1}\omega$; damit ist das Volumenelement in Polarkoordinaten $\omega R^{p-1} dR$.

Um den Wert von ω zu ermitteln, berechnen wir das p-dimensionale Laplace-Integral in kartesischen Koordinaten und in Polarkoordinaten. Es gilt

$$J = \iint \ldots \int \exp \left\{ -\sum_{i=1}^p \xi_i^2 \right\} d\xi_1 d\xi_2 \ldots d\xi_p = \left(\sqrt{\pi} \right)^p$$

und andererseits

$$J = \omega \int_0^\infty e^{-\rho^2} \rho^{p-1} \, d\rho = \omega \frac{\Gamma(p/2)}{2}$$

Der Vergleich liefert

$$\omega = \frac{2\pi^{p/2}}{\Gamma(p/2)}$$

Für $p = 4$ ergibt sich $\Gamma(2) = 1$ sowie $\omega = 2\pi^2$, und für $p = 3$ ergibt sich $\Gamma(\frac{3}{2}) = \frac{\sqrt{\pi}}{2}$ sowie $\omega = \frac{2\pi^{3/2}}{\sqrt{\pi}/2} = 4\pi$ usw.

5.4.6 Physikalische Bedeutung der Vakuumpolarisation

Wir besprechen nun die verschiedenen physikalischen Effekte, die einhergehen mit der Berechnung von

$$\langle j_{\nu H}(x) \rangle_o$$

(1) Das Ergebnis ist vollkommen eichinvariant. Das kann man sofort aus (391) erkennen: Wenn man einen Gradienten $\partial \Lambda / \partial x_\nu$ zu A_ν^e hinzufügt, gibt es keine Änderung in $j_{\nu E}$.

(2) Wenn wir zur Vereinfachung von (379) nicht die Beziehung (382) genutzt hätten, dann wäre zu $\langle j_{\nu H}(x) \rangle_o$ ein Summand der Form $K' e_\nu = K A_\nu^e(x)$ hinzugekommen, siehe (360), mit K als einem unbestimmten numerischen Faktor, der das divergente Integral auf der linken Seite von (382) enthält. Das wäre also ein induzierter Strom, der proportional zum induzierten Potenzial ist. Dies hätte die Eichinvarianz des Ergebnisses für den Fall $K \neq 0$ zerstört. Daher können wir es auch einfach als physikalische Anforderung betrachten, dass die Ergebnisse eichinvariant sein müssen, damit das unbestimte K den Wert 0 erhält.

(3) Die Energiedichte des Vakuums, die von der Polarisation durch die Potenziale $A_\nu^e(x)$ herrührt, ist

$$d(x) = -\frac{1}{2c} \sum_\nu A_\nu^e(x) \, \langle j_{\nu E}(x) \rangle_o \tag{393}$$

Daher würde der Term $K A_\nu^e(x)$ eine Energiedichte

$$-\frac{K}{2c} \sum_\nu A_\nu^e(x) A_\nu^e(x) \tag{394}$$

ergeben, die mit den elektromagnetischen Potenzialen verknüpft ist..Das würde dem Photon eine endliche Ruhemasse verleihen; daher wird im Zusammenhang mit K oft von der „Selbstenergie des Photons" gesprochen. In der Literatur gibt es viele Diskussionen über diese Photonen-Selbstenergie. Aber da uns physikalische Argumente definitiv dahin führen, dass wir K gleich null setzen müssen, bleibt uns keine andere Wahl, als der Selbstenergie ebenfalls den Wert 0 zu geben. Natürlich ist dies das Ergebnis, das jede konsistente Theorie der Elektrodynamik schließlich liefern muss.

(4) Die logarithmische Divergenz R ist eine reale Divergenz und kann durch physikalische Argumentation nicht den Wert 0 erhalten. Jedoch liefert sie nur eine induzierte Ladung, die exakt proportional zur äußeren, induzierenden Ladung ist. Es ist experimentell nicht möglich, die externe Ladung von der proportionalen induzierten Ladung zu unterscheiden. Daher wird bei

allen Messungen der externen Ladung die gemessene Ladung nicht $j_{\nu E}(x)$ entsprechen, sondern

$$j_{\nu R}(x) = \left(1 - \frac{2\alpha}{3\pi} R\right) j_{\nu E}(x) \tag{395}$$

Hierbei bedeutet $j_{\nu R}$ „renormierte Ladung". Der Term R in (392) bewirkt also nur, dass sich die Einheit ändert, in der die externe Ladung gemessen wird. Wir geben die Ergebnisse in Abhängigkeit von der beobachteten externen Ladung $j_{\nu R}$ anstatt von der unbeobachtbaren $j_{\nu E}$ an und bezeichnen diese Einheitenänderung als „Ladungsrenomierung". Man beachte die Ähnlichkeit von Ladungs- und Massenrenormierung. In beiden Fällen ist eine Divergenz für das Auftreten eines nicht-beobachtbaren Phänomens verantwortlich, da sie nur den Wert einer fundamentalen Konstanten ändert – in dem einen Fall der Elektronenmasse m und im anderen der Elementarladung e. Da man m und e direkt beobachten kann, verschwinden die Divergenzen vollständig, wenn die Ergebnisse in Abhängigkeit von den beobachteten Größen m und e ausgedrückt werden. Dann wird (392) zu

$$\langle j_{\nu H}(x)\rangle_o = \alpha j_{\nu R}(x)\left\{\frac{1}{4\pi}\int_0^1 \frac{z\,dz}{\sqrt{1-z}}\log\left|1 + \frac{zq^2}{4\mu^2}\right|\right.$$

$$\left.- \frac{i}{4}\,\epsilon(q_0)\int_0^{-4\mu^2/q^2} \frac{z\,dz}{\sqrt{1-z}}\right\} \tag{396}$$

Alle Größen hierin sind nun endliche und beobachtbare Größen.

(5) Wenn $A_\nu^e(x)$ das Potenzial des reinen Strahlungsfeldes ohne Quellen ist, dann ist $j_{\nu R} = 0$, und es gibt keine Polarisation. Demnach verhält sich für jedes Photon oder jede sich frei ausbreitende Welle das Vakuum wie ein echtes Vakuum, und es gibt keine dielektrischen Effekte irgendeiner Art. Das stimmt mit der üblichen Vorstellung des Vakuums überein. Das Ergebnis ist jedoch nur richtig, solange die Polarisation als linear behandelt werden kann. Wenn wir nichtlineare Effekte einbeziehen, erzeugen zwei Lichtstrahlen, die sich in einem Gebiet überlappen, dort einen Polarisationsstrom, was eine „Streuung von Licht an Licht" hervorrufen würde.

(6) Der induzierte Strom (396) besteht aus zwei Komponenten: Die erste ist mit dem Potenzial $A_\nu^e(x)$ in Phase und die zweite demgegenüber um den Faktor $\pi/2$ phasenverschoben. Wenn wir das Vakuum als Stromkreis verstehen, der durch das Potenzial $A_\nu^e(x)$ angetrieben wird, ist die erste Komponente ein induktiver Effekt, die zweite ein resistiver. Also führt nur die zweite

zu einer Absorption von Energie durch das Vakuum aus den antreibenden Potenzialen.

Wir untersuchen die Energiebilanz und erinnern uns dabei daran, dass die klassischen Potenziale $A_\nu^e(x)$ immer reelle Größen wie

$$A_\nu^e(x) = e_\nu \cos(q \cdot x) \tag{397}$$

sein müssen, und wir setzen ohne Einschränkung der Allgemeinheit q_0 positiv an. Dann ergibt (396), mit $e \cdot q = 0$:

$$\langle j_{\nu H}(x) \rangle_o = e_\nu \left\{ A \cos(q \cdot x) + B \sin(q \cdot x) \right\} \tag{398}$$

wobei A und B reell sind. Ferner erhalten wir

$$B = \frac{1}{4} \alpha c q^2 \int_0^{-4\mu^2/q^2} \frac{z \, dz}{\sqrt{1-z}} \tag{399}$$

Die Energie, die von den Potenzialen dem Vakuum zugeführt wird, ist pro Volumen- und Zeiteinheit

$$E = -\frac{1}{c} \sum_\nu \langle j_{\nu H}(x) \rangle_o \frac{\partial A_\nu^e(x)}{\partial t}$$

$$= -q_0 \sum_\nu e_\nu^2 \left[A \sin(q \cdot x) \cos(q \cdot x) + B \sin^2(q \cdot x) \right] \tag{400}$$

Hieraus erkennen wir, dass der Strom in Phase keine Netto-Absorption der Energie liefert, während der Stromanteil außer Phase den Hauptanteil an Energie pro Zeiteinheit liefert:

$$\overline{E} = -\frac{1}{2} q_0 e^2 B = -\frac{\alpha c e^2 q^2 q_0}{8} \int_0^{-4\mu^2/q^2} \frac{z \, dz}{\sqrt{1-z}} \tag{401}$$

Wenn q (390) nicht erfüllt, also wenn

$$q_0 < \sqrt{4\mu^2 + |\boldsymbol{q}|^2} \tag{402}$$

ist, dann sind $B = 0$ und $E = 0$, und es gibt nicht genug Energie in den Schwingungen des Feldes, um ein reales Positron-Elektron-Paar zu erzeugen, dessen Ruhemasse allein $2mc^2$ erfordert – vorausgesetzt, das Feld stellt in der Wechselwirkung einen Impuls $\hbar k$ zusammen mit der Energie $\hbar c q_0$ bereit.

Wenn jedoch (390) erfüllt wird, ist genug Energie für die Erzeugung realer Paare vorhanden, wobei jedes Paar die Energie $\hbar c q_0$ mit sich führt. Da q zeitartig ist und $e \cdot q = 0$ gilt, ist e raumartig, und es ist $(e^2) > 0$. Das kann wie folgt gezeigt werden:

$$e \cdot q = 0 = \boldsymbol{e} \cdot \boldsymbol{q} - e_0 q_0$$

Da q zeitartig ist, können wir eine Lorentz-Transformation nutzen, die $q = 0$ erzeugt. Dann ist natürlich $q_0 \neq 0$. Dann muss jedoch $e_0 = 0$ sein, was bedeutet, dass e raumartig ist. Daraus folgt $\overline{E} > 0$, was bestätigt, dass die Potenziale niemals Energie aus dem Vakuum beziehen können. Und wir erhalten als Wahrscheinlichkeit pro Volumen- und Zeiteinheit dafür, dass das Potenzial (397) ein reales Paar erzeugt:

$$w = \frac{\overline{E}}{\hbar c q_0} = -\frac{\alpha(e^2)(q^2)}{8\hbar} \int_0^{-4\mu^2/q^2} \frac{z\,dz}{\sqrt{1-z}} \tag{403}$$

Dieses Ergebnis hätte natürlich durch elementare Methoden leichter gefunden werden können. Hier sei betont, dass die elementaren Prozesse der Erzeugung realer Paare notwendigerweise mit dem weniger elementaren Vakuumpolarisationseffekt verknüpft sind, wobei dieser Effekt durch den A-Term in (398) gegeben ist, der unabhängig von der Möglichkeit der Erzeugung realer Paare existiert. Die Situation ist recht ähnlich der Verbindung zwischen dem elementaren Effekt der Linienverbreiterung in atomaren Spektren und den weniger elementaren Linienverschiebungen; diese Effekte haben wir zuvor detailliert besprochen. Somit gibt es gute Gründe, den Vakuumpolarisationseffekt durch den Strom in Phase in (396) ernst zu nehmen, genauso wie wir die Lamb-Verschiebung ernst nehmen. Weil sich etliche Physiker weigerten, beide Effekte ernst zu nehmen, wurde die Physik mehrere Jahre lang aufgehalten.

5.4.7 Vakuumpolarisation bei langsam veränderlichen schwachen Feldern – Der Uehling-Effekt

Sei nun das externe Potenzial $A_\nu^e(x)$ nicht nur ein schwaches Potenzial, sondern auch eines, das sich mit Raum und Zeit nur langsam ändert, d. h. gemäß einer Superposition der Fourier-Koeffizienten (360) mit

$$|q^2| \ll \mu^2 \tag{404}$$

Dann ist wegen (390) der zweite Term in (396) gleich null, und der Logarithmus kann in Termen von (q^2/μ^2) entwickelt werden. Wenn wir jetzt nur den Term der Ordnung q^2 behalten, ergibt sich

$$\langle j_{\nu H}(x)\rangle_o = \alpha\,\frac{q^2}{16\pi\mu^2}\,j_{\nu R}(x) \int_0^1 \frac{z^2\,dz}{\sqrt{1-z}} = \frac{\alpha q^2}{15\pi\mu^2}\,j_{\nu R}(x)$$

Aber in jedem Fourier-Koeffizienten von $j_{\nu R}(x)$ liefert die Behandlung mit dem D'Alembert-Operator $\Box^2$ einen Faktor $(-q^2)$. Daher ist das Ergebnis

– unabhängig von der Fourier-Zerlegung – gültig für langsam veränderliche Felder

$$\langle j_{\nu H}(x)\rangle_o = -\frac{\alpha}{15\pi\mu^2}\left\{\Box^2 j_{\nu R}(x)\right\} \tag{405}$$

Betrachten wir den Effekt dieser Beziehung im Fall des Wasserstoffatoms. Das Proton wird durch die statische Ladungsdichte $\rho_P(r)$ dargestellt, die eine Ladung im Vakuum induziert, für deren Dichte gilt:

$$\rho_{IN}(r) = -\frac{\alpha}{15\pi\mu^2}\nabla^2\rho_P(r) \tag{406}$$

Das elektrostatische Potenzial des Photons ist daher $V(r) + V_{IN}(r)$, wobei gilt:

$$\nabla^2 V(r) = -\rho_P(r)$$

$$\nabla^2 V_{IN}(r) = -\rho_{IN}(r) = \frac{\alpha}{15\pi\mu^2}\nabla^2\rho_P(r)$$

und daher

$$V_{IN}(r) = +\frac{\alpha}{15\pi\mu^2}\rho_P(r) \tag{407}$$

Bei einem punktförmigen Proton ist das Potenzial, das aufgrund der Vakuumpolarisation zum Coulomb-Potenzial hinzugefügt wird, gegeben durch

$$V_{IN}(r) = +\frac{\alpha e}{15\pi\mu^2}\delta^3(\boldsymbol{r}) \tag{408}$$

Und die Änderung der Energie eines Zustands im Wasserstoffatom mit der Wellenfunktion $\psi(r)$ ist

$$\Delta E_P = -\frac{\alpha e^2}{15\pi\mu^2}|\psi(0)|^2 = -\frac{1}{5}\left\{\frac{e^4\hbar}{12\pi^2 m^2 c^3}|\psi(0)|^2\right\} \tag{409}$$

Das ist genau das Gleiche wie die Formel (284) für die Lamb-Verschiebung, aber mit $(-1/5)$ anstelle des Logarithmus. Das Ergebnis ist also um den Faktor 40 kleiner als die Lamb-Verschiebung, oder anders ausgedrückt: Es entspricht -27 MHz von insgesamt 1062 MHz. Dennoch sind die Experimente genau genug, um zu zeigen, dass es den Effekt gibt.

Das Ergebnis (409) wurde viele Jahre zuvor von Uehling [17] unter Verwendung älterer Methoden berechnet.

5.5 Feldtheorie von Dirac- und Maxwell-Feldern in Wechselwirkung

5.5.1 *Vollständig relativistische Quantenelektrodynamik*

Wir nehmen uns nun ein kombiniertes System aus Dirac- und Maxwell-Feldern in Wechselwirkung vor und konstruieren daraus eine relativistische Quantentheorie, indem wir die Verfahren nutzen, die wir bereits entwickelt haben. Dies wird dann die vollständige Theorie der Quantenelektrodynamik sein, anwendbar auf alle Probleme, bei denen Elektronen, Positronen und Photonen beteiligt sind. Wir werden außerdem in die Theorie ein klassisches Maxwell-Feld einfügen, das auf Elektronen und Positronen wirkt und das die Effekte externer Ladungen repräsentiert, wie beispielsweise möglicherweise vorhandener Protonen.

Lagrange-Dichte:

$$\mathscr{L} = \mathscr{L}_D + \mathscr{L}_M - ie\overline{\psi}A\psi - ie\overline{\psi}A^e\psi \tag{410}$$

Hier nutzen wir $A_\nu(x)$ für die Maxwell'schen Potenzialoperatoren und $A^e_\nu(x)$ für die Potenziale des klassischen, externen Feldes.

Feldgleichungen, siehe (384):

$$\left\{\sum_\lambda \gamma_\lambda \left\{\frac{\partial}{\partial x_\lambda} + \frac{ie}{\hbar c}(A_\lambda + A^e_\lambda)\right\} + \mu\right\}\psi = 0 \tag{411}$$

$$\sum_\lambda \left\{\frac{\partial}{\partial x_\lambda} - \frac{ie}{\hbar c}(A_\lambda + A^e_\lambda)\right\}\overline{\psi}\gamma_\lambda - \mu\overline{\psi} = 0 \tag{412}$$

$$\square^2 A_\nu = ie\overline{\psi}\gamma_\nu\psi \tag{413}$$

Diese Gleichungen sind *nichtlinear*. Somit gibt es keine Möglichkeit, die allgemeinen Kommutatorregeln der Feldoperatoren in abgeschlossener Form zu bestimmen. Wir können gar keine Lösungen für die Feldgleichungen finden, außer den Lösungen, die als formale Potenzreihenentwicklung im Koeffizienten e gewonnen werden, der mit den nichtlinearen Wechselwirkungstermen multipliziert wird. Dies ist somit eine grundlegende Einschränkung der Theorie – dass es sich in ihrem Kern eigentlich um eine Störungstheorie handelt, die auf nicht miteinander interagierenden Feldern als ungestörtem System beruht. Selbst um die allgemeinen Kommutatorregeln der Felder niederzuschreiben, ist es notwendig, eine Störungstheorie dieser Art anzuwenden.

Da die störungstheoretische Behandlung uns von Anfang an aufgezwungen wird, ist es sinnvoll, die Theorie nicht in der Heisenberg-Darstellung zu konzipieren, sondern die Wechselwirkungsdarstellung zu nutzen. Diese ist wie geschaffen für eine Störungstheorie, in der die Strahlungswechselwirkung als schwach angenommen wird. In der Wechselwirkungsdarstellung können die Kommutatorregeln leicht in abgeschlossener Form formuliert werden, sodass wir die Theorie mit minimalem Aufwand erstellen können.

Es gibt zwei verschiedene Wechselwirkungsdarstellungen, die wir anwenden können. Die erste nennen wir die *gebundene Wechselwirkungsdarstellung.* Das ist genau die Darstellung, die wir verwendet haben, als wir die Strahlung eines Atoms in nicht-relativistischer Theorie behandelt hatten. Wir setzen alle Feldoperatoren an, um die Zeitabhängigkeit der Heisenberg-Operatoren in der Theorie zu erhalten, in der das freie Maxwell-Feld und das Feld des Elektrons mit einem externen Potenzial wechselwirken, wobei nur die Wechselwirkung der beiden Felder untereinander vernachlässigt wird. Die Feldgleichungen in der gebundenen Wechselwirkungsdarstellung sind demnach (332), (333) und

$$\Box^2 A_\nu = 0 \tag{414}$$

Die Wellenfunktion $\Phi(t)$ in der gebundenen Wechselwirkungsdarstellung erfüllt die Schrödinger-Gleichung

$$i\hbar \frac{\partial \Phi}{\partial t} = H_R(t)\Phi \tag{415}$$

$$H_R(t) = ie \int \overline{\psi}(r,t) \slashed{A}(r,t) \psi(r,t) d^3 \boldsymbol{r} \tag{416}$$

Dieses $H_R(t)$ ist gerade die Differenz zwischen den Hamiltonians der Theorien ohne und mit Strahlungswechselwirkung. Da keine Ableitungen von Feldoperatoren in H_R auftauchen, ist diese Differenz einfach minus der Differenz zwischen den entsprechenden Lagrange-Dichten und hat somit die einfache Form, die durch (416) gegeben ist; man vergleiche mit (243).

Mithilfe der gebundenen Wechselwirkungsdarstellung können wir die Lichtstrahlung eines Atoms wie zuvor behandeln, doch nun betrachten wir das Atom relativistisch. Tatsächlich müssen wir diese Darstellung nutzen, sobald wir Effekte genau genug berechnen wollen, um exakte Dirac'sche Wellenfunktionen für die ungestörten atomaren Zustände zu fordern. Jedoch ist es nicht so sinnvoll, die gebundene Wechselwirkungsdarstellung zu nutzen, da die Kommutatorregeln für das Elektronenfeld durch (346) gegeben und noch immer zu kompliziert sind, als dass sie für mehr als die einfachsten Probleme anwendbar sind. Wir verwenden die gebundene Wechselwirkungsdarstellung nur, wenn wir dazu gezwungen sind, und dann normalerweise nur in den letzten Schritten der Berechnung. Allgemein können wir den Großteil der Arbeit, mit dem Hauptanteil der Berechnungen, im zweiten Typ der Wechselwirkungsdarstellung ausführen.

5.5.2 Die freie Wechselwirkungsdarstellung

Hier verwenden wir alle Feldoperatoren $\overline{\psi}$, ψ und A_μ, um die freien Feldgleichungen (286) und (414) zu erfüllen. Die Kommutatorregeln sind dann ebenfalls durch die Formeln (203) bzw. (298) und (299) für freie Felder gegeben. Die Wellenfunktion erfüllt die Schrödinger-Gleichung

$$i\hbar\frac{\partial\Phi}{\partial t} = \left\{H^e(t) + H_R(t)\right\}\Phi \tag{417}$$

$$H^e(t) = ie\int \overline{\psi}(\boldsymbol{r},t)\boldsymbol{A}^e(\boldsymbol{r},t)\psi(\boldsymbol{r},t)d^3\boldsymbol{r} \tag{418}$$

wobei H_R formal wieder durch (416) gegeben ist. Hier ist jedoch H_R nicht der gleiche Operator wie in (415), und zwar aufgrund der Zeitabhängigkeit von $\overline{\psi}$ und ψ in beiden Fällen.

Diese freie Wechselwirkungsdarstellung ist die Wechselwirkungsdarstellung, die normalerweise in der Quantenelektrodynamik verwendet wird; deshalb wird sie hier fortan nur noch als „Wechselwirkungsdarstellung" bezeichnet. Sie ist sehr gut auf relativistische Berechnungen abgestimmt, da sie aus den Feldoperatoren und Erwartungswerten invariante Funktionen macht. Die Berechnungen können also explizit und formal invariant sein, sogar wenn die Potenziale A^e_ν nur in der Basis eines bestimmten Lorentz-Systems wie im Wasserstoffatom gegeben sind.

Schwinger und Feynman entdeckten als erste, wie wichtig die formale Invarianz von Berechnungen innerhalb einer relativistischen Theorie ist. Sie machten diese Entdeckung typischerweise auf zwei völlig verschiedene Arten. Feynman fand einfach heraus, dass die Berechnungen wesentlich einfacher werden, wenn man die Invarianz der Theorie direkt herausarbeitet. Das stimmt noch immer, und tatsächlich liegt einer der Hauptgründe dafür, dass wir jetzt schwierigere Probleme als noch vor zehn Jahren angehen können, einfach darin, dass die Berechnungen mit den neuen Verfahren so viel kürzer sind. Aber wie Schwinger betonte, liegt der größere und essentiellere Vorteil der kovarianten Berechnungen darin, dass sie es uns nun ermöglichen, die Trennung zwischen endlichen, beobachtbaren Effekten und unendlichen Renormierungstermen auf eine eindeutige und saubere Weise durchzuführen. Ein Beispiel dafür haben wir bei der Behandlung der Vakuumpolarisation gesehen, bei der wir eine kovariante Berechnung durchgeführt haben. Der divergente Term (382) konnte klar von (379) separiert werden – aufgrund der

Art und Weise, in der (379) formal von den Vektoren e_ν und q_ν abhängt. Hätten wir die Berechnung auf nicht-kovariante Art durchgeführt, dann hätten wir (381) nicht auf diese Weise verwenden dürfen.

Nun werden wir also die kovarianten Methoden anwenden und dabei in der Wechselwirkungsdarstellung arbeiten, um einige Standardprobleme der Elektrodynamik zu lösen, und zwar in der Reihenfolge ansteigender Schwierigkeit.

Kapitel 6

Zu Problemen bei der Streuung freier Teilchen

Bei der Vielzahl der hier auftretenden Fragestellungen sind wir daran interessiert, das gesamte Element M der Übergangsmatrix zwischen dem Anfangszustand A und dem Endzustand B zu berechnen, wobei A und B durch die Angabe von Spin und Impuls der freien Teilchen in diesen Zuständen beschrieben werden. Wir nehmen an, dass der Streuprozess wie folgt stattfindet: Die freien Teilchen, welche durch den Zustand A in ferner Vergangenheit beschrieben werden, nähern sich und wechselwirken miteinander. Durch die Wechselwirkung der freien Teilchen werden diese verändert, oder es entstehen neue Teilchen. Dabei sind jedoch alle Teilchen im Endzustand weiterhin freie Teilchen. Diese bilden in der fernen Zukunft den Zustand B. Wir wollen das Matrixelement M für diesen Prozess berechnen, ohne die Bewegungsgleichungen oder das Verhalten des Systems während der Zeit der Wechselwirkung zu verstehen.

Die ungestörten Zustände A und B werden als Zustände freier, nicht miteinander wechselwirkender Teilchen betrachtet und können daher durch die konstanten Zustandsvektoren Φ_A und Φ_B in der Wechselwirkungsdarstellung beschrieben werden. Die tatsächlichen Anfangs- und Endzustände bei einem Streuvorgang werden aus Teilchen mit jeweils einem „Eigenfeld" bestehen; mit diesem werden die Teilchen auch in ferner Vergangenheit und Zukunft wechselwirken. Daher repräsentieren Φ_A und Φ_B den Anfangs- bzw. den Endzustand nicht vollständig. Jedoch ist es konsistent, Φ_A und Φ_B, welche die freien Teilchen ohne Strahlungswechselwirkung darstellen, zu verwenden, solange wir die Störungstheorie nutzen und dabei keine Effekte höherer

F. Dyson, *Dyson Quantenfeldtheorie*,
DOI 10.1007/978-3-642-37678-8_6, © Springer-Verlag Berlin Heidelberg 2014

Ordnungen betrachten, die durch die Eigenfelder der Teilchen hervorgerufen werden. Selbst wenn wir Selbstwechselwirkungseffekte berücksichtigen, stellt sich heraus, dass Φ_A und Φ_B der freien Teilchen weiterhin verwendet werden können. In diesem Fall bedarf es jedoch einiger sorgfältiger Begründungen.

Das Matrixelement M ist

$$M = (\Phi_B^* U \Phi_A) \tag{419}$$

Hier ist $U\Phi_A$ der Zustand, welchen man bei $t = +\infty$ durch Lösen der Bewegungsgleichung (417) mit der Anfangsbedingung $\Phi = \Phi_A$ bei $t = -\infty$ erhält. U kann als Störentwicklung der Operatoren H^e und H_R geschrieben werden:

$$U = 1 + \left(-\frac{i}{\hbar}\right) \int_{-\infty}^{\infty} dt_1 \left\{H^e(t_1) + H_R(t_1)\right\}$$

$$+ \left(-\frac{i}{\hbar}\right)^2 \int_{-\infty}^{\infty} dt_1 \int_{-\infty}^{\infty} dt_2 \left\{H^e(t_1) + H_R(t_1)\right\}$$

$$\times \left\{H^e(t_2) + H_R(t_2)\right\} + \dots \tag{420}$$

$$= \sum_{n=0}^{\infty} \left(-\frac{i}{\hbar}\right)^n \frac{1}{n!} \int_{-\infty}^{\infty} dt_1 \dots \int_{-\infty}^{\infty} dt_n$$

$$\times P\left\{\left\{H^e(t_1) + H_R(t_1)\right\} \dots \left\{H^e(t_n) + H_R(t_n)\right\}\right\} \tag{421}$$

Hier ist P ein chronologisches Produkt. In ihm werden die Faktoren nicht in der Reihenfolge, in der sie aufgeschrieben werden, multipliziert, sondern in zeitlicher Reihenfolge: $t_1, t_2, \dots, t_n$. Die Faktoren späterer Zeitpunkte stehen links von den Faktoren früherer Zeitpunkte. Dies erklärt auch den Faktor $1/n!$, nachdem alle Grenzen abgeändert wurden, um das gesamte Intervall zwischen $-\infty$ und $+\infty$ auszuwerten. Der Operator U wird auch allgemein als „S-Matrix" bezeichnet.

Bevor wir die allgemeine Analyse der Reihenentwicklung von (421) besprechen, wenden wir uns einigen Standardaufgaben zu.

6.1   Møller-Streuung zweier Elektronen

Im Anfangszustand A haben wir zwei Elektronen im Zustand $(p_1 u_1)(p_2 u_2)$ sowie im Endzustand B zwei Elektronen im Zustand $(p_1' u_1')(p_2' u_2')$. Das Elektron $(p_1 u_1)$ ist gegeben durch die Ein-Teilchen-Wellenfunktion

$$u_1 e^{ip_1 \cdot x} \tag{422}$$

welche durch $(\overline{u}_1 u_1) = 1$ normiert ist. Durch diese Art der Normierung der Wellenfunktion ist Gleichung (422) gerade das Matrixelement des Operators $\psi(x)$ zwischen dem Vakuumzustand und dem Zustand, welcher Elektron 1 beinhaltet. Dies erkennen wir anhand von

$$\psi(x) = \sum_{p,u} b_{pu} u e^{ip \cdot x}$$

mit $\{b_{pu}, b^*_{p'u'}\} = \delta_{pp'} \delta_{uu'}$. Dann gilt $(\Phi^*_o, \psi(x)\Phi_{pu}) = (\Phi^*_o, b_{pu}\Phi_{pu})u e^{ip \cdot x} = (\Phi^*_o, \Phi_o)u e^{ip \cdot x} = u e^{ip \cdot x}$.

Daher behandeln wir die Zustände 1, 2 und 1′, 2′ so, als ob sie diskrete Zustände seien. Der Operator ψ ergibt sich durch die Entwicklung (337). Es wäre auch möglich, die Entwicklung (306) der kontinuierlichen Zustände für ψ zu nutzen, jedoch müssten wir dann die Normierung der Anfangs- und der Endzustände erneut betrachten. Da wir die Normierung (472) festgelegt haben, als wir zuvor die Møller-Formel (144) hergeleitet haben, sollten wir bei dieser bleiben.

Wir nehmen weiterhin die Born-Näherung bei der Berechnung an, daher betrachten wir nur den Term $n = 2$ in (421). Somit ist das Matrixelement M proportional zu e^2. Bei diesem Problem ist das externe Potenzial A^e gleich null. Der Term mit $n = 2$ in (421) lautet

$$U_2 = \frac{+e^2}{2\hbar^2 c^2} \iint dx_1 \, dx_2 \, P\left\{\overline{\psi}(x_1)A(x_1)\psi(x_1), \overline{\psi}(x_2)A(x_2)\psi(x_2)\right\} \quad (423)$$

Die Integration läuft über die gesamte Raumzeit. Um das Matrixelement $M = (\Phi^*_B U_2 \Phi_A)$ zu erhalten, müssen wir gemäß (377) nur einige Terme ersetzen:

$$\psi(x_i) = u_1 e^{ip_1 \cdot x_i} b_1 + u_2 e^{ip_2 \cdot x_i} b_2 + u' e^{ip'_1 \cdot x_i} b'_1 + u'_2 e^{ip'_2 \cdot x_i} b'_2 \quad \text{durch}$$

$$\times \, u_1 e^{ip_1 \cdot x_i} b_1 + u_2 e^{ip_2 \cdot x_i} b_2 \quad (424)$$

und

$$\overline{\psi}(x_i) = \overline{u}_1 e^{-ip_1 \cdot x_i} b^*_1 + \overline{u}_2 e^{-ip_2 \cdot x_i} b^*_2 + \overline{u}'_1 e^{-ip'_1 \cdot x_i} b^{*\prime}_1 + \overline{u}'_2 e^{-ip'_2 \cdot x_i} b^{*\prime}_2 \quad \text{durch}$$

$$\times \, \overline{u}'_1 e^{-ip'_1 \cdot x_i} b^{*\prime}_1 + \overline{u}'_2 e^{-ip'_2 \cdot x_i} b^{*\prime}_2$$

da nur 1 und 2 absorbiert und nur 1′ und 2′ erzeugt werden. Dann greifen wir den Koeffizienten von

$$(b^{*\prime}_1 b_1)(b^{*\prime}_2 b_2) \quad (425)$$

in der sich ergebenden Entwicklung heraus. Es gibt keine Photonen im Anfangs- oder Endzustand, daher ergibt sich der Erwartungswert der Vakuumbedingungen für die Maxwell'schen Potenzialoperatoren. Daraus folgt, unter Berücksichtigung der Tatsache, dass b und $\bar{b}$ antikommutieren (wie in der Herleitung von (358) zu sehen), das Ergebnis

$$M = \sum_{\mu,\lambda} \frac{e^2}{\hbar^2 c^2} \iint dx_1\, dx_2 \left\{ \exp\left[i(p_1 - p_1') \cdot x_1 + i(p_2 - p_2') \cdot x_2 \right] \right.$$

$$\times (\overline{u}_1' \gamma_\lambda u_1)(\overline{u}_2' \gamma_\mu u_2) - \exp\left[i(p_1 - p_2') \cdot x_1 + i(p_2 - p_1') \cdot x_2 \right]$$

$$\left. \times (\overline{u}_2' \gamma_\lambda u_1)(\overline{u}_1' \gamma_\mu u_2) \right\} \left\langle P\{A_\lambda(x_1), A_\mu(x_2)\} \right\rangle_o \tag{426}$$

Der Erwartungswert des chronologischen Produkts führt zu einer neuen interessanten Funktion:

$$\left\langle P\{A_\lambda(x_1), A_\mu(x_2)\} \right\rangle_o = \frac{1}{2} \hbar c\, \delta_{\lambda\mu}\, D_F(x_1 - x_2) \tag{427}$$

wobei F für Feynman steht. Von Stueckelberg wurde sie auch als D^c bezeichnet, wobei c hier für „causality" (= Kausalität) steht. [18]

6.1.1 Eigenschaften der Funktion D_F

Aus

$$P\{A_\lambda(x_1), A_\mu(x_2)\} = \frac{1}{2}\{A_\lambda(x_1), A_\mu(x_2)\} + \frac{1}{2}\epsilon(x_1 - x_2)[A_\lambda(x_1), A_\mu(x_2)] \tag{428}$$

ergibt sich mit (203) und (205):

$$D_F(x) = D^{(1)}(x) + i\epsilon(x)D(x) = \frac{1}{2\pi^2}\left[\frac{1}{x^2} - i\pi\delta(x^2) \right]$$

$$= D^{(1)}(x) - i\left\{ D_A(x) + D_R(x) \right\}$$

$$= D^{(1)}(x) - 2i\overline{D}(x) \tag{429}$$

entsprechend (228). Offensichtlich ist D_F eine gerade Funktion. Bei der asymptotischen Näherung $x_0 \to \infty$ beinhaltet $D_F = 2iD^+$ nur positive Frequenzen in der Zukunft, während $D_F = -2iD^-$ bei $x_0 \to -\infty$ nur negative Frequenzen in der Vergangenheit beinhaltet. Eine vollständige Diskussion findet sich bei Fierz, *Helv. Phys. Acta* **23** (1950) 731.

Somit ist D_F das Potenzial, das von einer Punktquellenstörung im Ursprung ausgeht, wenn das gesamte Potenzial, das in Richtung Zukunft läuft, für erzeugte Teilchen steht und das gesamte Potenzial, das von der Vergangenheit her einläuft, für zu absorbierende Teilchen steht, wobei alle Teilchen positive Energie haben. Es ist daher das Potenzial, das die korrekte kausale Zeitabfolge garantiert, und als solches wurde es von Stueckelberg erkannt. Die Definition in (427) ist jedoch einfacher im Verständnis und in der Handhabung.

Die Impulsdarstellung von D_F ist

$$D_F(x) = \frac{-2i}{(2\pi)^4} \int_F e^{ik \cdot x} \cdot \frac{d^4k}{k^2} \qquad (430)$$

Die Integration verläuft hier entlang der reellen Achse unterhalb des Pols bei $k_0 = -|\boldsymbol{k}|$ und oberhalb des Pols bei $k_0 = +|\boldsymbol{k}|$ innerhalb der k_0-Ebene:

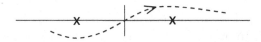

Wir sehen dies mithilfe von (429), (207) sowie (208), und beim Vergleich mit (210), (226) sowie (209), erkennen wir, dass gilt:

$$D^{(1)}(x) = \frac{1}{(2\pi)^4} \int_C \exp(ik \cdot x) \frac{d^4k}{k^2} \quad \text{mit}$$

Dies wird als „Feynman-Integral" bezeichnet. Weiterhin können wir schreiben:

$$D_F(x) = \frac{-2i}{(2\pi)^4} \int e^{ik \cdot x} \frac{d^4k}{k^2 - i\epsilon} \qquad (431)$$

Hierbei verläuft die Integration entlang der reellen Achse für alle vier Komponenten von k. Die Größe ϵ ist eine kleine positive reelle Zahl, und der Limes $\epsilon \to 0$ sollte in (431) nach der Integration ausgeführt werden. Bevor der Grenzwert erreicht ist, verschiebt der ϵ-Term die Pole von der reellen Achse weg: Der Pol $|\boldsymbol{k}|$ verschiebt sich nach unten, während der zweite Pol $-|\boldsymbol{k}|$ nach oben verschoben wird. Damit ist das Integral wohldefiniert und frei von Singularitäten.

6.1.2 Die Møller-Formel: Schlussfolgerung

Mithilfe von (427) und (431) in (426) kann die Integration über x_1 und x_2 gleichzeitig durchgeführt werden. Dabei ergibt sich eine δ-Funktion, die von

k abhängt. Daher kann auch die k-Integration direkt durchgeführt werden. Das Ergebnis ist:

$$M_2 = \sum_\lambda \frac{-ie^2}{\hbar c} (2\pi)^4 \delta^4(p_1 + p_2 - p_1' - p_2')$$

$$\times \left\{ \frac{(\overline{u}_1' \gamma_\lambda u_1)(\overline{u}_2' \gamma_\lambda u_2)}{(p_1 - p_1')^2 - i\epsilon} - \frac{(\overline{u}_2' \gamma_\lambda u_1)(\overline{u}_1' \gamma_\lambda u_2)}{(p_1 - p_2')^2 - i\epsilon} \right\} \tag{432}$$

Nun sind p_1 und p_1' beides Impuls-4er-Vektoren von Elektronen, somit ist $(p_1 - p_1')$ ein raumartiger Vektor, dessen Quadrat nicht null sein kann. Deshalb können wir in (432) direkt zum Limes $\epsilon = 0$ übergehen. Daraus erhalten wir die Møller-Formel (144), mit dem Unterschied, dass wir bei p und e andere Einheiten haben.

Es ist einleuchtend, dass die Formel direkt aus (423) folgt, sobald wir die Entwicklung der Impulse (431) bei der D_F-Funktion kennen. Wir werden sehen, dass es für andere Problemstellungen bei der Streuung freier Teilchen ähnlich einfach wird.

6.1.3 Elektron-Positron-Streuung

Genau die gleiche Formel (432) ergibt außerdem das Matrixelement für die Streuung eines Elektrons an einem Positron. Wir nehmen an, dass das Elektron am Anfang im Zustand 1 durch

$$u_1 e^{ip_1 \cdot x} \tag{433}$$

und nach der Streuung im Zustand $1'$ durch

$$u_1' e^{ip_1' \cdot x} \tag{434}$$

beschrieben wird. Jetzt ist jedoch der Anfangszustand des Positrons gegeben durch die Wellenfunktion

$$\overline{u}_2' e^{-ip_2' \cdot x} \tag{435}$$

und der Endzustand durch

$$\overline{u}_2 e^{-ip_2 \cdot x} \tag{436}$$

Hierbei haben wir die Wellenfunktionen des Elektrons mit negativer Energie und *nicht* die ladungskonjugierten Funktionen verwendet, um das Positron darzustellen. (435) und (436) sind korrekt, da b_2 der *Emissions*-Operator und b_2' der *Absorptions*-Operator für dieses Positron sind.

Der zweite Term in (432) repräsentiert jetzt keinen einfachen Austausch-effekt, sondern eine besondere, kurzreichweitige Streuung durch die virtuelle Auslöschung von Positron und Elektron. Dieser Term wurde experimentell beobachtet durch die Messung der Feinstrukturkonstante des Positroniums (M. Deutsch und E. Dulit, *Phys. Rev.* **84** (1951) 601, 1. Nov. 1951).

6.2 Streuung eines Photons an einem Elektron: Compton-Effekt und Klein-Nishina-Formel

Erneut nutzen wir den gleichen durch (423) gegebenen Operator U_2. Wir müssen nur das Matrixelement M_2 zwischen dem Anfangszustand A und dem Endzustand B berechnen, wobei A aus einem Elektron mit der Wellen-funktion

$$ue^{ip\cdot x} \tag{437}$$

und aus einem Photon mit den Potenzialen

$$A_\mu = e_\mu e^{ik\cdot x} \tag{438}$$

besteht, während B aus dem Elektron im Zustand

$$u'e^{ip'\cdot x} \tag{439}$$

und dem Photon mit den Potenzialen

$$A_\mu = e_\mu' e^{ik'\cdot x} \tag{440}$$

besteht.

Der Operator $A_\lambda(x_1)$, der in (423) auftaucht, beinhaltet die Terme so-wohl für die Emission als auch für die Absorption eines Photons entsprechend (211). Für $A_\mu(x_2)$ gilt Entsprechendes. Dadurch ergibt sich das Matrixele-ment M_2 als eine Summe von Beiträgen. Wir können entweder $e_\lambda e^{ik\cdot x_1}$ aus $A_\lambda(x_1)$ und $e_\mu' e^{ik'\cdot x_2}$ aus $A_\mu(x_2)$ nutzen oder umgekehrt. Ähnlich kann das Elektron entweder durch $\psi(x_2)$ absorbiert oder durch $\overline{\psi}(x_1)$ wieder emittiert werden bzw. umgekehrt. Unter Berücksichtigung der Tatsache, dass der gesamte Ausdruck für M_2 symmetrisch in x_1 und x_2 ist, erhalten wir schließlich:

$$M_2 = \frac{e^2}{\hbar^2 c^2} \sum_{\lambda,\mu,\alpha,\beta} \iint dx_1\, dx_2\, \{\exp(ip \cdot x_2 - ip' \cdot x_1)\,(\overline{u}_1 \gamma_\lambda)_\alpha$$

$$\times \left\langle \epsilon(x_1 - x_2) P\left\{\psi_\alpha(x_1), \overline{\psi}_\beta(x_2)\right\}\right\rangle_o (\gamma_\mu u)_\beta\}$$

$$\times \{e_\lambda e'_\mu \exp(ik \cdot x_1 - ik' \cdot x_2) + e_\mu e'_\lambda \exp(ik \cdot x_2 - ik' \cdot x_1)\} \quad (441)$$

Der Ausdruck $\epsilon(x_1 - x_2) P\{\psi_\alpha(x_1), \overline{\psi}_\beta(x_2)\}$ für antikommutierende Felder ist relativistisch invariant, während dies nicht für das P-Produkt selbst gilt. Daher schreiben wir analog zu (427):

$$\left\langle \epsilon(x_1 - x_2) P\left\{\psi_\alpha(x_1), \overline{\psi}_\beta(x_2)\right\}\right\rangle_o = -\frac{1}{2} S_{F\alpha\beta}(x_1 - x_2) \quad (442)$$

wobei S_F eine neue invariante Funktion ist. Wegen

$$\epsilon(x_2 - x_1) P\left\{\psi_\alpha(x_1), \overline{\psi}_\beta(x_2)\right\}$$

$$= \frac{1}{2}[\psi_\alpha(x_1), \overline{\psi}_\beta(x_2)] + \frac{1}{2}\epsilon(x_2 - x_1)\left\{\psi_\alpha(x_1), \overline{\psi}_\beta(x_2)\right\} \quad (443)$$

erhalten wir mithilfe von (299) und (329):

$$S_F(x) = S^{(1)} + i\epsilon(x)S(x) \quad (444)$$

in exakter Analogie zu (429). Weiterhin gilt

$$S_F(x) = \sum_\lambda \left(\gamma_\lambda \frac{\partial}{\partial x_\lambda} - \mu\right) \Delta_F(x) \quad (445)$$

und mit (444) erhalten wir die Impulsdarstellungen

$$\Delta_F(x) = \frac{-2i}{(2\pi)^4} \int e^{ik \cdot x} \frac{d^4 k}{k^2 + \mu^2 - i\epsilon} \quad (446)$$

$$S_F(x) = \frac{2}{(2\pi)^4} \int e^{ik \cdot x} \left(\frac{\slashed{k} + i\mu}{k^2 + \mu^2 - i\epsilon}\right) d^4 k \quad (447)$$

Diese Gleichung wird üblicherweise geschrieben als

$$S_F(x) = \frac{2}{(2\pi)^4} \int_F e^{ik \cdot x} \frac{1}{\slashed{k} - i\mu} d^4 k \quad (448)$$

Hier bedeutet die Dirac-Matrix im Nenner, dass wir den Zähler und den Nenner mit $(\not{k} + i\mu)$ multiplizieren müssen, um das Integral auszuwerten. Daher ist (448) eigentlich keine Vereinfachung von (447); sie spart nur Schreibarbeit. Die Feynman-Integration in (448) ist durch ein Wegintegral wie in (430) definiert.

Nun substituieren wir (448) in (441), wie wir es schon für (432) getan haben:

$$M_2 = \frac{-e^2}{\hbar^2 c^2}(2\pi)^4 \delta^4(p + k - p' - k') \, \overline{u}' \left[\not{e} \frac{1}{\not{p} - \not{k}' - i\mu} \not{e}' + \not{e}' \frac{1}{\not{p} + \not{k} - i\mu} \not{e} \right] u$$
(449)

Erneut verschwinden die Nenner $(p - k)^2 + \mu^2$ nie, daher können wir ϵ in (447) gleich null setzen. Wenn das Elektron anfänglich in Ruhe ist, gilt:

$$(p - k')^2 + \mu^2 = (p^2 + \mu^2) + k'^2 - 2p \cdot k' = 2p_0 k_0' = 2\mu k_0'$$

und ähnlich:

$$(p + k)^2 + \mu^2 = -2\mu k_0 \tag{450}$$

weil $k'^2 = 0$ und $p^2 = -\mu^2$ ist, mit $\boldsymbol{p} = 0$, da das Elektron ruht.

$$M_2 = \frac{-e^2}{2\hbar^2 c^2 \mu}(2\pi)^4 \delta^4(p + k - p' - k')$$

$$\times \overline{u}' \left[\frac{1}{k_0'} \not{e}(\not{p} - \not{k}' + i\mu)\not{e}' - \frac{1}{k_0} \not{e}'(\not{p} + \not{k} + i\mu)\not{e} \right] u \tag{451}$$

Nun können wir (451) weiter vereinfachen. Da das Photon zeitlich nicht polarisiert ist, gilt $e_4 = e_4' = 0$, und weil das Elektron ruht, gilt $\boldsymbol{p} = 0$. Daher ist $e \cdot p = 0$ und damit $\not{e}\not{p} = -\not{p}\not{e} + 2\mathbb{I} e \cdot p = -\not{p}\not{e}$, also antikommutieren $\not{p}$ und $\not{e}$. Dies und die Tatsache, dass u ein Spinzustand des Impulses $\hbar p$ ist, also

$$(\not{p} - i\mu)u = 0 \tag{452}$$

bedeutet, dass der Term $\not{p} + i\mu$ in (451) vernachlässigt werden kann. Daher erhalten wir

$$M_2 = \frac{e^2}{2\hbar^2 c^2 \mu}(2\pi)^4 \delta^4(p + k - p' - k') \, \overline{u}' \left[\not{e} \frac{\not{k}'}{k_0'} \not{e}' + \not{e}' \frac{\not{k}}{k_0} \not{e} \right] u \tag{453}$$

6.2.1 Berechnung des Streuquerschnitts

Wir schreiben wie in (145):

$$M_2 = K(2\pi)^4 \delta^4(p + k - p' - k') \tag{454}$$

Damit ist wie zuvor die Streuwahrscheinlichkeit pro Volumeneinheit und pro Zeiteinheit für den einzelnen Endzustand

$$w_\delta = c|K|^2 (2\pi)^4 \delta^4(p + k - p' - k') \tag{455}$$

Die Anzahl von Endzuständen des Elektrons ist

$$\frac{1}{(2\pi)^3} \left(\frac{mc^2}{E'}\right) dp_1' \, dp_2' \, dp_3' \tag{456}$$

Wenn e_μ' ein raumartiger Vektor mit $(e_\mu')^2 = 1$ ist, ist das Photon mit den Potenzialen (440) so normiert, dass ein Teilchen pro Volumen $\hbar c/2k_0'$ auftritt. Dies sieht man am besten durch den Vergleich von (440) mit (211) und (214), unter Berücksichtigung der Differenz $(2\pi)^3$ zwischen kontinuierlicher und diskreter Normierung. Daher ist die Anzahl der Endzustände des Photons

$$\frac{1}{(2\pi)^3} \left(\frac{\hbar c}{2k_0'}\right) dk_1' \, dk_2' \, dk_3' \tag{457}$$

Die gesamte Übergangswahrscheinlichkeit ist damit

$$w = c|K|^2 \frac{1}{(2\pi)^2} \left(\frac{mc^2}{E'} \frac{\hbar c}{2k_0'}\right) \frac{dk_1' \, dk_2' \, dk_3'}{d(p_0' + k_0')} \tag{458}$$

Wir schreiben dies als Wahrscheinlichkeit für die Streuung des *Photons* mit der Frequenz k_0' in der Raumwinkeleinheit $d\Omega$. Aufgrund der Impulserhaltung erhalten wir

$$\frac{dp_0'}{dk_0'} = \frac{p_1' \, dp_1' + \cdots}{p_0' \, dk_0'} = -\frac{p_1' \, dk_1' + \cdots}{p_0' \, dk_0'} = -\frac{p_1' k_1' + \cdots + p_3' k_3'}{p_0' k_0'}$$

$$\frac{dk_0'}{d(p_0' + k_0')} = \frac{p_0' k_0'}{-(p' \cdot k')} = \frac{p_0' k_0'}{-p \cdot k} = \frac{p_0' k_0'}{p_0 k_0} \tag{459}$$

Damit folgt letztlich

$$w = c|K|^2 \frac{1}{(2\pi)^2} \frac{\hbar c}{2k_0} k_0'^2 \, d\Omega \tag{460}$$

Der differenzielle Querschnitt für die Streuung des Photons mit der Frequenz k_0 in den Raumwinkel $d\Omega$ ist damit

$$\sigma = \frac{w V_1 V_2}{c}$$

wobei V_1 gemäß (149) das Normierungsvolumen des Elektrons $mc^2/E = 1$ und V_2 das Photonenvolumen $V_2 = \hbar c/(2k_0)$ ist. Damit gilt

$$\sigma = \left(\frac{\hbar c}{4\pi k_0} \right)^2 |K|^2 k_0'^2 d\Omega \tag{461}$$

$$K = \frac{e^2}{2\hbar^2 c^2 \mu} \, \bar{u}' \left[\not{\epsilon} \frac{\not{k}'}{k_0'} \not{\epsilon}' + \not{\epsilon}' \frac{\not{k}}{k_0} \not{\epsilon} \right] u \tag{462}$$

Dies ergibt den Querschnitt bei bekanntem Elektronenspin im Anfangs- bzw. im Endzustand.

6.2.2 *Aufsummierung von Spins*

Experimentell können wir Elektronenspins nicht beobachten. Daher sehen wir nur den Querschnitt $\bar{\sigma}$, der durch Mittelung von σ über die beiden Spinzustände u und durch Aufsummieren der beiden Spinzustände u' entsteht. Summieren und Mitteln können wir durch die Methode der Projektionsoperatoren, wie in (109) und (114) beschrieben, durchführen.

Hier sind nun einige Regeln für die Spur und die komplexe Konjugation von Operatoren zusammengestellt.

ξ ist im Allgemeinen eine Dirac-Matrix.

(1) $\text{Sp}\left(\xi^{(1)} \xi^{(2)} \dots \xi^{(2k-1)} \right) = 0$, d. h. die Spur einer ungeraden Zahl von Faktoren ist 0.

(2) $\text{Sp}\left(\xi^{(1)} \xi^{(2)} \dots \xi^{(2k)} \right) = \text{Sp}\left\{ P \left(\xi^{(1)} \xi^{(2)} \dots \xi^{(2k)} \right) \right\}$ wobei P irgendeine zyklische Permutation ist.

Dies ist einleuchtend, denn jede zyklische Permutation besteht aus Durchführungsschritten der Form

$$\left(\xi^{(1)} \xi^{(2)} \dots \xi^{(s)} \right) \xi^{(m)} \to \xi^{(m)} \left(\xi^{(1)} \xi^{(2)} \dots \xi^{(s)} \right)$$

Für zwei quadratische Matrizen A, B gilt

$$\text{Sp}\, AB = \sum_{i,j} a_{ij} b_{ji} = \sum_{j,i} b_{ji} a_{ij} = \text{Sp}\, BA$$

(3) $\mathrm{Sp}\left(\xi^{(1)}\xi^{(2)}\ldots\xi^{(2k-1)}\xi^{(2k)}\right) = \mathrm{Sp}\left(\xi^{(2k)}\xi^{(2k-1)}\ldots\xi^{(2)}\xi^{(1)}\right)$

Um dies zu zeigen, muss man nur annehmen, dass alle $\xi^{(i)}$ verschieden sind; mithilfe der Kommutatorregeln der γ's können wir das Produkt immer in diese Form zurückführen. Da dann jede Vertauschung (von Nachbarn) ein Minuszeichen ergibt und da es eine gerade Anzahl von Inversionen gibt, erhalten wir sofort unsere Rechenregel.

(4) $\displaystyle \not{a}\not{b} = -\not{b}\not{a} + 2\,\mathbb{I}\,(a\cdot b),$

wobei insbesondere gilt

$$\not{e}\not{e} = \mathbb{I}\,(e\cdot e) \qquad \not{e}\not{k} = -\not{k}\not{e} \qquad \not{e}'\not{k}' = -\not{k}'\not{e}'$$

(5) Mithilfe von (2) können wir ein Produkt von komplexen Operatoren zyklisch permutieren, ohne die Spur zu ändern.

Nun können wir fortfahren und die Summe über die Spins auswerten. Es gilt

$$\frac{1}{2}\sum_{u}\sum_{u'}|K|^2 = -\frac{e^4}{8\hbar^4 c^4\mu^2}\sum_{u}\sum_{u'}\left\{\overline{u}'\left(\not{e}\frac{\not{k}'}{k_0'}\not{e}' + \not{e}'\frac{\not{k}}{k_0}\not{e}\right)u\right\}$$

$$\times\left\{\overline{u}\left(\not{e}\frac{\not{k}}{k_0}\not{e}' + \not{e}'\frac{\not{k}'}{k_0'}\not{e}\right)u'\right\}$$

$$=\frac{e^4}{32\hbar^4 c^4\mu^4}\,\mathrm{Sp}\left\{(\not{p}+i\mu)\left(\not{e}\frac{\not{k}}{k_0}\not{e}' + \not{e}'\frac{\not{k}'}{k_0'}\not{e}\right)\right.$$

$$\left.\times(\not{p}'+i\mu)\left(\not{e}\frac{\not{k}'}{k_0'}\not{e}' + \not{e}'\frac{\not{k}}{k_0}\not{e}\right)\right\} \tag{463}$$

Nun ist $\frac{\not{k}}{k_0} = i\beta + \frac{k_1\gamma_1+k_2\gamma_2+k_3\gamma_3}{k_0} = i\beta + \gamma_k$ sowie $\frac{\not{k}'}{k_0'} = i\beta + \gamma_{k'}$.

Da $\not{p}$ mit $\not{e}$, $\not{e}'$, γ_k und $\gamma_{k'}$ antikommutiert – vgl. hierzu die Anmerkung nach (451) –, können wir (463) in folgender Form schreiben:

$$\frac{e^4}{32\hbar^4 c^4\mu^4}\,\mathrm{Sp}\left[\left\{\left(\not{e}\frac{\not{k}}{k_0}\not{e}' + \not{e}'\frac{\not{k}'}{k_0'}\not{e}\right)(i\mu-\not{p}) + 4\mu(e\cdot e')\right\}\right.$$

$$\left.\times(\not{p}'+i\mu)\left\{\not{e}\frac{\not{k}'}{k_0'}\not{e}' + \not{e}'\frac{\not{k}}{k_0}\not{e}\right\}\right]$$

weil sich mithilfe von (4) und durch erneuten Vergleich mit der Anmerkung nach (451) Folgendes ergibt:

$$\not{p}\not{e}\frac{\not{k}}{k_0}\not{e}' = -\not{e}\not{p}\frac{\not{k}}{k_0}\not{e}' = +\not{e}\frac{\not{k}}{k_0}\not{p}\not{e}' - 2\not{e}\frac{k\cdot p}{k_0}\not{e}' = -\not{e}\frac{\not{k}}{k_0}\not{e}'\not{p} + 2\mu\not{e}\not{e}'$$

Ähnlich gilt

$$\not{p}\not{e}'\frac{\not{k}'}{k_0'}\not{e} = -\not{e}'\frac{\not{k}'}{k_0'}\not{e}\not{p} + 2\mu\not{e}'\not{e}$$

Durch Addieren der Terme erhalten wir dann

$$-\left(\not{e}\frac{\not{k}}{k_0}\not{e}' + \not{e}'\frac{\not{k}'}{k_0'}\not{e}\right)\not{p} + 2\mu\{\not{e},\not{e}'\} = -\left(\not{e}\frac{\not{k}}{k_0}\not{e}' + \not{e}'\frac{\not{k}'}{k_0'}\not{e}\right)\not{p} + 4\mu(e\cdot e')$$

Da nun $\not{k}\not{k} = \not{k}'\not{k}' = \not{p}\not{p} + \mu^2 = 0$ gilt (für Photonen, da sie sich auf dem Lichtkegel befinden, und für Elektronen wegen $p^2 = -\mu^2$), erhalten wir für $|K|^2$

$$\frac{e^4}{32\hbar^4 c^4 \mu^4}\,\mathrm{Sp}\left[4\mu(e\cdot e')(\not{p}' + i\mu)(\not{e}\frac{\not{k}'}{k_0'}\not{e}' + \not{e}'\frac{\not{k}}{k_0}\not{e}) + (\not{e}\frac{\not{k}'}{k_0'}\not{e}'\frac{\not{k}}{k_0}\not{e}'\right.$$

$$\left. + \not{e}'\frac{\not{k}}{k_0}\not{e}\not{e}'\frac{\not{k}'}{k_0'}\not{e})(i\mu - \not{p})(\not{k} - \not{k}')\right] \tag{464}$$

weil gilt:

$$(i\mu - \not{p})(\not{p}' + i\mu) = i\mu(\not{p}' - \not{p}) - \mu^2 - \not{p}\not{p}' = i\mu(\not{k} - \not{k}') - \mu^2 - \not{p}(\not{p} - \not{k}' + \not{k})$$

$$= (i\mu - \not{p})(\not{k} - \not{k}')$$

Wir betrachten zuerst den zweiten Teil von (464):

$$\mathrm{Sp}\left[\not{e}\frac{\not{k}'}{k_0'}\not{e}'\not{e}\frac{\not{k}}{k_0}\not{e}'\left\{-\not{p}(\not{k} - \not{k}') - (\not{k} - \not{k}')\not{p}\right\}\right]$$

$$= 2p_0(k_0 - k_0')\,\mathrm{Sp}\left[\not{e}\not{e}'\frac{\not{k}'}{k_0'}\frac{\not{k}}{k_0}\not{e}\not{e}'\right]$$

$$= 2\mu(k_0 - k_0')\,\mathrm{Sp}\left[-2(e\cdot e')\left(\frac{\not{k}'}{k_0'}\not{e}'\frac{\not{k}}{k_0}\not{e}\right) - \frac{\not{k}'}{k_0'}\frac{\not{k}}{k_0}\right]$$

$$= -8\mu\frac{k_0 - k_0'}{k_0 k_0'}(k\cdot k') + 4\mu(e\cdot e')\,\mathrm{Sp}\left[-\not{k}\not{e}\frac{\not{k}'}{k_0'}\not{e}' + \not{k}'\not{e}'\frac{\not{k}}{k_0}\not{e}\right]$$

wegen

$$\mathrm{Sp}\left[\not{e}\not{e}'\not{k}'\not{k}\not{e}\not{e}'\right] = \mathrm{Sp}\left[\not{e}\not{e}'\not{e}\not{e}'\not{k}'\not{k}\right] = \mathrm{Sp}\left[-\not{e}\not{e}'\not{e}'\not{k}'\not{k} + 2\,\mathbb{I}\,\not{e}\not{e}'\not{k}'\not{k}(e\cdot e')\right]$$

$$= \mathrm{Sp}\left[-\not{k}'\not{k} - 2(e\cdot e')\not{k}'\not{e}'\not{k}\not{e}\right]$$

Mit alledem wird aus (464):

$$\frac{e^4}{32\hbar^4 c^4 \mu^4}\left\{-8\mu\frac{k_0 - k_0'}{k_0 k_0'}(k\cdot k') + 4\mu(e\cdot e')\right.$$

$$\left.\times \mathrm{Sp}\left[(\not{p}-\not{k}')\not{e}\frac{\not{k}'}{k_0'}\not{e}' + (\not{p}+\not{k})\not{e}'\frac{\not{k}}{k_0}\not{e}\right]\right\}$$

Jedoch gilt $\not{k}\not{e}\not{k} = \not{k}'\not{e}'\not{k}' = 0$ und

$$(p'-p)^2 = (k-k')^2 = k^2 + k'^2 - 2k\cdot k' = -2k\cdot k'$$

$$(p'-p)^2 = p'^2 + p^2 - 2p'\cdot p = 2\mu^2 + 2\mu p_0' = 2\mu^2 + 2\mu(-\mu + k_0 - k_0') = 2\mu(k_0 - k_0').$$

Daher folgt $k\cdot k' = -\mu(k_0 - k_0')$ und damit

$$\mathrm{Sp}\left[(\not{p}-\not{k}')\not{e}\frac{\not{k}'}{k_0'}\not{e}' + (\not{p}+\not{k})\not{e}'\frac{\not{k}}{k_0}\not{e}\right]$$

$$= \mathrm{Sp}\left[\not{p}\not{e}\frac{\not{k}'}{k_0'}\not{e}' - \not{k}'\not{e}'\frac{\not{k}'}{k_0'}\not{e} + \not{p}\not{e}'\frac{\not{k}}{k_0}\not{e} + \not{k}\not{e}\frac{\not{k}}{k_0}\not{e}'\right]$$

$$= \mathrm{Sp}\left[\not{p}\not{e}\frac{\not{k}'}{k_0'}\not{e}' + \not{e}\frac{\not{k}}{k_0}\not{e}'\not{p}\right] = \mathrm{Sp}\left[\not{p}\not{e}\frac{\not{k}'}{k_0'}\not{e}' + \not{p}\not{e}\frac{\not{k}}{k_0}\not{e}'\right]$$

Somit wird aus (464):

$$\frac{e^4}{8\hbar^4 c^4 \mu^4}\left\{\frac{2\mu^2(k_0 - k_0')^2}{k_0 k_0'} + 2\mu(e\cdot e')\,\mathrm{Sp}\left[\not{p}\not{e}i\beta\not{e}'\right]\right\}$$

$$= \frac{e^4}{4\hbar^4 c^4 \mu^2}\left\{\frac{(k_0 - k_0')^2}{k_0 k_0'} + 4(e\cdot e')^2\right\} \tag{465}$$

Aufgrund von (461) ist der über die Elektronenspins gemittelte Querschnitt

$$\bar{\sigma} = \frac{e^4 k_0'^2\, d\Omega}{64\pi^2 \hbar^2 c^2 \mu^2 k_0^2}\left\{\frac{(k_0 - k_0')^2}{k_0 k_0'} + 4(e\cdot e')^2\right\}$$

Der klassische Elektronenradius ist

$$r_o = \frac{e^2}{4\pi m c^2} = \frac{e^2}{4\pi \hbar c \mu}$$

und wir erhalten

$$\overline{\sigma} = \frac{1}{4}r_o^2 \, d\Omega \left(\frac{k_0'}{k_0}\right)^2 \left\{\frac{(k_0 - k_0')^2}{k_0 k_0'} + 4\cos^2\phi\right\} \tag{466}$$

wobei ϕ der Winkel zwischen den Polarisationen des eintreffenden Quants k_0 und des emittierten Quants k_0' ist.

Dies ist die berühmte *Klein-Nishina-Formel*.

Um $\overline{\sigma}$ explizit als Funktion des Streuwinkels θ zu schreiben, müssen wir die folgenden Gleichungen nutzen:

$$k \cdot k' = -\mu(k_0 - k_0')$$

$$k \cdot k' = |\boldsymbol{k}||\boldsymbol{k}'|\cos\theta - k_0 k_0' = k_0 k_0'(\cos\theta - 1)$$

$$k_0 k_0'(1 - \cos\theta) = \mu(k_0 - k_0')$$

$$\frac{k_0}{k_0'} = 1 + (1 - \cos\theta)\frac{k_0}{\mu}$$

Mit der Beziehung

$$\epsilon = \frac{k_0}{\mu} = \left(\frac{\text{Photonenenergie}}{mc^2}\right)$$

erhalten wir

$$\overline{\sigma} = \frac{1}{4}r_o^2 \, d\Omega \, \frac{\left(\frac{(1-\cos\theta)^2 \epsilon^2}{1+\epsilon(1-\cos\theta)} + 4\cos^2\phi\right)}{[1 + \epsilon(1 - \cos\theta)]^2} \tag{467}$$

Daher sind gestreute Photonen bei großem ϵ meist unpolarisiert und um die Vorwärtsrichtung konzentriert.

Bei kleinem ϵ (also im nicht-relativistischen Fall) erhalten wir einfach das klassische Resultat:

$$\overline{\sigma} = r_o^2 \cos^2\phi \, d\Omega \tag{468}$$

Summation über beide Polarisationsrichtungen des Photons k' und Mittelung über alle Polarisationen von k ergibt den Querschnitt für alle Polarisationen:

$$\overline{\overline{\sigma}} = \frac{1}{2}r_o^2(1 + \cos^2\theta) \, d\Omega \tag{469}$$

Wir erhalten dies durch Ausrechnen von $\frac{1}{2}\sum_e \sum_{e'}(e \cdot e')^2$. Zuerst müssen wir über die zwei Polarisationsrichtungen des Photons k' summieren. Dies würde für drei Richtungen

$$\sum (e \cdot e')^2 = e^2 = 1$$

ergeben. Daher schreiben wir für die zwei zu k' senkrechten Richtungen

$$\sum_{e'} (e \cdot e')^2 = 1 - (e \cdot \hat{\boldsymbol{k}}')^2$$

Nun führen wir die Summation über die zwei Polarisationsrichtungen des Photons k auf dieselbe Weise durch. Dies ergibt

$$\sum_{e}\sum_{e'} (e \cdot e')^2 = \sum_{e}\left[1 - (e \cdot \hat{\boldsymbol{k}}')^2 \right] = 2 - \left[\hat{\boldsymbol{k}}'^{\,2} - (\hat{\boldsymbol{k}} \cdot \hat{\boldsymbol{k}}')^2 \right] = 1 + \cos^2\theta$$

Mit dem Faktor $\frac{1}{2}$ für den Mittelwert führt das zu Gleichung (469).

Der gesamte Querschnitt ist damit:

$$\sigma = \frac{8}{3}\pi r_o^2 \tag{470}$$

Die nicht-relativistische Streuung, die durch (468) bis (470) gegeben ist, wird auch *Thomson-Streuung* genannt.

6.3   Zwei-Quanten-Paar-Auslöschung

Nehmen wir einen Prozess an, bei dem ein Elektron im Zustand (p, u) und ein Positron, beschrieben durch die Wellenfunktion (439), ausgelöscht werden und dabei zwei Photonen, gegeben durch die Potenziale (438) und (440), emittiert werden. Der Impuls-4er-Vektor des Positrons ist dann $(-\hbar p')$. Wir schreiben also $p_+ = -p'$. Der Positron-Spinor in der ladungskonjugierten Darstellung ist $v = Cu'^+$.

Der Auslöschungsprozess wird wiederum durch den Operator U_2, der durch (423) gegeben ist, dargestellt. Und das Matrixelement für den Übergang ergibt sich, genau wie zuvor, durch den gleichen Ausdruck (449), aber mit dem Unterschied, dass k durch $-k$ ersetzt ist:

$$M_2 = -\frac{e^2(2\pi)^4}{\hbar^2 c^2}\delta^4(p + p_+ - k - k')\,\overline{u}'\left\{ \not{e}\frac{1}{\not{p} - \not{k}' - i\mu}\not{e}' + \not{e}'\frac{1}{\not{p} - \not{k} - i\mu}\not{e} \right\} u$$

$$= K(2\pi)^4\delta^4(p + p_+ - k - k') \tag{471}$$

Wir betrachten die Wahrscheinlichkeit für diesen Prozess für ein Elektron und ein Positron, die *beide ruhen*. Das Resultat wenden wir dann auf den Zerfall eines Positronium-Atoms an, bei dem die Geschwindigkeiten nur in der Größenordnung von αc liegen und damit gut als null genähert werden können. Dann gilt

$$p = p_+ = (0,0,0,i\mu)$$
$$k_0 = k_0' = \mu \tag{472}$$

Wie in (453) haben wir

$$K = \frac{e^2}{2\hbar^2 c^2 \mu^2}\overline{u}'(\not{e}\not{k}'\not{e}' + \not{e}'\not{k}\not{e})u \tag{473}$$

Die Zerfallswahrscheinlichkeit pro Volumeneinheit und pro Zeiteinheit in einen Raumwinkel $d\Omega$ für *eines* der Photonen ist

$$w = c|K|^2 \frac{1}{(2\pi)^2}\left(\frac{\hbar c}{2\mu}\right)^2 \frac{dk_1 dk_2 dk_3}{d(k_0 + k_0')}$$

(da hier $k_0 = \mu$ gilt) in Analogie zu (458). Jedoch gilt diesmal $d(k_0 + k_0') = 2dk_0'$ und somit

$$w = c|K|^2 \frac{1}{(2\pi)^2}\frac{1}{8}\hbar^2 c^2\, d\Omega \tag{474}$$

Bei *parallelen* Polarisationen ist $e = e'$ und daher

$$(\not{e}\not{k}'\not{e}' + \not{e}'\not{k}\not{e}) = -(\not{k}' + \not{k}) = -2i\mu\beta$$

Aber β hat kein Matrixelement zwischen den Spinzuständen u und u', die Zustände mit positiven und negativen Frequenzen mit dem Impuls null sind. Daher gilt für parallele Polarisationen

$$w = 0 \tag{475}$$

Für *senkrechte* Polarisationen legen wir die Koordinatenachse 1 entlang e, 2 entlang e' und 3 entlang k. Damit erhalten wir

$$(\not{e}\not{k}'\not{e}' + \not{e}'\not{k}\not{e}) = \mu\{\gamma_1(-\gamma_3 + i\beta)\gamma_2 + \gamma_2(\gamma_3 + i\beta)\gamma_1\} = 2\mu\gamma_1\gamma_2\gamma_3. \tag{476}$$

Daher gilt für senkrechte Polarisationen

$$\overline{u}[\not{e}\not{k}'\not{e}' + \not{e}'\not{k}\not{e}]u = 2\mu v^T C\gamma_4\gamma_1\gamma_2\gamma_3 u = -2\mu i v^T \gamma_4\sigma_2 u$$

$$= 2\mu v^T \begin{bmatrix} 0 & -1 & 0 & 0 \\ 1 & 0 & 0 & 0 \\ 0 & 0 & 0 & 1 \\ 0 & 0 & -1 & 0 \end{bmatrix} u$$

$$= \begin{cases} 0 & \text{falls die Spins } u \text{ und } v \text{ parallel sind} \\ 2\mu\sqrt{2} & \text{falls die Spins } u \text{ und } v \text{ antiparallel sind} \end{cases}$$

Letzteres erhalten wir, indem wir uns vor Augen führen, dass die Anfangs-
wellenfunktion für antiparallele Spins

$$\psi = \frac{1}{\sqrt{2}} \begin{pmatrix} 1 \\ 0 \end{pmatrix} \begin{pmatrix} 0 \\ 1 \end{pmatrix} - \frac{1}{\sqrt{2}} \begin{pmatrix} 0 \\ 1 \end{pmatrix} \begin{pmatrix} 1 \\ 0 \end{pmatrix}$$

ist (bei Vernachlässigung von „kleinen Komponenten"). Damit gilt

$$v^T \begin{bmatrix} 0 & -1 \\ 1 & 0 \end{bmatrix} u = \frac{1}{\sqrt{2}} (0\ 1) \begin{bmatrix} 0 & -1 \\ 1 & 0 \end{bmatrix} \begin{pmatrix} 1 \\ 0 \end{pmatrix} - \frac{1}{\sqrt{2}} (1\ 0) \begin{bmatrix} 0 & -1 \\ 1 & 0 \end{bmatrix} \begin{pmatrix} 0 \\ 1 \end{pmatrix}$$

$$= \frac{1}{\sqrt{2}} \left[(1\ 0) \begin{pmatrix} 1 \\ 0 \end{pmatrix} - (0\ -1) \begin{pmatrix} 0 \\ 1 \end{pmatrix} \right] = \frac{2}{\sqrt{2}} = \sqrt{2}$$

Dies ist ein Fall, bei dem ladungskonjugierte Spinoren sinnvoll und notwendig
sind!

Zusammenfassend sehen wir, dass der 2-Photonen-Zerfall von Elektron
und Positron mit parallelen Spins im Triplett-Zustand verboten ist. Diese
Auswahlregel gilt exakt für ein Positronium im $1s$-Triplett-Grundzustand.
Nur ein 3-Photonen-Zerfall kann auftreten, und dies führt zu einer ca. 1100-
mal längeren Lebensdauer. Der 2-Photonen-Zerfall eines Elektrons und eines
Positrons im Singulett-Zustand erfolgt immer mit senkrecht zueinander po-
larisierten Photonen. Die Wahrscheinlichkeit für diesen Zerfall, die wir durch
Integration von (474) über den Raumwinkel 2π erhalten (da die Photonen
nicht unterscheidbar sind), ist

$$w = \frac{\hbar^2 c^3}{16\pi} 2|K|^2 = \frac{2e^4}{\hbar^2 c\mu^2 8\pi} = 4\pi c r_o^2 \tag{477}$$

Diese Gleichung gilt für ein Elektron und ein Positron, die auf ein Teilchen
pro Volumeneinheit normiert sind. Wenn wir die Dichte der Elektronenwahr-
scheinlichkeit relativ zur Position des Positrons mit ρ bezeichnen, dann ist
(mit dem „klassischen Elektronenradius" $r_o = e^2/(4\pi mc^2)$ in Heaviside-Einheiten) die durchschnittliche Lebensdauer bis zum Zerfall:

$$\tau = \frac{1}{4\pi c r_o^2 \rho} \tag{478}$$

Für den $1s$-Singulett-Zustand des Positroniums gilt

$$\rho = \frac{1}{8\pi a_o^3} \qquad a_o = \text{Bohr-Radius} = 137^2 r_o$$

$$\tau = 2 \times 137^4 \times \frac{a_o}{c} = 2 \times 137^5 \times \frac{\hbar}{mc^2} \approx 1.2 \times 10^{-10}\,\text{s} \tag{479}$$

Für sich langsam bewegende Elektronen und Positronen mit der Relativgeschwindigkeit v gilt gemäß (477) für den Auslöschungsquerschnitt:

$$4\pi r_o^2 \left(\frac{c}{v}\right) \qquad \text{(Singulett-Zustand)} \qquad (480)$$

Somit ist er proportional zu $1/v$, wie schon Neutronenquerschnitte bei niedrigen (thermischen) Energien.

6.4 Bremsstrahlung und Paarerzeugung im Coulomb-Feld eines Atoms

Wir betrachten diese zwei wichtigen Prozesse gemeinsam. Gegeben sei ein externes Potenzial A_μ^e, welches das Coulomb-Feld darstellt. Die Prozesse sind:

Bremsstrahlung
  Elektron $(pu) \rightarrow$ Elektron $(p'u')$ + Photon $(k'e')$

Paarerzeugung
  Photon $(k'e') \rightarrow$ Elektron (pu) + Positron $(p'_+ u')$

Wir behandeln nicht nur das Photon (ke), sondern auch das Potenzial A^e in der *Born-Näherung*. Dies gilt, solange folgende Bedingung erfüllt ist:

$$\text{Potenzialenergie} \times \text{Übergangszeit} \ll \hbar$$

$$\text{oder} \quad \frac{Ze^2}{4\pi r} \times \frac{r}{v} \ll \hbar$$

$$\text{oder} \quad \frac{Ze^2}{4\pi \hbar v} = \frac{Z}{137}\frac{c}{v} \ll 1 \qquad (481)$$

Die Beschreibung gilt nur für *relativistische Geschwindigkeiten* $v \approx c$ und für *leichte Atome* $Z \ll 137$. Der Fehler der Born-Näherung macht bei schweren Atomen (z. B. $Z = 82$ für Blei) und $v \approx c$ etwa 10% aus.

Die Prozesse in der Born-Näherung rühren von dem Term her, der linear in A_μ und linear in A_μ^e in (421) ist. Dieser Term lautet

$$U_1 = \frac{e^2}{\hbar^2 c^2} \iint dx_1\, dx_2\, P\left\{\overline{\psi}(x_1)\slashed{A}(x_1)\psi(x_1), \overline{\psi}(x_2)\slashed{A}^e(x_2)\psi(x_2)\right\} \qquad (482)$$

Der Faktor $\frac{1}{2}$ in (423) fehlt nun, aber alles andere ist wie vorher. Wir nehmen an, dass $A_\mu^e(x_2)$ eine Superposition von Fourier-Komponenten ist:

$$A_\mu^e(x_2) = \frac{1}{(2\pi)^4} \int dk\, f(k)\, e_\mu e^{ik\cdot x_2} \qquad (483)$$

wobei $f(k)$ eine bekannte Funktion von k ist. Für ein statisches Coulomb-Feld sind die vierten Komponenten aller Vektoren k, die in (483) auftauchen, null. Außerdem ist e_μ der konstante Vektor $(0,0,0,i)$. Wir berechnen das Matrixelement M_1 für die Bremsstrahlung oder die Paarerzeugung, wobei A_μ^e durch die Fourier-Komponente (438) gegeben ist. Die Ergebnisse werden später nach dem Superpositionsprinzip so zusammengesetzt, dass das Potenzial aus (483) dargestellt werden kann.

Für die Bremsstrahlung ist die Formel (449) für M_1 identisch mit der für dem Compton-Effekt oder lautet nach Integration über die Frequenz k:

$$M_1 = -\frac{e^2}{\hbar^2 c^2} f(p' + k' - p)\, \overline{u}' \left\{ \rlap{/}{\epsilon} \frac{1}{\rlap{/}{p} - \rlap{/}{k}' - i\mu} \rlap{/}{\epsilon}' + \rlap{/}{\epsilon}' \frac{1}{\rlap{/}{p}' + \rlap{/}{k}' - i\mu} \rlap{/}{\epsilon} \right\} u \quad (484)$$

Der Faktor 2, der (482) und (423) voneinander unterscheidet, erklärt sich dadurch, dass das Photon $k'e'$ in (423) durch zwei Operatoren und in (482) nur durch einen Operator emittiert werden kann. Den Bremsstrahlungsquerschnitt erhalten wir dann durch Quadrieren von (484) und Integrieren über k' und p' mit entsprechenden Normierungsfaktoren. Zu Details siehe Heitlers Buch, § 17.

Für die Paarerzeugung erhalten wir das Matrixelement M_1 wieder aus der Formel (449), mit dem Unterschied, dass die Rollen der Teilchen nun vertauscht sind: Das Elektron (pu) wird statt $(p'u')$ erzeugt usw. Damit gilt

$$M_1 = -\frac{e^2 (2\pi)^4}{\hbar^2 c^2} \delta^4 (k + k' - p - p_+)$$

$$\times \overline{u} \left\{ \rlap{/}{\epsilon} \frac{1}{\rlap{/}{k}' - \rlap{/}{p}_+ - i\mu} \rlap{/}{\epsilon}' + \rlap{/}{\epsilon}' \frac{1}{\rlap{/}{k} - \rlap{/}{p}_+ - i\mu} \rlap{/}{\epsilon} \right\} u' \quad (485)$$

und die Integration über die Komponenten des Potenzials ergibt

$$M_1 = -\frac{e^2}{\hbar^2 c^2} f(p + p_+ - k')\, \overline{u} \left\{ \rlap{/}{\epsilon} \frac{1}{\rlap{/}{k}' - \rlap{/}{p}_+ - i\mu} \rlap{/}{\epsilon}' + \rlap{/}{\epsilon}' \frac{1}{\rlap{/}{p} - \rlap{/}{k}' - i\mu} \rlap{/}{\epsilon} \right\} u' \quad (486)$$

Zur Berechnung des Querschnitts siehe wiederum Heitlers Buch, § 20.

Kapitel 7

Allgemeine Theorie der Streuung freier Teilchen

Wir haben gezeigt, wie man mithilfe von (421) Matrixelemente für Standardstreuprozesse erhalten kann, aus denen der Querschnitt zu berechnen ist. In jedem Fall haben wir in (421) nur den Term mit $n = 2$ genutzt, der dem kleinsten Term entspricht, der zu diesen Prozessen beiträgt. Die höheren Terme mit $n = 4, 6, \ldots$ tragen auch zu den Matrixelementen für diese Prozesse bei und werden zusammen als „Strahlungskorrekturen" bezeichnet. Es stellt sich heraus, dass die Ergebnisse ohne Strahlungskorrekturen mit den experimentellen Streuquerschnitten in allen Fällen übereinstimmen. Die Experimente sind niemals genauer als bis auf einige Prozent, und die Strahlungskorrekturen sind stets um mindestens eine Potenz von $(e^2/4\pi\hbar c) = (1/137)$ kleiner als die Terme niedrigster Ordnung. Daher führt das Berechnen der Strahlungskorrekturen für Streuprozesse niemals zu direkt beobachtbaren Effekten.

Dennoch werden wir eine Methode erarbeiten, die höheren Terme in (421) zu berechnen. Diese Methode ist am zugänglichsten, wenn wir uns mit Streuproblemen beschäftigen. Übrigens werden wir herausfinden, wie die Strahlungskorrekturen für Streuvorgänge aussehen, und wir werden etwas über die Natur von Strahlungskorrekturen im Allgemeinen lernen. Am Ende werden wir das Verfahren anwenden können, um die Strahlungskorrekturen bei der Bewegung des Elektrons in einem Wasserstoffatom zu berechnen. Hier ist es möglich, die kleinen Effekte genau zu beobachten, doch die reine Streutheorie ist nicht direkt anwendbar.

F. Dyson, *Dyson Quantenfeldtheorie*,
DOI 10.1007/978-3-642-37678-8_7, © Springer-Verlag Berlin Heidelberg 2014

Um unnötige Komplikationen zu vermeiden, nehmen wir an, dass kein externes Feld A^e vorliegt. Problemstellungen mit externen Feldern können, solange für sie die Born-Näherung gültig ist, stets sehr einfach auf ein Problem ohne externes Feld bezogen werden, wie ja das Matrixelement der Bremsstrahlung (484) mit dem Compton-Effekt (449) verknüpft ist. Wenn es kein externes Feld gibt, dann ergibt sich für das Matrixelement bei einem beliebigen Streuprozess:

$$M = (\Phi_B^* S \Phi_A) \tag{487}$$

$$S = \sum_{n=0}^{\infty} \left(\frac{e}{\hbar c}\right)^n \frac{1}{n!} \int \ldots \int dx_1 \ldots dx_n P\left\{\overline{\psi}A\psi(x_1), \ldots, \overline{\psi}A\psi(x_n)\right\} \tag{488}$$

Die Operatoren in (488) sind Feldoperatoren in der Wechselwirkungsdarstellung. Die Integrationen über die Punkte $x_1, \ldots x_n$ umfassen die gesamte Raumzeit. Anfangs- und Endzustand (A und B) sind völlig willkürlich.

Wir wollen nun das Matrixelement M von S für einen bestimmten Streuprozess berechnen, bei dem die Zustände A und B durch Durchnummerieren der in den beiden Zuständen vorhandenen Teilchen definiert sind. Wir müssen nun aber berücksichtigen, dass die Teilchen in A und in B, welche zwar weit voneinander entfernt sind und nicht miteinander in Wechselwirkung stehen, reale Teilchen sind, welche mit ihren Eigenfeldern und den Vakuumfluktuationen der Felder in ihrer direkten Umgebung wechselwirken. Daher sind A und B tatsächlich zeitabhängige Zustände in der Wechselwirkungsdarstellung und nicht durch zeitunabhängige Vektoren Φ_A und Φ_B gegeben, außer in der Näherung niedrigster Ordnung (siehe Abschnitt 5.2.1). Wir setzen $\Psi_B(t)$ als den eigentlichen zeitabhängigen Zustandsvektor des Zustands B in der Wechselwirkungsdarstellung an und interessieren uns nicht für die Abhängigkeit des Vektors $\Phi_B(t)$ von t. In einem realen Streuexperiment werden die Teilchen im Zustand B durch Zähler, fotografische Platten oder in Nebelkammern beobachtet, wobei die Zeit des Auftreffens nicht exakt gemessen wird. Daher nutzt man für B normalerweise nicht die Zustandsfunktion $\Psi_B(t)$, sondern eine Zustandsfunktion Φ_B welche *per Definition* die Zustandsfunktion ist, die eine Menge nackter Teilchen ohne Strahlungswechselwirkung beschreibt. Dabei haben die nackten Teilchen die gleichen Spins und Impulse wie die realen Teilchen im Zustand B. In der Wechselwirkungsdarstellung ist die Zustandsfunktion Φ_B zeitunabhängig. Die Frage ist jetzt nur, worin die Beziehung zwischen $\Psi_B(t)$ und Φ_B besteht.

Wir nehmen an, dass t_B so weit nach dem abgeschlossenen Streuprozess in der Zukunft liegt, dass im Zeitraum t_B bis $(+\infty)$ der Zustand B aus voneinander getrennten, sich nach außen bewegenden Teilchen besteht. Dann ist die Beziehung zwischen $\Psi_B(t)$ und Φ_B einfach. Wir stellen uns eine fiktive Welt vor, in der die in der Strahlungswechselwirkung auftretende Ladung e unendlich langsam (adiabatisch) von ihrem ursprünglichen Wert zur Zeit t_B auf null zur Zeit $(+\infty)$ abfällt. In dieser fiktiven Welt wird der Zustand $\Psi_B(t_B)$ zur Zeit t_B zum Zustand des nackten Teilchens Φ_B zur Zeit $t = +\infty$. Daher gilt

$$\Phi_B = \Omega_2(t_B)\Psi_B(t_B) \tag{489}$$

mit

$$\Omega_2(t_B) = \sum_{n=0}^{\infty} \left(\frac{e}{\hbar c}\right)^n \frac{1}{n!} \int_{t_B}^{\infty} \cdots \int_{t_B}^{\infty} dx_1 \ldots dx_n$$
$$\times P\left\{\overline{\psi}A\psi(x_1), \ldots, \overline{\psi}A\psi(x_n)\right\} g_B(t_1) \ldots g_B(t_n) \tag{490}$$

wobei $g_B(t)$ eine Funktion ist, die adiabatisch vom Wert 1 bei $t = t_B$ auf null bei $t = \infty$ absinkt. Analog dazu können wir annehmen, dass t_A eine so weit in der Vergangenheit liegende Zeit darstellt, dass der Zustand A aus voneinander entfernten Teilchen besteht, die sich in der Zeitspanne von $t = -\infty$ bis $t = t_A$ aufeinander zu bewegen. Dann gilt

$$\Psi_A(t_A) = \Omega_1(t_A)\Phi_A \tag{491}$$

$$\Omega_1(t_A) = \sum_{n=0}^{\infty} \left(\frac{e}{\hbar c}\right)^n \frac{1}{n!} \int_{-\infty}^{t_A} \cdots \int_{-\infty}^{t_A} dx_1 \ldots dx_n$$
$$\times P\left\{\overline{\psi}A\psi(x_1), \ldots, \overline{\psi}A\psi(x_n)\right\} g_A(t_1) \ldots g_A(t_n) \tag{492}$$

wobei $g_A(t)$ eine Funktion ist, die sich zwischen $t = -\infty$ und $t = t_A$ adiabatisch erhöht.

Das Streumatrixelement zwischen den Zuständen A und B ist exakt gegeben durch

$$M = \left(\Psi_B^*(t_B) S_{t_A}^{t_B} \Psi_A(t_A)\right) \tag{493}$$

$$S_{t_A}^{t_B} = \sum_{n=0}^{\infty} \left(\frac{e}{\hbar c}\right)^n \frac{1}{n!} \int_{t_A}^{t_B} \cdots \int_{t_A}^{t_B} P\left\{\overline{\psi}A\psi(x_1), \ldots, \overline{\psi}A\psi(x_n)\right\} dx_1 \ldots dx_n$$
$$\tag{494}$$

Natürlich ist (493) unabhängig von den Zeiten t_A und t_B. Wenn t_A und t_B so weit in der Vergangenheit bzw. der Zukunft gewählt werden, dass (489) und (491) erfüllt wird, können wir (493) in der Form von (487) schreiben.

Dann ergibt sich

$$S = \Omega_2(t_B) S_{t_A}^{t_B} \Omega_1(t_A)$$

$$= \sum_{n=0}^{\infty} \left(\frac{e}{\hbar c}\right)^n \frac{1}{n!} \int_{-\infty}^{\infty} \cdots \int_{-\infty}^{\infty} dx_1 \dots dx_n$$

$$\times P\left\{\overline{\psi}A\psi(x_1), \dots, \overline{\psi}A\psi(x_n)\right\} g(t_1) \dots g(t_n) \qquad (495)$$

Dabei ist $g(t)$ eine Funktion, die während $-\infty < t < t_A$ adiabatisch von 0 bis 1 ansteigt, während $t_A \leq t \leq t_B$ konstant gleich 1 ist und während $t_B < t < \infty$ adiabatisch von 1 auf 0 absinkt. Daher können wir die wichtige Folgerung ziehen, dass Gleichung (487) für das Matrixelement richtig ist, wenn wir die Zustandsfunktionen Φ_A und Φ_B der nackten Teilchen anwenden und voraussetzen, dass Gleichung (488) für S so interpretiert wird, dass wir eine sich langsam verändernde Cut-Off-Funktion $g(t_i)$ einführen können, um die Integrale bei $t_i = \pm\infty$ konvergieren zu lassen. Diese Cut-Off-Funktionen sollten immer so wie in (495) eingeführt werden. Damit ist dann S als Limes von (495) definiert, wenn die Veränderungsrate von $g(t)$ unendlich langsam gesetzt wird.

Der wichtigste praktische Nutzen dieses Grenzwertprozesses in der Definition von S liegt darin, dass wir alle Terme in den Integralen vernachlässigen dürfen, die bei $t_i = \pm\infty$ endlich starke Oszillationen zeigen. Es gibt jedoch bestimmte Fälle, in denen das Integral (488) auf schwierige Weise nicht eindeutig ist, weil es bei $t_i = \pm\infty$ nicht konvergiert. In diesen Fällen müssen die Cut-Off-Funktionen explizit bis zu einem späteren Stadium der Berechnung beibehalten werden, bevor der Limes $g(t) \to 1$ durchgeführt wird. In allen Fällen, in denen der Grenzwertprozess so ausgeführt wird, ist das erhaltene Matrixelement M korrekt und eindeutig.

Damit ist das Anwenden der Wellenfunktionen Φ_A und Φ_B nackter Teilchen in (487) gerechtfertigt. Dies macht die Berechnung von M im Prinzip einfach. Man muss nur die Terme in (488) herauspicken, die die richtige Kombination elementarer Absorptions- und Emissionsoperatoren enthalten, um die Teilchen in A zu vernichten und jene in B zu erzeugen. Wir beschreiben als nächstes eine generelle Methode, diese Auswahl der richtigen Terme vorzunehmen, die ursprünglich auf Feynman zurückgeht. Sie wurde publiziert von G. C. Wick, *Phys. Rev.* **80** (1950) 268. Feynman und Wick haben diese Methode nur auf chronologisch geordnete Produkte wie in (488) angewendet. Jedoch kann man sie auf alle Produkte – ob chronologisch geordnet oder nicht – anwenden. Wir werden diese Methode daher in voller Allgemeinheit beschreiben.

7.1 Die Überführung eines Operators in seine Normalform

Es sei ein beliebiger Operator $\mathcal{O}$ gegeben, welcher ein Produkt von Feldoperatoren ist, beispielsweise:

$$\mathcal{O} = \overline{\psi}(x_1)\rlap{/}A(x_1)\psi(x_1)\overline{\psi}(x_2)\rlap{/}A(x_2)\psi(x_2) \qquad (496)$$

Wir wollen das Matrixelement von $\mathcal{O}$ für einen Übergang zwischen den Zuständen A und B herausgreifen, in denen eine bekannte Verteilung von nackten Teilchen vorliegt. Beispielsweise kann A ein Zustand mit nur einem Elektron im Zustand 1 sein und B ein Zustand mit einem Elektron im Zustand 2. Dann wollen wir aus (496) Terme auswählen, in denen die Operatoren b_1 und b_2^* auftreten. Zur systematischen Auswahl aller solcher Terme drücken wir $\mathcal{O}$ vollständig als eine Summe von Termen $\mathcal{O}_n$ aus, wobei jedes $\mathcal{O}_n$ eine Summe von Produkten von Emissions- und Absorptionsoperatoren darstellt, in denen alle Emissionsoperatoren links von allen Absorptionsoperatoren stehen. Jeder Operator, in dem die Emissions- und Absorptionsoperatoren auf diese Art angeordnet sind, wird als „normal" bezeichnet [19]. Die $\mathcal{O}_n$ werden „Normalkomponenten" von $\mathcal{O}$ genannt. Sobald $\mathcal{O}$ so ausgedrückt wurde, können wir das Matrixelement einfach erhalten, indem wir den Koeffizienten von $b_2^* b_1$ in der Entwicklung von $\sum \mathcal{O}_n$ betrachten. Kein anderer Term in der Entwicklung kann einen Beitrag zum Matrixelement liefern. In $\mathcal{O}$ selbst kann ein Term wie z. B.

$$b_2^* b_3 b_3^* b_1 \qquad (497)$$

auftauchen, welcher einen Beitrag zum Matrixelement liefert, da der Operator b_3^* in einem Zwischenzustand 3 ein Teilchen erzeugen kann, das der Operator b_3 dann vernichtet. Die Entwicklung von $\mathcal{O}$ in Normalkomponenten entfernt alle Terme wie (497) und ersetzt diese durch Summen von Normalprodukten mit numerischen Koeffizienten. Mithilfe der Antikommutatorregel für b_3 und b_3^* wird (497) dann ersetzt durch

$$A b_2^* b_1 - b_2^* b_3^* b_3 b_1 \qquad (498)$$

wobei A ein numerischer Koeffizient ist. Der zweite Term in (498) trägt nicht zum Matrixelement bei.

Es ist einleuchtend, dass durch derartiges Anwenden der Kommutatorregeln der Operatoren jeder Operator $\mathcal{O}$ als Summe von Normalprodukten dargestellt werden kann und dass jede Entwicklung zu einer eindeutigen Darstellung von $\mathcal{O}$ führt. Wir müssen uns jedoch nicht jedes Mal durch die ermüdende Kommutatoralgebra durcharbeiten, sondern können die Normalkomponenten $\mathcal{O}_n$ direkt gemäß den folgenden einfachen Regeln aufschreiben.

Zunächst definieren wir die Notation $N(Q)$, wobei Q ein beliebiges Produkt von Emissions- und Absorptionsoperatoren ist, als das Produkt, das wir durch einfaches Neuordnen der Faktoren von Q in eine gewöhnliche Ordnung überführen, ohne auf die Kommutatorregeln zu achten. Dabei wird ein Faktor (-1) eingeführt, wenn die Neuanordnung eine ungerade Permutation der Elektron-Positron-Operatoren beinhaltet. Ähnlich wird, wenn Q irgendeine Summe von Produkten ist, $N(Q)$ definiert durch Umordnen von Faktoren in jedem Term der Summe auf die gleiche Weise wie oben. Daher gilt, vgl. (211), zum Beispiel

$$N(A_\lambda(x)A_\mu(y)) = A_\lambda^+(x)A_\mu^+(y) + A_\lambda^-(x)A_\mu^-(y) + A_\lambda^-(x)A_\mu^+(y) + A_\mu^+(y)A_\lambda^+(x)$$
$$(499)$$

wobei $A_\mu^+(x)$ der Teil mit positiven Frequenzen von $A_\mu(x)$ ist, d.h. der Teil, welcher Absorptionsoperatoren enthält. Wir sehen, dass die Ordnung der Faktoren in den ersten beiden Produkten in (499) unerheblich ist. Nur die Ordnungen des dritten und des vierten Produkts sind durch die Bedingung der Normalität festgelegt. Ähnlich gilt, siehe (306) und (309), auch

$$N\left(\psi_\alpha(x)\overline{\psi}_\beta(y)\right) = \psi_\alpha^+(x)\overline{\psi}_\beta^+(y) + \psi_\alpha^-(x)\overline{\psi}_\beta^-(y) + \psi_\alpha^-(x)\overline{\psi}_\beta^+(y) - \overline{\psi}_\beta^-(y)\psi_\alpha^+(x)$$
$$(500)$$

Mit dieser Notation kann jedes Produkt von *zwei* Feldoperatoren sofort als Summe von Normalkomponenten niedergeschrieben werden. Mithilfe der Kommutatorregeln (213) und der Erwartungswerte im Vakuum, die durch (219) bzw. (220) gegeben sind, folgt:

$$A_\lambda(x)A_\mu(y) = \langle A_\lambda(x)A_\mu(y)\rangle_o + N(A_\lambda(x)A_\mu(y)) \qquad (501)$$

Ähnlich erhalten wir mithilfe von (310), (311) und (324):

$$\psi_\alpha(x)\overline{\psi}_\beta(y) = \langle \psi_\alpha(x)\overline{\psi}_\beta(y)\rangle_o + N\left(\psi_\alpha(x)\overline{\psi}_\beta(y)\right) \qquad (502)$$

und tatsächlich gilt für *zwei beliebige* Feldoperatoren P und Q:

$$PQ = \langle PQ\rangle_o + N(PQ) \qquad (503)$$

vorausgesetzt, dass P und Q beide linear in Emissions- und Absorptionsoperatoren sind. Der Beweis von (503) wurde im Wesentlichen durch den Beweis von (501) und (502) geführt, da diese Gleichungen alle möglichen Produkte von zwei bosonischen oder zwei fermionischen Operatoren beinhalten. Bei einem Produkt aus einem bosonischen und einem fermionischen Operator ist (503) trivial, da sie miteinander kommutieren. Die Gleichungen (501) bis (503) sind jeweils Operatoridentitäten und gelten unabhängig davon, ob das physikalische Problem in direktem Zusammenhang mit den Vakuumzuständen der Felder steht. Wir könnten also, wenn wir wollten, die „Erwartungswerte des Vakuums" als die in (501) bis (503) auftretenden Funktionen definieren und müssten gar nicht vom Vakuumzustand sprechen.

Nun werden wir die Verallgemeinerung der Regel (503) auf jedes beliebiges Produkt $\mathcal{O}$ von Feldoperatoren, beispielsweise jenes in (496), aufstellen. Dazu definieren wir eine „Faktorenpaarung" von $\mathcal{O}$ durch Auswahl einer bestimmten geraden Anzahl von Faktoren aus $\mathcal{O}$, also entweder aller, keiner oder irgendeiner Anzahl dazwischen, und fügen diese zu Paaren zusammen. Für das Produkt $\mathcal{PQ}$ gibt es nur zwei Faktorenpaarungen – entweder wählen wir das Paar $\mathcal{PQ}$ oder gar keine Paare. Jede Faktorenpaarung n entspricht einer Normalkomponente $\mathcal{O}_n$, die wir wie folgt erhalten: Für jedes Faktorenpaar $\mathcal{PQ}$, welches in n gepaart ist, beinhaltet $\mathcal{O}_n$ den numerischen Faktor $\langle \mathcal{PQ} \rangle_o$, wobei die Ordnung von $\mathcal{P}$ und $\mathcal{Q}$ erhalten bleibt, wie sie in $\mathcal{O}$ war. Die ungepaarten Faktoren $\mathcal{R}_1 \mathcal{R}_2, \ldots, \mathcal{R}_m$ in $\mathcal{O}$ tauchen in $\mathcal{O}_n$ neu geordnet in der Normalform auf. Daher lautet die vollständige Darstellung von $\mathcal{O}_n$:

$$\mathcal{O}_n = \pm \langle \mathcal{PQ} \rangle_o \langle \mathcal{P'Q'} \rangle_o \ldots N(\mathcal{R}_1, \mathcal{R}_2, \ldots \mathcal{R}_m) \tag{504}$$

Das Vorzeichen ist $+$ oder $-$, je nach der geraden oder ungeraden Anzahl der Permutationen von Elektron-Positron-Operatoren, die benötigt werden, um die Reihenfolge in $\mathcal{O}$ in die Reihenfolge gemäß (504) zu überführen. Mit dieser Definition von (504) für $\mathcal{O}_n$ können wir folgendes Theorem formulieren:

Jedes Operatorenprodukt $\mathcal{O}$ ist identisch gleich der Summe der $\mathcal{O}_n$,

die aus allen ihren Faktorenpaarungen gewonnen wird.

Dieses Theorem gibt die Auftrennung von $\mathcal{O}$ in seine Normalkomponenten an. Die Gleichungen (501) bis (503) sind nur Spezialfälle davon. Von null verschiedene $\mathcal{O}_n$ erhält man offensichtlich nur, wenn jedes Faktorenpaar einen $\overline{\psi}$- und einen ψ-Operator oder zwei A_μ-Operatoren beinhaltet. Daher nehmen wir an, dass die Faktorenpaarungen stets auf diese Fälle beschränkt sind.

Der Beweis des Theorems erfolgt sehr einfach durch Induktion über m, die Anzahl der Faktoren in $\mathcal{O}$. Das Theorem ist wahr für $m = 1$ oder $m = 2$. Dementsprechend müssen wir nur beweisen, dass es auch für m gilt, unter der Annahme, dass es für $m - 2$ wahr ist. Wir nehmen an, dass $\mathcal{O}'$ ein Produkt von $(m - 2)$ Faktoren ist. Zuerst zeigen wir, dass das Theorem für

$$\mathcal{O} = (\mathcal{PQ} \pm \mathcal{QP})\mathcal{O}' \tag{505}$$

gilt, wobei $\mathcal{P}$ und $\mathcal{Q}$ Feldoperatoren sind und das positive Vorzeichen nur auftaucht, falls $\mathcal{P}$ und $\mathcal{Q}$ beides Elektron-Positron-Operatoren sind. Die Normalkomponenten von $\mathcal{PQO}'$ und von $(\pm \mathcal{QPO}')$ sind identisch, solange $\mathcal{P}$ und $\mathcal{Q}$

nicht zu einem Paar zusammengefügt sind. Daher reduziert sich die Summe
der Normalkomponenten von $\mathcal{O}$ auf

$$\sum \mathcal{O}_n = \{\langle \mathcal{P}\mathcal{Q}\rangle_o \pm \langle \mathcal{Q}\mathcal{P}\rangle_o\} \sum \mathcal{O}'_n \tag{506}$$

Jedoch ist $\sum \mathcal{O}'_n = \mathcal{O}'$, und

$$\langle \mathcal{P}\mathcal{Q}\rangle_o \pm \langle \mathcal{Q}\mathcal{P}\rangle_o = (\mathcal{P}\mathcal{Q} \pm \mathcal{Q}\mathcal{P}) \tag{507}$$

ist eine Zahl, also kein Operator. Daher ergibt die Beziehung (506) $\sum \mathcal{O}_n = 0$,
und damit ist das Theorem für $\mathcal{O}$, das durch (505) gegeben ist, bewiesen. Nun
nehmen wir an, dass $\mathcal{O}$ ein beliebiges Produkt von m Faktoren ist. Unter
Anwendung der Kommutatorregeln erhalten wir

$$\mathcal{O} = N(\mathcal{O}) + \Sigma \tag{508}$$

wobei Σ eine Summe von Termen der Form (505) ist. Das Theorem gilt für
jeden einzelnen Term (505) und daher auch für Σ. Das Theorem ist natürlich
auch wahr für $N(\mathcal{O})$, denn es ist $\langle \mathcal{P}\mathcal{Q}\rangle_o = 0$ für jedes Paar von Faktoren $\mathcal{P}$,
$\mathcal{Q}$ in der Ordnung, in der sie in $N(\mathcal{O})$ auftauchen, und damit sind auch alle
Normalkomponenten (504) von $N(\mathcal{O})$ gleich null, außer $N(\mathcal{O})$ selbst. Daher
gilt das Theorem für jedes $\mathcal{O}$, welches durch (508) gegeben ist. Damit ist der
Beweis abgeschlossen.

7.2   Feynman-Graphen

Wir nutzen eine Methode von Feynman zum Aufzählen der möglichen Faktorenpaarungen von $\mathcal{O}$. Jede Paarung kann in einem Diagramm oder Graphen
G dargestellt werden. G besteht aus einer bestimmten Anzahl von Vertices mit Linien, die diese miteinander verbinden. Die Vertices repräsentieren
einfach die verschiedenen Punkte des Feldes, bei denen die Faktoren von $\mathcal{O}$
wirken. Daher gilt für das durch (496) gegebene $\mathcal{O}$, dass jedes G die zwei
Vertices x_1 und x_2 hat. Die Linien in G sind entweder gestrichelt, d. h. sie
stellen Photonenoperatoren dar, oder durchgezogen, dann handelt es sich um
Elektron-Positron-Operatoren. Die Regeln für das Zeichnen dieser Linen sind
folgende:

(1) Für jedes Faktorenpaar $\overline{\psi}(x)\psi(y)$ wird eine durchgezogene Linie in G von
   x nach y gezeichnet. Ihre Richtung wird durch einen Pfeil darin gekennzeichnet.

(2) Für jeden ungepaarten Faktor $\overline{\psi}(x)$ wird eine durchgezogene Linie von x aus dem Diagramm heraus gezeichnet. Das andere Ende der Linie ist frei und kein Vertex von G.

(3) Für jeden ungepaarten Faktor $\psi(y)$ wird eine durchgezogene Linie gezeichnet, die in y endet. Ihr anderes Ende ist frei.

(4) Für jedes Faktorenpaar $A_\mu(x)A_\nu(y)$ wird eine gestrichelte Linie gezeichnet, die x und y verbindet.

(5) Für einen ungepaarten Faktor $A_\mu(x)$ wird eine gestrichelte Linie gezeichnet, welche in x endet. Ihr anderes Ende ist frei.

(6) Jede durchgezogene Linie hat eine bestimmte Richtung, die durch einen Pfeil gekennzeichnet wird. Eine gestrichelte Linie hat keine Richtung und keinen Pfeil.

Allgemein müssen wir Faktorenpaarungen zulassen, in denen zwei Operatoren am gleichen Punkt des Feldes miteinander gepaart sind. Dies ergibt eine Linie in G, deren beide Enden im gleichen Punkt liegen. Jedoch führt im Fall von Operatoren wie (496), oder allgemeiner wie (488), ein Paar von Faktoren aus demselben Punkt immer zu einem Faktor

$$\langle j_\mu(x)\rangle_o = -iec \left\langle \overline{\psi}(x)\gamma_\mu\psi(x)\right\rangle_o \tag{509}$$

in den entsprechenden Normalkomponenten (504). Wir haben bei der Diskussion, nach Gleichung (366) gesehen, dass der Erwartungswert des Vakuums (509) gleich null ist; die Operatoren sind Operatoren in der Wechselwirkungsdarstellung. Daher liefern Faktorenpaarungen, in denen zwei Faktoren am gleichen Feldpunkt gepaart sind, in der Zerlegung von quantenelektrodynamischen Operatoren wie (488) stets den Beitrag null. Daher können wir zu unseren Regeln für die Konstruktion von G die folgende hinzufügen:

(7) Linien, die einen Punkt mit sich selbst verbinden, sind verboten.

Die möglichen Faktorenpaarungen von (496) werden folgendermaßen dargestellt:

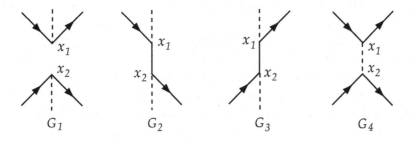

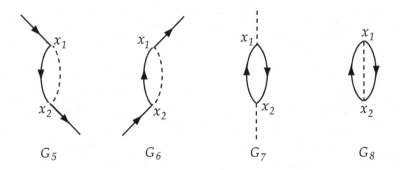

$$G_5 \qquad\qquad G_6 \qquad\qquad G_7 \qquad\qquad G_8$$

Analog zu diesen G's gibt es genau 8 Normalkomponenten von $\mathcal{O}$, welche wir als $\mathcal{O}_1 \ldots \mathcal{O}_8$ bezeichnen. Die Normalkomponenten sind, in entsprechender Reihenfolge:

$$\mathcal{O}_1 = \pm N\big\{\overline{\psi}(x_1)\slashed{A}(x_1)\psi(x_1)\overline{\psi}(x_2)\slashed{A}(x_2)\psi(x_2)\big\}$$

$$\mathcal{O}_2 = \pm \big\langle\overline{\psi}(x_1)\psi(x_2)\big\rangle_o \, N\big\{\slashed{A}(x_1)\psi(x_1)\overline{\psi}(x_2)\slashed{A}(x_2)\big\}$$

$$\mathcal{O}_3 = \pm \big\langle\overline{\psi}(x_2)\psi(x_1)\big\rangle_o \, N\big\{\overline{\psi}(x_1)\slashed{A}(x_1)\slashed{A}(x_2)\psi(x_2)\big\}$$

$$\mathcal{O}_4 = \pm \big\langle\slashed{A}(x_1)\slashed{A}(x_2)\big\rangle_o \, N\big\{\overline{\psi}(x_1)\psi(x_1)\overline{\psi}(x_2)\psi(x_2)\big\}$$

$$\mathcal{O}_5 = \pm \big\langle\overline{\psi}(x_1)\psi(x_2)\big\rangle_o \big\langle\slashed{A}(x_1)\slashed{A}(x_2)\big\rangle_o \, N\big\{\overline{\psi}(x_2)\psi(x_1)\big\}$$

$$\mathcal{O}_6 = \pm \big\langle\overline{\psi}(x_2)\psi(x_1)\big\rangle_o \big\langle\slashed{A}(x_1)\slashed{A}(x_2)\big\rangle_o \, N\big\{\overline{\psi}(x_1)\psi(x_2)\big\}$$

$$\mathcal{O}_7 = \pm \big\langle\overline{\psi}(x_1)\psi(x_2)\big\rangle_o \big\langle\overline{\psi}(x_2)\psi(x_1)\big\rangle_o \, N\big\{\slashed{A}(x_1)\slashed{A}(x_2)\big\}$$

$$\mathcal{O}_8 = \pm \big\langle\overline{\psi}(x_1)\psi(x_2)\big\rangle_o \big\langle\overline{\psi}(x_2)\psi(x_1)\big\rangle_o \big\langle\slashed{A}(x_1)\slashed{A}(x_2)\big\rangle_o$$

Diese Art des Prozesses, bei dem $\mathcal{O}_i$ Matrixelemente liefert, können wir sofort erkennen, wenn wir auf die *externen* Linen von G_i achten, also die Linien, die ein freies Ende haben. Bei der Møller-Streuung gibt es damit nur von G_4 einen Beitrag und bei der Compton-Streuung nur Beiträge von G_2 und G_3. Zu einem Übergang von einem Ein-Elektronen-Atom zu einem Ein-Elektronen-Zustand, welcher einen Operator der Form $b_2^* b_1$ benötigt, tragen G_5 und G_6 bei.

Ein ψ-Operator vernichtet nicht nur Elektronen, sondern erzeugt auch Positronen; und ein $\overline{\psi}$ erzeugt nicht nur Elektronen, sondern vernichtet auch Positronen. Daher ist eine durchgezogene, externe Linie, die mit einem Pfeil auf einen Vertex zeigt, *entweder* ein Elektron im Anfangszustand *oder* ein Positron im Endzustand. Entsprechend ist eine externe, durchgezogene Linie mit einem Pfeil, der aus dem Graphen herauszeigt, gleichbedeutend mit einem herausgehenden Elektron oder einem eingehenden Positron. Gestrichelte, externe Linien repräsentieren entsprechend ein Photon, welches entweder im Anfangs- oder im Endzustand ist, da A_μ sowohl ein Photon erzeugen als auch vernichten kann. Daher entspricht G_4 nicht nur einer Elektron-Elektron-Streuung, sondern auch einer Elektron-Positron-Streuung. G_2 und G_3 entsprechen nicht nur dem Compton-Effekt, sondern auch einer Zwei-Photonen-Quanten-Vernichtung eines Positron-Elektron-Paares und auch dem inversen Prozess einer Paarerzeugung durch die Kollision zweier Photonen.

Wir haben die Feynman-Graphen nur als eine geeignete grafische Darstellung der Zerlegung eines Operators in seine Normalkomponenten eingeführt. Die Graphen sind nur Diagramme, die auf Papier gezeichnet sind. Doch nach Feynman („Space-time Approach to Quantum Electrodynamics", *Phys. Rev.* **76** (1949) 769) sind sie mehr als dies. Er betrachtete die Graphen als Darstellung eines tatsächlichen Prozesses, der physikalisch in der Raumzeit stattfindet. Dabei stellt G_2 ein Elektron und ein Photon dar, die aufeinander treffen und im Punkt x_1 der Raumzeit wechselwirken. Dort wird das Photon absorbiert, und das Elektron propagiert weiter durch die Raumzeit entlang der Linie x_1x_2, bis es bei x_2 ein Photon emittiert und sich dann beide entlang ihrer Linien aus x_2 heraus voneinander entfernen. Entsprechend repräsentiert laut Feynman eine interne durchgezogene Linie, die von x_1 nach x_2 verläuft, ein Elektron, welches von x_1 nach x_2 propagiert, falls x_2 zeitlich später als x_1 liegt, und ein von x_2 nach x_1 propagierendes Positron, falls x_2 früher als x_1 liegt. In diesem Sinne kann ein Positron als exaktes Äquivalent zu einem Elektron betrachtet werden, welches zeitlich rückwärts statt vorwärts propagiert.

Feynmans Raumzeitbild ist vollkommen konsistent und sinnvoll. Es entspricht einer korrekten Darstellung von allen Vorgängen, inklusive der Paarerzeugung und -vernichtung und allen anderen Phänomenen, an denen Positronen beteiligt sind. Daher ist Feynmans Raumzeitbild ein mathematisches Äquivalent zu den feldtheoretischen Betrachtungen, die wir hier anstellen.

Der Nachteil von Feynmans Theorie ist, dass sie als Teilchentheorie konstruiert ist. Die Tatsache, dass es viele voneinander nicht unterscheidbare Teilchen gibt, die einer Quantenstatistik folgen, muss als eine spezielle Annahme in die Theorie eingebracht werden. Die Bewegungsgleichungen der Teilchen werden sehr kompliziert, wenn die Wechselwirkungen zwischen verschiedenen Teichen berücksichtigt werden, ganz zu schweigen von Vakuumpolarisationseffekten. Daher ist die logische Basis von Feynmans Theorie viel komplizierter als die der Feldtheorie, bei der alles aus allgemeinen Prinzipien folgt, sobald die Form des Lagrangian gewählt ist.

Wir folgen hier sozusagen zu Fuß der Route der logischen Entwicklung.
Wir beginnen bei den allgemeinen Prinzipien der Quantisierung, angewandt
auf kovariante Feldgleichungen, und leiten aus diesen Prinzipien zuerst die
Existenz von Teilchen und später die Ergebnisse von Feynmans Theorie ab.
Feynman konnte durch Überlegungen und Intuition eine korrekte Theorie
konstruieren und fand die richtigen Lösungen von Problemen deutlich schneller, als wir es können. Es ist jedoch sicherer und besser für uns, das Raumzeitbild von Feynman nicht als Basis für unsere Berechnungen zu nutzen,
sondern nur als Hilfe bei der Visualisierung der Formeln, die wir rigoros aus
der Feldtheorie ableiten. Auf diesem Weg bewahren wir alle Vorteile von
Feynmans Theorie, also die Prägnanz und die Vereinfachungen von Berechnungen, ohne ihre logischen Nachteile in Kauf zu nehmen.

7.3   Feynman-Regeln für Berechnungen

Die Feynman-Regeln für Berechnungen erhalten wir, wenn wir einen *chronologisch geordneten* Operator wie z. B. (488) in seine Normalkomponenten
zerlegen. In diesem Fall werden die Erwartungswerte des Vakuums in (504)
immer für Paare von Operatoren herangezogen, die schon chronologisch geordnet sind. Daher sind die numerischen Faktoren in (504) alle entweder

$$\langle P(A_\lambda(x), A_\mu(y)) \rangle_o = \frac{1}{2}\, \hbar c\, D_F(x - y)\, \delta_{\lambda\mu} \tag{510}$$

oder

$$\epsilon(x - y) \, \langle P(\psi_\alpha(x), \overline{\psi}_\beta(y)) \rangle_o = -\frac{1}{2}\, S_{F\alpha\beta}(x - y) \tag{511}$$

wie aus (427) und (442) hervorgeht. Der Faktor ϵ wurde in (511) eingefügt, damit das $\pm$-Zeichen weiterhin die Permutation von Elektron-Positron-
Operatoren bezeichnet, die von der in (504) notierten Ordnung in die in $\mathcal{O}$
notierte Ordnung übergehen. Aus dem gleichen Grund folgen wir Wick und
nutzen für chronologische Produkte allgemein die Notation

$$T(\mathcal{R}_1 \mathcal{R}_2 \ldots \mathcal{R}_n) = \pm P(\mathcal{R}_1 \mathcal{R}_2 \ldots \mathcal{R}_n) \tag{512}$$

wobei das positive bzw. negative Vorzeichen angibt, ob eine gerade bzw. eine
ungerade Anzahl von Permutationen von Elektron-Positron-Operatoren beim
Übergang von der notierten in die chronologische Ordnung in (512) beteiligt
ist. Daher gilt insbesondere

$$T(A_\lambda(x), A_\mu(y)) = P\{A_\lambda(x), A_\mu(y))$$
$$T(\psi_\alpha(x), \overline{\psi}_\beta(y)) = \epsilon(x - y)\, P(\psi_\alpha(x), \overline{\psi}_\beta(y)) \tag{513}$$

Für jede Menge an Feldoperatoren $\mathcal{R}_1\mathcal{R}_2\ldots\mathcal{R}_n$ ist (512) eine relativistische Invariante, obwohl das P-Produkt selbst dies nicht ist. In (488) kann das P-Produkt als T-Produkt geschrieben werden. Das Vorzeichen in (512) ist in diesem Fall immer positiv.

Die Regeln zum Niederschreiben der Normalkomponenten von (488) sind daher extrem einfach. Wir sind allgemein nur an Normalkomponenten interessiert, die zu Matrixelementen für eine bestimmte Art von Streuprozess führen. Dann lauten die Regeln:

(1) Wir zeichnen alle Graphen, welche die richtige Menge an externen Linien haben, die den beim betrachteten Prozess absorbierten und emittierten Teilchen entsprechen. Jeder Graph G wird die gleichen externen Linien haben, aber die Anzahlen von Vertices und von inneren Linien werden verschieden sein. Wir sollten die Berechnung nur bis zu einer bestimmten Ordnung N in der Reihe (488) durchführen. Daher zeichnen wir nur Graphen mit nicht mehr als N Vertices. Die gesamte Anzahl von solchen Graphen ist endlich. Jeder Vertex in jedem Graphen muss genau drei Linien haben, die in ihm enden: eine eingehende Elektronenlinie, eine ausgehende Elektronenlinie und eine Photonenlinie.

(2) Jedem Graphen G mit n Vertices entspricht eine Normalkomponente S_G von S.

(3) Wir wählen ein bestimmtes G, notieren den n-ten Term S_n der Reihe (488) und ordnen die Faktoren von S_n paarweise, wie durch G angegeben. Nun ersetzen wir jedes Faktorenpaar $A_\lambda(x)A_\mu(y)$ durch (510) sowie jedes Faktorenpaar $\psi_\alpha(x)\overline{\psi}_\beta(y)$ durch (511). Dann wenden wir eine Ordnung nach N auf die übrigen ungepaarten Faktoren von S_n an und multiplizieren den gesamten Ausdruck mit (± 1), wobei wir die Regel gemäß (504) berücksichtigen. Das Ergebnis dieser Prozedur ist die Normalkomponente S_G.

Wenn wir das Matrixelement für den Streuprozess ausrechnen möchten, müssen wir zu den bisherigen drei Regeln nur eine vierte hinzufügen:

(4) Bei jedem S_G substituieren wir die ungepaarten Operatoren durch die Wellenfunktionen der absorbierten und der emittierten Teilchen. Beispielsweise schreiben wir (437) für $\psi(x)$, wenn ein Elektron (p, u) absorbiert wird, und (438) für $A_\mu(x)$, falls ein Photon (k, e) absorbiert wird. Diese Substitutionen können zuweilen auf mehr als eine Weise durchgeführt werden (beispielsweise kann beim Compton-Effekt das absorbierte und emittierte Photon auf zwei Arten den zwei ungepaarten Photonenoperatoren zugewiesen werden.) In solchen Fällen werden die Substitutionen auf alle möglichen Arten durchgeführt und deren Ergebnisse addiert. Dabei ist die Fermi-Statistik zu

beachten, indem ein Minuszeichen hinzugefügt wird, wenn zwei Wellenfunktionen von Elektron oder Positron vertauscht werden.

Die Regeln (1) bis (4) bilden die Feynman-Regeln für die Berechnung der Matrixelemente von allen Prozessen in der Elektrodynamik. Nach Feynman haben diese eine einigermaßen konkrete Interpretation. (510) ist demnach die Wahrscheinlichkeitsamplitude für ein Photon, das bei x mit der Polarisation λ emittiert wurde, an den Ort y zu propagieren und dort die Polarisation μ zu haben, plus der Amplitude für ein Photon, bei x anzukommen, wenn es bei z emittiert wurde. (511) ist die Amplitude für ein Elektron, das bei y emittiert wurde, bei x anzukommen, plus der Amplitude für ein Positron, das bei x emittiert wurde, zu z zu propagieren, jeweils mit dem zugeordneten Spins α und β. Daher ist das Matrixelement nichts anderes als die Wahrscheinlichkeitsamplitude für das erfolgreiche Auftreten von Ereignissen, Wechselwirkung und Ausbreitung, die mit den Vertices und Linien von G dargestellt werden. Die gesamte Wahrscheinlichkeitsamplitude für einen Prozess ist also die Summe der Amplituden, die wir aus den verschiedenen Graphen G hergeleitet haben, die zu dem Prozess beitragen.

Die Feynman-Regeln der Berechnung sind für uns am praktischsten, wenn wir die Impulsdarstellungen (430) und (448) für die D_F- und S_F-Funktionen nutzen, über die Punkte $x_1, \ldots, x_n$ integrieren und damit die Matrixelemente als Integrale von rationalen Funktionen im Impulsraum erhalten. Auf diese Art wurden beispielsweise die einfachen Matrixelemente (432) und (449) berechnet.

Im Impulsraum-Integral von S_G tauchen folgende Faktoren auf:

(1) $\dfrac{1}{k^2}$ entspr. jeder internen Photonenlinie von G (514)

(2) $\dfrac{1}{\not{k} - i\mu}$ entspr. jeder internen Elektronenlinie von G (515)

(3) $(2\pi)^4 \delta^4(k_1 + k_2 + k_3)$ (516)

entspr. jeder internen Photonenlinie von G, bei der sich die drei Linien treffen, die im Zusammenhang mit Impulsen (k_1, k_2, k_3) stehen. Dieser Faktor stammt aus der Integration über die Raumzeitposition des Vertex.

Zusätzlich zu diesen Faktoren gibt es numerische Faktoren und Dirac-Matrizen γ_α, welche aus der expliziten Form von S_n stammen. In der Praxis ist es am einfachsten, die S_G nicht direkt im Impulsraum aufzuschreiben, sondern die Regeln (1) bis (4) zu nutzen, um im Konfigurationsraum Formeln mit den richtigen numerischen Konstanten zu finden und dann die Transformation zum Impulsraum mithilfe von (430) und (448) durchzuführen.

Wir schauen uns nun an, wie diese allgemeinen Methoden funktionieren, indem wir im Detail *das* historische Problem rechnerisch behandeln: die Strahlungskorrektur zweiter Ordnung bei der Streuung eines Elektrons an einem schwachen externen Potenzial. Die Lösung wurde erstmal von Schwinger (*Phys. Rev.* **76** (1949) 790) zufriedenstellend vorgelegt. Diese Arbeit ist sehr schwer zu lesen, und ich hoffe, dass meine Darlegung etwas einfacher wird. Die Aufgabe kann ohne komplizierte Mathematik nicht gelöst werden. Nach den Berechnungen für dieses Streuproblem werden wir feststellen, dass wir die Resultate ohne weitere Schwierigkeiten auch für die relativistische Berechnung der Lamb-Verschiebung nutzen können. Streuung und Lamb-Verschiebung hängen stark zusammen: In beiden Fällen berechnet man die Strahlungskorrekturen in zweiter Ordnung für die Bewegung eines Elektrons. Nur in einem Fall ist das Elektron in einem hohen Kontinuumszustand, sodass das externe Feld als schwach angesehen werden kann, und im anderen Fall ist das Elektron in einem diskreten Zustand, und das Potenzial muss als stark behandelt werden.

7.4 Die Selbstenergie des Elektrons

Bevor wir uns den Effekt der Strahlungswechselwirkung bei einem Elektron, das von einem externen Potenzial gestreut wird, anschauen, müssen wir den Effekt der Strahlungswechselwirkung bei einem einzelnen freien Elektron in Abwesenheit eines externen Potenzials betrachten. Wir nehmen an, dass das freie Elektron anfänglich im Zustand (pu) ist. Der Effekt der allein wirkenden Strahlungswechselwirkung ist gegeben durch die Streumatrix (488). Der Anfangszustand sei Φ_A; dann ist $S\Phi_A$ der Endzustand, welcher nach dem Wirken der Strahlungswechselwirkung während unendlich langer Zeit erreicht wird. Nun hat S Matrixelemente nur für Übergänge, bei denen der Impuls und die Energie erhalten bleiben. Ausgehend von einem Ein-Elektronen-Zustand ist ein Übergang in einen Viel-Teilchen-Zustand unmöglich, bei dem z. B. eines oder mehrere Photonen emittiert werden, während der Impuls und die Energie erhalten bleiben. Daher sind die einzigen von null verschiedenen Matrixelemente von S aus dem Zustand Φ_A durch (487) gegeben, wobei Φ_B auch ein Ein-Elektronen-Zustand ist. In Φ_B habe das Elektron den Impuls- und Spinzustand $(p'u')$.

Wir betrachten Strahlungseffekte nur bis zur zweiten Ordnung. Der Term erster Ordnung in (488) führt nur zu Übergängen mit Emission und Absorption von Photonen und trägt daher nicht zum Übergang $\Phi_A \to \Phi_B$ bei. Daher können wir einfach schreiben:

$$S = 1 + U_2 \qquad (517)$$

wobei U_2 durch (423) gegeben ist. Wir müssen das Matrixelement M_2 von U_2 zwischen den Zuständen (pu) und $(p'u')$ berechnen.

Um M_3 niederzuschreiben, nutzen wir die Feynman-Regeln. Die Faktorenpaarungen von U_2 sind in den acht Graphen in Abschnitt 7.2 dargestellt. Von diesen tragen nur G_5 und G_6 zu M_2 bei, und ihre Beiträge sind gleich, da das Integral (423) symmetrisch in den Variablen x_1 und x_2 ist. Für die Normalkomponente von U_2, die aus G_5 und G_6 hervorgeht, ergibt sich mithilfe von (510) und (511):

$$U_{2N} = \sum_{\lambda,\mu} \frac{e^2}{\hbar^2 c^2} \iint dx_1\, dx_2\, N\left(\overline{\psi}(x_1)\gamma_\lambda \left\langle T\big(\psi(x_1), \overline{\psi}(x_2)\big)\right\rangle_o \gamma_\mu \psi(x_2)\right)$$

$$\times \left\langle T\big(A_\lambda(x_1), A_\mu(x_2)\big)\right\rangle_o$$

$$= -\frac{e^2}{4\hbar c} \sum_\lambda \iint dx_1\, dx_2\, N\left(\overline{\psi}(x_1)\gamma_\lambda S_F(x_1 - x_2)\gamma_\lambda \psi(x_2)\right) D_F(x_2 - x_1)$$

$$(518)$$

Um M_2 aus (518) zu erhalten, substituieren wir $\psi(x_2)$ und $\overline{\psi}(x_1)$ durch die Wellenfunktionen der Anfangs- und Endzustände und nutzen die Impulsintegrale (430) und (448). Dann kann die Integration über x_1 und x_2 ausgeführt werden, und wir erhalten

$$M_2 = \sum_\lambda \frac{ie^2}{\hbar c} \int_F \int_F dk_1\, dk_2\, \left(\overline{u}'\gamma_\lambda \frac{1}{\not{k}_1 - i\mu}\gamma_\lambda u\right)\frac{1}{k_2^2}$$

$$\times \delta(k_1 - k_2 - p')\,\delta(k_2 - k_1 + p)$$

$$= \sum_\lambda \frac{ie^2}{\hbar c}\delta(p - p')\int_F dk\, \left(\overline{u}'\gamma_\lambda \frac{1}{\not{k} + \not{p} - i\mu}\gamma_\lambda u\right)\frac{1}{k^2} \qquad (519)$$

Wir betrachten den Dirac-Operator

$$\Sigma(p) = \sum_\lambda \int_F dk\, \left(\gamma_\lambda \frac{1}{\not{k} + \not{p} - i\mu}\gamma_\lambda\right)\frac{1}{k^2} \qquad (520)$$

der in (519) auftritt. Da (p, u) den Impuls und den Spin eines echten Elektrons beschreibt, können wir, wenn wir $\Sigma(p)$ in (519) berechnen, die folgenden

Relationen nutzen:

$$p^2 + \mu^2 = 0, \qquad (\not{p} - i\mu)u = 0 \tag{521}$$

Wenn wir also (376) und zusätzlich (585) verwenden und der gleichen Methode folgen, die wir beim Evaluieren von (377) verwendet haben, ergibt sich:

$$\Sigma(p) = \int_F dk \sum_\lambda \frac{\gamma_\lambda(\not{k} + \not{p} + i\mu)\gamma_\lambda}{k^2(k^2 + 2p \cdot k)} = \int_F dk \frac{4i\mu - 2\not{k} - 2\not{p}}{k^2(k^2 + 2p \cdot k)}$$

$$= 2\int_0^1 dz \int_F dK \frac{i\mu - \not{k}}{[k^2 + 2zp \cdot k]^2} = 2\int_0^1 \int_F dk \frac{(i\mu - \not{k} + z\not{p})}{[k^2 - z^2p^2]^2}$$

$$= 2\int_0^1 dz \int_F dk \frac{i\mu(1 + z)}{[k^2 + z^2\mu^2]^2} \tag{522}$$

Darin haben wir den Ursprung der k-Integration durch das Ersetzen $k \to k - zp$ verschoben und die ungeraden Terme eliminiert. Weiterhin nutzen wir (386) und führen eine logarithmische Divergenz R gemäß (387) ein:

$$\Sigma(p) = 2\int_0^1 dz\, i\mu(1 + z)\{2i\pi^2(R - \log z)\} = -\pi^2\mu\left[6R + 5\right] = -6\pi^2\mu R' \tag{523}$$

Daher ist $\Sigma(p)$ eine logarithmisch divergente Konstante, welche nur von der Elektronenmasse abhängt und unabhängig vom Zustand des Elektrons ist. Der Unterschied von $5/6$ zwischen R und R' ist unerheblich. Einsetzen von (523) in (519) ergibt den Wert von M_2:

$$M_2 = -6\pi^2 i\frac{e^2\mu}{\hbar c}R'\delta(p - p')\,(\overline{u}'u) \tag{524}$$

Somit führt U_2 zu keinen Übergängen zwischen verschiedenen Ein-Elektronen-Zuständen. Es hat nur die diagonalen Matrixelemente, die durch (524) gegeben sind.

Nun hat (524) die richtige relativistische Form, um als reiner Effekt der Selbstenergie erkannt zu werden. Nehmen wir an, dass aufgrund der Strahlungswechselwirkung die Masse des realen Elektrons gegeben ist durch

$$m = m_o + \delta m \tag{525}$$

wobei m_o die Masse des nackten Elektrons ohne Wechselwirkung und δm der elektromagnetische Beitrag zur Masse ist. Die Massenänderung δm würde dann durch einen Term

$$\mathscr{L}_S = -\delta m\, c^2\, \overline{\psi}\psi \tag{526}$$

in der Lagrangian-Dichte (410) vertreten. Dies würde eine Wechselwirkungs-
energie

$$H_S(t) = \delta mc^2 \int \overline{\psi}(r,t)\psi(r,t)\, d^3\boldsymbol{r} \tag{527}$$

in der Schrödinger-Gleichung (415) ergeben und damit schließlich einen Beitrag

$$U_S = -i\frac{\delta mc}{\hbar} \int \overline{\psi}\psi(x)\, dx \tag{528}$$

zur Streumatrix (421) oder (488).

Das Matrixelement von (528) zwischen den Zuständen (pu) und $(p'u')$ ist

$$M_S = -i\frac{\delta mc}{\hbar}(2\pi)^4\, \delta(p-p')\, (\overline{u}'u) \tag{529}$$

Dies ist identisch mit (524), wenn wir die Selbstmasse δm mit der Gleichung

$$\delta m = \frac{3}{8\pi^2}\frac{e^2m}{\hbar c}R' = \frac{3\alpha}{2\pi}R'm \tag{530}$$

identifizieren. Für alle Ein-Elektronen-Matrixelemente ist U_2 identisch mit
U_S. Das heißt also, der gesamte Effekt der Strahlungswechselwirkung auf ein
freies Elektron ist eine Änderung der Masse um die durch (530) gegebene
Größe. Dies ist eine willkommene Schlussfolgerung, denn sie bedeutet, dass
ein Elektron mit seinem Eigenfeld noch immer die korrekte Beziehung zwischen Impuls und Energie für ein relativistisches Teilchen hat; nur der Wert
der Ruhemasse wird durch das Eigenfeld verändert. Es war immer eines der
zentralen Probleme der klassischen Elektronentheorie, dass ein klassisch aus-
gedehntes Elektron nicht das richtige relativistische Verhalten zeigte.

Die Selbstmasse δm ist eine nicht-beobachtbare Größe. Die beobachtete
Masse eines Elektrons ist m, und weder m_o noch δm können separat gemessen
werden. Daher ist es problematisch, dass δm in der Streumatrix S auftaucht,
da diese die Ergebnisse von Experimenten repräsentieren soll.

Der Grund dafür, dass δm weiterhin explizit auftaucht, ist einfach der,
dass wir in der Definition von Anfangs- und Endzustand *nicht* die beobachtete Masse m verwendet haben. Wir haben diese Zustände als Zustände
eines freien Elektrons mit der nackten Masse m_o definiert. Wo immer wir
in unserer Theorie bisher den Buchstaben m verwendeten, haben wir eine
inkonsistente Notation verwendet, da wir mit m die Masse eines *nackten*
Elektrons meinten.

Es ist wesentlich besser, nicht die Notation zu ändern, sondern sie beizubehalten und stattdessen eine andere Interpretation zu verwenden: Nun soll

m überall in der Theorie die Masse eines realen Elektrons sein. Insbesondere stellen wir die Operatoren in der Wechselwirkungsdarstellung mit der realen Elektronenmasse m auf, und die Anfangs- und Endzustände bei den Streuproblemen werden als freie Teilchen mit der korrekten Masse m definiert. Durch diese Änderung unserer Interpretation ist die gesamte Theorie, die wir bisher entwickelt haben, zutreffend – abgesehen davon, dass in $\mathscr{L}_D$, welcher im Lagrangian (410) der Quantelektrodynamik und in den Feldgleichungen (411) und (412), die die Heisenberg-Operatoren erfüllen, auftaucht, die nackte Masse m_o anstelle von m verwendet werden muss. Wir bevorzugen es, die beobachtbare Masse m in $\mathscr{L}_D$ beizubehalten, und korrigieren dies, indem wir statt (410) schreiben:

$$\mathscr{L} = \mathscr{L}_D + \mathscr{L}_M - ie\overline{\psi}A\psi - ie\overline{\psi}A^e\psi - \mathscr{L}_S \qquad (531)$$

wobei $\mathscr{L}_S$ gegeben ist durch (526). Die Strahlungswechselwirkung wird dann zu

$$H_R(t) - H_S(t) = H^I(t) \qquad (532)$$

wobei H_R durch (416) und H_S durch (527) gegeben ist. Mit diesen Änderungen gemäß (537) und (532) wird die gesamte Theorie konsistent mit der Interpretation, dass m überall die beobachtete Elektronenmasse ist.

Insbesondere ist es ein Resultat von (532), dass für Ein-Elektronen-Zustände der Streuoperator S zu

$$S = 1 + U_2 - U_S \qquad (533)$$

wird, anstelle von (517), wobei wir nur Terme der Ordnung e^2 behalten. Die Matrixelemente von $(U_2 - U_S)$ für Ein-Elektronen-Zustände sind sämtlich null. Wenn wir daher die korrekte Masse m bei der Definition der Zustände eines Elektrons verwenden, *gibt es keine beobachtbaren Effekte der Strahlungswechselwirkung auf die Bewegung eines freien Elektrons mehr.* Dies zeigt, dass die Massenrenormierung, also das Einfügen von $(-\mathscr{L}_S)$ in (531), konsistent ist und voraussichtlich sinnvolle Resultate liefert.

7.5 Strahlungskorrekturen zweiter Ordnung bei Streuung

Wir nehmen an, dass ein Elektron vom Anfangszustand (pu) in den Endzustand $(p'u')$ durch das externe Potenzial

$$A_\mu^e(x) = \frac{1}{(2\pi)^4} \int e^{iq\cdot x}\, e_\mu(q)\, dq \qquad (534)$$

gestreut wird. Zur gleichen Zeit wechselwirkt das Elektron mit dem quantisierten Maxwell-Feld über die Wechselwirkung gemäß (532), da wir den

Anfangs- und den Endzustand mit der beobachteten Masse eines freien Elektrons definieren. Das Streumatrixelement M ergibt sich dann durch (419), wobei U gegeben ist durch (421) nach Ersetzen jedes H_R durch H^I gemäß (532).

Wir behandeln A^e_μ in der linearen Born-Näherung. Daher behalten wir nur Terme der 0. und der 1. Ordnung in A^e_μ. Die Terme der 0. Ordnung führen nur zu den Effekten der Strahlungswechselwirkung. Wie wir gesehen haben, sind diese Effekte gleich null, falls der Anfangszustand aus einem einzelnen Elektron besteht.

Die Streumatrix ist danach faktisch durch die Terme 1. Ordnung in A^e_μ aus (421) gegeben, also durch

$$U = \sum_{n=0}^{\infty} \left(\frac{-i}{\hbar} \right)^n \frac{1}{n!} \int \ldots \int dt\, dt_1 \ldots dt_n\, P\left\{ H^e(t), H^I(t_1), \ldots, H^I(t_n) \right\}$$

$$(535)$$

Wir werden die Strahlungseffekte nur bis zur zweiten Ordnung in der Strahlungswechselwirkung berechnen. Da δm selbst ein Term zweiter Ordnung ist, bedeutet dies, dass wir bis zur zweiten Ordnung in H_R und zur ersten Ordnung in H_S gehen müssen. Damit erhalten wir

$$U = U_0 + U_1 + U_2 + U_2' \qquad (536)$$

$$U_0 = \frac{e}{\hbar c} \int dx\, \overline{\psi} A^e \psi(x) \qquad (537)$$

$$U_1 = \frac{e^2}{\hbar^2 c^2} \iint dx\, dx_1 P\left\{ \overline{\psi} A^e \psi(x), \overline{\psi} A \psi(x_1) \right\} \qquad (538)$$

$$U_2 = \frac{e^3}{2\hbar^3 c^3} \iiint dx\, dx_1\, dx_2\, P\left\{ \overline{\psi} A^e \psi(x), \overline{\psi} A \psi(x_1), \overline{\psi} A \psi(x_2) \right\} \qquad (539)$$

$$U_2' = \frac{ie\,\delta m}{\hbar^2} \iint dx\, dx_1 P\left\{ \overline{\psi} A^e \psi(x), \overline{\psi} \psi(x_1) \right\} \qquad (540)$$

Das Matrixelement, das wir ausrechnen wollen, ist dementsprechend

$$M = M_0 + M_1 + M_2 + M_2' \qquad (541)$$

Die Wellenfunktionen von Anfangs- und Endzustand sind

$$u e^{ip \cdot x} \quad \text{bzw.} \quad u' e^{ip' \cdot x} \qquad (542)$$

Mit (534) ergibt sich

$$M_0 = \frac{e}{\hbar c} (u' A^e u) \qquad (543)$$

wobei q der konstanter Vektor

$$q = p' - p \tag{544}$$

ist und außerdem gilt:

$$e_\mu = e_\mu(q) \tag{545}$$

Der Operator U_1 transformiert aus einem Ein-Elektronen-Zustand nur in Zustände, die aus einem Elektron und einem Photon bestehen. Dies ist einfach der Bremsstrahlungsprozess, also die Streuung eines Elektrons unter der Emission eines realen Photons. Das Matrixelement dafür ist gegeben durch (484). Bei jedem Streuexperiment wird diese Streuung zur gleichen Zeit stattfinden wie auch Streuung ohne Strahlung. Experimentell wird es nur dann möglich sein, die Streuung mit Photonenemission von einer strahlungsfreien Streuung zu unterscheiden, wenn das emittierte Photon eine Energie hat, die höher ist als ein gewisser Wert ΔE. Dieser Wert entspricht etwa der Auflösung, mit der die Energie eines Elektrons gemessen werden kann. Die Streuung unter Emission von weichen Quanten (mit niedrigen Frequenzen und kleinen k') wird immer im strahlungsfreien Streuquerschnitt enthalten sein. Daher sind wir an dem Wert von M_1 bei einem Endzustand interessiert, der nur ein Elektron $(p'u')$ und ein Photon mit den Potenzialen (440) enthält, wenn k' so klein ist, dass es im Vergleich zu p, p' und q vernachlässigt werden kann. In diesem Fall ergibt sich aus (484):

$$M_1 = \frac{e^2}{\hbar^2 c^2} \left[\frac{p \cdot e'}{p \cdot k'} - \frac{p' \cdot e'}{p' \cdot k'} \right] (\overline{u}' \slashed{\phi} u) = \frac{e}{\hbar c} \left[\frac{p \cdot e'}{p \cdot k'} - \frac{p' \cdot e'}{p' \cdot k'} \right] M_0 \tag{546}$$

wobei wir (521) und Regel (4) in Abschnitt 7.3 verwendet haben.

Wir kommen nun zur Berechnung von M_2, dem Matrixelement von (539) zwischen den Zuständen (542). Dies ist der Hauptteil des Problems. Wir folgen den Feynman-Regeln. Es gibt nur neun Graphen, die einen Anteil an M_2 haben, nämlich

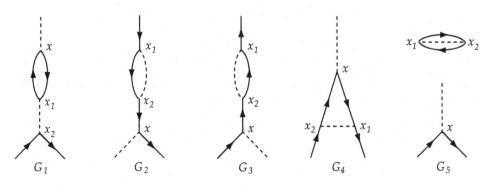

sowie $\{G_6, G_7, G_8, G_9\}$, die jeweils durch Austausch der Bezeichnungen (x_1, x_2) in $\{G_1, G_2, G_3, G_4\}$ entstehen. Wir sehen dies wie folgt: Der Prozess, an dem wir interessiert sind, benötigt eine externe Photonenlinie und zwei externe Elektronenlinien. Also müssen $\slashed{A}^e(x)$, ein $\overline{\psi}$ und ein ψ ungepaart bleiben. Daher sind die zwei $\slashed{A}$'s immer verbunden. Die freie Elektronenlinien können sein: $\overline{\psi}_0, \psi_1$; $\overline{\psi}_1, \psi_0$; $\overline{\psi}_1, \psi_1$; $\overline{\psi}_1, \psi_2$ und vier weitere Möglichkeiten, die durch die Substitution $1 \leftrightarrow 2$ entstehen. In jedem Fall ist der Rest des Graphen durch die Regeln eindeutig bestimmt. Der neunte Fall ist der mit den externen Elektronenlinien $\overline{\psi}_0, \psi_0$.

Die Auswirkung von $\{G_6, G_7, G_8, G_9\}$ ist lediglich eine Verdopplung der Beiträge von $\{G_1, G_2, G_3, G_4\}$, da (539) symmetrisch in den Variablen x_1 und x_2 ist. Auch G_5 führt nur zu einem numerischen Phasenfaktor, der mit M_0 multipliziert wird. Dabei ist der Phasenfaktor der gleiche für alle Endzustände, und zwar genau die Phasenverschiebung zwischen Anfangs- und Endzustand aufgrund der Selbstenergie des Vakuums. Ähnliche Phasenverschiebungsfaktoren, die von unverbundenen Graphen höherer Ordnungen stammen, sind auch mit den Beiträgen von G_1, G_2, etc. zu multiplizieren. Daher können wir in diesem Sinne G_5 als den Beitrag von U_0 ansehen, mit einem der vielen möglichen unverbundenen Zusätze. Ein derartiger numerischer Phasenfaktor, der für alle Endzustände gleich ist, ist überhaupt nicht beobachtbar und ohne physikalische Bedeutung, denn er kann entfernt werden, indem die Phase aller Wellenfunktionen um den gleichen Betrag geändert wird. Deshalb können wir solche Graphen wie G_5 mit einem unverbundenen Teil ohne externe Linien stets ignorieren. Es müssen also nur noch $\{G_1, G_2, G_3, G_4\}$ betrachtet werden.

Mithilfe der Feynman-Regeln erhalten wir als Beitrag von G_1 zu M_2 (mit dem Faktor 2 aus G_6):

$$M_{21} = -\frac{e^3}{\hbar^3 c^3} \iiint dx\, dx_1\, dx_2 \sum_{\mu} \mathrm{Sp}$$

$$\times \left\{ \slashed{A}^e(x) \left\langle T\{\psi(x), \overline{\psi}(x_1)\} \right\rangle_o \gamma_\mu \left\langle T\{\psi(x_1), \overline{\psi}(x)\} \right\rangle_o \right\}$$

$$\times \overline{\psi}(x_2) \left\langle T\{A_\mu(x_1), \slashed{A}(x_2)\} \right\rangle_o \psi(x_2) \qquad (547)$$

wobei die Spur aufgrund der Kontraktion gemäß Regel (3) auftritt. Das Minuszeichen rührt von der Änderung der Anordnung von $\overline{\psi}$- und ψ-Faktoren zwischen (539) und (547) her. Mit (510) und (511) ergibt sich

$$M_{21} = -\frac{e^3}{8\hbar^2 c^2} \iiint dx\, dx_1\, dx_2 \sum_{\mu} \mathrm{Sp}\left\{ \slashed{A}^e(x) S_F(x - x_1) \gamma_\mu S_F(x_1 - x) \right\}$$

$$\times D_F(x_1 - x_2) \overline{\psi}(x_2) \gamma_\mu \psi(x_2)$$

Also erhalten wir mithilfe der Impulsintegrale (430), (448), (534) und (542) und nach Ausführen der Integration über (x, x_1, x_2) Folgendes:

$$M_{21} = \frac{ie^3}{(2\pi)^4 \hbar^2 c^2} \iiiint dk_1 \, dk_2 \, dk_3 \, dq$$

$$\times \sum_\mu \mathrm{Sp} \left\{ \not{\phi}(q) \frac{1}{\not{k}_1 - i\mu} \gamma_\mu \frac{1}{\not{k}_2 - i\mu} \right\} \frac{1}{k_3^2} \, (\overline{u}'\gamma_\mu u)$$

$$\times \delta(q + k_1 - k_2) \, \delta(-k_1 + k_2 + k_3) \, \delta(-k_3 - p' + p)$$

$$= \frac{ie^3}{(2\pi)^4 \hbar^2 c^2} \int_F dk \sum_\mu \mathrm{Sp} \left\{ \not{\phi} \frac{1}{\not{k} - i\mu} \gamma_\mu \frac{1}{\not{k} + \not{q} - i\mu} \right\} \frac{1}{q^2} \, (\overline{u}'\gamma_\mu u)$$

$$= \frac{ie^3}{(2\pi)^4 \hbar^2 c^2} \sum_\mu \frac{1}{q^2} \, (\overline{u}'\gamma_\mu u) \, J_\mu \tag{548}$$

wobei q durch (544) gegeben ist und außerdem gilt:

$$J_\mu = \int_F F_\mu(k) \, dk \tag{549}$$

Die Funktion $F_\mu(k)$ ist für $\delta = 0$ identisch mit (371). Die Gleichung (549) ist ein Feynman-Integral, das genau das gleiche ist wie das Kurvenintegral (374), wobei die Kurve die im Diagramm gezeichnete Linie ist. Der Einfluss von ϵ in (431) ist äquivalent zur Kurve C. Mithilfe von (388) für J_μ ergibt sich also

$$M_{21} = -\frac{e^3}{2\pi^2 \hbar^2 c^2} \, (\overline{u}'\not{\phi}u) \left\{ \frac{1}{3}R - \int_0^1 (z - z^2) \log\left(1 + (z - z^2)\frac{q^2}{\mu^2}\right) dz \right\} \tag{550}$$

wobei wir den Term q_μ in (388) weggelassen haben, weil gilt:

$$(\overline{u}'\not{q}u) = \{\overline{u}'(\not{p}' - i\mu)u\} - \{\overline{u}'(\not{p} - i\mu)u\} = 0 \tag{551}$$

Schreiben wir $\alpha = \frac{e^2}{4\pi\hbar c}$, dann wird (550) zu

$$M_{21} = \alpha M_0 \left\{ -\frac{2}{3\pi}R + \frac{2}{\pi} \int_0^1 (z - z^2) \log\left(1 + (z - z^2)\frac{q^2}{\mu^2}\right) dz \right\} \tag{552}$$

Dies ist nun gerade die Streuung, die durch eine Ladungsstromdichte hervorgerufen wird, welche im Vakuum durch das Potenzial A_μ^e gemäß (392) induziert wird. Wie zuvor ist der Term in R nicht beobachtbar, da er nie experimentell von der einfachen Streuung M_0, zu der er proportional ist, separiert werden kann. Das beobachtete externe Potenzial, wie auch immer es gemessen wurde, wird nicht A_μ^e, sondern $A_\mu^e(1 - \frac{2\alpha}{3\pi}R)$ sein, das wir „renormiertes externes Potenzial" nennen können. In Abhängigkeit vom beobachteten A_μ^e ausgedrückt, ist der gesamte Beitrag von G_1:

$$M_{21} = \frac{2\alpha}{\pi} M_0 \int_0^1 (z - z^2) \log\left(1 + (z - z^2)\frac{q^2}{\mu^2}\right) dz \tag{553}$$

Das Integral wird im Allgemeinen wie zuvor komplex sein. Jedoch wird es für kleine q reell sein. Wir vernachlässigen Terme der Ordnungen q^2 und höher, sodass wir erhalten:

$$M_{21} = \frac{2\alpha}{\pi}\frac{q^2}{\mu^2} M_0 \int_0^1 (z - z^2)^2 dz = \frac{\alpha}{15\pi} M_0 \frac{q^2}{\mu^2} \tag{554}$$

Nun betrachten wir den Anteil an M_2 von G_2. Dieser ist

$$M_{22} = \frac{e^3}{8\hbar^2 c^2} \iiint dx\, dx_1\, dx_2 \sum_\lambda \overline{\psi}(x) \slashed{A}^e(x)$$

$$\times S_F(x - x_2)\gamma_\lambda S_F(x_2 - x_1)\gamma_\lambda \psi(x_1) D_F(x_1 - x_2) \tag{555}$$

$$= -\frac{ie^3}{(2\pi)^4 \hbar^2 c^2} \iiiint dk_1\, dk_2\, dk_3\, dq$$

$$\times \sum_\lambda \left\{ \overline{u}' \slashed{e}(q) \frac{1}{\slashed{k}_1 - i\mu} \gamma_\lambda \frac{1}{\slashed{k}_2 - i\mu} \gamma_\lambda u \right\} \frac{1}{k_3^2}$$

$$\times \delta(k_1 + q - p')\, \delta(k_2 - k_1 - k_3)\, \delta(k_3 + p - k_2) \tag{556}$$

$$= -\frac{ie^3}{(2\pi)^4 \hbar^2 c^2} \sum_\lambda \int_F dk \left(\overline{u}' \slashed{e} \frac{1}{\slashed{p} - i\mu} \gamma_\lambda \frac{1}{\slashed{k} + \slashed{p} - i\mu} \gamma_\lambda u \right) \frac{1}{k^2} \tag{557}$$

$$= -\frac{ie^3}{(2\pi)^4 \hbar^2 c^2} \left(\overline{u}' \slashed{e} \frac{1}{\slashed{p} - i\mu} \Sigma(p)\, u \right) \tag{558}$$

wobei $\Sigma(p)$ durch (520) gegeben ist.

Bevor wir $\Sigma(p)$ diskutieren, müssen wir uns den Faktor $\frac{1}{\slashed{p} - i\mu}$ ansehen, welcher in (558) auftaucht. Dieser Faktor ist gleich

$$\frac{\slashed{p} + i\mu}{p^2 + \mu^2} \tag{559}$$

Jedoch ist p ein Impulsvektor eines realen Elektrons, sodass $p^2 + \mu^2 = 0$ gilt und der Faktor (559) singulär ist. Dies bedeutet, dass die Integrale über x_1 und x_2 wirklich divergent sind und nicht nur bei $t = \pm\infty$ beschränkt sind, aber oszillieren. Die Transformation in Impulsintegrale ist nicht erlaubt. Daher ist Gleichung (558) so, wie sie dasteht, streng genommen nichtssagend.

Nun müssen wir die sich langsam verändernden Cut-Off-Funktionen $g(t_i)$, welche in (495) auftauchen, explizit in unsere Berechnungen einfließen lassen. Wir hatten sie eingeführt, um den Anfangs- und den Endzustand des Problems eindeutig zu definieren. Also schreiben wir anstelle von (555) nun:

$$M_{22} = \frac{e^3}{8\hbar^2 c^2} \iiint dx\, dx_1\, dx_2 \sum_\lambda \overline{\psi}(x) \slashed{A}^e(x) S_F(x - x_2) \gamma_\lambda S_F$$

$$\times (x_2 - x_1) \gamma_\lambda \psi(x_1) D_F(x_1 - x_2) g(t_1) g(t_2) \tag{560}$$

Hier sind die Faktoren $g(t_1)g(t_2)$ mit der Strahlungswechselwirkung verknüpft, die bei x_1 und x_2 auftritt. Es wird angenommen, dass die Zeit T, während der $g(t)$ sich ändert, im Vergleich zur Dauer des Streuprozesses lang ist. Die Fourier-Darstellung des Integrals von $g(t)$ sei:

$$g(t) = \int_{-\infty}^{\infty} G(\epsilon_0) e^{-i\epsilon_0 c t}\, d\epsilon_0$$

$$= \int_{-\infty}^{\infty} G(\epsilon_0) e^{i\epsilon \cdot x}\, d\epsilon_0 \tag{561}$$

wobei ϵ_0 eine reelle Variable und ϵ ein Vektor ist:

$$\epsilon = (0, 0, 0, \epsilon_0) \tag{562}$$

Die Normierung lautet

$$g(0) = \int_{-\infty}^{\infty} G(\epsilon_0)\, d\epsilon_0 = 1 \tag{563}$$

und wir nehmen an, dass $G(\epsilon_0)$ „beinahe" eine δ-Funktion ist, d. h. eine Funktion, welche groß ist nur bei Werten von ϵ_0 in einem Bereich von etwa $(cT)^{-1}$ auf jeder Seite von null. Einsetzen von (561) in (560) führt anstatt zu (558) zur korrigierten Formel

$$M_{22} = -\frac{ie^3}{(2\pi)^4 \hbar^2 c^2} \iint G(\epsilon_0)\, G(\epsilon_0')\, d\epsilon_0\, d\epsilon_0'$$

$$\times \left\{ \overline{u}\, \slashed{e}(q - \epsilon - \epsilon') \frac{1}{\slashed{p} + \slashed{\epsilon} + \slashed{\epsilon}' - i\mu} \Sigma(p + \epsilon)\, u \right\} \tag{564}$$

In (564) ist der unzulässige Faktor (559) durch etwas Endliches und mathematisch Wohldefiniertes ersetzt. Bei der Integration von (564) über ϵ_0 wird eine Singularität auftreten, jedoch handelt es sich dabei um einen normalen Pol, und die Integration führt zu einem endlichen Ergebnis, wenn sie als Feynman-Integral behandelt wird. Mit $T \to \infty$ sowie $\epsilon_0 \to 0$ und $\epsilon_0' \to 0$ erhalten wir

$$\frac{1}{\not{p} + \not{\epsilon} + \not{\epsilon}' - i\mu} = \frac{\not{p} + \not{\epsilon} + \not{\epsilon}' + i\mu}{2p \cdot (\epsilon + \epsilon') + (\epsilon + \epsilon')^2} \sim -\frac{\not{p} + i\mu}{2p_0(\epsilon_0 + \epsilon_0')} \qquad (565)$$

Wenn wir $\Sigma(p + \epsilon)$ auswerten, müssen wir also nur Terme der nullten und der ersten Ordnung in ϵ_0 beibehalten. Die Terme der zweiten und höherer Ordnungen sind vernachlässigbar, denn selbst mit (565) multipliziert, streben sie für $T \to \infty$ immer noch gegen null.

Behalten wir nur Terme der Ordnungen null und eins in ϵ bei, dann wird $\Sigma(p + \epsilon)$ zu

$$\Sigma(p + \epsilon) = \Sigma(p) - \sum_\alpha \epsilon_\alpha I_\alpha(p) \qquad (566)$$

$$I_\alpha(p) = \int_F dk \sum_\lambda \left(\gamma_\lambda \frac{1}{\not{k} + \not{p} - i\mu} \gamma_\alpha \frac{1}{\not{k} + \not{p} - i\mu} \gamma_\lambda \right) \frac{1}{k^2} \qquad (567)$$

Hier haben wir die Identität

$$\frac{1}{A + B} = \frac{1}{A} - \frac{1}{A}B\frac{1}{A} + \frac{1}{A}B\frac{1}{A}B\frac{1}{A} - \dots \qquad (568)$$

ausgenutzt, die für zwei Operatoren A und B, egal ob kommutierend oder nicht, gilt, wenn die Reihe auf der rechten Seite in irgendeiner Weise konvergiert. Dies kann man sofort erkennen, wenn man sie mit $(A + B)$ multipliziert. Dann wird die Bedingung in gewisser Hinsicht zu $(B/A)^n \to 0$.

In (564) können wir die Bedingungen (521) nutzen und erhalten damit für $\Sigma(p)$ den konstanten Wert (523). Das Integral $I_\alpha(p)$ ist wie $\Sigma(p)$ logarithmisch divergent für große k, aber ebenso für kleine k, was für $\Sigma(p)$ nicht gilt. Wir sollten nicht versuchen, $I_\alpha(p)$ mathematisch auszuwerten. Aus den allgemeinen Kovarianzprinzipien können wir dessen Form als Funktion von p vorhersagen. Für allgemeine p, die (521) nicht erfüllen, ist $I_\alpha(p)$ eine Dirac-Matrix, die wie ein Vektor unter Lorentz-Transformationen transformiert. Daher muss es die Form

$$I_\alpha(p) = F_1(p^2)\gamma_\alpha + F_2(p^2)(\not{p} - i\mu)\gamma_\alpha + F_3(p^2)\gamma_\alpha(\not{p} - i\mu)$$

$$+ F_4(p^2)(\not{p} - i\mu)\gamma_\alpha(\not{p} - i\mu) \qquad (569)$$

haben, wobei $F_1, \ldots, F_4$ Funktionen des Skalars p^2 sind. Mithilfe von (521) und (523), sehen wir, dass wir in (564)

$$\Sigma(p + \epsilon) = -6\pi^2 \mu R' - I_1 \not{\epsilon} - I_2(\not{p} - i\mu)\not{\epsilon} \tag{570}$$

setzen dürfen, wobei I_1 und I_2 neue, absolute Konstanten sind und insbesondere gilt:

$$I_1 = F_1(-\mu^2) \tag{571}$$

Aber in (564) ist der Term

$$\left(\frac{1}{\not{p} + \not{\epsilon} + \not{\epsilon}' - i\mu} \right) (\not{p} - i\mu)\not{\epsilon} = \not{\epsilon} - \frac{1}{(\not{p} + \not{\epsilon} + \not{\epsilon}' - i\mu)}(\not{\epsilon} + \not{\epsilon}')\not{\epsilon}$$

von der Ordnung ϵ und strebt für $T \to 0$ gegen null. Diesen Term können wir weglassen; damit wird (564) zu

$$M_{22} = -\frac{ie^3}{(2\pi)^4 \hbar^2 c^2} \iint G(\epsilon_0)\, G(\epsilon_0')\, d\epsilon_0\, d\epsilon_0'$$

$$\times \left\{ \overline{u} \not{\epsilon}(q - \epsilon - \epsilon') \frac{1}{\not{p} + \not{\epsilon} + \not{\epsilon}' - i\mu}(-6\pi^2 \mu R' - I_1 \not{\epsilon})\, u \right\} \tag{572}$$

Man beachte: Wenn $I_\alpha(p)$, durch (567) gegeben, unter der Annahme evaluiert wird, dass $p^2 + \mu^2 = 0$ und $\not{p} - i\mu = 0$ sowohl links als auch rechts wirken – und nicht nur rechts wie in (521) –, dann lautet das Ergebnis einfach

$$I_\alpha(p) = I_1 \gamma_\alpha \tag{573}$$

Dies ist eine für die weitere Bezugnahme geeignete Definition von I_1.

Nun ist es klar, dass der Term R' in M_{22} eine Art Effekt der Selbstenergie des Elektrons darstellt, der nicht beobachtbar sein sollte. Wir könnten erwarten, dass dieser Term durch den Term M_2' aufgehoben wird, der von der Korrektur H_S der Selbstenergie in (532) herrührt. Dies ist umso plausibler, da der Graph G_2 in Abschnitt 7.5 einen Teil des Graphen G_5 in Abschnitt 7.2 beinhaltet, welcher die Selbstenergie eines freien Elektrons darstellt.

Wir wenden uns nun der Berechnung von M_2' zu. Dies ist die Summe zweier Beiträge, die aus den folgenden zwei Graphen hervorgehen:

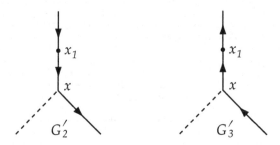

Aus G_2' erhalten wir, vgl. (528), den Beitrag

$$M_{22}' = -\frac{ie\,\delta m}{2\hbar^2} \iint dx\,dx_1\,\overline{\psi}(x)A\!\!\!/^e S_F(x-x_1)\,\psi(x_1) \qquad (574)$$

Wie in (555) oszilliert das Integral nicht, sondern divergiert bei $t_1 = \pm\infty$. Somit müssen wir den Cut-Off-Faktor, der mit der Strahlungswechselwirkung multipliziert wird, explizit berücksichtigen. Zum Zeitpunkt t_1 führt die Strahlungswechselwirkung $H_R(t_1)$ den Cut-Off-Faktor $g(t_1)$ mit sich. Jedoch ist die Selbstenergie δm zur Zeit t_1 ein Effekt zweiter Ordnung in H_R und wird daher mit $[g(t_1)]^2$ multipliziert, wenn sich $g(t_1)$ langsam genug ändert. Bei der Definition des Streumatrixelements (487) wurden die Cut-Off-Faktoren $g(t)$ eingeführt, um Anfangs- und Endzustand durch einfache Wellenfunktionen nackter Teilchen eindeutig darzustellen. Wir fordern nun, dass die Wellenfunktionen nackter Teilchen immer die gleiche Masse m wie ein reales Elektron haben. Dies erreichen wir, indem wir den Term $(-H_S)$ zu der Strahlungswechselwirkung, die in (495) auftaucht, hinzu addieren, wobei jedes $H_S(t_i)$ mit dem Cut-Off-Faktor $[g(t_i)]^2$ multipliziert wird, solange wir uns nur mit Termen zweiter Ordnung in δm auseinandersetzen. Wenn wir Effekte vierter Ordnung in e berechnen wollten, muss auch der Teil vierter Ordnung in δm mit $[g(t_i)]^4$ multipliziert werden und so weiter.

Demnach besteht die Wirkung der Cut-Off-Faktoren im Ersetzen von (574) durch

$$M_{22}' = -\frac{ie\,\delta m}{2\hbar^2} \iint dx\,dx_1\,\overline{\psi}(x)A\!\!\!/^e S_F(x-x_1)\,\psi(x_1)\,[g(t_1)]^2 \qquad (575)$$

Mithilfe von (561) und nach Durchführen der Integration wie zuvor erhalten wir

$$M_{22}' = -\frac{ie\,\delta m}{2\hbar^2} \iint G(\epsilon_0)G(\epsilon_0')\,d\epsilon_0\,d\epsilon_0'$$

$$\times \left\{ \overline{u}'\phi\!\!\!/(q-\epsilon-\epsilon')\left(\frac{1}{p\!\!\!/+\phi\!\!\!/+\phi\!\!\!/'-i\mu}\right)u\right\} \qquad (576)$$

Gemäß (530) hebt dieser Term den Term in R' in (572) genau auf, wie wir es erwartet haben.

Um den Term I_1 in (572) zu vereinfachen, dürfen wir $\not{e}$ durch $\frac{1}{2}(\not{e} + \not{e}')$ ersetzen, da der Integrand andernfalls symmetrisch in ϵ und ϵ' ist. Mithilfe von (521) können wir dies wiederum durch $\frac{1}{2}(\not{p} + \not{e} + \not{e}' - i\mu)$ ersetzen. Dies hebt den Nenner von (572) genau auf. Nachdem der Nenner aufgehoben ist, ist der Ausdruck nicht mehr singulär, und wir können den Grenzübergang $T \to \infty$ durchführen. Dabei integrieren wir mithilfe von (563) über ϵ_0 und ϵ_0'. Da wir annehmen, dass das externe Potenzial nur eine begrenzte Zeit lang wirkt und mit T nicht gegen unendlich geht, ist der Faktor $\not{q}(q - \epsilon - \epsilon')$ eine stetige Funktion von $\epsilon + \epsilon'$ und strebt für $T \to \infty$ gegen $\not{q}(q)$. Daher erhalten wir im Grenzfall $T \to \infty$:

$$M_{22} + M_{22}' = \frac{ie^3}{(2\pi)^4 \hbar^2 c^2} \frac{1}{2} I_1 \left(\overline{u}' \not{e} u\right) = \frac{i\alpha}{(2\pi)^3} I_1 M_o \tag{577}$$

Die Graphen G_3 und G_3' liefern genau gleiche Beiträge. Daher ist

$$M_{22} + M_{23} + M_{22}' + M_{23}' = \frac{i\alpha}{4\pi^3} I_1 M_o \tag{578}$$

Es zeigt sich: I_1 ist rein imaginär, und der Faktor, der in (578) mit M_o multipliziert wird, ist reell und negativ.

Was ist die physikalische Interpretation des divergenten Terms (578)? Dieser ist einfach ein divergentes, konstantes Vielfaches von M_o, wie auch der Ladungsrenormierungsterm in (552). Daher ist man zunächst versucht, ihn als einen zusätzlichen Ladungsrenormierungseffekt anzusehen. Das kann jedoch nicht zutreffen, da die gesamte Ladungsrenormierung in (392) berechnet wurde und das Ergebnis mit (552) übereinstimmt. Tatsächlich hat (578) eine viel elementarere Bedeutung. Wenn ein Elektron beim Punkt x des externen Potenzials ankommt und bei ihm gestreut wird, dann besteht eine gewisse Wahrscheinlichkeit P, dass es vorher ein Photon emittiert, aber noch nicht wieder absorbiert hat, wie im Feynman-Graphen G_4 gezeigt ist. Es besteht dann die Wahrscheinlichkeit $(1 - P)$, dass es bei x ohne Begleitung eines Photons ankommt, wie in G_2 oder G_3 gezeigt ist.

Betrachten wir nun den Beitrag M_{NP} zum Matrixelement M, welcher durch Streuprozesse verursacht wird, bei denen das Elektron bei x ohne ein Photon eingeht. In der Näherung nullter Ordnung ist $M_{NP} = M_o$. Jedoch müssen wir in der Näherung zweiter Ordnung die verringerte Wahrscheinlichkeit berücksichtigen, dass ein Elektron bei x ohne ein Photon kommt. Dazu multiplizieren wir die Wellenfunktion des Elektrons sowohl im Anfangs- als auch im Endzustand mit dem Faktor

$$(1 - P)^{1/2} \qquad (579)$$

Daher ist in der Näherung zweiter Ordnung

$$M_{NP} = (1 - P)M_o \qquad (580)$$

Weil in zweiter Ordnung gilt:

$$M_{NP} = M_o + M_{22} + M'_{22} + M_{23} + M'_{23} \qquad (581)$$

stimmt (578) mit (580) überein, sofern wir für P setzen:

$$P = -\frac{i\alpha}{4\pi^3} I_1 \qquad (582)$$

Der Faktor (579) repräsentiert eine Renormierung der Amplitude der Wellenfunktion. Aus diesem Grund wird (578) meist als Wellenfunktions-Renormierungseffekt bezeichnet. Dies bedeutet aber nicht, dass der Term (578) durch einen Prozess analog zur Massen- oder Ladungsrenormierung zu entfernen ist. Es tauchen keine Schwierigkeiten auf, wenn wir einfach (578) nutzen wie vorher. Zum Schluss wird sich der Term (578) mit einem Term $(+PM_o)$ aus G_4 aufheben.

Der Beitrag von G_4 zu M ergibt sich – mit einem Faktor 2, wenn wir G_9 einbeziehen – mithilfe der Feynman-Regeln zu

$$M_{24} = \frac{e^3}{8\hbar^2 c^2} \iint dx\, dx_1\, dx_2 \sum_\lambda \overline{\psi}(x)\gamma_\lambda S_F(x_1 - x)\slashed{A}^e(x)S_F$$

$$\times (x - x_2)\gamma_\lambda \psi(x_2)D_F(x_2 - x_1)$$

$$= -\frac{ie^3}{(2\pi)^4\hbar^2 c^2}\left(\overline{u}'\Lambda(p, p')u\right) \qquad (583)$$

mit

$$\Lambda(p, p') = \int_F dk \sum_\lambda \left(\gamma_\lambda \frac{1}{\slashed{k} + \slashed{p}' - i\mu}\slashed{e}\frac{1}{\slashed{k} + \slashed{p} - i\mu}\gamma_\lambda\right)\frac{1}{k^2} \qquad (584)$$

Es gibt hierin keinen singulären Faktor, wie er in (558) auftrat. Um die Summation über λ in (584) durchzuführen, nutzen wir die Tabelle

$$\sum_\lambda \gamma_\lambda \gamma_\lambda = 4$$

$$\sum_\lambda \gamma_\lambda \slashed{a} \gamma_\lambda = -2\slashed{a}$$

$$\sum_\lambda \gamma_\lambda \slashed{a} \slashed{b} \gamma_\lambda = 4(a \cdot b) \tag{585}$$

$$\sum_\lambda \gamma_\lambda \slashed{a} \slashed{b} \slashed{c} \gamma_\lambda = -2\slashed{c}\slashed{b}\slashed{a}$$

die für irgendwelche Vektoren a, b, c gilt. Diese Formeln können wir mit der folgenden rekursiven Formel herleiten:

Seien $\slashed{q}_{(n)} = \slashed{q}_1 \slashed{q}_2 \cdots \slashed{q}_n$, wobei q_i beliebige Vektoren sind und $\chi_n = \sum_\lambda \gamma_\lambda \slashed{q}_{(n)} \gamma_\lambda$ sowie $\chi_o = 4$ gilt. Dann ist

$$\chi_{n+1} = \sum_\lambda \gamma_\lambda \slashed{q}_{(n)} \slashed{q}_{n+1} \gamma_\lambda = \sum_\lambda \sum_\mu \gamma_\lambda \slashed{q}_{(n)} \gamma_\mu \gamma_\lambda (q_{n+1})_\mu$$

$$= \sum_\lambda \sum_\mu \gamma_\lambda \slashed{q}_{(n)} \left[2\delta_{\lambda\mu} - \gamma_\lambda \gamma_\mu \right] (q_{n+1})_\mu$$

$$= 2\slashed{q}_{n+1} \slashed{q}_{(n)} - \chi_n \slashed{q}_{n+1}$$

was für $n = 1, 2, 3$ zu (585) führt. Daher ist

$$\Lambda(p, p') = -2 \int_F dk \, \frac{(\slashed{k}+\slashed{p})\slashed{e}(\slashed{k}+\slashed{p}') - 2i\mu(2e \cdot k + e \cdot p + e \cdot p') - \mu^2 \slashed{e}}{k^2 \left[k^2 + 2k \cdot p' \right] \left[k^2 + 2k \cdot p \right]} \tag{586}$$

In (583) können wir diese Relationen nutzen:

$$p^2 + \mu^2 = p'^2 + \mu^2 = 0 \qquad (\slashed{p} - i\mu)u = 0 \qquad \overline{u}'(\slashed{p}' - i\mu) = 0 \tag{587}$$

Wir nehmen ferner an, dass die externen Potenziale die Lorentz-Bedingung

$$\sum_\lambda \frac{\partial A_\mu^e}{\partial x_\mu} = 0 \quad \text{erfüllen, so dass gilt:} \quad e \cdot q = 0 \tag{588}$$

Um (586) auszuwerten, nutzen wir die Verallgemeinerung von (376) auf drei Variablen:

$$\frac{1}{abc} = 2 \int_0^1 dx \int_0^1 x \, dy \, \frac{1}{\left[a(1-x) + bxy + cx(1-y) \right]^3} \tag{589}$$

was wir sofort durch direkte Integration verifizieren können. Wir schreiben weiterhin:

$$p_y = py + p'(1 - y)$$

$$p_y^2 = [-(p' - p)y + p']^2 = q^2y^2 - (2p'^2 - 2p \cdot p')y - \mu^2$$

$$= q^2y^2 - (p'^2 - 2p \cdot p' + p^2) - \mu^2$$

$$= -\mu^2 - (y - y^2)q^2 \tag{590}$$

Nach Ändern des Ursprungs der k-Integration mittels der Substitution $k \to k - xp_y$ folgt aus (586) und (589):

$$\Lambda(p, p') = -4 \iint x \, dx \, dy \int_F dk$$

$$\times \frac{(\not k - x\not p_y + \not p)\not e(\not k - x\not p_y + \not p') - 2i\mu e \cdot (2k - 2xp_y + p + p') - \mu^2\not e}{\left[k^2 - x^2p_y^2\right]^3}$$

$$\tag{591}$$

In (591) können wir die Terme, die ungerade in k sind, weglassen. Außerdem nutzen wir (587) sowie (588) und schreiben

$$e \cdot p = e \cdot p' = e \cdot p_y = i\mu\not e + \frac{1}{2}\not e\not q \tag{592}$$

Damit ergibt sich

$$(\not p - x\not p_y)\not e(\not p' - x\not p_y)$$

$$= \left\{(1 - x)i\mu - (1 - xy)\not q\right\}\not e\left\{(1 - x)i\mu + (1 - x + xy)\not q\right\}$$

$$= -(1 - x)^2\mu^2\not e + (1 - x)i\mu\not e\not q(2 - x) + (1 - xy)(1 - x + xy)q^2 \tag{593}$$

Zusammenfassen der Terme von (592) und (593) führt zu

$$\Lambda(p, p') = -4 \iint x \, dx \, dy \int_F dk$$

$$\times \frac{\not k\not e\not k + (1 - xy)(1 - x + xy)q^2\not e - (x - x^2)i\mu\not e\not q + (2 - 2x - x^2)\mu^2\not e}{[k^2 + x^2(\mu^2 + (y - y^2)q^2)]^3}$$

$$\tag{594}$$

Nun haben wir zuvor gesehen, dass das Integral (567), ausgewertet unter den Bedingungen $p^2 + \mu^2 = 0$ und $\not{p} - i\mu = 0$, den Wert (573) hat. Der Vergleich von (567) mit (584) impliziert nun, dass gilt:

$$\Lambda(p, p) = \Lambda(p', p') = I_1 \not{\phi} \tag{595}$$

wenn die Bedingungen (587) mit $p' = p$ gelten. Dann ist $(I_1 \not{\phi})$ einfach der Wert von (594) für $p' = p$. Addition von (583) und (578) ergibt

$$M_{2T} = M_{24} + M_{22} + M'_{22} + M_{23} + M'_{23} = -\frac{ie^3}{(2\pi)^4 \hbar^2 c^2} \left(\overline{u}' \Lambda_c(p, p') u \right) \tag{596}$$

$$\Lambda_c(p, p') = \Lambda(p, p') - \frac{1}{2} \left\{ \Lambda(p, p) + \Lambda(p', p') \right\}$$

$$= -4 \iint x\, dx\, dy \Bigg\{ \int_F dk \left[\not{k} \not{\phi} \not{k} + (2 - 2x - x^2)\mu^2 \not{\phi} \right]$$

$$\times \left(\frac{1}{[k^2 + x^2 (\mu^2 + (y - y^2) q^2)]^3} - \frac{1}{[k^2 + x^2 \mu^2]^3} \right)$$

$$+ \left[(1 - xy)(1 - x + xy)q^2 \not{\phi} - (x - x^2)i\mu \not{\phi} \not{q} \right] \int_F dk$$

$$\times \frac{1}{[k^2 + x^2 (\mu^2 + (y - y^2) q^2)]^3} \Bigg\} \tag{597}$$

Die k-Integrale in (597) konvergieren nun. Also besteht der Effekt des Terms der „Wellenfunktionsrenormierung" (578) darin, den Teil von M_{24} aufzuheben, der unabhängig von q sowie divergent bei hohen Frequenzen ist.

Um (597) auszuwerten, nutzen wir (385) und (386). Zuerst ersetzen wir in dem Term $\not{k} \not{\phi} \not{k}$ den Teil $k_\mu k_\nu$ durch $\frac{1}{4}\delta_{\mu\nu}k^2$, wegen der Symmetrie des Integrals im k-Raum. Also schreiben wir mithilfe von (585):

$$\not{k} \not{\phi} \not{k} = \sum_\alpha \frac{1}{4} k^2 \gamma_\alpha \not{\phi} \gamma_\alpha = -\frac{1}{2} k^2 \not{\phi} \tag{598}$$

Dann ergibt sich mit (385) und (386):

$$\int_F dk\, k^2 \left\{ \frac{1}{[k^2 + \Lambda]^3} - \frac{1}{[k^2 + \Lambda']^3} \right\}$$

$$= \int_F dk\, k^2 \left\{ \frac{1}{[k^2 + \Lambda]^2} - \frac{1}{[k^2 + \Lambda']^2} - \frac{\Lambda}{[k^2 + \Lambda]^3} + \frac{\Lambda'}{[k^2 + \Lambda']^3} \right\}$$

$$= \pi^2 i \log \frac{\Lambda'}{\Lambda} \qquad (599)$$

und (597) wird zu

$$\Lambda_c(p, p') = 2\pi^2 i \iint x\, dx\, dy \left\{ -\not{q} \log\left[1 + (y - y^2)\frac{q^2}{\mu^2}\right] \right.$$

$$\left. + \frac{\{x - 1 + 2(y - y^2)(1 - x - x^2)\}q^2\not{q} + (x - x^2)i\mu\not{q}\not{q}}{x^2(\mu^2 + (y - y^2)\, q^2)} \right\}$$

Die partielle Integration des logarithmischen Terms nach y liefert

$$\Lambda_c(p, p') = -2\pi^2 i \int_0^1 \int_0^1 dx\, dy\, \frac{1}{x\,[\mu^2 + (y - y^2)\, q^2]}$$

$$\times \left\{ [(1 - x)(1 - 2y + 2y^2) + x^2 y]\, q^2\not{q} - (x - x^2)i\mu\not{q}\not{q} \right\} \qquad (600)$$

Wenn $q^2 < -4\mu^2$ ist, kann das externe Potenzial reale Paare erzeugen, und der Nenner in (600) hat dann Pole im Bereich der y-Integration. In diesem Fall führt die Feynman-Regel, die den Term $(-i\epsilon)$ zu μ^2 hinzufügt, wobei ϵ eine infinitesimale reelle Zahl ist, zu einer eindeutigen Definition des Integrals. Wie bei der Vakuumpolarisationsformel (389) teilt sich das Integral in einen reellen und einen imaginären Teil auf, womit die Effekte der real erzeugten Paare beschrieben werden. Wir diskutieren die Effekte realer Paare hier nicht, da sie keine praktische Bedeutung haben. Daher nehmen wir $q^2 > -4\mu^2$ an.

In (600) gibt es nun keine Divergenzen mehr, die aus großen k hervorgehen. Jedoch hat (584) bei kleinen k eine logarithmische Divergenz, welche in (600) als Divergenz in der x-Integration infolge des Faktors $(1/x)$ entsteht. Diese letzte Divergenz müssen wir uns genauer anschauen. Es handelt sich dabei um die berühmte „Infrarotkatastrophe".

Um die physikalische Bedeutung der x-Divergenz zu verstehen, untersuchen wir, was mit unseren Berechnungen geschieht, wenn das Maxwell-Feld so verändert wird, dass alle Feldoszillationen mit Wellenzahlen

$$|\boldsymbol{k}| \geq r \tag{601}$$

weiterhin vorhanden sind, während alle Oszillationen, die diese Beziehung nicht erfüllen, einfach nicht vorhanden sind oder nicht angeregt werden können. Wir nehmen an, dass r eine Konstante ist, die klein gegen m, p, p' und q ist. Dann können Photonen nur existieren, wenn ihre Energie größer ist als

$$\Delta E = \hbar c r \tag{602}$$

In der modifizierten Maxwell-Theorie ist die D_F-Funktion weiterhin durch das Integral (431) gegeben. Die k_1, k_2, k_3-Integrationen sind durch (601) begrenzt, und die k_0-Integration wird wie üblich über die gesamte reelle Achse von $-\infty$ bis $+\infty$ durchgeführt. Es seien $\Lambda^r(p, p')$ und $\Lambda_c^r(p, p')$ die Integrale, die $\Lambda(p, p')$ und $\Lambda_c(p, p')$ ersetzen, wenn das Maxwell-Feld modifiziert wird. Wir berechnen die Differenzen $(\Lambda - \Lambda^r)$ und $(\Lambda_c - \Lambda_c^r)$ und betrachten dabei diese Integrale nur im Grenzfall kleiner r. Wir vernachlässigen damit alle Terme, welche mit r gegen null streben. Das bedeutet, dass wir Terme vernachlässigen können, die entweder k oder x als Faktor im Zähler von Integralen wie (591) oder (594) enthalten.

In (583) gibt es nur einen Faktor D_F. Daher erhalten wir $\Lambda^r(p, p')$ aus (584) einfach durch Begrenzen der k_1, k_2, k_3-Integration gemäß (601). Wir können nun die Reduktion von (584) auf die Form von (594) durchführen, wobei wir aber den Ursprung der k-Integration durch (xp_y) nicht ändern, da dies die Bedingung (601) verletzen würde. Weglassen der Terme im Zähler, die k oder x als Faktor beinhalten, führt zu

$$\Lambda(p, p') - \Lambda^r(p, p') = -4 \iint x \, dx \, dy \, (q^2 + 2\mu^2) \not{\in} \int_F \frac{dk}{[k^2 + 2xk \cdot p_y]^3} \tag{603}$$

Wegen (597) erhalten wir also

$$\Lambda_c(p, p') - \Lambda_c^r(p, p')$$

$$= -4 \iint x \, dx \, dy \not{\in} \int_F dk$$

$$\times \left\{ \frac{q^2 + 2\mu^2}{[k^2 + 2xk \cdot p_y]^3} - \frac{\mu^2}{[k^2 + 2xk \cdot p]^3} - \frac{\mu^2}{[k^2 + 2xk \cdot p']^3} \right\} \tag{604}$$

Dieses Integral würde mit der Integration über den gesamten k-Raum unter Verwendung von (385) und (587) mit den Substitutionen $k \to k - xp_y$ und

$k \to k - xp$ sowie $k \to xp'$ in den drei Integralen Folgendes ergeben:

$$- 2\pi i \iint dx\, dy\, \frac{(1 - 2y + 2y^2)\, q^2}{x(\mu^2 + (y - y^2)\, q^2)} \not{q} \tag{605}$$

was einfach der divergente Teil von (600) ist. Jedoch erfüllt die Integration von (604) über den gesamten k-Raum nicht die Beziehung (601). Daher erhalten wir durch Subtraktion von (604) von (600) mithilfe der Gleichung (605) schließlich:

$$\Lambda_c^r(p, p') = -2\pi^2 i \int_0^1 dy\, \frac{1}{\mu^2 + (y - y^2)\, q^2} \left\{ \left(-1 + \frac{5}{2}y - 2y^2\right) q^2 \not{q} - \frac{1}{2} i\mu \not{q} \not{q} \right\}$$

$$- 4 \iint x\, dx\, dy\, \not{q} \int_F dk$$

$$\times \left\{ \frac{q^2 + 2\mu^2}{[k^2 + 2xk \cdot p_y]^3} - \frac{\mu^2}{[k^2 + 2xk \cdot p]^3} - \frac{\mu^2}{[k^2 + 2xk \cdot p']^3} \right\} \tag{606}$$

Dieses Integral konvergiert vollständig für jedes endliche r, wenn die k-Integration auf die Bedingung (601) beschränkt ist. Die Gleichung (606) ist exakt, außer für Terme, die mit r gegen null streben.

Es ist möglich, aber mühsam, das k-Integral in (606) für allgemeine p und p' zu berechnen. Deshalb tun wir dies nur für den Fall nicht-relativistischer Geschwindigkeiten, wenn also gilt:

$$|\boldsymbol{p}| \ll \mu \qquad |\boldsymbol{p}'| \ll \mu \qquad |\boldsymbol{q}| \ll \mu \tag{607}$$

Dabei steht $|\boldsymbol{p}|$ für $\sqrt{p_1^2 + p_2^2 + p_3^2}$, also den Betrag des raumartigen Teils des 4er-Vektors p. Zusätzlich zu (607) nehmen wir noch immer an, dass r klein ist im Vergleich zu q, p und p'.

Wir führen die Integration

$$K = \int_0^1 \int_0^1 x\, dx\, dy \int_F dk\, \frac{1}{[k^2 + 2xk \cdot p_y]^3} \tag{608}$$

über alle k durch, die (601) erfüllen, und werten es inklusive Termen der Ordnung $|\boldsymbol{p}|^2$, q^2 und $|\boldsymbol{p}'|^2$ aus, vernachlässigen aber Terme höherer Ordnungen. Integrieren wir nur über k_0, dann erhalten wir für jedes positive b:

$$\int_F dk_0\, \frac{1}{[k^2 + 2ak_0 + b]} = i \int_{-\infty}^{\infty} \frac{dk_0}{[|\boldsymbol{k}|^2 + k_0^2 + 2iak_0 + b]} = i\pi \frac{1}{\sqrt{|\boldsymbol{k}|^2 + a^2 + b}} \tag{609}$$

Zweifaches Ableiten von (609) nach b ergibt

$$\int_F \frac{dk_0}{[k^2 + 2ak_0 + b]^3} = \frac{3i\pi}{8} \left\{|\boldsymbol{k}|^2 + a^2 + b\right\}^{-5/2} \tag{610}$$

und daher

$$\begin{aligned}
K &= \iint x\, dx\, dy\, \frac{3i\pi}{8} \int_{|k|>r} d^3\boldsymbol{k} \left\{|\boldsymbol{k} + x\boldsymbol{p}_y|^2 + x^2\left(\mu^2 + (y-y^2)q^2\right)\right\}^{-5/2} \\
&= \iint x\, dx\, dy\, \frac{3i\pi}{8} \int_{|k|>r} d^3\boldsymbol{k} \\
&\quad \times \left\{(|\boldsymbol{k}|^2 + x^2\mu^2)^{-5/2} - \frac{5}{2}\left(2x\boldsymbol{k}\cdot\boldsymbol{p}_y + x^2|\boldsymbol{p}_y|^2 + x^2(y-y^2)q^2\right)\right. \\
&\quad \left. \times (|\boldsymbol{k}|^2 + x^2\mu^2)^{-7/2} + \frac{35}{8}4x^2(\boldsymbol{k}\cdot\boldsymbol{p}_y)^2 (|\boldsymbol{k}|^2 + x^2\mu^2)^{-9/2}\right\} \\
&= \iint x\, dx\, dy\, \frac{3i\pi^2}{2} \int_r^\infty k^2\, dk \\
&\quad \times \left\{(k^2 + x^2\mu^2)^{-5/2} - \frac{5}{2}x^2\left(|\boldsymbol{p}_y|^2 + (y-y^2)q^2\right)(k^2 + x^2\mu^2)^{-7/2}\right. \\
&\quad \left. + \frac{35}{6}x^2k^2|\boldsymbol{p}_y|^2 (k^2 + x^2\mu^2)^{-9/2}\right\} \tag{611}
\end{aligned}$$

Nun können wir die Integrationen über x und y durchführen, mithilfe von

$$\int_0^1 |\boldsymbol{p}_y|^2 dy = \boldsymbol{p}\cdot\boldsymbol{p}' + \frac{1}{3}q^2 \tag{612}$$

Dies ergibt

$$\begin{aligned}
K &= \frac{3i\pi^2}{2} \int_r^\infty k^2\, dk \left\{\frac{1}{3\mu^2}\left(\frac{1}{k^3} - \frac{1}{(k^2 + \mu^2)^{3/2}}\right)\right. \\
&\quad - \frac{\boldsymbol{p}\cdot\boldsymbol{p}' + \frac{1}{2}q^2}{3\mu^4}\left(\frac{1}{k^3} - \frac{1}{(k^2 + \mu^2)^{3/2}} - \frac{1}{2\mu^2(k^2 + \mu^2)^{5/2}}\right) \\
&\quad \left. + \frac{1}{6}k^2\left[\boldsymbol{p}\cdot\boldsymbol{p}' + \frac{1}{3}q^2\right]\frac{2}{\mu^4}\left(\frac{1}{k^5} - \frac{1}{(k^2 + \mu^2)^{5/2}} - \frac{5}{\mu^2}\frac{1}{(k^2 + \mu^2)^{7/2}}\right)\right\} \tag{613}
\end{aligned}$$

Die k-Integration ist nun einfach; nach dem Wegfall von Termen, die mit r gegen null streben, ergibt sich

$$K = \frac{3i\pi^2}{2\mu^2}\left\{\frac{1}{3}\left(\log\frac{\mu}{2r}+1\right) - \frac{\boldsymbol{p}\cdot\boldsymbol{p}'+\frac{1}{2}q^2}{\mu^2}\left(\frac{1}{3}\log\frac{\mu}{2r}+\frac{1}{6}\right)\right.$$

$$\left.+\frac{1}{6}\frac{\boldsymbol{p}\cdot\boldsymbol{p}'+\frac{1}{3}q^2}{\mu^2}\left(2\log\frac{\mu}{2r}+\frac{5}{3}\right)\right\} \tag{614}$$

Wir setzen in (614) nun $p = p'$ sowie $q = 0$ und erhalten

$$K_0 = \int_0^1\int_0^1 x\,dx\,dy\int_F dk\,\frac{1}{[k^2+2xk\cdot p]^3}$$

$$= \frac{3i\pi^2}{2\mu^2}\left\{\frac{1}{3}\left(\log\frac{\mu}{2r}+1\right)+\frac{1}{9}\frac{|\boldsymbol{p}|^2}{\mu^2}\right\} \tag{615}$$

Einsetzen von (614) und (615) in (606) und Weglassen von Termen höherer Ordnung als $|\boldsymbol{p}|^2$, $|\boldsymbol{p}'|^2$ und q^2 liefert

$$\Lambda_c^r(p,p') = -2\pi^2 i\left\{-\frac{5}{12}\frac{q^2}{\mu^2}\not{q} - \frac{1}{2}\frac{i}{\mu}\not{q}\not{q}\right\}$$

$$-4\not{q}\frac{3i\pi^2}{2\mu^2}\left\{\frac{1}{3}q^2\left(\log\frac{\mu}{2r}+1\right)-\frac{1}{18}q^2\left(2\log\frac{\mu}{2r}+\frac{5}{3}\right)\right\}$$

$$= -\frac{4}{3}\pi^2 i\frac{q^2}{\mu^2}\not{q}\left\{\log\frac{\mu}{2r}+\frac{11}{24}\right\}-\frac{\pi^2}{\mu}\not{q}\not{q} \tag{616}$$

Wenn wir (596) nutzen und die Beiträge (554) aus G_1 hinzufügen, ergibt sich für die Terme zweiter Ordnung in (541) der Wert

$$M_2 + M_2' = -\frac{\alpha}{3\pi}\left\{\log\frac{\mu}{2r}+\frac{11}{24}-\frac{1}{5}\right\}\frac{q^2}{\mu^2}M_0 + \frac{\alpha}{4\pi}\frac{ie}{mc^2}\left(\overline{u}'\not{q}\not{q}u\right) \tag{617}$$

7.6 Die Behandlung von niederfrequenten Photonen: Die Infrarotkatastrophe

Die Korrektur zweiter Ordnung (617) für das Streumatrixelement M_0 haben wir zum Konvergieren gebracht, indem wir nur die Effekte von Photonen mit höherer Energie als ΔE gemäß (603) betrachtet haben. Bei $\Delta E \to 0$ divergiert die Korrektur logarithmisch, und diese Divergenz müssen wir nun interpretieren.

Mit der Näherung, bei der $|\boldsymbol{p}|^2$ und $|\boldsymbol{p}'|^2$ beide klein gegen μ^2 sind, führt (546) zu

$$M_1 = \frac{e}{\hbar c\mu|\boldsymbol{k}'|}\,(q \cdot e')M_0 \tag{618}$$

Wir wollen nun die gesamte Wahrscheinlichkeit ermitteln, dass ein Elektron zwischen dem Anfangs- und dem Endzustand gemäß (542) unter Emission eines Photons mit Potenzialen (440) gestreut wird. Dafür summieren wir über alle Photonen mit Frequenzen im Intervall

$$r_1 < |\boldsymbol{k}'| < r_2 \tag{619}$$

und erhalten für diese Wahrscheinlichkeit

$$W_R(r_1, r_2) = \int d^3\boldsymbol{k}' \sum_{e'} \frac{1}{(2\pi)^3} \left(\frac{\hbar c}{2|\boldsymbol{k}'|}\right) |M_1|^2$$

$$= \frac{e^2}{16\pi^3\hbar c\mu^2} |M_0|^2 \int d^3\boldsymbol{k}' \frac{1}{|\boldsymbol{k}'|^3} \sum_{e'} |q \cdot e'|^2$$

$$= \frac{\alpha}{\pi\mu^2} |M_0|^2 \int_{r_1}^{r_2} \frac{dk'}{k'} \frac{2}{3}q^2$$

$$= \frac{2\alpha}{3\pi} \left(\log \frac{r_2}{r_1}\right) \frac{q^2}{\mu^2} |M_0|^2 \tag{620}$$

Dabei haben wir angenommen, dass r_2 und r_1 im Vergleich mit $|\boldsymbol{q}|$ kleine Frequenzen sind.

Andererseits ist die Wahrscheinlichkeit, dass ein Elektron zwischen den Zuständen (542) ohne Emission eines Photons gestreut wird, gegeben durch

$$W_N = |M_0 + M_2 + M_2'|^2$$

$$= |M_0|^2 + M_0^* \left(M_2 + M_2'\right) + \left(M_2 + M_2'\right)^* M_0 \tag{621}$$

wobei in der Strahlungswechselwirkung Terme vierter Ordnung vernachlässigt wurden. Wenn wir in (621) nur den Beitrag virtueller Photonen mit Frequenzen im Intervall (619) betrachten, dann erhalten wir mithilfe von (617):

$$M_2 + M_2' = -\frac{\alpha}{3\pi} \left(\log \frac{r_2}{r_1}\right) \frac{q^2}{\mu^2} |M_0|^2$$

$$W_N(r_1, r_2) = |M_0|^2 - \frac{2\alpha}{3\pi} \left(\log \frac{r_2}{r_1}\right) \frac{q^2}{\mu^2} |M_0|^2 \tag{622}$$

Die Beiträge niederfrequenter virtueller Photonen zu (617) dienen also nur dazu, die Wahrscheinlichkeit für die Streuung unter Emission niederfrequenter realer Photonen exakt zu kompensieren. Die strahlungsfreie Wahrscheinlichkeit verringert sich durch die Effekte niederfrequenter virtueller Photonen, sodass die gesamte Wahrscheinlichkeit der Streuung, sowohl mit als auch ohne Strahlung, im Wesentlichen unabhängig von der Präsenz stark niederfrequenter Photonen ist. Die gesamte Streuwahrscheinlichkeit ist daher eine endliche Größe und frei von jeder Infrarotdivergenz.

Um die Strahlungskorrekturen bei Streuung korrekt zu beschreiben, ist es essenziell, die kritische Energie ΔE anzugeben, unterhalb der reale Photonen nicht detektierbar sind. Idealerweise nehmen wir für jeden Streuprozess an, dass ein Photon mit einer größeren Energie als ΔE mit einer Effizienz von 100 % detektiert wird, während ein Photon mit einer geringeren Energie als ΔE niemals detektiert wird. Dann ist die gesamte Wahrscheinlichkeit der Beobachtung strahlungsfreier Streuung durch (621) gegeben, mit $M_2 + M_2'$ gemäß (617), wobei außerdem gilt

$$\log \frac{\mu}{2r} = \log \left(\frac{mc^2}{2\Delta E} \right) \tag{623}$$

Die Wahrscheinlichkeit (621) beinhaltet auch Streuungen, bei denen ein Photon mit einer Energie unterhalb der Grenze des Detektors emittiert wird. Die Gleichung (617) gilt, solange die Bedingung

$$r \ll |\boldsymbol{p}|, |\boldsymbol{p}'|, |\boldsymbol{q}| \ll \mu \tag{624}$$

erfüllt ist. Die Wahrscheinlichkeit einer Streuung mit Strahlung (d. h. einer Streuung mit der Emission eines detektierbaren Photons) ist durch (546) gegeben.

Es kann gezeigt werden, dass diese Beseitigung der Infrarotdivergenz durch Berücksichtigen der Existenz von nicht-beobachtbaren Photonen durchaus allgemein ist und auch gut funktioniert, wenn q nicht klein ist. Nur dann ist die Berechnung von (608) wesentlich mühsamer. Das gleiche Argument beseitigt zudem alle Infrarotdivergenzen, auch wenn höhere Ordnungen der Strahlungskorrektur berücksichtigt werden. In diesem Fall müssen wir die Effekte der Emission von zwei oder mehr weichen Photonen während des Streuprozesses berücksichtigen. Eine allgemeine Diskussion dieses Aspekt findet sich bei Bloch und Nordsieck, *Phys. Rev.* **52** (1937) 54.

Kapitel 8

Streuung an einem statischen Potenzial: Vergleich mit experimentellen Resultaten

Wir betrachten die Streuung eines Elektrons an einem zeitunabhängigen elektrostatischen Potenzial

$$V(r) = \frac{1}{(2\pi)^3} \int d^3\boldsymbol{q}\, V(\boldsymbol{q})\, e^{i\boldsymbol{q}\cdot\boldsymbol{r}} \tag{625}$$

Dann ergibt Gleichung (543) das Matrixelement der Streuung ohne Strahlungskorrekturen, vgl. (625) und (534):

$$M_0 = 2\pi i \frac{e}{\hbar c}(u'^* u)V(\boldsymbol{q})\, \delta(q_0) \tag{626}$$

Strahlungsfreie Streuung findet nur zwischen den Zuständen statt, für die gilt:

$$q_0 = 0 \qquad |\boldsymbol{p}| = |\boldsymbol{p}'| \tag{627}$$

Der Querschnitt für die Streuung zwischen den Zuständen (542) ist, ohne Strahlungskorrekturen, pro Raumwinkelelement $d\Omega$ in der Richtung von p' gegeben durch

$$\sigma_0 = \left(\frac{em}{2\pi\hbar^2}\right)^2 |u'^* u|^2\, |V(\boldsymbol{q})|^2 d\Omega \tag{628}$$

Dies folgt sofort aus (626) mithilfe von (627) und unter Anwendung der in Kapitel 3 hergeleiteten Vorschrift, als wir die Møller-Streuung zum ersten

F. Dyson, *Dyson Quantenfeldtheorie*,
DOI 10.1007/978-3-642-37678-8_8, © Springer-Verlag Berlin Heidelberg 2014

Mal behandelt haben. Die Prozedur ist die folgende:

$$w_S = \frac{c|M_0|^2}{2\pi\,\delta(q_0)} = 2\pi\frac{e^2}{\hbar^2 c}\,|u'^*u|^2\,|V(\boldsymbol{q})|^2\,\delta(q_0)$$

$$\rho\,dE = \frac{mc^2}{E}\frac{d^3\boldsymbol{p}}{(2\pi)^3}\qquad E\,dE = \hbar^2 c^2 p\,dp\qquad d^3\boldsymbol{p} = p^2 dp\,d\Omega$$

$$\rho = \frac{mc^2}{E}\frac{p^2}{(2\pi)^3}\frac{dp}{dE}d\Omega = \frac{mp}{\hbar^2(2\pi)^3}\,d\Omega\qquad \delta(q_0) = \hbar c\,\delta(E)$$

$$w = \frac{2\pi e^2}{\hbar^2 c}\,\hbar c\,\frac{mp}{\hbar^2(2\pi)^3}\,d\Omega\,|u'^*u|^2\,|V(\boldsymbol{q})|^2 = \frac{e^2 mp}{(2\pi)^2\hbar^3}\,d\Omega\,|u'^*u|^2\,|V(\boldsymbol{q})|^2$$

$$\sigma = \frac{wV}{v}\qquad V = \frac{mc^2}{E}\qquad v = \frac{c^2\hbar p}{E}$$

$$\sigma = \frac{e^2 mp}{(2\pi)^2\hbar^3}\frac{mc^2}{E}\frac{E}{c^2\hbar p}\,d\Omega\,|u'^*u|^2|V(\boldsymbol{q})|^2 = \left(\frac{em}{2\pi\hbar^2}\right)^2\,d\Omega\,|u'^*u|^2\,|V(\boldsymbol{q})|^2$$

Summieren über die End-Spinzustände und Mittelung über die Anfangs-Spinzustände ergibt

$$\frac{1}{2}\sum_u\sum_{u'}|u'^*u|^2 = \frac{1}{2}\frac{1}{(2i\mu)^2}\,\mathrm{Sp}\left\{(\not{p}+i\mu)\gamma_4(\not{p}'+i\mu)\gamma_4\right\}$$

$$= \frac{1}{2\mu^2}\left\{\mu^2 + p_0 p_0' + \boldsymbol{p}\cdot\boldsymbol{p}'\right\} = \frac{1}{2\mu^2}\left\{2p_0^2 - \frac{1}{2}|\boldsymbol{q}|^2\right\}$$

$$= \frac{p_o^2}{\mu^2}\left\{1 - \frac{1}{4}\frac{|\boldsymbol{p}|^2 - 2\boldsymbol{p}\cdot\boldsymbol{p}' + |\boldsymbol{p}'|^2}{p_0^2}\right\} = \frac{p_o^2}{\mu^2}\left(1 - \beta^2\sin^2\frac{\theta}{2}\right)$$

$$\tag{629}$$

wobei θ der Winkel zwischen p und p' ist und außerdem gilt:

$$\beta = \frac{|\boldsymbol{p}|}{p_0} = \frac{v}{c}\tag{630}$$

Hierbei ist v die Geschwindigkeit des eingehenden Elektrons. Damit ist der Querschnitt für einen unpolarisierten Elektronenstrahl

$$\overline{\sigma}_0 = \left(\frac{eE}{2\pi\hbar^2 c^2}\right)^2\left(1 - \beta^2\sin^2\frac{\theta}{2}\right)|V(\boldsymbol{q})|^2\,d\Omega\tag{631}$$

mit der Energie E der eingehenden Elektronen.

Die Strahlungskorrektur zweiter Ordnung an M_0 ist gegeben durch (617), wofür sich in diesem Fall ergibt:

$$M_2 + M_2' = -\frac{\alpha}{3\pi} \left\{ \log \frac{\mu}{2r} + \frac{11}{24} - \frac{1}{5} \right\} \frac{q^2}{\mu^2} M_0 - \frac{\alpha}{2} \frac{e}{\hbar c \mu} (u'^* \rlap{/}{q} u) V(\boldsymbol{q}) \, \delta(q_0)$$

$$(632)$$

Dies führt zu einer Korrektur zweiter Ordnung am Querschnitt σ_0, in Anlehnung an (621). Der völlig strahlungsfreie Querschnitt für die Streuung ohne Emission eines Photons mit einer Energie über ΔE wird damit zu

$$\sigma_N = \sigma_0 + \sigma_{2N} = \left(\frac{em}{2\pi\hbar^2} \right)^2 |V(\boldsymbol{q})|^2 \, d\Omega$$

$$\times \left| \left\{ 1 - \frac{\alpha}{3\pi} \left(\log \frac{\mu}{2r} + \frac{11}{24} - \frac{1}{5} \right) \frac{q^2}{\mu^2} \right\} (u'^* u) + \frac{i\alpha}{4\pi\mu} (u'^* \rlap{/}{q} u) \right|^2 \quad (633)$$

Summation und Mittelung über die Spinzustände ergibt

$$\frac{1}{2} \sum_u \sum_{u'} (u'^* \rlap{/}{q} u)(u^* u') = \frac{1}{2(2i\mu)^2} \, \mathrm{Sp} \left\{ (\rlap{/}{p} + i\mu)\gamma_4 (\rlap{/}{p}' + i\mu)\gamma_4 \rlap{/}{q} \right\}$$

$$= -\frac{1}{8\mu^2} \, \mathrm{Sp} \left\{ i\mu \left(\rlap{/}{p} \gamma_4 \gamma_4 \rlap{/}{q} + \gamma_4 \rlap{/}{p}' \gamma_4 \rlap{/}{q} \right) \right\}$$

$$= -\frac{1}{8\mu^2} \, \mathrm{Sp} \left\{ i\mu (\rlap{/}{p} \rlap{/}{p}' - \rlap{/}{p} \rlap{/}{p} - \rlap{/}{p}' \rlap{/}{p}' + \rlap{/}{p}' \rlap{/}{p}) \right\}$$

$$= -\frac{1}{8\mu^2} \, \mathrm{Sp} \left\{ i\mu (\rlap{/}{p}' - \rlap{/}{p})(\rlap{/}{p}' - \rlap{/}{p}) \right\} = \frac{i}{2\mu} q^2 \quad (634)$$

Damit erhalten wir für einen unpolarisierten Elektronenstrahl den strahlungsfreien Querschnitt

$$\bar{\sigma}_N = \left(1 - \frac{2\alpha}{3\pi} \left(\log \frac{\mu}{2r} + \frac{11}{24} - \frac{1}{5} \right) \frac{q^2}{\mu^2} \right) \bar{\sigma}_0 - \left(\frac{em}{2\pi\hbar^2} \right)^2 |V(\boldsymbol{q})|^2 d\Omega \, \frac{\alpha}{4\pi} \frac{q^2}{\mu^2}$$

$$(635)$$

Da wir nur bis zur Ordnung q^2 in den Strahlungskorrekturen arbeiten, können wir hier den zweiten Term ersetzen durch

$$-\frac{\alpha}{4\pi} \frac{q^2}{\mu^2} \bar{\sigma}_0 \qquad (636)$$

Damit erhalten wir

$$\sigma_N = \left(1 - \frac{2\alpha}{3\pi} \left(\log \frac{mc^2}{2\Delta E} + \frac{5}{6} - \frac{1}{5} \right) \frac{q^2}{\mu^2} \right) \bar{\sigma}_0 \qquad (637)$$

Die Gleichungen (628) und (631) sind für Elektronen jeder Energie gültig, während (632) und (637) nur für langsame Elektronen gelten, wobei Terme einer Ordnung höher als αq^2 vernachlässigt werden.

Um die r-Abhängigkeit in (637) aufzuheben, müssen wir den Querschnitt für die Streuung unter Emission eines Photons mit einer Frequenz größer als r betrachten. Weil das Elektron nun als langsam angenommen wird, ist die maximal mögliche Energie des Photons

$$\hbar c k_{\mathrm{max}} = E - mc^2 \approx \frac{\hbar^2}{2m}|\boldsymbol{p}|^2 \tag{638}$$

Damit ist bei allen möglichen Photonen der Impuls $\hbar|\boldsymbol{k}'|$ sehr klein im Vergleich zum Impuls $\hbar|\boldsymbol{p}|$ der Elektronen. Somit kann der Rückstoß des Elektrons, der durch den vom Photon abgeführten Impuls verursacht wird, immer vernachlässigt werden. Das Matrixelement und die Wahrscheinlichkeit für die Streuung mit Strahlung ergeben sich durch (618) bzw. (620), sogar wenn das Photon einen großen Teil der kinetischen Energie des Elektrons abführt.

Wir nehmen nun ein Streuexperiment an, in welchem nur die Richtung des auftretenden Elektrons gemessen wird und nicht dessen Energie. Dann bemisst der Querschnitt $\overline{\sigma}_R$ für Streuung mit Strahlung die gesamte Wahrscheinlichkeit der Streuung des Elektrons in einen Raumwinkel $d\Omega$ unter Emission eines Photons mit einer Frequenz zwischen dem unteren Limit r und dem oberen Limit k_{max}, das durch (638) gegeben ist. Der beobachtete Querschnitt ist daher

$$\sigma_T = \overline{\sigma}_N + \overline{\sigma}_R \tag{639}$$

mit dem gleichen Niederfrequenz-Cut-Off r sowohl in $\overline{\sigma}_N$ als auch in $\overline{\sigma}_R$. Daher liefert σ_T den Streuquerschnitt in einen gegebenen Raumwinkel $d\Omega$ mit oder ohne Photonenemission. Weil σ_T direkt beobachtet wird, muss es divergenzfrei und unabhängig von r sein.

Beim Streuprozess mit Strahlung können wir den Endimpuls des Elektrons zu $\lambda\hbar p'$ annehmen, mit $0 < \lambda < 1$, wobei p' die Gleichung (627) erfüllt. Anstelle von (627) ergibt die Energieerhaltung nun gemäß (638):

$$\hbar|\boldsymbol{p}|^2(1 - \lambda^2) = 2mc|\boldsymbol{k}'| \tag{640}$$

Nach (620) ist die Wahrscheinlichkeit für die Streuung eines Elektrons in einen Zustand $\lambda\hbar p'$ unter Emission eines Photons in eine beliebige Richtung und mit einer Frequenz im Bereich $(k', k' + dk')$ gegeben durch

$$w_R(k') = \frac{2\alpha}{3\pi} \frac{dk'}{k'} \frac{|\boldsymbol{p} - \lambda\boldsymbol{p}'|^2}{\mu^2} |M_0|^2 \tag{641}$$

Dies entspricht dem differenziellen Querschnitt

$$\sigma_R(k') = \frac{2\alpha}{3\pi} \frac{dk'}{k'} \frac{|\boldsymbol{p} - \lambda\boldsymbol{p}'|^2}{\mu^2} \lambda \left(\frac{eE}{2\pi\hbar^2 c^2} \right)^2 |V(p - \lambda p')|^2 \, d\Omega \qquad (642)$$

für die Streuung in den Raumwinkel $d\Omega$. Hierbei vernachlässigen wir nun den Term in β, welcher in (631) auftauchte, denn (642) ist selbst von der Ordnung $\alpha\beta^2$, und wir haben höhere Terme vernachlässigt. Der Faktor λ folgt aus $\frac{p_{\text{End}}}{p'}$. Gemäß (640) gilt

$$\frac{dk'}{k'} = -\frac{2\lambda \, d\lambda}{1 - \lambda^2} \qquad (643)$$

Also ist der über die Quantenfrequenz integrierte Querschnitt mit Strahlung

$$\bar{\sigma}_R = \frac{2\alpha}{3\pi} \int_0^{\lambda_m} \frac{2\lambda^2 \, d\lambda}{1 - \lambda^2} \frac{|\boldsymbol{p} - \lambda\boldsymbol{p}'|^2}{\mu^2} \left(\frac{eE}{2\pi\hbar^2 c^2} \right)^2 |V(p - \lambda p')|^2 \, d\Omega \qquad (644)$$

wobei gemäß (640) und (638) gilt:

$$\lambda_m = \sqrt{1 - \frac{r}{k_{\max}}} = \sqrt{1 - \frac{\Delta E}{T}} \qquad (645)$$

Darin ist T die anfängliche kinetische Energie des Elektrons, die durch (638) gegeben ist.

Nun können wir (637) und (644) miteinander kombinieren und erhalten mithilfe von (639) und (629):

$$\sigma_T = \left(1 - \frac{2\alpha}{3\pi} \left(\log \frac{mc^2}{2T} + \frac{5}{6} - \frac{1}{5} \right) 4\beta^2 \sin^2 \frac{\theta}{2} \right) \bar{\sigma}_0 + \frac{2\alpha}{3\pi} \left(\frac{e}{2\pi\hbar c} \right)^2 d\Omega$$

$$\times \int_0^1 \frac{2\lambda \, d\lambda}{1 - \lambda^2} \left\{ \lambda |\boldsymbol{p} - \lambda\boldsymbol{p}'|^2 |V(p - \lambda p')|^2 - |\boldsymbol{p} - \boldsymbol{p}'|^2 |V(p - p')|^2 \right\}$$

$$(646)$$

Hier haben wir folgenden Trick angewendet: Das Integral über λ „explodiert" bei $\lambda = 1$. Deshalb subtrahieren wir im Zähler seinen Wert bei $\lambda = 1$, wodurch sich das Integral korrekt verhält und es uns erlaubt, die obere Grenze von λ_m auf 1 für kleine ΔE zu verschieben. Wir müssen dann aber auch den Integranden mit dem Zähler, bei dem $\lambda = 1$ ist, addieren. Damit erhalten wir einen logarithmischen Term, den wir mit (637) kombinieren, um den ersten Teil von (646) zu erhalten.

Gleichung (646) liefert uns ein Ergebnis der Form

$$\sigma_T = \left(1 - \frac{8\alpha}{3\pi}\beta^2 \sin^2 \frac{\theta}{2}\left\{\log \frac{mc^2}{2T} + f(\theta)\right\}\right)\bar{\sigma}_0 \qquad (647)$$

wobei $f(\theta)$ bei kleinen Geschwindigkeiten unabhängig von T und im Vergleich zum Logarithmus von der Ordnung 1 ist. Für jedes spezielle Potenzial kann $f(\theta)$ berechnet werden.

Aus der Beziehung (647) erkennen wir, dass die beobachtbare Strahlungs-korrektur nicht von der Ordnung α ist, sondern von der Ordnung

$$\alpha \left(\frac{v}{c}\right)^2 \log \left(\frac{c}{v}\right) \qquad (648)$$

Diese ist viel kleiner, wenn v nicht-relativistisch ist. Daher kann die Korrektur *niemals* bei einem nicht-relativistischen Streuexperiment beobachtet werden. Im relativistischen Bereich ist der Effekt, wie durch (647) gegeben, von der Größenordnung α, aber die korrekte Formel ist dann wesentlich komplizierter.

Die exakten Formeln für den nicht-relativistischen und den relativisti-schen Fall wurden von J. Schwinger berechnet: *Phys. Rev.* **76** (1949) 790.

Eine experimentelle Überprüfung im relativistischen Bereich liegt am Rande des Möglichen; siehe Lyman, Hanson und Scott, *Phys. Rev.* **84** (1951) 626. Die Streuung von 15-MeV-Elektronen an Atomkernen wurde mit ei-ner sehr guten Energieauflösung $\Delta E/E$ von 1–3 % gemessen. In diesem Fall wurde *nur* der strahlungsfreie Querschnitt $\bar{\sigma}_N$ beobachtet. Daher wird die Strahlungskorrektur, die durch die relativistische Form von (637) gegeben ist, recht groß. Tatsächlich ist die Strahlungskorrektur in $\bar{\sigma}_N$ im relativistischen Bereich von der Ordnung

$$\alpha \left\{\log \frac{\Delta E}{E}\right\}\left\{\log \frac{E}{mc^2}\right\} \qquad (649)$$

Siehe hierzu Schwinger, *Phys. Rev.* **76**, 813, Gleichung (2.105), wo aber die Notation fälschlich K anstatt k lautet, wofür in diesem Buch μ verwendet wird. Unter den Bedingungen des Experiments von Lyman, Hanson und Scott hat (649) einen Einfluss von 5 %, der eindeutig beobachtet werden konnte, da die experimentellen Fehler bei etwa 2 % lagen. Jedoch beruht (649) haupt-sächlich auf niederenergetischen virtuellen Photonen, deren Energien bis zu ΔE hinabreichen. Was beobachtet wurde, ist einfach die Abnahme des strah-lungsfreien Querschnitts durch die Konkurrenz von Streuung mit Strahlung und dem Energieverlust im Bereich $[\Delta E, E]$. Daher ist die Messung von (649) durch Lyman, Hanson und Scott eigentlich nur eine sehr ungenaue Messung des Querschnitts für die Bremsstrahlung, der viel genauer beobachtet werden kann, indem man die real emittierten Photonen beobachtet.

Der theoretisch interessante Teil der Strahlungskorrekturen ist der Teil, welcher nicht nur ein Effekt der realen Bremsstrahlung ist. Dieser Teil ergibt sich durch die Terme in $\overline{\sigma}_N$, die von der Ordnung 1 im Vergleich mit $\log(\Delta E/E)$ sind, das in (649) auftaucht. Beispielsweise müssten wir die Experimente mit ausreichender Genauigkeit durchführen, um die Terme $(\frac{5}{6} - \frac{1}{5})$ in (637) zu sehen, wenn wir die theoretischen Strahlungskorrekturen bei geringen Geschwindigkeiten überprüfen wollten. Im relativistischen Bereich sind die „wahren" Strahlungskorrekturen nicht von der Ordnung gemäß (649), sondern von der Ordnung

$$\alpha \log \left(\frac{E}{mc^2} \right) \tag{650}$$

betragen also beim LHS-Experiment ca. 2 %. Solche Effekte zu detektieren, ist bereits möglich, aber sie in einem treuexperiment genau zu beobachten, ist kaum zu erhoffen. Dies ist alles, was wir zur Zeit über Strahlungskorrekturen bei der Streuung durch ein elektrostatisches Potenzial sagen können.

8.1 Das magnetische Moment des Elektrons

Die Streuung an einem elektrostatischen Potenzial wird durch die zwei Terme in (617) beschrieben. Beide ergeben Beiträge zum Querschnitt in der gleichen Größenordnung $\alpha(q^2/\mu^2)$. Was ist dann die Bedeutung der speziellen Form des zweiten Terms in (617)? Dieser Term hat keine Infrarotdivergenz und sollte daher besonders einfach experimentell zu interpretieren sein.

Wir betrachten die Streuung eines langsamen Elektrons in einem sich langsam ändernden magnetischen Feld. Die Potenziale (534) können dann als reines Vektorpotenzial angenommen werden, sodass gilt:

$$e_4(q) = 0 \tag{651}$$

Die Matrixelemente von $\gamma_1, \gamma_2, \gamma_3$ zwischen Elektronenzuständen mit positiven Energien sind von der Ordnung (v/c). Damit ist M_0, gegeben durch (543), von der Ordnung (v/c). Der erste Term in (617) ist daher von der Ordnung $\alpha(v/c)^3$, während der zweite Term von der Ordnung $\alpha(v/c)$ ist. Daher ist der zweite Term in (617) der Hauptterm für magnetische Effekte, und der erste Term kann ignoriert werden. Die Bedeutung des zweiten Terms muss demnach eine Änderung der *magnetischen Eigenschaften* eines nichtrelativistischen Elektrons sein.

Wie wir es bei der Diskussion der Dirac-Gleichung gesehen haben – siehe Gleichungen (99) und (100) –, verhält sich ein Elektron wegen seiner Ladung $(-e)$ in nicht-relativistischer Näherung so, als ob es das magnetische Moment

$$M = -\frac{e\hbar}{2mc} \tag{652}$$

besäße. Dieses Moment entspricht einer Energie der Wechselwirkung mit einem externen Maxwell-Feld $(\boldsymbol{E}, \boldsymbol{H})$, gegeben durch den Term

$$H_M = -M(\boldsymbol{\sigma} \cdot \boldsymbol{H} - i\boldsymbol{\alpha} \cdot \boldsymbol{E}) \tag{653}$$

der in der nicht-relativistischen Schrödinger-Gleichung (100) auftaucht.

Nun nehmen wir an, das Elektron besäße ein zusätzliches magnetisches Moment δM, welches nicht von der Ladung herrührt. Ein solches zusätzliches Moment wird anormal genannt. Um einem Elektron ein anormales Moment zuzuweisen, müssen wir zum Hamiltonian nur einen beliebigen Term addieren, der proportional zu (653) ist. Beim Vergleich von (654) mit (97) und (98) sehen wir, dass (653) eine relativistische Invariante ist, sodass wir schreiben können:

$$H_M = \frac{1}{2}iM \sum_\mu \sum_\nu \sigma_{\mu\nu} F_{\mu\nu} \tag{654}$$

Demnach hat ein Elektron ein anormales magnetisches Moment δM, wenn der Term

$$L_M = -\frac{1}{2}i\delta M \sum_\mu \sum_\nu \sigma_{\mu\nu} F_{\mu\nu} \tag{655}$$

zur Lagrangian-Dichte addiert wird. Das bezieht sich noch immer auf die Ein-Elektronen-Dirac-Gleichung.

In der Theorie des quantisierten Dirac-Feldes ist die entsprechende Addition zur Lagrangian-Dichte (410) gegeben durch

$$\mathscr{L}_M = -\frac{1}{2}i\delta M \overline{\psi} \sum_\mu \sum_\nu \sigma_{\mu\nu} \psi F_{\mu\nu}^e \tag{656}$$

Dabei nehmen wir an, dass das anormale Moment mit dem externen Maxwell-Feld wechselwirkt.

Der zur Lagrangian-Dichte additive Term (656) ergibt eine relativistisch invariante Beschreibung eines anormalen Moments.

Wir betrachten nun die Auswirkung von (656) auf die Streuung eines Elektrons durch die Potenziale (534) und behandeln die Streuung in der

Born-Näherung unter Berücksichtigung der Gleichung (420). Dann erhalten wir für den Beitrag von (656) zum Streumatrixelement

$$U_M = \sum_{\mu,\nu} \frac{\delta M}{2\hbar c} \int \overline{\psi}(x)\sigma_{\mu\nu}\psi(x)F_{\mu\nu}^e(x)\,dx \tag{657}$$

wobei sich das Integral über die gesamte Raumzeit erstreckt. Wenn wir für die Anfangs- und die Endwellenfunktion des Elektrons die Gleichung (542) verwenden und q und e durch (544) bzw. (545) definieren, dann wird das Matrixelement zu

$$U_M = i\frac{\delta M}{2\hbar c} \sum_{\mu,\nu} (\overline{u}'\sigma_{\mu\nu}u)(q_\mu e_\nu - q_\nu e_\mu) = i\frac{\delta M}{2\hbar c}\left[\overline{u}'(\not{q}\not{e} - \not{e}\not{q})u\right] \tag{658}$$

Hier haben wir die Beziehung $\gamma_k\gamma_\ell = i\sigma_m$ genutzt, wobei $k,\ell,m = (1,2,3)$ zyklisch permutiert werden. Da wir auch angenommen haben, dass (588) gilt, können wir einfach schreiben:

$$U_M = -i\frac{\delta M}{\hbar c}(\overline{u}'\not{e}\not{q}u) \tag{659}$$

Jetzt vergleichen wir das Matrixelement (659) mit (617) und sehen, dass der magnetische Effekt der Strahlungskorrektur zweiter Ordnung zur Streuung dadurch genau beschrieben werden kann, dass man sagt: Das Elektron hat ein anormales magnetisches Moment δM, für das gilt:

$$\delta M = -\frac{\alpha}{4\pi}\frac{e\hbar}{mc} = +\frac{\alpha}{2\pi}M \tag{660}$$

Dies ist die berühmte Schwinger-Korrektur am magnetischen Moment des Elektrons, die wir nun berechnet haben.

Nicht nur bei der Streuung, sondern bei allen Phänomenen im nicht-relativistischen Bereich ist der magnetische Teil der Strahlungskorrektur zweiter Ordnung zur Bewegung des Elektrons ebenso einfach wie das anormale magnetische Moment gemäß (660).

Dieses anormale Moment wurde von Kusch, Prodell und Koenig (*Phys. Rev.* **83** (1951) 687) durch äußerst genaue Experimente bestätigt. Sie fanden den Wert

$$\frac{\delta M}{M} = 0.001145 \pm 0.000013$$

Der von Karplus and Kroll (*Phys. Rev.* **77** (1950) 536) berechnete Wert, der eine α^2-Korrektur vierter Ordnung beinhaltet, ist

$$\frac{\delta M}{M} = \frac{\alpha}{2\pi} - 2.973\left(\frac{\alpha^2}{\pi^2}\right) = 0.0011454$$

8.2   Relativistische Berechnung der Lamb-Verschiebung

Für eine korrekte relativistische Berechnung der Lamb-Verschiebung müssen
wir die vorher durchgeführte Behandlung der Linienverschiebung und Linienbreite wiederholen, diesmal jedoch mit der relativistischen Theorie für das
Atom. Daher müssen wir nun die Bewegungsgleichung für das Atom inklusive
des Strahlungsfelds in der *gebundenen Wechselwirkungsdarstellung* aufstellen. Die Bewegungsgleichung ist dann durch (245) und (247) gegeben, wobei
aber der j_μ-Operator das System eines relativistischen Atoms beschreibt. Die
Lösung von (245) kann dann – wie im nicht-relativistischen Fall – mithilfe
der bekannten Wellenfunktionen der stationären Zustände des Atoms gefunden werden. Auf diesem Weg wurde die Lamb-Verschiebung von Lamb und
Kroll berechnet; siehe *Phys. Rev.* **75** (1949) 388. Jedoch traten dabei Probleme beim Subtrahieren des divergenten Massenrenormierungseffekts auf. Weil
die Berechnung komplett mit atomaren Wellenfunktionen ausgeführt wurde,
war es nicht möglich, durchgehend die relativistisch invariante Notation zu
nutzen. Daher konnte der Massenterm nicht eindeutig von den übrigen endlichen Termen getrennt werden, und zwar wegen seiner Abhängigkeit vom
Teilchenimpuls p. Die Separierung erfolgte hier beispielsweise in Gleichung
(566) während der Berechung der Strahlungskorrekturen der Streuung. Das
Endergebnis von Lamb und Kroll galt aufgrund der Schwierigkeiten mit der
Massenseparation als unsicher. Sie erhielten schließlich das korrekte Ergebnis
1052 MHz, jedoch nur mithilfe des experimentell *gemessenen* Wertes $\alpha/2\pi$
des anomalen magnetischen Moments des Elektrons.

Bei der Berechnung der Strahlungskorrekturen der Streuung haben wir
gelernt, dass wir eine klare Separation der Massenrenormierung von beobachtbaren Effekten durchführen können, indem wir die Berechnungen so ein-
richten, dass die Separation für ein Teilchen mit dem Impuls p in einem
variablen Lorentz-Systems durchgeführt wird. Durch Variation des Lorentz-
System können wir dann p ändern und damit den Massenterm eindeutig als
den Ausdruck bestimmen, der die korrekte Abhängigkeit von p aufweist. Um
in einem variablen Lorentz-System arbeiten zu können, müssen wir mit einer
vom Lorentz-System unabhängigen Darstellung arbeiten, sodass die Berechnungen formal invariant sind. Die einzig brauchbare invariante Beschreibung
ist die *freie Wechselwirkungsdarstellung*.

Daher müssen wir die Bewegungsgleichung zuerst in der *freien Wechselwirkungsdarstellung* formulieren, dann eine relativistisch invariante Berechnung durchführen, um die divergenten Renormierungseffekte eindeutig zu
identifizieren und zu eliminieren. Danach müssen wir wieder in die *gebundene Wechselwirkungsdarstellung* transformieren, um die Linienverschiebung

endgültig auszurechnen. Diese zweiteilige Berechnung ist unbedingt notwendig, um die richtigen Ergebnisse zu erhalten. Dies war Schwingers Idee.

In der freien Wechselwirkungsdarstellung lautet die Bewegungsgleichung

$$i\hbar\frac{\partial\Psi}{\partial t} = \left(H^e(t) + H^I(t)\right)\Psi \tag{661}$$

wobei H^I durch (532) einschließlich des Massenrenormierungsterms H_S gegeben ist. Der erste Schritt zur Lösung von (661) besteht in dem Ansatz

$$\Psi(t) = \Omega_1\Phi(t) \tag{662}$$

wobei $\Omega_1(t)$ wie in (492) definiert ist – jedoch unter Ersetzen von $e\overline{\psi}A\psi$ durch $[e\overline{\psi}A\psi + i\,\delta m\,c^2\overline{\psi}\psi]$ – und die Funktion $g_A(t)$ wie zuvor am Ende der Berechnung zum Limes $g_A(t) \to 1$ wird. Der Operator $\Omega_1(t)$ erfüllt die Beziehung

$$i\hbar\frac{\partial\,\Omega_1(t)}{\partial t} = H^I(t)\,\Omega_1(t) \tag{663}$$

für jeden Wert von t, der nicht in der fernen Vergangenheit liegt. Somit können wir $g_A(t) = 1$ setzen. Damit ist die Bewegungsgleichung von $\Phi(t)$, hergeleitet aus (661), gegeben durch

$$i\hbar\frac{\partial\Phi}{\partial t} = H_T(t)\Phi \tag{664}$$

$$H_T(t) = (\Omega_1(t))^{-1}\,H^e(t)\,\Omega_1(t) \tag{665}$$

Der kovariante Teil der Berechnung, der in der freien Wechselwirkungsdarstellung ausgeführt wird, ist nur das Evaluieren dieses transformierten Hamiltonians $H_T(t)$.

8.2.1 Der kovariante Teil der Berechnung

Wir beginnen mit

$$H_F(t) = \Omega_2(t)\,H^e(t)\,\Omega_1(t) \tag{666}$$

wobei Ω_2 durch (490) gegeben ist. Dann ist

$$H_T(t) = (\Omega_2(t)\Omega_1(t))^{-1}\,H_F(t) = S^{-1}H_F(t) \tag{667}$$

wobei S, gegeben durch (495), die Streumatrix ohne externes Potenzial A^e_μ ist. Wir sollten uns nun auf Systeme beschränken, in denen nur ein Elektron vorhanden ist. Wir haben in Gleichung (533) gesehen, dass S, auf einen

Ein-Elektronen-Zustand angewandt, gleichbedeutend damit ist, dass S wie die Einheitsmatrix wirkt. Also bewirkt S bei Ein-Teilchen-Zuständen keine wirkliche Streuung oder Phasenverschiebung. Daher können wir bei der Diskussion des Wasserstoffatoms S^{-1} in (667) einfach vernachlässigen und schreiben:

$$H_T(t) = H_F(t) \tag{668}$$

Nun ist in $H_F(t)$ der Term, der $H^e(t)$ in der Reihenentwicklung (421) enthält. Also erhalten wir mithilfe direkter Multiplikation der Reihen von Ω_1 und Ω_2:

$$H_F(t) = \sum_{n=0}^{\infty} \left(\frac{-i}{\hbar}\right)^n \frac{1}{n!} \int \cdots \int dt_1 \, dt_2 \ldots dt_n$$

$$\times P\left\{H^e(t), H^I(t_1), \ldots, H^I(t_n)\right\} \tag{669}$$

Die Cut-Off-Funktionen $g(t_i)$ verstehen wir immer als implizit vorhanden, falls sie nicht direkt formuliert sind. Nun ist (667) direkt mit dem Operator U verknüpft, der durch (535) gegeben ist:

$$U = -\frac{i}{\hbar} \int_{-\infty}^{\infty} H_F(t) \, dt \tag{670}$$

Wir setzen nun

$$H_T(t) = H^e(t) + H_{T1}(t) + H_{T2}(t) \tag{671}$$

und entwickeln H_T in Potenzen der Strahlungswechselwirkung, wie wir es für U in (536) bis (540) getan haben. Jedoch wurden die Matrixelemente $(U_2 + U_2^1)$, die die Ein-Elektronen-Übergänge beschrieben, bereits berechnet und sind durch (617) gegeben, unter der Voraussetzung nicht-relativistischer Geschwindigkeiten des Elektrons. Damit können wir direkt eine Formel für den Operator H_{T2} aufstellen, die für Ein-Elektronen-Übergänge bei nicht-relativistischen Geschwindigkeiten gültig ist. In (617) kann jeder Faktor q_λ ersetzt werden durch $(-i\partial/\partial x_\lambda)$, das auf die Potenziale (534) wirkt. Damit wird (617) zu

$$U_2 + U_2' = \frac{1}{\mu^2} \frac{\alpha}{3\pi} \left\{\log \frac{\mu}{2r} + \frac{11}{24} - \frac{1}{5}\right\} \left(\frac{e}{\hbar c}\right) \int \overline{\psi}(\Box^2 \slashed{A})\psi(x) \, dx$$

$$+ \frac{\alpha}{4\pi} \frac{e}{mc^2} \int \overline{\psi} \sum_\lambda \frac{\partial \slashed{A}}{\partial x_\lambda} \gamma_\lambda \psi(x) \, dx \tag{672}$$

Mithilfe von (670) und (668) folgt

$$H_{T2} = \frac{ie}{\mu^2}\frac{\alpha}{3\pi}\left\{\log\frac{\mu}{2r} + \frac{11}{24} - \frac{1}{5}\right\}\int \overline{\psi}(\Box^2 \slashed{A})\psi(x)\,d^3\boldsymbol{x}$$

$$+ \frac{\alpha}{4\pi}\frac{ie\hbar}{mc}\int \overline{\psi}\sum_\lambda \frac{\partial \slashed{A}}{\partial x_\lambda}\gamma_\lambda\psi(x)\,d^3\boldsymbol{x} \tag{673}$$

Im Spezialfall eines zeitunabhängigen elektrostatischen Potenzials, das gegeben ist durch

$$A_4 = i\varphi(r), \qquad V = -e\varphi \tag{674}$$

$$H^e(t) = \int V(r)(\psi^*\psi)\,d^3\boldsymbol{r} \tag{675}$$

erhalten wir

$$H_{T2} = \frac{\alpha}{3\pi\mu^2}\left\{\log\frac{\mu}{2r} + \frac{11}{24} - \frac{1}{5}\right\}\int (\nabla^2 V)(\psi^*\psi)d^3\boldsymbol{r}$$

$$- \frac{i\alpha}{4\pi\mu}\int \psi^*\gamma_4(\boldsymbol{\alpha}\cdot\nabla V)\psi\,d^3\boldsymbol{r} \tag{676}$$

Die Berechnung von H_{T2}, die den Hauptteil der Berechnung der Lamb-Verschiebung ausmacht, kann nun also direkt aus der Berechnung der Streuung übernommen werden. Insbesondere müssen wir nicht erneut darüber nachdenken, wie wir die divergenten Renormierungseffekte eliminieren können. Sobald (676) hergeleitet ist, ist alles endlich, und wir dürfen den Rest der Berechnung auf einem nicht-kovarianten Weg durchführen. Aber es ist zu beachten, dass der niederenergetische Photonenfrequenz-Cut-Off r weiterhin in (676) auftaucht. Wir erwarten, dass diese Abhängigkeit von r letztlich verschwindet, sobald wir die Effekte von H_{T1} berücksichtigt haben, da der gleiche Cut-Off sowohl in H_{T1} als auch H_{T2} verwendet wird.

Der nächste Schritt ist die Evaluation von H_{T1}, die mit U_1 auf die gleiche Weise verknüpft ist wie H_{T2} mit $(U_2 + U_2^1)$. Gemäß (484) ist das Matrixelement von U_1 für einen Ein-Elektronen-Übergang zwischen den Zuständen (542), der zu einer Emission eines Photons entsprechend (440) führt, gegeben durch

$$M_1 = -\frac{e^2}{\hbar^2 c^2}\overline{u}'\left\{\slashed{e}\frac{1}{\slashed{p} - \slashed{k}' - i\mu}\slashed{e}' + \slashed{e}'\frac{1}{\slashed{p}' + \slashed{k}' - i\mu}\slashed{e}\right\}u \tag{676a}$$

wobei nun

$$e_\mu = e_\mu(p' + k' - p) \tag{677}$$

durch die Fourier-Entwicklung (534) gegeben ist. Wir können die einfache
Form (546) für M_1 noch nicht verwenden, da wir nicht wissen, dass $k' \ll p, q$
für die Photonen gilt, was bei diesem Problem sehr wichtig ist. Mithilfe der
Dirac-Gleichung, die durch u und u' erfüllt wird, können wir ohne Nähe-
rungen, unter Anwendung von (587) und der Regel (4) in Abschnitt 7.3,
Folgendes schreiben:

$$M_1 = -\frac{e^2}{2\hbar^2 c^2}\, \overline{u}' \left\{ \frac{\displaystyle \not{e}\not{k}'\not{e}' - 2(p \cdot e')\not{e}}{p \cdot k'} + \frac{\not{e}'\not{k}'\not{e} + 2(p' \cdot e')\not{e}}{p' \cdot k'} \right\} u \qquad (677a)$$

Da p und p' als nicht-relativistisch angenommen wurden, gilt:

$$p \cdot k' = p' \cdot k' = -\mu k_0'$$

und daher

$$M_1 = \frac{e^2}{2\hbar^2 c^2 \mu k_0'}\, \overline{u}' \left\{ 2 \left((p' - p) \cdot e' \right) \not{e} + \not{e}'\not{k}'\not{e} + \not{e}\not{k}'\not{e}' \right\} u \qquad (678)$$

Weil wir nur ein elektrostatisches Potenzial (674) betrachten, ist $\not{e}$ einfach
ein Vielfaches von γ_4. Falls k_3' der raumartige Teil des Vektors k' ist, folgt:

$$\not{e}'\not{k}_3'\not{e} + \not{e}\not{k}_3'\not{e}' = \not{e} \left\{ \not{e}'\not{k}_3' + \not{k}_3'\not{e}' \right\} = 0$$

und somit

$$\not{e}'\not{k}_3'\not{e} + \not{e}\not{k}_3'\not{e}' = ik_0'\, \not{e}' \left(2\gamma_4\not{e} \right) \qquad (679)$$

Nun ist dieser Term klein im Vergleich zu dem anderen Term in (678), da
$\not{e}'$ nur die Matrizen $\gamma_1, \gamma_2, \gamma_3$ beinhaltet, während $\not{e}$ auch γ_4 enthält. Zudem
sind die Matrixelemente $\gamma_1, \gamma_2, \gamma_3$ für nicht-relativistische Übergänge klein
und von der Ordnung (v/c). Der Term (679) beschreibt also eine magneti-
sche, aber der Term in (678) eine elektrische Strahlung. Der elektrische Term
entspricht einem Effekt in der Ordnung der Lamb-Verschiebung. Somit können wir in unserer Näherung den magnetischen Term vernachlässigen, sodass
folgt:

$$M_1 = \frac{e^2}{\hbar^2 c^2 \mu k_0'} \left((p' - p) \cdot e' \right) \left(\overline{u}'\not{e}u \right) \qquad (680)$$

Dies ist das gleiche Resultat, das wir auch mit (546) erhalten sollten.

Es sei $Z_A(x)$ der Hertz'sche Vektor, der den Potenzialen des Strahlungsfeldes $A_\lambda(x)$ entspricht, die definiert sind durch

$$A_\lambda(x) = \frac{d}{dt} Z_\lambda(x) \qquad (681)$$

Das Matrixelement von $Z_\lambda(x)$ bei der Emission eines Photons mit den Potenzialen (440) ist dann

$$Z_\lambda(x) = \frac{1}{ick_0'} e_\lambda' e^{-ik' \cdot x} \tag{682}$$

Man vergleiche dies mit Gleichung (422).

Damit können wir für den Operator U_1, welcher das Matrixelement (680) hat, schreiben:

$$U_1 = \frac{e^2}{\hbar^2 c\mu} \int dx\, \overline{\psi} (Z \cdot \partial) \slashed{A}^e \psi(x) \tag{683}$$

Mithilfe von (670) und gemäß (674) ergibt dies

$$H_{T1} = \frac{e}{\hbar\mu} \int \psi^*(Z \cdot \partial V)\psi\, d^3 r \tag{684}$$

Dies vervollständigt die Evaluierung von H_T.

8.2.2 Diskussion und Natur der Φ-Darstellung

Um den Effekt der Transformation (662) zu verstehen, müssen wir Folgendes betrachten: Wenn $\Psi(t)$ der Zustand eines realen Elektrons ohne externes Feld ist, dann ist $\Phi(t)$ unabhängig von t und stellt damit ein „nacktes" Elektron mit dem gleichen Impuls wie dem des realen Elektrons dar. In einem realen Wasserstoffatom können wir den Zustand $\Psi(t)$ sehr gut als Superposition von Zuständen eines einzelnen realen freien Elektrons nähern. Dann ist $\Phi(t)$ eine Superposition von Zuständen eines einzelnen nackten Elektrons mit der gleichen Verteilung von Impulsen. Damit haben wir durch die Transformation von Ψ zu Φ das Strahlungsfeld, dass das Elektron umgibt, eliminiert, wobei alle verbleibenden Effekte dieses Strahlungsfeldes nun im Operator H_T enthalten sind.

Wichtig ist dabei, dass in der Φ-Darstellung die Feldoperatoren weiterhin Operatoren freier Teilchen sind, mit den richtigen Bewegungsgleichungen für Operatoren in der freien Wechselwirkungsdarstellung. Daher ist die Transformation (662) nur eine Transformation von einem Variablensatz zu einem anderen in der freien Wechselwirkungsdarstellung und führt nicht zum Verlassen der freien Wechselwirkungsdarstellung. Dieser Punkt wurde in Schwingers Artikeln nicht ausreichend erklärt.

Es sei $Q(x)$ ein Feldoperator in der Ψ-Darstellung. Daher erfüllt $Q(x)$ als Operator in der freien Wechselwirkungsdarstellung die Beziehung

$$i\hbar \frac{dQ}{dt} = [Q, H_0] \tag{685}$$

Dabei ist H_0 der Hamiltonian des Dirac- und des Maxwell-Feldes ohne Wechselwirkung. In der Φ-Darstellung ist der entsprechende Feldoperator

$$Q'(x) = (\Omega_1(t))^{-1} Q(x) \Omega_1(t) \tag{686}$$

Nun ist $\Omega_1(t)$ durch (492) gegeben, wobei wir jetzt $g_A = 1$ setzen. Die Operatoren, die in (492) auftauchen, sind sämtlich Operatoren in der freien Wechselwirkungsdarstellung und erfüllen die Bewegungsgleichungen der Form (685). Wenn wir nun die Integrationen in (492) ausführen, dann sind die Zeitvariationen immer noch durch (685) gegeben, außer bei den Termen, die Übergängen entsprechen, bei denen die Energie erhalten bleibt. Die energieerhaltenden Matrixelemente zeigen nach der Integration eine explizite lineare Abhängigkeit von t nach der Integration, was im Widerspruch zu (685) steht. Daher folgern wir, dass die Bewegungsgleichung

$$i\hbar \frac{d\Omega_1}{dt} = [\Omega_1, H_0] \tag{687}$$

für alle Matrixelemente von Ω_1 gilt, welche in der freien Wechselwirkungsdarstellung nicht diagonal sind. Die gleiche Bewegungsgleichung ist mit der gleichen Bedingung durch $(\Omega_1(t))^{-1}$ erfüllt. Nun haben wir erkannt, dass $\Omega_1(t)$ in H_0 keine diagonalen Matrixelemente hat, welche Übergängen in oder von Ein-Teilchen-Zuständen entsprechen. Daher gilt (687) für alle Matrixelemente, für die entweder der Anfangs- oder der Endzustand ein Ein-Teilchen-Zustand ist.

Durch Kombination von (687) und der entsprechenden Gleichung für $(\Omega_1)^{-1}$ mit (685) und (686) erhalten wir

$$i\hbar \frac{dQ'}{dt} = [Q', H_0] \tag{688}$$

Diese Gleichung ist gültig für alle Matrixelemente zwischen Ein-Teilchen-Zuständen. Daher können wir folgern: Solange wir nur Ein-Teilchen-Systeme betrachten, wird (688) von allen Feldoperatoren in der Φ-Darstellung erfüllt. Somit ist die Φ-Darstellung noch immer Teil der freien Wechselwirkungsdarstellung.

Wenn wir Systeme betrachten, die mehr als ein Teilchen enthalten, dann zeigt $\Omega_1(t)$ zusätzlich zu (687) eine explizite Abhängigkeit von der Zeit. Damit würde die Φ-Darstellung nicht mehr zur freien Wechselwirkungsdarstellung gehören. Dies erscheint physikalisch sinnvoll, da sich Viel-Elektronen-Systeme nicht ohne Weiteres in eine Darstellung ohne Strahlungswechselwirkung transformieren lassen. Die Strahlungswechselwirkung führt zu realen Effekten wie der Møller-Streuung, welche wir nicht wegtransformieren sollten.

8.2.3 Abschluss des nicht-kovarianten Teils der Berechnung

Nachdem wir festgestellt haben, dass die Φ-Darstellung, in der (664) gilt, die freie Wechselwirkungsdarstellung ist, können wir nun zur Transformation in die gebundene Wechselwirkungsdarstellung fortschreiten, um dort schließlich die Lamb-Verschiebung zu berechnen. Um in die gebundene Wechselwirkungsdarstellung zu transformieren, schreiben wir

$$\Phi(t) = e^{iH_0 t/\hbar} e^{-i\{H_0 + H^e\}t/\hbar} \, \Phi'(t) \tag{689}$$

Damit erfüllt die neue Wellenfunktion $\Phi'(t)$ die Beziehung

$$i\hbar \frac{\partial \Phi'}{\partial t} = \{H_{T1}(t) + H_{T2}(t)\} \, \Phi' \tag{690}$$

wobei H_{T1} und H_{T2} durch (684) und (676) gegeben sind; jedoch haben jetzt die ψ^*- und die ψ-Operatoren die Zeitvariation des Dirac-Feldes in einem externen Potenzial V.

Um die Gleichung (690) zu lösen, können wir uns genau der gleichen Methode wie beim Lösen von (245) bei der nicht-relativistischen Behandlung bedienen. Dabei gibt es nur zwei Unterschiede: Erstens liegt jetzt der zusätzlichen Term H_{T2} vor, und zweitens hat H_{T1} eine andere Form als (247).

Da wir nur bis zur zweiten Ordnung in der Strahlungswechselwirkung rechnen und H_{T2} bereits von dieser Ordnung ist, muss H_{T2} nur als Störung in erster Ordnung behandelt werden. Damit hat H_{T2} keinen Effekt auf die Linienbreite Γ und trägt somit zur Linienverschiebung ΔE nur den Erwartungswert gemäß (676) im Zustand ψ_0 des Atoms bei, nämlich:

$$\Delta E_2 = \frac{\alpha}{3\pi\mu^2} \left\{ \log \frac{\mu}{2r} + \frac{11}{24} - \frac{1}{5} \right\} \int (\nabla^2 V)|\psi_0|^2 \, d^3\boldsymbol{r}$$

$$- \frac{i\alpha}{4\pi\mu} \int \psi_0^* \gamma_4(\boldsymbol{\alpha} \cdot \nabla V)\psi_0 \, d^3\boldsymbol{r} \tag{691}$$

Die Änderung von (247) zu (684) wirkt sich dahingehend aus, dass das durch (256) gegebene Matrixelement $j_\mu^k(n\,m)$ nun überall ersetzt wird durch

$$J_\mu^k(n\,m) = \frac{ie}{\hbar\mu|\boldsymbol{k}|} \int \psi_n^* \frac{\partial V}{\partial x_\mu} e^{-i\boldsymbol{k}\cdot\boldsymbol{r}} \, \psi_m \, d^3\boldsymbol{r} \tag{692}$$

Dies sehen wir durch Vergleich von (247) und (684), wobei wir beachten, dass gilt:

$$\boldsymbol{j}(r,t) \leftrightarrow \frac{ec}{\hbar\mu} \psi^* \psi \nabla V \int dt$$

oder

$$\int \boldsymbol{j}^S(r)\, e^{-i\boldsymbol{k}\cdot\boldsymbol{r}} d^3\boldsymbol{r} \leftrightarrow \frac{iec}{\hbar\mu|\boldsymbol{k}|c} \int \psi^*\psi \nabla V\, e^{-i\boldsymbol{k}\cdot\boldsymbol{r}}\, d^3\boldsymbol{r}$$

Bei der vorigen Berechnung haben wir eine nicht-relativistische Dipolnäherung für j_μ genutzt, welche gemäß (272) Folgendes ergab:

$$j_\mu^k(n\ m) = +\frac{ie\hbar}{m} \int \psi_n^* \frac{\partial \psi}{\partial x_\mu} d^3\boldsymbol{r} \tag{693}$$

Wir nutzen erneut eine Dipolnäherung und vernachlässigen den exponentiellen Faktor in (692). Dann setzen wir für das Atom den nicht-relativistischen Hamiltonian an:

$$H = \frac{p^2}{2m} + V \tag{694}$$

Die Differenz von (692) und (693) ist

$$J_\mu^k(n\ m) - j_\mu^k(n\ m) = \frac{ie}{\hbar\mu|\boldsymbol{k}|} \left\{ \int \psi_n^* \frac{\partial \psi}{\partial x_\mu} d^3\boldsymbol{r} \right\} (E_m - E_n - hc|\boldsymbol{k}|) \tag{695}$$

wobei wir $[p^2, p_\mu] = 0$ und $\int p_\mu \psi_n^* p^2 \psi_m\, d^3\boldsymbol{r} = -\int \psi_n^* p_\mu p^2 \psi_m\, d^3\boldsymbol{r}$ genutzt haben. Die Differenz verschwindet bei Übergängen, bei denen die Energie erhalten bleibt. Also wird der durch (262) gegebene Wert von Γ nicht durch die Änderung von j zu J beeinflusst. Der zuvor berechnete Wert von Γ ist auch in der relativistischen Theorie weiterhin gültig, abgesehen von sehr kleinen Effekten infolge magnetischer Strahlung, die wir vernachlässigt haben.

Mithilfe von (695) ergibt sich ein einfacher Zusammenhang zwischen j_μ und J_μ:

$$J_\mu^k(n\ m) = j_\mu^k(n\ m) \frac{E_m - E_n}{hc|\boldsymbol{k}|} \tag{696}$$

Mithilfe der Gleichung (261), wobei j durch J ausgetauscht wird, wird der Beitrag von H_{T1} zur Linienverschiebung anstelle von (273) zu

$$\Delta E_1 = -\frac{e^2}{6\pi^2 m^2 \hbar c^3} \int_r^\infty \frac{dk}{k} \sum_n \frac{(E_n - E_0)^2 |p_{n0}|^2}{E_n - E_0 + hc|\boldsymbol{k}|} \tag{697}$$

Das Integral konvergiert nun für hohe Frequenzen und divergiert nur bei niedrigen Frequenzen, wobei der Cut-Off r benötigt wird, um das Integral endlich zu machen. Die Verschiebung (697) wäre für ein freies Teilchen gleich null; daher steht die Subtraktion eines Massenrenormierungsterms, wie wir sie bei (273) vorgenommen haben, außer Frage. Bei der relativistischen Behandlung wurde das Subtrahieren der Masse lange vor dem jetzigen Stadium der Berechnung ausgeführt.

Die Integration von (697) direkt über k, wobei r im Vergleich zu $(E_n - E_0)$ klein ist, liefert

$$\Delta E_1 = -\frac{e^2}{6\pi^2 m^2 \hbar c^3} \sum_n (E_n - E_0)^2 |p_{n0}|^2 \log \frac{|E_n - E_0|}{hcr} \qquad (698)$$

Dies ist genau die nicht-relativistische Linienverschiebung (278), nur mit der Substitution von K durch r. Definieren von $(E - E_0)_{\mathrm{av}}$ durch (279) und Verwenden von (281) führt zu

$$\Delta E_1 = \frac{\alpha}{3\pi\mu^2} \left\{ \log \frac{hcr}{(E - E_0)_{\mathrm{av}}} \right\} \int (\nabla^2 V) |\psi_0|^2 \, d^3 r \qquad (699)$$

Dies, kombiniert mit (691), ergibt für die gesamte Niveauverschiebung

$$\Delta E = \frac{\alpha}{3\pi\mu^2} \left\{ \log \frac{mc^2}{2(E - E_0)_{\mathrm{av}}} + \frac{11}{24} - \frac{1}{5} \right\} \int (\nabla^2 V) |\psi_0|^2 \, d^3 r$$

$$- \frac{i\alpha}{4\pi\mu} \int \psi_0^* \gamma_4 (\boldsymbol{\alpha} \cdot \nabla V) \psi_0 \, d^3 r \qquad (700)$$

also ein Resultat, das komplett divergenzfrei und unabhängig von r ist.

Der zweite Term von (700) entspricht dem Effekt des anormalen magnetischen Moments des Elektrons auf die Energieniveaus. Daher ergibt sich eine spinabhängige Verschiebung, die die Feinstruktur leicht ändert, die vom magnetischen Moment gemäß der Dirac-Theorie herrührt. Um diesen Effekt zu berechnen, nutzen wir die Dirac-Gleichungen; siehe (38):

$$mc^2 \gamma_4 \psi_0 = (E_0 - V)\psi_0 + i\hbar c(\boldsymbol{\alpha} \cdot \nabla)\psi_0 \qquad (701)$$

$$mc^2 \psi_0^* \gamma_4 = \psi_0^* (E_0 - V) - i\hbar c(\nabla \psi_0^* \cdot \boldsymbol{\alpha}) \qquad (702)$$

Mithilfe dieser beiden Gleichungen für den zweiten Term von (700) und mit Hinzufügen der Ergebnisse unter Verwenden der Beziehung $\alpha^i \gamma_4 + \gamma_4 \alpha^i = 0$ heben sich die Terme in $(E_0 - V)$ auf, und wir erhalten

$$2mc^2 \int \psi_0^* \gamma_4 (\boldsymbol{\alpha} \cdot \nabla V)\psi_0 \, d^3 r$$

$$= -i\hbar c \int \left\{ (\nabla \psi_0^* \cdot \boldsymbol{\alpha})(\boldsymbol{\alpha} \cdot \nabla V)\psi_0 + \psi_0^* (\boldsymbol{\alpha} \cdot \nabla V)(\boldsymbol{\alpha} \cdot \nabla \psi_0) \right\} d^3 r$$

$$= -i\hbar c \int \left\{ (\nabla \psi_0^* \cdot \boldsymbol{\sigma})(\boldsymbol{\sigma} \cdot \nabla V)\psi_0 + \psi_0^* (\boldsymbol{\sigma} \cdot \nabla V)(\boldsymbol{\sigma} \cdot \nabla \psi_0) \right\} d^3 r$$

$$= -i\hbar c \int \left\{ \psi_0 \left[\nabla\psi_0^* \cdot \nabla V + i\boldsymbol{\sigma} \cdot (\nabla\psi_0^* \times \nabla V) \right] \right.$$

$$\left. + \psi_0^* \left[\nabla\psi_0 \cdot \nabla V + i\boldsymbol{\sigma} \cdot (\nabla\psi_0 \times \nabla V) \right] \right\} d^3\boldsymbol{r}$$

$$= i\hbar c \int \left\{ +(\nabla^2 V)\psi_0^*\psi_0 - 2i\psi^*[\boldsymbol{\sigma} \cdot (\nabla V \times \nabla)]\psi_0 \right\} d^3\boldsymbol{r} \qquad (703)$$

Hier haben wir die Beziehungen $\alpha^i = \epsilon\sigma_i$ (siehe Abschnitt 2.10) und $\epsilon^2 = \mathbb{I}$ sowie die Formel

$$(\boldsymbol{\sigma} \cdot \boldsymbol{B})(\boldsymbol{\sigma} \cdot \boldsymbol{C}) = (\boldsymbol{B} \cdot \boldsymbol{C}) + i(\boldsymbol{\sigma} \cdot \boldsymbol{B} \times \boldsymbol{C})$$

verwendet (Dirac, *Die Prinzipien der Quantenmechanik*, 3. Aufl., S. 263).

Nun nehmen wir an, dass V ein Zentralpotenzial ist, also eine Funktion, die nur von r abhängt. Dann gilt

$$\nabla V \times \nabla = \frac{1}{r}\frac{dV}{dr}(\boldsymbol{r} \times \nabla) = \frac{1}{r}\frac{dV}{dr}\left(\frac{i}{\hbar}\boldsymbol{L}\right) \qquad (704)$$

wobei $\boldsymbol{L}$, der Bahndrehimpuls, gegeben ist durch (39). In diesem Fall wird (700) zu

$$\Delta E = \frac{\alpha}{3\pi\mu^2}\left\{\log\frac{mc^2}{2(E - E_0)_{\text{avg}}} + \frac{5}{6} - \frac{1}{5}\right\}\int (\nabla^2 V)|\psi_0|^2 d^3\boldsymbol{r}$$

$$+ \frac{\alpha}{4\pi\mu^2\hbar}\int \psi_0^*\left(\frac{1}{r}\frac{dV}{dr}\right)(\boldsymbol{\sigma} \cdot \boldsymbol{L})\psi_0 \, d^3\boldsymbol{r} \qquad (705)$$

In der nicht-relativistischen Theorie des Wasserstoffatoms steht die durch (72) gegebene Quantenzahl j, die mit dem Operator $(\boldsymbol{\sigma} \cdot \boldsymbol{L})$ verknüpft ist durch

$$\frac{1}{\hbar}(\boldsymbol{\sigma} \cdot \boldsymbol{L}) = \begin{cases} \ell, & j = \ell + \frac{1}{2} \\ -\ell - 1, & j = \ell - \frac{1}{2} \end{cases} \qquad (706)$$

Daher gilt für das Wasserstoffatom

$$\Delta E = \frac{\alpha e^2}{3\pi\mu^2}\left\{\log\frac{mc^2}{2(E - E_0)_{\text{avg}}} + \frac{5}{6} - \frac{1}{5}\right\}|\psi_0(0)|^2$$

$$+ \frac{\alpha e^2}{16\pi^2\mu^2}q\int\frac{1}{r^3}|\psi_0|^2 d^3\boldsymbol{r} \qquad (707)$$

wobei q der Koeffizient (706) ist.

Für s-Zustände gilt $q = 0$, und die Verschiebung reduziert sich für den Zustand mit der Hauptquantenzahl n auf

$$\Delta E = \frac{8\alpha^3}{3\pi} \frac{1}{n^3} \mathrm{Ry} \left\{ \log \frac{mc^2}{2(E - E_0)_{\mathrm{avg}}} + \frac{5}{6} - \frac{1}{5} \right\} \tag{708}$$

Man vergleiche dies mit (284). Für alle anderen Zustände ist der Term in $|\psi_0(0)|^2$ gleich null, und die Verschiebung hängt nur vom Integral

$$\overline{\left(\frac{1}{r^3} \right)} = \int \frac{1}{r^3} |\psi_0|^2 d^3 r \tag{709}$$

ab. Der Wert hierfür findet sich bei Bethe, *Handbuch der Physik*, Bd. 24/1, S. 286, Gleichung (3.26) [20], und beträgt

$$\overline{\left(\frac{1}{r^3} \right)} = \frac{1}{\ell(\ell + \frac{1}{2})(\ell + 1)n^3 a_o^3} \tag{710}$$

wobei a_o der Bohr-Radius des Wasserstoffatoms ist. Daher ist die Verschiebung bei Zuständen mit $\ell \neq 0$ gegeben durch

$$\Delta E = \frac{\alpha^3}{2\pi} \frac{1}{n^3} \mathrm{Ry} \frac{1}{(\ell + \frac{1}{2})(\ell + 1)} \quad \text{für } j = \ell + \frac{1}{2} \tag{711}$$

$$\Delta E = -\frac{\alpha^3}{2\pi} \frac{1}{n^3} \mathrm{Ry} \frac{1}{\ell(\ell + \frac{1}{2})} \quad \text{für } j = \ell - \frac{1}{2} \tag{712}$$

Die relative Verschiebung der Niveaus $2s$ und $2p_{1/2}$, die gemäß der Dirac-Theorie entartet sind, erhalten wir, indem wir (712) von (708) subtrahieren:

$$\Delta E = \frac{\alpha^3}{3\pi} \mathrm{Ry} \left\{ \log \frac{mc^2}{2(E - E_0)_{\mathrm{avg}}} + \frac{5}{6} - \frac{1}{5} + \frac{1}{8} \right\} = 1051 \, \mathrm{MHz} \tag{713}$$

8.2.4 *Genauigkeit der Berechnung der Lamb-Verschiebung*

Mit der hier ausgeführten relativistischen Berechnung der Lamb-Verschiebung sind wir am Ende dieses Kurses angekommen. Wir haben hier gesehen, wie wir alle Probleme bei der Massen- und der Ladungsrenormierung lösen können. Wir können sagen, dass wir nun eine funktionierende Quantenelektrodynamik haben, die endliche und eindeutige Werte für alle observierbaren Größen liefert.

Die Berechnung der Lamb-Verschiebung war natürlich nicht exakt. Die zwei wichtigsten Fehler sind:

(i) die Verwendung von nicht-relativistischen Wellenfunktionen und die Näherung der Dipolstrahlung beim Berechnen der Effekte von H_{T1};

(ii) das Vernachlässigen der endlichen Masse des Protons.

Um diese Fehler zu korrigieren, wurden langwierige Berechnungen ausgeführt. In Zusammenhang mit (i) hat Baranger [21] den Effekt der relativistischen Theorie bei der Auswertung von H_{T1} berechnet; er fand heraus, dass sich die beobachtete Verschiebung um 7 MHz erhöht. Der Effekt von (ii) wurde von Salpeter [22] untersucht und liegt bei maximal 1–2 MHz.

Es gibt noch einen weiteren Fehler:

(iii) Vernachlässigen der Effekte vierter Ordnung bei der Strahlungswechselwirkung. Diese Effekte wurde von Kroll et al. [23] untersucht und machen sicherlich weniger als 1 MHz aus [24].

Somit liegt der anerkannte theoretische Wert der Lamb-Verschiebung nun bei 1058 ± 2 MHz. Es gibt keine klare Diskrepanz zwischen diesem und dem experimentellen Wert 1062 ± 5 MHz. Es mag aber sein, dass eine Diskrepanz gefunden wird, wenn die Experimente und die Theorien verfeinert werden.

9 Anhänge

Université de Grenoble

Kurs im Rahmen der

Summer School of Theoretical Physics

Les Houches (Haute-Savoie), Frankreich

August 1954

9.1 Mechanik von Teilchen und Feldern

9.2 Zur Beziehung zwischen Streumatrixelementen und Querschnitten

9.3 Renormierung

Dieses Kapitel wurde ursprünglich in französischer Sprache verfasst von Jean Lascoux, Laboratoire de Chimie Nucléaire du Collège de France, und Jacques Mandelbrojt, Laboratoire de Physique de l'Ecole Normale Supérieure.

F. Dyson, *Dyson Quantenfeldtheorie,* 215
DOI 10.1007/978-3-642-37678-8_9, © Springer-Verlag Berlin Heidelberg 2014

9.1 Mechanik von Teilchen und Feldern

Dieses Kapitel ist eine erweiterte Version des Kapitels 4, „Feldtheorie", im Hauptteil diese Buches. Die Hauptidee dieser Version ist es, das allgemeine Prinzip der Theorie aufzuzeigen, indem wir bei jedem Schritt die Anwendung auf ein einfaches Ein-Teilchen-System zeigen.

9.1.1 Mechanik von Teilchen und Feldern

In der klassischen Mechanik beschäftigen wir uns mit zwei verschiedenen Systemen:

(i) Teilchensystemen, bei denen das System durch die Positionen und Geschwindigkeiten einer endlichen Menge von Teilchen beschrieben wird;

(ii) Feldsystemen, bei denen das System durch eine oder mehrere Funktionen beschrieben wird, die über den gesamten Raum definiert sind und die Stärke des Feldes an jedem Punkt angeben.

Im Fall (i) sind die Bewegungsgleichungen gewöhnliche, aber im Fall (ii) partielle Differenzialgleichungen. Beispiele sind für (i) die Newton'sche Mechanik und für (ii) die Maxwell-Theorie.

In der Quantenmechanik haben wir die gleichen zwei Möglichkeiten:

(i) Quantenmechanik der Teilchen,
(ii) Quantenfeldtheorie.

Wir wissen, wie wir die Quantentheorie im Fall (i) aufbauen müssen, zumindest für nicht-relativistische Systeme. Also müssen wir nach einem allgemeinen Prinzip der Quantisierung suchen, das auf beide Arten der klassischen Mechanik anwendbar ist. Dies wird uns zur Quantenfeldtheorie führen, wenn wir es auf die klassische Feldtheorie anwenden.

Bevor wir über Quantisierung sprechen, sind einige Anmerkungen über klassische Theorien angebracht, insbesondere um die Ähnlichkeiten zwischen klassischer

Teilchen- und klassischer Feldmechanik zu finden. Wir werden sehen, dass die Ähnlichkeiten vorwiegend auf der Tatsache beruhen, dass beide Arten der Mechanik auf einem *Wirkungsprinzip* basieren. Deswegen werden wir später auch das Wirkungsprinzip nach Feynman als Startpunkt für unsere Diskussion der Quantentheorie nutzen.

9.1.2 Klassische Teilchenmechanik

Wir betrachten ein einzelnes Teilchen mit Koordinaten q^α, wobei $\alpha = 1, 2, 3$ ist (einfache kartesische Koordinaten). Es bewegt sich nicht-relativistisch mit der Masse m in einem Potenzial $V(q)$, welches nur von der Position abhängt. Wir schreiben

$$\dot{q}^\alpha = \frac{dq^\alpha}{dt} \tag{714}$$

Die Theorie wird durch eine Lagrangian genannte Funktion von q^α und dessen Zeitableitungen beschrieben:

$$L = L(q^\alpha, \dot{q}^\alpha) \tag{715}$$

Für unser Beispiel gilt

$$L = \tfrac{1}{2} m \dot{q}^2 - V(q) \qquad \dot{q}^2 = \sum_1^3 \dot{q}^{\alpha\,2} \tag{716}$$

Die Theorie gilt in bekannter Weise auch für allgemeinere Systeme mit mehr als einem Teilchen.

Das Verhalten des Teilchens ist bestimmt durch das *Wirkungsprinzip*. Falls t_1, t_2 zwei beliebige Zeiten sind, dann ist das Wirkungsintegral

$$I(t_1, t_2) = \int_{t_2}^{t_1} L(t)\, dt \tag{717}$$

stationär für die physikalisch möglichen Trajektorien $q^\alpha(t)$. Demnach führt die Variation $q^\alpha \to q^\alpha + \delta q^\alpha$ zu keiner Änderung von I in erster Ordnung von δq^α, wenn δq^α eine zufällige Variation ist, die bei den Zeiten t_1 und t_2 verschwindet.

Wir berechnen nun die Variation in I:

$$\begin{aligned}
\delta I(t_1, t_2) &= \int_{t_2}^{t_1} \sum_\alpha \left(\frac{\partial L}{\partial q^\alpha} \delta q^\alpha + \frac{\partial L}{\partial \dot{q}^\alpha} \delta \dot{q}^\alpha \right) dt \\
&= \int_{t_2}^{t_1} \sum_\alpha \left(\frac{\partial L}{\partial q^\alpha} - \frac{d}{dt} \left(\frac{\partial L}{\partial \dot{q}^\alpha} \right) \right) \delta q^\alpha \, dt + \left[\sum_\alpha \frac{\partial L}{\partial \dot{q}^\alpha} \delta q^\alpha \right]_{t_2}^{t_1}
\end{aligned} \tag{718}$$

Hierin ist der letzte Term gleich null für $\delta q^\alpha = 0$ bei den Zeiten t_1 und t_2. Daher ist das Wirkungsprinzip äquivalent zu den Lagrange'schen Bewegungsgleichungen

$$\frac{\partial L}{\partial q^\alpha} - \frac{d}{dt} \left(\frac{\partial L}{\partial \dot{q}^\alpha} \right) = 0 \tag{719}$$

Das reduziert sich für den Spezialfall (716) auf

$$m\ddot{q}^\alpha = -\frac{\partial V}{\partial q^\alpha} \tag{720}$$

Die Größe

$$p_\alpha = \frac{\partial L}{\partial \dot{q}^\alpha} \tag{721}$$

ist der zu q^α konjugierte Impuls.

Ein allgemeinerer Typ von Variation besteht darin, nicht nur q^α, sondern auch die Zeiten t_1 und t_2 zu ändern. Das bedeutet $t_1 \rightarrow t_1 + \delta t_1$ und $t_2 \rightarrow t_2 + \delta t_2$. Wir definieren $_Nq^\alpha$ als das neue q^α und $_Oq^\alpha$ als das alte. Wir schreiben daher

$$\delta q(t) = {}_Nq^\alpha(t) - {}_Oq^\alpha(t) \tag{722}$$

für die Variation von q^α bei einer fixierten Zeit t, während

$$\begin{aligned}
\Delta q^\alpha(t_1) &= {}_Nq^\alpha(t_1 + \delta t_1) - {}_Oq^\alpha(t) \\
&= \delta q^\alpha(t_1) + {}_Nq^\alpha(t_1 + \delta t_1) - {}_Nq^\alpha(t_1) \\
&= \delta q^\alpha(t_1) + \delta t_1 \, {}_N\dot{q}^\alpha(t_1)
\end{aligned} \tag{723}$$

die Variation in $q^\alpha(t_1)$ ist, die sich ergibt, wenn sowohl q^α als auch t_1 variiert werden. In dieser doppelten Variation

$$\begin{aligned}
\delta I(t_1, t_2) &= \int_{t_1}^{t_1+\delta t_1} L(t)\,dt - \int_{t_2}^{t_2+\delta t_2} L(t)\,dt + \int_{t_2}^{t_1} \delta L\,dt \\
&= L(t_1)\,\delta t_1 - L(t_2)\,\delta t_2 + \left[\sum_\alpha \frac{\partial L}{\partial \dot{q}^\alpha} \delta q^\alpha \right]_{t_2}^{t_1}
\end{aligned} \tag{724}$$

haben wir denjenigen Term in (718) weggelassen, der verschwindet, wenn die Feldgleichungen (719) erfüllt sind. Mithilfe von (721) und (723) wird Gleichung (724) zu

$$\begin{aligned}
\delta I &= \left[L(t_1) - \sum_\alpha p_\alpha \dot{q}^\alpha(t_1) \right] \delta t_1 - \left[L(t_2) - \sum_\alpha p_\alpha \dot{q}^\alpha(t_2) \right] \delta t_2 \\
&\quad + \sum_\alpha p_\alpha \Delta q^\alpha(t_1) - \sum_\alpha p_\alpha \Delta q^\alpha(t_2)
\end{aligned} \tag{725}$$

Die Hamilton-Funktion ist definiert durch

$$H(t) = \sum_\alpha p_\alpha \dot{q}^\alpha - L \tag{726}$$

und so wird (725) zu

$$\delta I = \sum_\alpha \left[p_\alpha \, \Delta q^\alpha(t_1) - p_\alpha \, \Delta q^\alpha(t_2) \right] - \left[H(t_1)\,\delta t_1 - H(t_2)\,\delta t_2 \right] \tag{727}$$

Die Bewegungsgleichungen können auch folgender Form geschrieben werden:

$$\dot{q}^\alpha = \frac{\partial H}{\partial p_\alpha}, \qquad \dot{p}^\alpha = -\frac{\partial H}{\partial q^\alpha} \tag{728}$$

Für das Ein-Teilchen-Beispiel folgt mithilfe von (716):

$$p^\alpha = m\dot{q}^\alpha \tag{729}$$

$$H = \frac{1}{2m}\sum p_\alpha^2 + V(q) = \frac{p^2}{2m} + V(q) \tag{730}$$

Wir erkennen: Obwohl das Wirkungsprinzip nur besagt, dass die Wirkung stationär für Variationen ist, die bei den Endpunkten t_1 und t_2 verschwinden, können wir das Resultat (727) einer Variation, welche nicht an den Endpunkten verschwindet, *daraus ableiten*. Das ist möglich, da jeder Bewegungszustand definiert wird, indem wir *so viele* Koordinaten festlegen, wie wir unabhängig voneinander festlegen können (z. B. die jeweils drei Koordinaten zu zwei verschiedenen Zeiten oder drei Koordinaten und drei Geschwindigkeiten zu einer Zeit). Damit sind die gesamte Zukunft und die gesamte Vergangenheit der Bewegung durch die Feldgleichungen gegeben.

9.1.3 Klassische relativistische Feldtheorie

Wir können nun übergehen zu einer Formulierung des Wirkungsprinzips der Feldtheorie, die im Kapitel 4 dieses Buches zu finden ist. Jeder Aspekt der Teilchenmechanik hat einen zu ihm analogen Aspekt in der Feldmechanik.

Teilchen	*Feld*
Zeit t	Punkt der Raumzeit $x = (x_1, x_2, x_3, x_0)$
Zeitintervall $t_2 - t_1$	Region Ω der Raumzeit
Endpunkte t_1, t_2	Grenze einer dreidimensionalen Oberfläche Σ
Koordinaten q^α, die Funktionen von t sind	Feldgrößen ϕ^α, die Funktionen von (x_1, x_2, x_3, x_0) sind

Der einzige Aspekt der Theorie, welcher keine Analogie bietet, ist die Definition des Hamiltonians. Der Hamiltonian existiert in der Feldtheorie nur im Spezialfall flacher Oberflächen σ_1 und σ_2, die durch die Zeiten t_1 und t_2 definiert sind. In diesem Fall ist der Hamiltonian eine Funktion, die *nur* von der *Zeit* abhängt, und zwar in der Feldtheorie wie auch in der Teilchentheorie. Damit ist die Analogie „Zeit $t \to$ Punkt der Raumzeit x" nicht mehr gültig. Aufgrund dessen ist die Korrespondenz zwischen Teilchen- und Feldmechanik im Hamilton-Formalismus nicht mehr gegeben, und wir sollten ihn in unserer Entwicklung einer Quantentheorie nicht mehr nutzen.

9.1.4 Quantenmechanik der Teilchen

In der Quantentheorie sind die Koordinaten $q^\alpha(t)$ eines Teilchens Operatoren. Sie erfüllen die gleichen Bewegungsgleichungen (720) wie zuvor. Dies ist sicher gestellt, wenn wir annehmen, dass dasselbe Wirkungsprinzip weiterhin erfüllt ist, also gilt:

$$\delta I = 0 \tag{731}$$

$$I = \int_{t_2}^{t_1} L(q^\alpha, \dot{q}^\alpha)\, dt \tag{732}$$

für alle Variationen von q^α, die bei t_1 und t_2 verschwinden. Als Variation bezeichnen wir dabei eine Änderung von q^α nach $q^\alpha + \delta q^\alpha$, wobei δq^α normale Zahlen, also keine Operatoren sind.

Wegen des Unschärfeprinzips ist es in der Quantentheorie nicht möglich, dem $q^\alpha(t)$ während einer physikalischen Bewegung Zahlenwerte zuzuordnen. Tatsächlich ist ein Bewegungszustand definiert durch das Zuordnen von Zahlenwerten zu $q^\alpha(t)$ bzw. alternativ zu $p^\alpha(t)$ bei einer *einzigen* Zeit t. Die Zukunft des Zustands kann dann nicht durch eine Gleichung zweiter Ordnung (720) bestimmt werden. Daher genügt das Wirkungsprinzip (731), welches für die klassische Mechanik ausreichend war, hier nicht mehr. Wir müssen die Aussage über das Verhalten von δI bei Variationen δq^α, die bei t_1 und t_2 nicht null sind, erweitern.

Ein Bewegungszustand wird definiert, indem wir eine Zeit t und einen Zahlenwert q'^α für den Eigenwert des Operators q^α zur Zeit t festlegen. Den Zustand, in welchem die q^α die Eigenwerte q'^α haben, schreiben wir als $|q'^\alpha, t\rangle$ in der Dirac'schen Ket-Notation. Er ist eine besondere Art von Zustand, in welchem das Teilchen zur Zeit t eine wohldefinierte Position hat. Ein allgemeiner Zustand ist eine Linearkombination

$$\int d^3q'\, \psi(q', t)\, |q'^\alpha, t\rangle \tag{733}$$

wobei $\psi(q', t)$ die „Wellenfunktion" des Zustands ist, wie sie in der Wellenmechanik von Schrödinger normalerweise definiert ist.

Physikalisch messbare Größen sind Ausdrücke wie z. B. das Matrixelement

$$\langle q_1'^\alpha, t_1|\, q^\beta(t)\, |q_2'^\alpha, t_2\rangle \tag{734}$$

des Ortsoperators $q^\beta(t)$ zwischen den zwei Zuständen, die durch $q_1'^\alpha$ zur Zeit t_1 und durch $q_2'^\alpha$ zur Zeit t_2 definiert sind. Insbesondere ist die Wahrscheinlichkeitsamplitude für einen Übergang zwischen zwei Zuständen definiert durch

$$M = \langle q_1'^\alpha, t_1|\, q_2'^\alpha, t_2\rangle \tag{735}$$

Dabei ist $|M|^2$ die Wahrscheinlichkeit, ein Teilchen am Ort $q_1'^\alpha$ zur Zeit t_1 zu finden, das zur früheren Zeit t_2 im Zustand $q_2'^\alpha$ war.

9.1.5 Huygens-Prinzip und Feynman-Quantisierung

Feynman fand seine Methode der Quantisierung in der Teilchenmechanik durch folgenden wohlbekannten Zusammenhang:

- Die geometrische Optik verhält sich zur Wellenoptik ...

- wie die klassische Teilchenmechanik zur Quantenmechanik der Teilchen.

In der geometrischen Optik sind Strahlen von Licht durch das Fermat'sche *Prinzip der kürzesten Zeit* definiert. Ein Strahl, der durch zwei Punkte X und Y geht, ist der Weg, der X so mit Y verbindet, dass die Zeit minimal ist, die eine Störung benötigt, welche sich von X nach Y mit einer Geschwindigkeit bewegt, die an jedem Punkt durch den lokalen Brechungsindex definiert ist. In der klassischen Teilchenmechanik sind *Strahlen* durch *Bahnen* ersetzt. Die Bahn eines Teilchens, das sich von X nach Y bewegt, ist diejenige, entlang der das Wirkungsintegral (717) minimal ist. Daher ist das Prinzip der kürzesten Zeit exakt analog zum Wirkungsprinzip in der klassischen Mechanik.

Nun haben wir in der Wellenoptik nicht mehr das Prinzip der kürzesten Zeit, sondern das *Huygens'sche Prinzip*. Dies sagt uns, wie wir die Beugungsmuster berechnen können, wenn Licht durch ein kleines Loch in einem Schirm hindurch tritt. (Die exakte Formulierung des Prinzips stammt von Fresnel und Kirchhoff, die von der weniger genauen Aussage von Huygens ausgingen.)

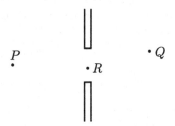

Wir nehmen eine Lichtquelle bei P an, und Q soll ein hinter dem Schirm fixierter Punkt sein, an dem wir das Licht beobachten. R ist ein variabler Punkt im Loch des Schirms. Wir setzen $k = 2\pi/\lambda$ mit der Wellenlänge λ des Lichts. Die Feldstärke $F(PR)$ bei R, erzeugt durch die punktförmige Lichtquelle bei P, ist

$$F(PR) = A \frac{1}{|PR|} e^{ik|PR|} \tag{736}$$

Die Feldstärke $F(RQ)$ bei Q, erzeugt durch die Punktquelle bei R, ist

$$F(RQ) = B \frac{1}{|QR|} e^{ik|QR|} \tag{737}$$

A und B sind Konstanten, die von der Intensität der Quelle abhängen. Wir nehmen an, dass der Raum (abgesehen vom Schirm) leer ist und dass der Brechungsindex überall gleich 1 ist.

Das Huygens-Fresnel'sche Prinzip besagt nun, dass die Feldstärke bei Q, die durch die Quelle P erzeugt wird, gegeben ist durch

$$
\begin{aligned}
F(PQ) &= \int dR\, F(PR)F(RQ) \\
&= AB \int dR\, \frac{1}{|PR||RQ|} e^{ik(|PR|+|RQ|)}
\end{aligned}
\tag{738}
$$

wobei die Integration über die Fläche des Lochs ausgeführt wird und die Integrationsvariable die Position des variablen Punkts R ist. Die Lichtintensität $I(PQ)$ bei Q ist proportional zum Quadrat der Feldstärke:

$$
I(PQ) \propto |F(PQ)|^2
\tag{739}
$$

Dieses Prinzip ist hilfreich, um konkrete Beugungsmuster zu berechnen.

Nun wollen wir dieses Prinzip verallgemeinern. Wir nehmen an, dass sich das Licht auf jedem Weg von der Quelle P durch den Raum, der alle möglichen Hindernisse, Linsen usw. beinhalten kann, ausbreitet und am Punkt Q beobachtet wird.

Sei S nun eine beliebige Fläche, die P und Q separiert, und R ein variabler Punkt auf S. Dann gilt

$$
F(PQ) = \int_S dR\, F(PR)F(RQ)
\tag{740}
$$

Nun betrachten wir eine ganze Reihe von Flächen S_1, S_2, ..., S_N, die zwischen Q und P liegen:

Dann ergibt sich mit (740):

$$F(PQ) = \int_{S_1} dR_1 \int_{S_2} dR_2 \ldots \int_{S_N} dR_N \, F(PR_N) F(R_N R_{N-1}) \ldots F(R_2 R_1) F(R_1 Q)$$
(741)

Nun nehmen wir an, dass alle Flächen so dicht beieinander sind, dass jeder Abstand $|R_i R_{i-1}|$ klein ist. Dann können wir für $F(R_i R_{i-1})$ die folgende Näherung nutzen:

$$F(R_i R_{i-1}) = \frac{1}{|R_i R_{i-1}|} e^{ik|R_i R_{i-1}|} = \frac{1}{|R_i R_{i-1}|} e^{i\omega T(R_i R_{i-1})}$$
(742)

Hierbei ist k der *lokale* Wert von $2\pi/\lambda$ am Ort R_i, weil λ nun eine Funktion des lokalen Brechungsindex ist. $T(R_i R_{i-1})$ ist die Zeit, in der sich eine Störung auf dem *klassischen* Strahl von R_i nach R_{i-1} bewegt. Außerdem ist ω die überall konstante Frequenz des Lichts. Einsetzen von (742) in (741) führt zu

$$F(PQ) = \int_{S_1} dR_1 \int_{S_2} dR_2 \ldots \int_{S_N} dR_N \, \frac{1}{|PR_N||R_N R_{N-1}| \ldots |R_1 Q|}$$
$$\times \, \exp\left[i\omega\left(T(PR_N) + T(R_N R_{N-1}) + \cdots + T(R_1 Q)\right)\right] \quad (743)$$

Anstatt

$$\int \cdots \int \frac{1}{|PR_N||R_N R_{N-1}| \ldots |R_1 Q|} \qquad \text{schreiben wir kurz} \qquad \int d(\text{Pfade}) \quad (744)$$

Das bedeutet, dass die Integration über alle polygonalen Wege, die P mit Q verbinden, durchgeführt wird. Wir schreiben weiterhin

$$T(PR_N) + T(R_N R_{N-1}) + \cdots + T(R_1 Q) = T(\text{Pfad}) \tag{745}$$

für die klassische Zeit der Propagation entlang jedes einzelnen Pfades. Damit erhalten wir schließlich für die Intensität des Lichts bei Q:

$$I(Q) = |F(PQ)|^2 = \left| \int d(\text{Pfade}) \, e^{i\omega T(\text{Pfade})} \right|^2 \tag{746}$$

Also trägt zur Feldstärke bei Q jeder mögliche Weg einen Term bei, dessen Phase durch das klassische *Zeitintegral* entlang des Pfades gegeben ist.

Dieses Prinzip können wir direkt in die Quantenmechanik eines Teilchens übertragen, indem wir das Zeitintegral in das klassische Wirkungsintegral übersetzen. Damit erhalten wir das *Feynman'sche Prinzip der Quantisierung*.

Nehmen wir an, dass ein Teilchen an der Position r_2 zur Zeit t_2 startet. Dann ist die Wahrscheinlichkeit, dass es an der Position r_1 zur Zeit t_1 anzutreffen ist:

$$P(r_1, t_1; r_2, t_2) = |F(r_1, t_1; r_2, t_2)|^2 \tag{747}$$

$$F(r_1, t_1; r_2, t_2) = \int d(\text{Pfade}) \exp\left[(i/\hbar) I(\text{Pfad})\right] \tag{748}$$

Dabei ist

$$I(\text{Pfad}) = \int_{t_2}^{t_1} L(q, \dot{q})\, dt \qquad (749)$$

das klassische Wirkungsintegral entlang jedes einzelnen Pfades. Um (748) genauer zu definieren, nehmen wir eine große Anzahl von Zeiten $\tau_N, \tau_{N-1}, \ldots, \tau_1$ an, die zwischen t_2 und t_1 zu wählen sind. Ein *Pfad* ist definiert durch die Wahl einer Position ρ_i des Teilchens zu jeder Zeit τ_i. Sei $I(\rho_i, \tau_i; \rho_{i-1}, \tau_{i-1})$ das Wirkungsintegral entlang der *klassischen Bahn*, welche durch die Positionen ρ_i zur Zeit τ_i und ρ_{i-1} zur Zeit τ_{i-1} verläuft. Dann ist (748) eine kurze Schreibweise für

$$F(r_1, t_1; r_2, t_2) = \lim_{N \to \infty} \int d\rho_1 \int d\rho_2 \ldots \int d\rho_N\, A_1 A_2 \ldots A_N$$
$$\times \exp\left[(i/\hbar)\left(I(r_2, t_2; \rho_N, \tau_N) + I(\rho_N, \tau_N; \rho_{N-1}, \tau_{N-1}) + \ldots \right.\right.$$
$$\left.\left. + I(\rho_2, \tau_2; \rho_1, \tau_1) + I(\rho_1, \tau_1; r_1, t_1)\right)\right] \quad (750)$$

wobei A_i eine Normierungskonstante ist, die von τ_i abhängt, aber nicht von r_1 und r_2. Wir haben dabei angenommen, dass jedes Zeitintervall (τ_i, τ_{i-1}) für $N \to \infty$ gegen null strebt. Jedes $\int d\rho_i$ ist ein Integral über den gesamten Raum.

Daher sehen wir, dass $\int d(\text{Pfade})$ in (748) ein Integral über alle Pfade ist, die bei r_2 zur Zeit t_2 beginnen und bei r_1 zur Zeit t_1 enden.

Das Huygens'sche Prinzip der Optik beschreibt die Propagation von Licht im *Raum*, während die Wellenmechanik die Propagation von Teilchenwahrscheinlichkeiten in der *Zeit* beschreibt. Damit werden die Flächen S_i des Huygens'schen Prinzips in der Wellenmechanik dreidimensional und , d. h., bestehen aus dem *gesamten Raum* zu einer bestimmten Zeit τ_i.

Wichtige Anmerkung: Das Huygens-Fresnel'sche Prinzip gilt in der Wellenoptik nur näherungsweise, da die Wellengleichung eine Gleichung zweiter Ordnung ist und somit die Kenntnis der Propagation durch eine Fläche die Kenntnis der Feldstärke *und deren Ableitung* auf der Fläche voraussetzt. Das genaue Prinzip wurde von Kirchhoff beschrieben und ist deutlich komplizierter. Jedoch ist die Schrödinger-Gleichung der Wellenmechanik nur *von erster Ordnung* in der Zeit, sodass das Huygens'sche Prinzip in der einfachen Form *exakt* gilt.

Damit können wir (747) bis (749) als präzise Aussagen über die grundlegenden Gesetze der Quantenmechanik für ein einzelnes Teilchen ansehen, welches sich aufgrund von Kräften bewegt, die durch den Lagrangian L definiert sind. Es ist keine weitere Information notwendig, um das Verhalten dieses Teilchens zu berechnen.

Wir nutzen die Dirac-Notation $|r_2\, t_2\rangle$ für den Zustand, in welchem das Teilchen am Ort r_2 zur Zeit t_2 ist. Die Wahrscheinlichkeitsamplitude für einen Übergang von diesem Zustand in einen Zustand $|r_1\, t_1\rangle$ schreiben wir als

$$\langle r_1\, t_1 | r_2\, t_2 \rangle = F(r_1, t_1; r_2, t_2) \qquad (751)$$

Für sie gilt Gleichung (748).

Zuletzt definieren wir noch, was wir unter einem *Operator* in der Quantenmechanik nach Feynman verstehen. Sei $O(q,t)$ eine beliebige klassische Funktion der Position des Teilchens und seiner Geschwindigkeit zur Zeit t. Dann ist der entsprechende quantenmechanische Operator definiert als die Matrix $O(q,t)$, deren Matrixelement zwischen den Zuständen $|r_2\,t_2\rangle$ und $|r_1\,t_1\rangle$ gegeben ist durch:

$$\langle r_1\,t_1|\,O(q,t)\,|r_2\,t_2\rangle = \int d(\text{Pfade})\,O_{\text{Pfad}}(q,t)\exp\left[(i/\hbar)I(\text{Pfad})\right] \qquad (752)$$

wobei $O_{\text{Pfad}}(q,t)$ der Wert der klassischen Funktion an dem Punkt ist, wo sich das Teilchen auf einem bestimmten Pfad zu einer bestimmten Zeit t befindet. Die Definition (752) gilt für zwei beliebige Zeiten t_1 und t_2, sodass gilt:

$$t_2 < t < t_1$$

9.1.6 Die Feynman-Quantisierung in der Feldtheorie

Diese Methode der Quantisierung können wir direkt von der Teilchen- auf die Feldmechanik übertragen. Das Ergebnis findet sich im Hauptteil dieses Buches in den Gleichungen (174) und (175). Der Trick besteht darin, der Tabelle der Teilchen-Feld-Analogie direkt zu folgen; siehe hier Abschnitt 9.1.3. Also müssen wir anstelle der Summe über die *Pfade* eines Teilchens während des Zeitintervalls $t_2 - t_1$ eine Summe über die *Historien* des Feldes innerhalb der Raumzeitregion Ω betrachten. Unter Historie verstehen wir eine Menge von Funktionen $\phi^\alpha(x)$, welche in Ω definiert sind und bestimmte Werte $\phi_1'^\alpha$ und $\phi_2'^\alpha$ an den Grenzen von Ω einnehmen. Zu den Definitionen der feldtheoretischen Quantisierung siehe Abschnitt 4.3.

Anmerkungen zur Notation

- Für die Eigenwerte des Feldes $\phi^\alpha(x)$ in einem bestimmten Zustand schreiben wir $\phi'^\alpha(x)$.

- Für Eigenwerte von Teilchenkoordinaten q^α schreiben wir q'^α.

- Wenn es nur ein Teilchen gibt, schreiben wir r_1 oder r_2 statt q'^α. Der Ausdruck q'^α ist allgemeiner und kann die Koordinaten mehrerer Teilchen darstellen.

9.1.7 Das Schwinger'sche Wirkungsprinzip der Teilchenmechanik

Wir übersetzen nun die Quantisierungsregeln (748) und (749) von Feynman in eine günstigere Form, in der $\int d(\text{Pfade})$ nicht auftaucht. Das Ergebnis wird das Schwinger'sche Wirkungsprinzip der Teilchenmechanik sein, eine Verallgemeinerung des klassischen Prinzips der kleinsten Wirkung, die Informationen über die Effekte von Variationen enthält, die am Ende des Zeitintervalls nicht verschwinden. Wir leiten dieses Prinzip hier für den Fall der Teilchenmechanik her. Die Methode ist genau die gleiche wie bei der Feldtheorie und wurde schon in Abschnitt 4.4 angewandt.

Die Punkte r_1 und r_2 in (748) seien konstant, und jeder Pfad in der Summe werde variiert durch das Ersetzen von $q^\alpha(t)$ durch $q^\alpha(t) + \delta q^\alpha(t)$ für $t_1 \leq t \leq t_2$ sowie durch das Ersetzen von t_1 und t_2 durch $t_1 + \delta t_1$ bzw. $t_2 + \delta t_2$. Das Ergebnis einer solchen doppelten Variation ist gemäß (748) und (752):

$$
\begin{aligned}
\delta \langle r_1 \, t_1 | r_2 \, t_2 \rangle &= \int d(\text{Pfade}) \, (i/\hbar) \, \delta I(\text{Pfad}) \exp\left((i/\hbar) I(\text{Pfad})\right) \\
&= (i/\hbar) \, \langle r_1 \, t_1 | \, \delta I \, | r_2 \, t_2 \rangle
\end{aligned}
\tag{753}
$$

Diese Gleichung beschreibt das *Schwinger'sche Wirkungsprinzip*.

Der Operator δI ergibt sich als Resultat der doppelten Variation unter dem Integral (749). Das Resultat der Variationen kann mit (718) und (727) wie in der klassischen Theorie exakt berechnet werden:

$$
\begin{aligned}
\delta I = \int_{t_2}^{t_1} \left\{ \sum_\alpha \left(\frac{\partial L}{\partial q^\alpha} - \frac{d}{dt}\left(\frac{\partial L}{\partial \dot{q}^\alpha} \right) \right) \delta q^\alpha \right\} dt \\
+ \sum_\alpha \left[p_\alpha \Delta q^\alpha(t_1) - p_\alpha \Delta q^\alpha(t_2) \right] - \left[H(t_1) \, \delta t_1 - H(t_2) \, \delta t_2 \right]
\end{aligned}
\tag{754}
$$

Im Ein-Teilchen-Fall sind p_α und H durch (729) und (730) gegeben. Diese Ausdrücke sind nun sämtlich Operatoren.

Was ist die Bedeutung der doppelten Variation, wie wir sie bei (748) ausgeführt haben? Da sich die Summe über *alle* Pfade erstreckt, verändert die Änderung der Pfadkoordinaten von $q^\alpha(t)$ nach $q^\alpha(t) + \delta q^\alpha(t)$ nicht den Wert der Summe, wohl aber die Anfangs- und Endpunkte der Pfade. Die Koordinaten $q^\alpha(t) + \delta q^\alpha(t)$ können auch als Integrationsvariablen anstelle von $q^\alpha(t)$ verwendet werden. Damit bedeutet die Variation von $q^\alpha(t)$ einfach, dass jeder Pfad in der Summe bei $r_2 + \delta q^\alpha(t_2)$ zur Zeit t_2 beginnt und bei $r_1 + \delta q^\alpha(t_1)$ zur Zeit t_1 endet. Für diesen Teil der Variation gilt

$$
\delta \langle r_1 \, t_1 | r_2 \, t_2 \rangle = \langle r_1 + \delta q^\alpha(t_1),\, t_1 | r_2 + \delta q^\alpha(t_2),\, t_2 \rangle - \langle r_1 \, t_1 | r_2 \, t_2 \rangle
\tag{755}
$$

Wenn auch t_1 und t_2 variiert werden, bedeutet dies, dass sich die Summe über alle Pfade erstreckt, die zur Zeit $t_2 + \delta t_2$ bei

$$
r_2 + \dot{q}^\alpha(t_2)\delta t_2 + \delta q^\alpha(t_2) = r_2 + \Delta q^\alpha(t_2)
\tag{756}
$$

beginnen und zur Zeit $t_1 + \delta t_1$ bei

$$
r_1 + \dot{q}^\alpha(t_1)\delta t_1 + \delta q^\alpha(t_1) = r_1 + \Delta q^\alpha(t_1)
\tag{757}
$$

enden. Daher können wir für die doppelte Variation schreiben:

$$\delta \langle r_1\,t_1|r_2\,t_2 \rangle = \langle r_1 + \Delta q^\alpha(t_1),\, t_1 + \delta t_1|r_2 + \Delta q^\alpha(t_2),\, t_2 + \delta t_2 \rangle - \langle r_1\,t_1|r_2\,t_2 \rangle \quad (758)$$

Diese Gleichung ist jedoch nur symbolisch, da $\Delta q^\alpha(t_1)$ keine Zahl, sondern ein Operator ist, der von $\dot q^\alpha(t_1)$ abhängt. Somit muss (758) in dem Sinne interpretiert werden, dass

$$|r_1 + \Delta q^\alpha(t_1),\, t_1 + \delta t_1 \rangle \quad (759)$$

der Zustand ist, in dem der Operator $q^\alpha(t_1) - \Delta q^\alpha(t_1)$ zur Zeit $t_1 + \delta t_1$ den Eigenwert r_1 hat.

9.1.8 Äquivalenz des Schwinger'schen Wirkungsprinzips und der normalen Quantenmechanik

Als Nächstes schauen wir uns an, wie wir die Regeln der gewöhnlichen Quantenmechanik unmittelbar aus (753) und (754) ableiten können.

Die Operatorengleichungen der Bewegung

Wir nehmen eine beliebige Variation $\delta q^\alpha(t)$ an, die bei t_1 und t_2 verschwindet, und setzen $\delta t_1 = \delta t_2 = 0$. Dann ergibt sich mithilfe von (755):

$$\delta \langle r_1\,t_1|r_2\,t_2 \rangle = 0 \quad (760)$$

und mit (753):

$$\langle r_1\,t_1|\,\delta I\,|r_2\,t_2 \rangle = 0 \quad (761)$$

Weil (761) für alle Zustände $|r_1\,t_1\rangle$ und $|r_2\,t_2\rangle$ gilt, erhalten wir als Operatoridentität

$$\delta I = 0 \quad (762)$$

Weil δq^α für $t_1 < t < t_2$ beliebig ist, erhalten wir aus (762) und (754) die Operatorgleichungen

$$\sum_\alpha \left[\frac{\partial L}{\partial q^\alpha} - \frac{d}{dt}\left(\frac{\partial L}{\partial \dot q^\alpha} \right) \right] = 0 \quad (763)$$

wie in der klassischen Mechanik.

Die Kommutationsregeln

Wir definieren

$$\psi(r_1, t_1) = \langle r_1\,t_1|r_2\,t_2 \rangle \quad (764)$$

als *Wellenfunktion* des Teilchens im Zustand $|r_2 t_2\rangle$. Wir betrachten eine Variation mit $\delta q^\alpha(t_1) \neq 0$ und $\delta q^\alpha(t_2) = \delta t_1 = \delta t_2 = 0$. Dann führt (755) zu

$$\delta\psi(r_1, t_1) = \sum_\alpha \left[\frac{\partial}{\partial r_1^\alpha} \psi(r_1, t_1) \right] \delta q^\alpha(t_1) \tag{765}$$

während wir mit (753) und (754) Folgendes erhalten:

$$\delta\psi(r_1, t_1) = (i/\hbar) \langle r_1 t_1 | \sum_\alpha p_\alpha \delta q^\alpha(t_1) | r_2 t_2\rangle \tag{766}$$

Daher ergibt sich, da $\delta q^\alpha(t_1)$ beliebig ist:

$$\langle r_1 t_1 | p_\alpha | r_2 t_2\rangle = -i\hbar \frac{\partial}{\partial r_1^\alpha} \psi(r_1, t_1) \tag{767}$$

Dies ist gleichbedeutend damit, dass die Wellenfunktion eines Zustands wie folgt aussieht:

$$p_\alpha |r_2 t_2\rangle \quad \text{ist} \quad -i\hbar \frac{\partial}{\partial r_1^\alpha} \psi(r_1, t_1) \tag{768}$$

Da jeder Zustand eine Linearkombination von Zuständen $|r_2 t_2\rangle$ ist, können wir recht allgemein sagen, dass p_α, wenn es auf den Zustand mit der Wellenfunktion $\psi(r, t)$ wirkt, den Zustand mit der Wellenfunktion $-i\hbar \frac{\partial}{\partial r^\alpha} \psi(r, t)$ erzeugt. Wir schreiben dies als Operatoridentität

$$p_\alpha = -i\hbar \frac{\partial}{\partial r^\alpha} \tag{769}$$

Dies bedeutet, dass beide Seiten von (769) den gleichen Effekt auf jede Wellenfunktion $\psi(r, t)$ haben. Aus (769) leiten wir auf dem üblichen Weg die kanonische Kommutationsregel her. Für jedes $\psi(r, t)$ gilt

$$\begin{aligned} [q^\beta, p_\alpha] &= \left(q^\beta p_\alpha - p_\alpha q^\beta \right) \psi(r, t) \\ &= r^\beta \left(-i\hbar \frac{\partial}{\partial r^\alpha} \right) \psi - \left(i\hbar \frac{\partial}{\partial r^\alpha} \right) (r^\beta \psi) \\ &= i\hbar \delta_{\alpha\beta} \psi(r, t) \end{aligned} \tag{770}$$

und daher die Operatoridentität

$$[q^\beta, p_\alpha] = i\hbar \delta_{\alpha\beta} \tag{771}$$

Die Schrödinger-Gleichung

Wir nehmen eine Variation mit $\delta q^\alpha(t_1) \neq 0$ und $\delta t_1 \neq 0$ sowie $\delta q^\alpha(t_2) = \delta t_2 = 0$ an. Dann führt (758) in erster Ordnung in Δq^α und δt_1 zu

$$\delta\psi(r_1, t_1) = \delta t_1 \frac{\partial}{\partial t_1} \psi(r_1, t) + \langle r_1 + \Delta q^\alpha(t_1), t_1 | r_2 t_2\rangle - \langle r_1 t_1 | r_2 t_2\rangle \tag{772}$$

Gemäß (759) ist der Zustand $|r_1 + \Delta q^\alpha(t_1), t_1\rangle$ definiert durch die Eigenwertgleichung

$$(q^\alpha(t_1) - \Delta q^\alpha(t_1) - r_1) |r_1 + \Delta q^\alpha(t_1), t_1\rangle = 0 \tag{773}$$

Wir multiplizieren diese Gleichung mit $\left(1 + (i/\hbar) \sum_\beta p_\beta \Delta q^\beta\right)$ und verwenden Gleichung (771). Das ergibt

$$\left(1 + (i/\hbar) \sum p_\beta \Delta q^\beta\right) (q^\alpha(t_1) - \Delta q^\alpha(t_1) - r_1) |r_1 + \Delta q^\alpha(t_1), t_1\rangle$$

$$= (q^\alpha(t_1) - r_1) \left(1 + (i/\hbar) \sum p_\beta \Delta q^\beta\right) |r_1 + \Delta q^\alpha(t_1), t_1\rangle = 0 \tag{774}$$

in erster Ordnung in Δq^α. Daher ist $\left(1 + (i/\hbar) \sum p_\beta \Delta q^\beta\right) |r_1 + \Delta q^\alpha(t_1), t_1\rangle$ der Eigenzustand von $q^\alpha(t_1)$ mit Eigenwerten r_1. Somit ist

$$\left(1 + (i/\hbar) \sum p_\beta \Delta q^\beta\right) |r_1 + \Delta q^\alpha(t_1), t_1\rangle = |r_1\, t_1\rangle$$

und in erster Ordnung in Δq^α:

$$|r_1 + \Delta q^\alpha(t_1), t_1\rangle = \left(1 - (i/\hbar) \sum p_\beta(t_1) \Delta q^\beta(t_1)\right) |r_1\, t_1\rangle \tag{775}$$

Einsetzen in (772) führt zu

$$\delta\psi(r_1, t_1) = \delta t_1 \frac{\partial}{\partial t_1} \psi(r_1, t_1) + \frac{i}{\hbar} \langle r_1\, t_1| \sum_\beta p_\beta(t_1) \Delta q^\beta(t_1) |r_2\, t_2\rangle \tag{776}$$

Das Wirkungsprinzip (753) ergibt mit (754) und (764):

$$\delta\psi(r_1, t_1) = (i/\hbar) \langle r_1\, t_1 | \sum_\alpha p_\alpha \Delta q^\alpha(t_1) - H(t_1)\, \delta t_1 |r_2\, t_2\rangle \tag{777}$$

Der Vergleich von (776) mit (777) liefert

$$\frac{\partial}{\partial t} \psi(r, t) = -(i/\hbar) \langle r_1\, t_1 | H(t) |r_2\, t_2\rangle \tag{778}$$

Dies ist die gewöhnliche Schrödinger-Gleichung in Dirac-Notation. Sie besagt, dass für jeden Zustand S mit der Wellenfunktion $\psi(r, t)$ der Zustand $H(t)S$ die Wellenfunktion $i\hbar\,(\partial\psi/\partial t)$ hat. Wenn wir, wie in der Quantenmechanik üblich, jeden Zustand mit seiner Wellenfunktion identifizieren, erhalten wir die gewöhnliche Form der Schrödinger-Gleichung:

$$H(t)\psi(r, t) = i\hbar \frac{\partial}{\partial t} \psi(r, t) \tag{779}$$

9.1.9 Übergang zur Feldtheorie

Wir haben gesehen, wie für die Teilchenmechanik die Quantisierung nach Feynman zum Schwinger'schen Wirkungsprinzip und wie das Wirkungsprinzip dann zu den normalen Regeln der Quantenmechanik geführt haben. Ähnliche Argumente für eine Feldtheorie funktionieren auf dem gleichen Weg. Zu näheren Einzelheiten siehe Abschnitt 4.4.

Bei der Feldtheorie sind wir nicht nur daran interessiert, aus dem Wirkungsprinzip die gewöhnlichen Regeln der Quantenmechanik abzuleiten, sondern auch andere nützliche Konsequenzen des Wirkungsprinzips, welche den Zugang zur Quantentheorie einfacher machen als der historische Weg. Insbesondere für praktische Anwendungen ist die Peierls'sche Kommutationsregel (194) von Nutzen. Diese Formel gilt auch in der Teilchenmechanik, jedoch ist sie vor Allem für die Feldtheorie wichtig. Alle Gleichungen, die zur Gleichung (194) führen, haben Analogien in der Teilchenmechanik. Deren Ausarbeitung sei dem Leser überlassen.

Nur der Schluss von Abschnitt 4.4.7 über antikommutierende Felder beinhaltet keine Analogie in der Teilchenmechanik.

9.2 Zur Beziehung zwischen Streumatrixelementen und Querschnitten

Wir betrachten einen Reaktionsablauf oder einen Streuprozess, in dem Teilchen 1 und 2 kollidieren und die Reaktionsprodukte $3, 4, \ldots, n$ entstehen. Für $j = 1, \ldots, n$ nehmen wir an, dass das Teilchen j den 4er-Energie-Impuls-Vektor $\hbar k_j$ hat. Die vierte Komponente ist $E_j/c = \hbar k_{j\,0}$, wobei E_j die Energie ist. Das Teilchen j habe auch innere Koordinaten u_j, welche spezifizieren, um was für ein Teilchen es sich handelt und in welchem Spin- bzw. Polarisationszustand es sich befindet.

In der relativistischen Quantenmechanik berechnen wir normalerweise direkt den Teil der S-Matrix oder des Streuoperators, der diese Reaktion beschreibt. Die Form der S-Matrix ist dann

$$S = \int \ldots \int d^3k_1 \ldots d^3k_n \sum_{u_1 \ldots u_n} a_1\, a_2\, a_3^* \ldots a_n^*\, \delta^4(k_1 + k_2 - k_3 \cdots - k_n) M \qquad (780)$$

Hierbei ist a_j ein Absorptionsoperator und a_j^* ein Emissionsoperator des Teilchens j, zweckmäßig normiert durch die Bedingung

$$\langle a_{ku}\, a_{k'u'}^* \rangle_o = \delta^3(\mathbf{k} - \mathbf{k}')\, \delta_{uu'} \qquad (781)$$

wobei die spitzen Klammern den Erwartungswert des Vakuumzustands darstellen. M ist das Matrixelement, eine kovariante Funktion der Vektoren k_j und der inneren Koordinaten u_j.

Wir wünschen uns eine Formel für den Reaktionsquerschnitt in Abhängigkeit von M. Solche Formeln lassen sich in der Literatur häufig finden,[1] jedoch sind die

---

[1] C. Møller, *Kgl. Danske Videnskab. Selskab Mat.-Fys. Medd.* **23** 1 (1945); Nachdruck in *Quantum Scattering Theory; Selected Papers*, Hrsg. Marc Ross, Indiana U. Press, 1963, S. 109–154. Die zur Diskussion stehenden Formeln entsprechen den Gleichungen (91) und (96). Die Herleitung findet sich auf S. 18–24 der ursprünglichen Abhandlung und auf S. 126–130 der Neuauflage.

Herleitungen oft etwas schwierig. Wir wollen hier eine einfache und strikte Herleitung versuchen.

Sei Ω eine Untermenge der Impulse des Endzustands, d. h. eine Untermenge des $3(n-2)$-dimensionalen Raums der 3er-Vektoren $\mathbf{k}_3, \mathbf{k}_4, \ldots, \mathbf{k}_n$. Wir bezeichnen mit $\sigma(\Omega)$ den Querschnitt für eine Reaktion, in der die Endimpulse $\mathbf{k}_3, \mathbf{k}_4, \ldots, \mathbf{k}_n$ zu Ω gehören und die inneren Koordinaten $u_1, \ldots, u_n$ und die Anfangsimpulse $\mathbf{k}_1, \mathbf{k}_2$ festgelegt sind. Dann ist $\sigma(\Omega)$ eine Funktion von $\mathbf{k}_1, \mathbf{k}_2, u_1, \ldots, u_n$ und Ω, und wir wollen die Relation zwischen $\sigma(\Omega)$ und M finden.

Um $\sigma(\Omega)$ zu definieren, nutzen wir einen Anfangszustand Ψ_1 in Form eines Wellenpakets:

$$\Psi_1 = \iint d^3 p_1 \, d^3 p_2 \, f(\mathbf{p}_1, \mathbf{p}_2) \, a^*_{p_1 \, u_1} \, a^*_{p_2 \, u_2} \, \Psi_o \tag{782}$$

wobei Ψ_o der Vakuumzustand ist und $f(\mathbf{p}_1, \mathbf{p}_2)$ nur näherungsweise ein Produkt von δ-Funktionen ist:

$$f(\mathbf{p}_1, \mathbf{p}_2) \approx \delta^3(\mathbf{p}_1 - \mathbf{k}_1) \, \delta^3(\mathbf{p}_2 - \mathbf{k}_2) \tag{783}$$

Mithilfe von (781), der Normierungsbedingung für Ψ_1, ergibt sich

$$|\Psi_1|^2 = \iint d^3 p_1 \, d^3 p_2 \, |f(\mathbf{p}_1, \mathbf{p}_2)|^2 = 1 \tag{784}$$

Es ist unmöglich, (784) zu erfüllen, wenn f gleich einer reellen δ-Funktion ist. Daher nutzen wir für Ψ_1 die Wellenpaketform. Die gestreute Welle, die aus Ψ_1 hervorgeht, ist gegeben durch

$$S\Psi_1 = \int \ldots \int d^3 p_1 \, d^3 p_2 \, d^3 k_3 \ldots d^3 k_n a^*_3 \ldots a^*_n \Psi_o f(\mathbf{p}_1, \mathbf{p}_2) \, \delta^4(p_1 + p_2 - k_3 \cdots - k_n) M \tag{785}$$

Das quadrierte Modul von (785) repräsentiert die Wahrscheinlichkeit der Streuung aus dem Anfangszustand Ψ_1. Daher ist die Wahrscheinlichkeit der Streuung in Endzustände mit Impulsen in Ω durch (785) und (781) gegeben und lautet

$$\begin{aligned}
W(\Omega) &= \int_\Omega d^3 k_3 \ldots d^3 k_n \iiiint d^4 p_1 \, d^4 p_2 \, d^4 p'_1 \, d^4 p'_2 \, |M|^2 \\
&\quad \times f(\mathbf{p}_1, \mathbf{p}_2) \, f^*(\mathbf{p}'_1, \mathbf{p}'_2) \, \delta^4(p_1 + p_2 - k_3 \cdots - k_n) \, \delta^4(p'_1 + p'_2 - k_3 \cdots - k_n) \\
&= \int_\Omega d^3 k_3 \ldots d^3 k_n \iiiint d^4 p_1 \, d^4 p_2 \, d^4 p'_1 \, d^4 p'_2 \, |M|^2 \\
&\quad \times f(\mathbf{p}_1, \mathbf{p}_2) \, f^*(\mathbf{p}'_1, \mathbf{p}'_2) \, \delta^4(k_1 + k_2 - k_3 \cdots - k_n) \, \delta^4(p'_1 + p'_2 - p_1 - p_2)
\end{aligned} \tag{786}$$

Hierfür haben wir angenommen, dass M nur von $k_1, k_2, \ldots, k_n$ und nicht von p_1, p_2, p'_1 und p'_2 abhängt, da f und f^* näherungsweise δ-Funktionen sind.

Wir betrachten nun die Wahrscheinlichkeit W_A, dass im Anfangszustand Ψ_1 das Teilchen 2 durch eine kleine Fläche A hindurch tritt, die sich gemeinsam mit

Teilchen 1 bewegt. Wir nehmen an, dass die Geschwindigkeitsvektoren der Teilchen 1 und 2 entlang der gleichen Linie verlaufen (dies kann immer erreicht werden, indem ein entsprechendes Bezugssystem gewählt wird) und dass die Fläche A senkrecht auf dieser Linie steht. Wenn A sehr klein ist, folgt:

$$W_A = \int d^3x \int_{-\infty}^{\infty} dt \, Av\rho(x,x,t) \tag{787}$$

Dabei ist v die relative Geschwindigkeit der Teilchen 1 und 2 sowie $\rho(x,y,t)$ die Wahrscheinlichkeitsdichte, zur Zeit t im Zustand Ψ_1 das Teilchen 1 bei x und das Teilchen 2 bei y zu finden. Gemäß (782) erhalten wir

$$\rho(x,y,t) = \left| \frac{1}{(2\pi)^3} \iint d^3p_1 \, d^3p_2 \, f(\mathbf{p}_1, \mathbf{p}_2) e^{i(p_1 x + p_2 y - (p_{01} + p_{02})ct)} \right|^2 \tag{788}$$

und dies führt, zusammen mit (787), zu

$$W_A = \frac{Av}{(2\pi)^2 c} \iiiint d^3p_1 \, d^3p_2 \, d^3p_1' \, d^3p_2' \, \delta^4(p_1 + p_2 - p_1' - p_2') f(\mathbf{p}_1, \mathbf{p}_2) f^*(\mathbf{p}_1', \mathbf{p}_2') \tag{789}$$

Die Definition des Reaktionsquerschnitts $\sigma(\Omega)$ lautet

$$\sigma(\Omega) = W(\Omega) \times \frac{A}{W_A} \tag{790}$$

Er ist gleich der Reaktionswahrscheinlichkeit im Zustand Ψ_1, geteilt durch die Wahrscheinlichkeit, dass die zwei Teilchen durch eine Einheitsfläche des jeweils anderen fliegen. Der Vergleich von (786) mit (789) ergibt

$$\sigma(\Omega) = \frac{(2\pi)^2 c}{v} \int_{\Omega} d^3k_3 \ldots d^3k_n \, \delta^4(k_1 + k_2 - k_3 \cdots - k_n) \, |M|^2 \tag{791}$$

$$= \frac{(2\pi)^2 \hbar c^2}{v} \int_{\Omega} d^3k_3 \ldots d^3k_{n-1} \, \delta(E_1 + E_2 - E_3 \cdots - E_n) \, |M|^2 \tag{792}$$

Die für $\sigma(\Omega)$ benötigten Formeln sind (791) und (792). In (792) wird impliziert, dass k_n und E_n mithilfe der Gleichung für die Impulserhaltung als Funktionen von $k_3, \ldots, k_{n-1}$ geschrieben werden.

Bei einer Reaktion mit nur zwei Produkten ($n = 4$) können die Formeln vereinfacht werden. In diesem Fall können wir einen gewöhnlichen differenziellen Querschnitt $\sigma \, d\Omega$ definieren, indem wir für Ω die Menge von Endzuständen setzen, in denen die Richtung des ausgehenden Teilchens 3 in einem kleinen Raumwinkel $d\Omega$ liegt. Ist $d\Omega$ gegeben, dann sind die Größen von k_3, k_4, E_3, E_4 durch die Impuls- und die Energieerhaltung gegeben. Wir arbeiten weiter im Schwerpunktssystem, sodass $|\mathbf{k}_3| = |\mathbf{k}_4|$ ist. Dann wird (792) zu

$$\sigma \, d\Omega = \frac{(2\pi)^2 \hbar c^2}{v} k_3^2 \, |M|^2 \int \delta(E_1 + E_2 - E_3 - E_4) \, dk_3 \, d\Omega$$

$$= \frac{(2\pi)^2}{\hbar v} \frac{k_3 E_3 E_4}{E_3 + E_4} \, |M|^2 \, d\Omega \tag{793}$$

Wir erinnern uns daran, dass v die relative Geschwindigkeit im Anfangszustand ist. Damit ergibt sich für die relative Geschwindigkeit im Endzustand

$$v' = \frac{\hbar c^2 \, k_3 (E_3 + E_4)}{E_3 E_4} \tag{794}$$

Dies liefert eine kompakte Formel für den differenziellen Querschnitt:

$$\sigma \, d\Omega = \frac{c^2}{v v'} \, (2\pi k_3)^2 \, |M|^2 \, d\Omega \tag{795}$$

Wenn zwei Anfangsteilchen identisch sind oder einige der Endteilchen identisch sind, dann sind alle Resultate ohne Änderung richtig, wenn in Gleichung (780) die Integrale so beschränkt werden, dass jeder physikalisch unterscheidbare Zustand nur einfach gezählt wird. Wenn beispielsweise Teilchen 1 und 2 gleich sind, dann soll sich die Summe über Paare von Werten $(k_1, u_1; k_2, u_2)$ in (780) erstrecken, wobei $(k_1, u_1; k_2, u_2)$ und $(k_2, u_2; k_1, u_1)$ als das gleiche Paar gelten, also nicht zweimal berücksichtigt werden. Dies entspricht der normalen Praxis in solchen Fällen, wenn M als Matrixelement zwischen zwei physikalischen Zuständen, die identische Teilchen beinhalten, berechnet wird.

9.3 Renormierung

Wir schreiben die Lagrange'sche Dichte auf, aus der die Bewegungsgleichungen der wechselwirkenden Felder folgen:

$$\mathcal{L} = -\tfrac{1}{4}\hat{F}_{\mu\nu}\hat{F}_{\mu\nu} - \tfrac{1}{2}\lambda\left(\frac{\partial\hat{A}_\mu}{\partial x_\mu}\right)^2 - \hbar c\hat{\overline{\psi}}\left(\gamma_\mu\frac{\partial}{\partial x_\mu} - \hat{\mu}\right)\hat{\psi} - i\hat{e}\hat{\overline{\psi}}\hat{A}\hat{\psi}$$

$$- \tfrac{1}{4}\hat{F}^e_{\mu\nu}\hat{F}^e_{\mu\nu} - \tfrac{1}{2}\hat{F}_{\mu\nu}\hat{F}^e_{\mu\nu} - i\hat{e}\hat{\overline{\psi}}\hat{A}^e\hat{\psi} \tag{796}$$

Hierin inbegriffen sind ein externes elektromagnetisches Feld $\hat{A}^e_\mu$, für das wir annehmen, dass $\partial\hat{A}^e_\mu/\partial x_\mu = 0$ gilt, sowie der Zusatzterm $-\tfrac{1}{2}\lambda(\partial\hat{A}_\mu/\partial x_\mu)^2$. Der Faktor λ im zweiten Term hat keinen Einfluss auf den physikalischen Zustand – abgesehen davon, dass er die Zusatzbedingung von Fermi erfüllt.

Wir nehmen als Arbeitshypothese an, dass die Felder mit endlichen Matrixelementen zwischen den physikalischen Zustanden nicht diejenigen sind, die im Lagrangian auftauchen, sondern Felder sind, die proportional sind zu

$$A_\mu(x) = Z_3^{-1/2}\,\hat{A}_\mu(x)$$
$$A^e_\mu(x) = Z_3^{-1/2}\,\hat{A}^e_\mu(x) \tag{797}$$

welche auch untereinander transformierbar sind wie ein elektromagnetisches Potenzial unter Lorentz- und Eichtransformationen.

Wir dürfen nicht $A_\mu = \hat{A}_\mu$ setzen. Es ist ja bekannt, dass die Matrixelemente von $\hat{A}_\mu$ divergent sind, wenn sie bis zur Ordnung e^2 berechnet werden. Für $A^e_\mu(x)$ sind die Proportionalitätskonstanten die gleichen wie für $A_\mu(x)$, da die Unterscheidung zwischen einem Feld $A_\mu(x)$ und einem externen Feld willkürlich ist. Ähnliches gilt für die Elektronenfelder

$$\psi(x) = Z_2^{-1/2}\,\hat{\psi}(x)$$
$$\overline{\psi}(x) = Z_2^{-1/2}\,\hat{\overline{\psi}}(x) \tag{798}$$

Wir können Z_2 (wie auch die anderen Z's) so wählen, dass es reell ist. Im folgenden werden wir sehen, dass dies die einzig mögliche Wahl ist, da Z_2 als Funktion der Konstanten (e, m) ausgedrückt wird.

Die neuen Felder werden *renormierte* Felder genannt. Dass sie endliche Matrix-elemente haben, verifizieren wir anschließend.

Wir renormieren auf die gleiche Art die Ladung e:

$$\hat{e} = Z_1 Z_2^{-1} Z_3^{-1/2} e \tag{799}$$

wobei sich die Interpretation von Z_1 durch die folgende Formel ergibt:

$$\hat{e}\hat{\overline{\psi}}\hat{A}\hat{\psi} = Z_1 e\overline{\psi}A\psi \tag{800}$$

Entsprechend ist die neue Masse μ gegeben durch

$$\hat{\mu} = \mu(1 - Z_2^{-1}Y) \tag{801}$$

Für die Interpretation von Y gilt

$$\hbar c\hat{\overline{\psi}}\left(\gamma_\mu \frac{\partial}{\partial x_\mu} - \hat{\mu}\right)\hat{\psi} = \hbar c Z_2 \overline{\psi}\left(\gamma_\mu \frac{\partial}{\partial x_\mu} - \mu\right)\psi - \hbar c Y \mu \overline{\psi}\psi \tag{802}$$

9.3.1 Die Wechselwirkungsdarstellung

Wir erhalten eine Interpretation der Wechselwirkung durch Separation von $\mathcal{L}$ in zwei Teile:

$$\mathcal{L} = \mathcal{L}_0 + \mathcal{L}_1 \tag{803}$$

Darin wird $\mathcal{L}_0$ der Lagrangian der freien renormierten Felder mit den renormierten Konstanten sein:

$$\mathcal{L}_0 = -\hbar c\overline{\psi}\left(\gamma_\mu \frac{\partial}{\partial x_\mu} - \mu\right)\psi - \tfrac{1}{4}F_{\mu\nu}F_{\mu\nu} - \tfrac{1}{2}F_{\mu\nu}F_{\mu\nu}^e - \tfrac{1}{4}F_{\mu\nu}^e F_{\mu\nu}^e - \tfrac{1}{2}\left(\frac{\partial A_\mu}{\partial x_\mu}\right)^2 \tag{804}$$

Entsprechend wird $\mathcal{L}_1$ der Wechselwirkungs-Lagrangian sein:

$$\mathcal{L}_1 = -\underbrace{ie\overline{\psi}A\psi}_{(1)} - \underbrace{ie\overline{\psi}A^e\psi}_{(2)} + \underbrace{ieL\overline{\psi}A\psi}_{(3)} + \underbrace{ieL\overline{\psi}A^e\psi}_{(4)} - \underbrace{\tfrac{1}{4}CF_{\mu\nu}F_{\mu\nu}}_{(5)}$$

$$- \underbrace{\tfrac{1}{2}CF_{\mu\nu}F_{\mu\nu}^e}_{(6)} - \underbrace{\tfrac{1}{4}CF_{\mu\nu}^e F_{\mu\nu}^e}_{(7)} - \underbrace{\hbar c\mu Y\overline{\psi}\psi}_{(8)} - \underbrace{\hbar cB\overline{\psi}\left(\gamma_\mu \frac{\partial}{\partial x_\mu} - \mu\right)\psi}_{(9)} \tag{805}$$

Dabei ist $C = Z_3 - 1$, $B = Z_2 - 1$ und $L = 1 - Z_1$.

Wir können die Konstante λ frei wählen. Wir setzen $\lambda Z_3 = 1$, um den Term $-\tfrac{1}{2}(\lambda Z_3 - 1)(\partial A_\mu/\partial x_\mu)^2$ im Wechselwirkungs-Lagrangian $\mathcal{L}_1$ verschwinden zu lassen. Diese Wahl, welche nicht notwendig ist, vereinfacht den Ausdruck. Deswegen wurde dieser Term in λ eingeführt.

Wir sehen nun, dass im Wechselwirkungs-Lagrangian neun Terme den Platz der ersten zwei Terme einnehmen. Die sieben zusätzlichen Terme sind die Gegenterme, deren Koeffizienten so gewählt werden, dass bei der Berechnung eines gegebenen Prozesses, gleichgültig welcher Ordnung, die aus den Termen 1 und 2 hervorgehenden Divergenzen eliminiert werden können und nur endliche Größen aus diesen Termen der Wechselwirkung übrig bleiben.

Um ein Beispiel zu geben, schauen wir uns die Elemente zweiter Ordnung in der Streumatrix eines Elektrons an einem Potenzial A^e an. Wir suchen die Matrixelemente, die A^e bis zur zweiten Ordnung (A^2) beinhalten.

Term in $\mathcal{L}_1$	Diagramm	Beitrag zu M
$(1,2)$		$M_2^1 + L_2 M_0$
$\not{2}$		$\not{M}_0$
$(1,2)$		$M_2^2 + C_2 M_0$
$(1,2)$		$(\delta_m M_0) + B_2 M$
(4)		$-L M_0$
$(8,2)$		$-(Y M_0)$
$(9,2)$		$-B M_0$
$(1,6)$		$-C_2 M_0$

Dies sind also sämtliche Terme zweiter Ordnung, welche mit den Termen in $\mathcal{L}_1$ gebildet werden können. Es ist zu beachten, dass die Terme 3 und 5 nicht beitragen, da die Konstanten C und L schon von der Ordnung e^2 oder niedriger sind, und dass Term 7 auch nichts beiträgt, da er die zweifache Wirkung eines externen Feldes repräsentiert. Zum Erstellen der obigen Diagramme muss man sich nur die elementaren Diagramme vor Augen halten, die zu jedem der folgenden Faktoren gehören:

(1) 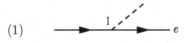 e

(2)  e

(3) $-Le$

(4) $-Le$

(5) C

(6) C

(7) $*$

Dieser Term ist eine komplexe Zahl und wird grafisch durch einen Punkt ohne externe Linie gekennzeichnet.

(8) ⎫
(9) ⎭

Wir skizzieren nun die Berechnung der Matrixelemente, die in der Tabelle auftauchen. Die Berechnung der Matrixelemente, die der Wechselwirkung (1, 2) entsprechen, wurde bereits durchgeführt. Wir beschreiben kurz deren Form.

Für das Diagramm

folgen wir den Feynman-Regeln. Das Matrixelement hat die Form

$$M \approx e_\mu \left(\overline{u} \int \frac{dk}{k^2} \gamma_\alpha \frac{1}{\not{p} - \not{k} - i\mu} \gamma_\mu \frac{1}{\not{p} - \not{k} - i\mu} \gamma_\alpha u' \right) \tag{806}$$

welche logarithmisch divergiert. Wir können es in der folgenden Form schreiben:

$$M = L_2 \left(\overline{u} \not{e} u' \right) + M_2^1 = L_2 M_0 + M_2^1 \tag{807}$$

Der endliche Teil M_2^1 ist durch die Tatsache definiert, dass $M_2^1 = 0$ für den Impuls $p = p' = p_0$ eines freien Teilchens gilt, da wir den Term M_0 so definieren wollen, dass er die gesamten Streueffekte im Limes geringer Impulsübertragung widerspiegelt.

Das Diagramm

ergibt den Beitrag

$$M \approx \int \frac{dk}{k^2} \left(\overline{u}' \gamma_\mu \frac{1}{p\!\!\!/ + k\!\!\!/ - i\mu} \gamma_\mu \frac{1}{p\!\!\!/ - i\mu} \phi\!\!\!/ u \right) \tag{808}$$

woraus man den folgenden Ausdruck findet:

$$M = (\delta_m \, M_o) + B_2 M_0 \tag{809}$$

Die Klammern bezeichnen, dass es sich nicht um ein Produkt von M_0 und einer Konstanten handelt.

Das Diagramm

ergibt den Beitrag

$$M \approx \int ds \frac{1}{q^2} \left(\overline{u}' \gamma_\lambda u \right) \mathrm{Sp} \left(\gamma_\lambda \frac{1}{s\!\!\!/ + q\!\!\!/ - i\mu} \phi\!\!\!/ \frac{1}{s\!\!\!/ - i\mu} \right) \tag{810}$$

Das Diagramm entspricht dem Ausdruck $(\overline{u}' \phi\!\!\!/ u)$.

Es bleibt übrig, die Terme zu berechnen, die den Prozessen (4), $(8,2)$, $(9,2)$ und $(1,6)$ entsprechen. Für (4) ergibt sich der Ausdruck sofort zu $-LM_0$. Der Prozess $(8,2)$ führt zu

$$M = -Y \int P(\overline{\psi}\psi\overline{\psi}A^e\psi) = -Y \int dx_0 \, dx_1 \, \overline{\psi}(x_0) S_F(x_0 - x_1) A^e(x_1)\psi$$

$$= -Y \left(\overline{u} \frac{1}{p\!\!\!/ - i\mu} \phi\!\!\!/ u' \right) \tag{811}$$

was wir mit $(-YM_0)$ bezeichnen. Die Klammern besagen auch hier, dass dieser Term kein Produkt von M_0 und einer Konstanten ist. Vielmehr tritt in jedem Fall an dessen Stelle der Beitrag aus dem Term δm auf, wenn wir für Y die Entwicklung als Funktion der Kopplungskonstanten verwenden.

9.3.2 Beitrag der Wechselwirkung (9, 2)

$$
M = -B \iint P \left[\overline{\psi} \left(\gamma_\mu \frac{\partial}{\partial_\mu} - \mu \right) \psi, \overline{\psi} A^e \psi \right] = -B \left(\overline{u} (\not{p} - i\mu) \frac{1}{\not{p} - i\mu} \not{e} u' \right)
$$
$$
= -\tfrac{1}{2} B M_0 \tag{812}
$$

Aufgrund unserer bislang angestellten Überlegungen können wir sagen, dass man dem Produkt

$$
(\not{p} - i\mu) \frac{1}{(\not{p} - i\mu)}
$$

der Wert $\tfrac{1}{2}$ zuweisen kann.

9.3.3 Berechnung des Terms (1, 6)

$$
M = \tfrac{1}{2} C \iint P \left(F_{\mu\nu}^e F_{\mu\nu}(x_1), \overline{\psi} A_\alpha \gamma_\alpha \psi(x_2) \right) \, dx_1 \, dx_2
$$
$$
= \tfrac{1}{2} C \iint P \left[\left(\frac{\partial A_\nu^e}{\partial x_\mu} - \frac{\partial A_\mu^e}{\partial x_\nu} \right) \left(\frac{\partial A_\nu}{\partial x_\mu} - \frac{\partial A_\mu}{\partial x_\nu} \right) (x_1), \overline{\psi} \gamma_\alpha \psi A_\alpha(x_2) \right] \, dx_1 \, dx_2 \tag{813}
$$

Wir transformieren mithilfe der Ersetzung

$$
A_\nu^e(x) = \int dq \, e_\nu(q) e^{iqx} \tag{814}
$$

in den Impulsraum und erhalten

$$
M = \tfrac{1}{2} C \left[(q_\mu e_\nu - q_\nu e_\mu)(q_\mu \delta_{\nu\alpha} - q_\nu \delta_{\mu\alpha}) \frac{1}{q^2} (\overline{u} \gamma_\alpha u') \right]
$$
$$
= C \left[q^2 e_\alpha - e \cdot q \, q_\alpha \right] \frac{1}{q^2} (\overline{u} \gamma_\alpha u') \tag{815}
$$
$$
= \frac{C}{q^2} \left[q^2 (\overline{u} \not{e} u') - (e \cdot q)(\overline{u} \not{q} u') \right]
$$

Wenn es sich um ein freies Elektron handelt, dann ist $\overline{u} \not{q} u' = 0$ wegen der Dirac-Gleichung. Damit folgt $M = (CM_0)$, wobei die Klammer weiterhin die gleiche Bedeutung hat wie zuvor. Dies bedeutet, dass wir $C_2 = C/q^2 + \dots$ setzen. Schließlich ist damit eine der Divergenzen zweiter Ordnung eliminiert, wenn die Koeffizienten L, B, Y und C alle der gleichen Ordnung von e in der Taylor-Entwicklung entsprechen: $L_2, B_2, Y_2, \dots$

9.3.4 Eichinvarianz in der Theorie

Der Lagrangian muss invariant sein unter der Transformation

$$\psi \to \exp\left(-i\frac{e}{\hbar c}\Lambda\right)\psi$$
$$A_\mu \to A_\mu + \frac{\partial\Lambda}{\partial x_\mu}$$

(816)

Dabei ist Λ eine beliebige Funktion (eine komplexe Zahl) und e die experimentelle Ladung (renormierte Ladung), da im klassischen Limes der Koeffizient von Λ im Faktor $e/(\hbar c)$ der experimentellen Ladung entspricht.

9.3.5 Konsequenzen der Invarianz

Der anfängliche Lagrangian war invariant unter der Transformation

$$\hat{\psi} \to \exp\left(-i\frac{\hat{e}}{\hbar c}\hat{\Lambda}\right)\hat{\psi}$$
$$\hat{A}_\mu \to \hat{A}_\mu + \frac{\partial\hat{\Lambda}}{\partial x_\mu}$$

(817)

Der neue Lagrangian wird invariant sein unter der Transformation

$$\psi \to \exp\left(-i\frac{e}{\hbar c}\Lambda\right)\psi \qquad \text{falls gilt} \qquad \hat{\Lambda} = Z_3^{1/2}\Lambda$$
$$A_\mu \to A_\mu + \frac{\partial\Lambda}{\partial x_\mu} \qquad \text{wegen} \qquad \hat{A}_\mu = Z_3^{1/2}A_\mu$$

(818)

Die Bedingung der Eichinvarianz ist dann

$$\hat{e}\hat{\Lambda} = e\Lambda \quad \text{or} \quad \hat{e}\hat{A}_\mu = eA_\mu$$

(819)

Dann ist $\hat{e} = Z_3^{-1/2}e$. Ursprünglich haben wir $\hat{e} = Z_1 Z_2^{-1} Z_3^{-1/2}e$ gesetzt, woraus die *Ward-Identität* folgte:

$$Z_1 = Z_2 \quad \text{or} \quad B + L = 0$$

(820)

In der Störungstheorie finden wir entsprechend $B + L = 0$.

9.3.6 Die Möglichkeit der Renormierung auf alle Ordnungen

Die ursprüngliche Wechselwirkung war $\overline{\psi}A\psi + \overline{\psi}A^e\psi$. Wir nennen diese Operatoren O und schlagen Folgendes vor:

1. Wir untersuchen das allgemeinste Matrixelement, das mit den Operatoren O erzeugt werden kann.

2. Wir untersuchen seinen Typ der Divergenz.

3. Wir verifizieren Term für Term, dass es durch eines der Elemente des Gegen-
terms eliminiert werden kann, d. h. dass ausreichend viele unendliche Konstanten in die Theorie eingeführt wurden.

Das allgemeinste Matrixelement ist

$$M_G = \int \ldots \int dx_1 \ldots dx_{m+n} P\left[\overline{\psi}A\psi(x_1) \ldots \overline{\psi}A\psi(x_n), \overline{\psi}A^e\psi(x_{n+1}) \ldots \overline{\psi}A^e\psi(x_{n+m})\right]$$
(821)

Das entsprechende Diagramm G hat $(m+n)$ Vertices:

n Vertices mit 2 Elektronenlinien und 1 Photonenlinie:

m Vertices mit 2 Elektronenlinien und 0 Photonenlinien:

Den Ausdruck des Matrixelements M_G im Impulsraum erhalten wir mithilfe der
Feynman-Regeln als Produkt der folgenden Faktoren:

innere Elektronenlinie: $1/(\not{k}_j - i\mu)$

innere Photonenlinie: $(1/q_j^2)\,\delta_{\mu\nu}$

externe Elektronenlinie: Spinor $\overline{u}_j$ oder u_j

externe Photonenlinie: $e_{j\mu}$

Potenzial des externen Feldes: $\not{e}(q_j)$

Für jeden Vertex ergeben sich ein Faktor γ_μ und eine Variable x_i, sodass sich nach
Durchführen der Integration $\int dx_i$ die resultierende δ-Funktion $\delta^4(k+k'-p)$ ergibt,
die die Erhaltung des 4er-Impulses ausdrückt.

Nun müssen die Integrationen über die Impulse entsprechend den inneren Linien
durchgeführt werden:

$$\int \ldots \int dk_1\, dk_2 \ldots dq_1 \ldots dq_f$$

Diese Integrationen sind gemäß Feynmans Vorschrift auszuführen.

9.3.7 Typen von Divergenzen

Die δ^4-Funktionen für die $(n+m)$ Vertices erlauben die Eliminierung von $(n+m)-1$ Variablen k_j, die voneinander abhängig sind. Beispielsweise ergibt sich für die hier dargestellte Form von G Folgendes:

$$k_2 = k_1 - p_2$$
$$k_3 = k_1 - p_2 - p_3$$
$$k_4 = k_1 - p_2 - p_3 - p_4$$

Die letzte δ^4-Funktion ergibt eindeutig

$$k_1 = k_1 - p_1 - p_2 - p_3 - p_4 \qquad \text{oder} \qquad p_1 + p_2 + p_3 + p_4 = 0 \qquad (822)$$

Wir verwenden folgende Notation:

$I_e = $ Anzahl der inneren Elektronenlinien,

$I_p = $ Anzahl der inneren Photonenlinien,

$O_e = $ Anzahl der externen Elektronenlinien,

$O_p = $ Anzahl der externen Photonenlinien,

$O_v = $ Anzahl der Vertices, bei denen A^e wirkt.

Damit ist die Anzahl der Integrationsvariablen, die nach der Elimination durch die δ^4-Funktionen übrig bleiben:

$$F = I_e + I_p - m - n + 1 \qquad (823)$$

und das Integral hat die Form

$$\int \cdots \int d^4 k_1 \ldots d^4 k_F \prod_{j=1}^{I_e} \frac{1}{\slashed{k}_j - i\mu} \prod_{\ell=1}^{I_p} \frac{1}{k_\ell^2} \qquad (824)$$

Zu Beginn müssen wir den Grad der Konvergenz eines Integrals im Unendlichen formal durch Abzählen von Potenzen untersuchen. Die Differenz zwischen den „Graden" des Zählers und des Nenners ist $4F - (I_e + 2I_p)$.

Eine hinreichende Bedingung dafür, dass das Integral divergiert, ist:

$$I_e + 2I_p \leq 4F \qquad (825)$$

(Es kann Konvergenz vorliegen, wenn bestimmte Diagramme einander aufheben.) Die Bedingung besagt einfach, dass der Grad des Zählers größer als der oder gleich dem des Nenners ist. Alternativ können wir schreiben:

$$4m + 4n \leq 3I_e + 2I_p + 4 \tag{826}$$

Wir können das Resultat als Funktion lediglich externer Linien ausdrücken. Dies gelingt wegen der geometrischen Relationen zwischen den Vertices und den inneren Linien.

Jeder Vertex, der $\overline{\psi}A\psi$ entspricht, hat zwei Elektronenlinen und eine Photonenlinie. Jeder Vertex, der $\overline{\psi}A^e\psi$ entspricht, hat zwei Elektronenlinien, obwohl dort A^e wirkt.

Zählen der Gesamtzahl von Elektronenlinen liefert $2(m + n) = 2I_e + O_e$.
Zählen der Gesamtzahl von Photonenlinien liefert $n = 2I_p + O_p$.
Zählen der Gesamtzahl von Operatoren A^e liefert $m = O_v$.

Wir lösen das Obige nach I_e und I_p auf und setzen diese Werte (mit $m = O_v$) in (826) ein. Das ergibt

$$\tfrac{3}{2}O_e + O_p + O_v \leq 4 \tag{827}$$

(O_e ist immer gerade.) Somit wird die gesamte Divergenz nur durch die Anzahl der externen Linen und nicht durch die Anzahl der inneren Linien bestimmt. Daher ist die Theorie renormierbar.

Anmerkung

Diese Resultate sind wertvoll, da die gesamte Divergenz in Relation zum Ensemble der Variablen steht. Jedoch bleibt die allgemeine Analyse komplex. Sehen wir uns beispielsweise folgendes Diagramm an:

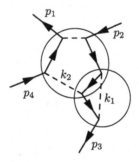

Die den beiden Kreisen gemeinsame Linie hängt von der Integration über k_1 und k_2 ab. Für das gesamte Integral gilt

$$O_e = 4$$

$$O_p + O_v = 0$$

$$\tfrac{3}{2}O_e + O_p + O_v = 6 > 4$$

Also ist das Integral konvergent.

Für die k_1-Integration allein im entsprechenden Unterdiagram gilt

$$O_e = 2 \quad O_p = 1 \;\rightarrow\; \tfrac{3}{2}O_e + O_p + O_v = 4. \qquad \text{Das Integral ist divergent.}$$

Für die k_2-Integration allein gilt

$$O_p = 2 \quad O_e = 4 \;\rightarrow\; \tfrac{3}{2}O_e + O_p + O_v = 8. \qquad \text{Das Integral ist konvergent.}$$

Die Bedingung für Konvergenz lautet ja

$$\tfrac{3}{2}O_e + O_p + O_v \ge 5 \qquad \text{für jedes Unterdiagramm} \tag{828}$$

Wir erinnern uns: Diese Bedingung bedeutet, dass der Grad des Nenners größer als der Grad des Zählers ist.

Wir zeigen nun, wie wir bei unserem Problem die Konvergenz erreichen. Unser Integral I hat sicherlich die folgenden Eigenschaften:

- $I = \displaystyle\int \frac{G(k)}{F(k)}\, d^4k,$ wobei F und G Polynome sind.

- Die Differenz der Grade von $F(k)$ und $G(k)$ wird mindestens gleich 1 sein. $F(k)$ ist ein Produkt von Faktoren $(k - p)^2$, die aus einer Photonenlinie entstehen, und von Faktoren $(k - p')^2 + m^2$ aus einer Elektronlinie.

- Das Integral ergibt sich gemäß Feynmans Vorschrift bezüglich der Pole.

Beweis

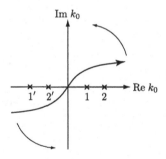

Wir beginnen mit der Integration über die k_o-Komponente des 4er-Vektors k. Die Pole liegen dann entlang der reellen Achse. Zuerst nehmen wir an, dass alle Paare konjugierter Pole auf einer Seite des Ursprungs liegen. Das Feynman-Integral folgt in diesem Fall dem gekennzeichneten Pfad, und das Integral reduziert sich sofort auf eine Integration entlang der imaginären Achse, auf der es keine Pole gibt. Die Differenz der Grade von F und G stellt die Konvergenz sicher.

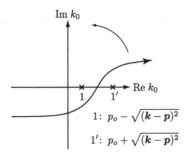

1: $p_o - \sqrt{(\boldsymbol{k} - \boldsymbol{p})^2}$

1': $p_o + \sqrt{(\boldsymbol{k} - \boldsymbol{p})^2}$

Wenn irgendwelche zwei Pole auf derselben Seiten des Ursprungs liegen (verschobene Pole), bewirkt dies für $\boldsymbol{k}$, den vektoriellen Teil von k, die Ungleichung

$$(\boldsymbol{k} - \boldsymbol{p})^2 \leq p_o^2$$

Dadurch wird der Integrationsbereich des Vektors $\boldsymbol{k}$ begrenzt. Die Integration über die Residuen, die auftauchen, wenn die Feynman-Kontur überschritten wird, ergibt dann einen endlichen Beitrag.

Nun wollen wir die möglichen Typen divergenter Diagramme aufstellen, wobei wir den Größen O_e, O_p und O_v die Werte entsprechend der Relation $\frac{3}{2}O_e + O_p + O_v \leq 4$, also Gleichung (827), zuweisen:

O_e	$O_p + O_v$	$\frac{3}{2}O_e + O_p + O_v$	*Divergenz*
2	0	3	linear
2	1	4	logarithmisch
0	0	0	biquadratisch
0	1	1	kubisch
0	2	2	quadratisch
0	3	3	linear
0	4	4	logarithmisch

Die Divergenz des Diagramms $\bigcirc$-- ist null in Übereinstimmung mit Furrys Theorem (siehe den übernächsten Abschnitt).

Ähnliches gilt für das Diagramm ----$\langle \cdot \rangle$, erneut durch Anwendung von Furrys Theorem und der Impulserhaltung.

9.3.8 Die Selbstenergie des Vakuums: Diagramme der Form $\langle\cdots\rangle$ etc. (G_1)

$\overset{G}{\longrightarrow}$ Dieses Stück tritt in kompletten Diagrammen als Teil auf, der vom Rest separiert ist. Folglich gibt es keine Integrationsvariable, die diesem Teil und dem Rest des Diagramms G gemeinsam ist, und es gilt

$$M_{G+G_1} = M_G \cdot M_{G_1} \tag{829}$$

Der Beitrag des Diagramms G_1 ergibt sich auf die gleiche Weise:

$$G_1 \; \langle\cdots\rangle : \; \textstyle\sum M = \left(\sum_G M_{\text{verbunden}}\right)\left(\sum M_{G_1}\right) = A\left(\sum_G M_{\text{verbunden}}\right)$$

Darin ist A eine Konstante, die die Energie des Vakuums repräsentiert. Der physikalische Zustand des Vakuums hat die Energie E'_o, welches die freie Energie E_o sein wird, wenn die Wechselwirkung der Felder endet. Also können wir schreiben:

$$A = e^{iE'_o \int_{-\infty}^{\infty} dt} \tag{830}$$

Demnach ist A ein konstanter Phasenfaktor, welcher aus der Änderung der Energieniveaus des Vakuums stammt. Er hat keinen beobachtbaren Effekt. Es ist möglich, ihn zu eliminieren, indem wir in $\mathcal{L}_1$ einen zehnten Term einführen.

9.3.9 Furrys Theorem[2]

Für jeden Teil des Diagramms, welcher – außer durch *Photonen*linien – nicht mit dem Rest verbunden ist, wie beispielsweise hier,

---

[2]W. H. Furry, „A Symmetry Theorem in the Positron Theory", *Phys. Rev.* **51** (1937) 125–129.

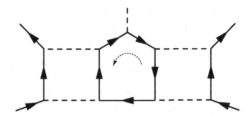

gibt es zwei mögliche Orientierungen für die geschlossene Elektronenlinie. Mit M und M' als ihren anteiligen Beiträgen sowie mit ℓ als Anzahl der Photonenlinien gilt

$$M' = (-1)^\ell M \tag{831}$$

In dem einfachen Fall

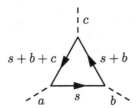

können wir für den Beitrag M schreiben:

$$M = \cdots \int ds \, \mathrm{Sp} \left[\frac{1}{\not{s} - i\mu} \gamma_a \frac{1}{\not{s} + \not{b} + \not{c} - i\mu} \gamma_c \frac{1}{\not{s} + \not{b} - i\mu} \gamma_b \right] \tag{832}$$

Die andere Orientierung sieht wie folgt aus:

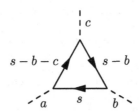

Ihr Beitrag M' ist gegeben durch

$$M' = \cdots \int ds \, \mathrm{Sp} \left[\frac{1}{\not{s} - i\mu} \gamma_b \frac{1}{\not{s} - \not{b} - i\mu} \gamma_c \frac{1}{\not{s} - \not{b} - \not{c} - i\mu} \gamma_a \right] \tag{833}$$

Aber für eine Menge $\{A, B, C, D\}$ von Matrizen gilt

$$\mathrm{Sp} \left[A\,B\,C\,D \right] = \mathrm{Sp} \left[D^T\,C^T\,B^T\,A^T \right] = \mathrm{Sp} \left[D^\dagger\,C^\dagger\,B^\dagger\,A^\dagger \right]$$

Andererseits ist

$$\gamma_\mu^\dagger = \pm \gamma_\mu$$

Es ist Sp $[\gamma_\mu \gamma_\nu \gamma_\alpha \gamma_\beta] = 0$, solange alle Indices gleich sind oder in Paaren gleich sind; dann folgt für die Dirac-Matrizen

$$\text{Sp}\,[A\,B\,C\,D] = \text{Sp}\,[D\,C\,B\,A]$$

sodass gilt:[3]

$$M' = \cdots \int ds\,\text{Sp}\left[\frac{1}{-\not{s} - i\mu}\gamma_a\frac{1}{-\not{s} - \not{b} - \not{c} - i\mu}\gamma_c\frac{1}{\not{s} - \not{b} - i\mu}\gamma_b\right] \tag{834}$$

Damit ist

$$\frac{1}{-\not{s} - \not{b} - \not{c} - i\mu} = \gamma_5\frac{1}{\not{s} + \not{b} + \not{c} - i\mu}\gamma_5$$

wegen $\gamma_5\gamma_\alpha\gamma_5 = -\gamma_\alpha$, und es folgt

$$M' = \cdots \int ds\,\text{Sp}\left[\gamma_5\frac{1}{\not{s} - i\mu}\gamma_5\gamma_a\gamma_5\frac{1}{\not{s} + \not{b} + \not{c} - i\mu}\gamma_5\gamma_c\gamma_5\frac{1}{\not{s} + \not{b} - i\mu}\gamma_5\gamma_b\right]$$

$$= \cdots \int ds\,\text{Sp}\left[\frac{1}{\not{s} - i\mu}\gamma_5\gamma_a\gamma_5\frac{1}{\not{s} + \not{b} + \not{c} - i\mu}\gamma_5\gamma_c\gamma_5\frac{1}{\not{s} + \not{b} - i\mu}\gamma_5\gamma_b\gamma_5\right] \tag{835}$$

$$= \cdots (-1)^3\int ds\,\text{Sp}\left[\frac{1}{\not{s} - i\mu}\gamma_a\frac{1}{\not{s} + \not{b} - i\mu}\gamma_c\frac{1}{\not{s} + \not{b} + \not{c} - i\mu}\gamma_b\right]$$

$$= (-1)^3 M$$

Wesentlich an diesem Beweis ist, dass die Wechselwirkung an einem Vertex mit γ_5 antikommutiert. Genau auf diesem Weg, und wenn ℓ ungerade ist, folgt $M = -M'$. Es gibt keinen Grund, Diagramme mit einer ungeraden Anzahl von Photonenlinien zu betrachten, da sich die Beiträge von M und M' aufheben.

Furrys Theorem erlaubt es uns, die einzigen divergenten Diagramme in diese vier Typen zu unterteilen:

Divergenz	O_p	O_e	*Gesamter Grad der Divergenz*
A. Selbstenergie des Photons	2	0	quadratisch ----◯----
B. Streuung von Licht durch Licht	4	0	logarithmisch
C. Vertexteil	1	2	logarithmisch
D. Selbstenergie des Elektrons	0	2	linear

[3]Es sind zwei weitere Schritte notwendig. Erstens ist die Spur invariant unter zyklischen Permutationen: Sp $[A\,B\,C\,D] = $ Sp $[B\,C\,D\,A]$. Dies nutzen wir hier aus, um den Faktor $1/(\not{s} - i\mu)$ auf die rechte Seite von γ_a zu bringen. Ferner setzen wir $s \to -s$. Dies ändert das Vorzeichen von s im Nenner, jedoch nicht den Faktor ds, welcher eine vierfache Integration ist.

Damit ist es nun einfach, durch einfaches Anschauen den Grad der Divergenz eines inneren Teils eines Diagramms bzw. den Grad des gesamten Diagramms anzugeben. Dazu müssen wir ermitteln, auf welche Weise er mit dem restlichen Diagramm verbunden ist, also die externen Linien zählen. Wir werden diesen Sachverhalt im Folgenden systematisch nutzen.

Nun müssen wir den Prozess beschreiben, mit dem wir die endlichen Teile erhalten können, die den vier Typen A, B, C und D von Divergenzen entsprechen. Dies schauen wir uns jetzt gründlicher an. Unsere Argumente beruhen hauptsächlich auf der Tensornatur der untersuchten Größen und auf dem Grad der Divergenz. Wir nehmen dabei stets an, dass wir bei den betrachteten Diagrammen wissen, wie wir Divergenzen eliminieren können, die aufgrund der vollständig im Inneren liegenden Diagrammteile vorhanden sind. Wir nehmen außerdem an, dass diese Subtraktionen bereits ausgeführt sind.

9.3.10 (A) Die Selbstenergie des Photons

Ein Beispieldiagramm

Der Wechselwirkungsoperator, welcher an jedem Vertex wirkt, ist $\overline{\psi}A\psi$.

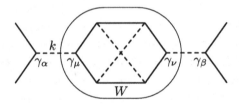

Sei $\{s\}$ das Ensemble von inneren Variablen, die mit den Integrationen des Diagramms W zusammenhängen. Die Form des Matrixelements M ist dann

$$M = \left\{ \begin{array}{l} \text{externe Faktoren bei } W, \text{ggf.} \\ \text{inkl. der Integration } \int dk \dots \\ \text{über die Impulsvariable } k \end{array} \right\}_{\alpha\beta} \frac{\delta_{\mu\alpha}}{k^2} \frac{\delta_{\nu\beta}}{k^2} (M_W)_{\mu\nu} \tag{836}$$

Dann ist M_W (wie einfach zu beweisen ist) ein Tensor der Form

$$(M_W)_{\mu\nu} = \int ds \, W_{\mu,\nu}(s,k) = \left\{ \iiint \dots \left(ds \, \gamma \frac{1}{\not{s} + \not{q} - i\mu} \gamma \right) \right\} \gamma_\mu \gamma_\nu \tag{837}$$

Wenn W nun n Vertices hat, dann gibt es

n innere Elektronenlinien ($2I_e = 2n$, da $O_e = 0$),

$\frac{1}{2}(n-2)$ innere Photonenlinien ($2I_p = n-2$, wegen $O_p = 2$).

Außerdem gibt es $n/2$ unabhängige innere Impulsvariablen, und $W_{\mu\nu}$ hat die Form eines rationalen Bruches. Sein Zähler ist das Produkt der Differenziale der $n/2$

Impulsvariablen, und der Nenner ist vom Grad $n + (n - 2) = 2n - 2$, wegen der Propagatorfaktoren $1/s^2$ für die Photonen bzw. $1/(\not{s} - i\mu)$ für die Elektronen.

Wir extrahieren einen endlichen Teil des kompletten Integrals (welches quadratisch divergent ist) indem wir eine Taylor-Entwicklung von $W(s, k)$ um den Wert $k = 0$ durchführen:

$$W(s, k) = W(s, 0) + k_\alpha \left[\frac{\partial}{\partial k_\alpha} W(s, k) \right]_{k=0} + \tfrac{1}{2} k_\alpha k_\beta \left[\frac{\partial^2}{\partial k_\alpha \partial k_\beta} W(s, k) \right]_{k=0} + \dots \quad (838)$$

Dann ist dies ein konvergentes Integral:

$$\int ds \left[W(s, k) - W(s, 0) - k_\alpha \left(\frac{\partial}{\partial k_\alpha} W(s, k) \right)_{k=0} - \tfrac{1}{2} k_\alpha k_\beta \left(\frac{\partial^2}{\partial k_\alpha \partial k_\beta} W(s, k) \right)_{k=0} \right]$$
$$(839)$$

Wie wir mithilfe eines Arguments, das bei den anderen Fällen bereitgestellt wird, sehen werden, ist der Rest der Taylor-Entwicklung proportional zu

$$\tfrac{1}{6} k_\alpha k_\beta k_\gamma \left[\frac{\partial^3}{\partial k_\alpha \partial k_\beta \partial k_\gamma} W(s, k) \right]_{k=\xi} \quad (840)$$

Da jedes k im Integranden in der Form $k + \bar{s}$ auftritt, wobei $\bar{s}$ eine bestimmte Linearkombination der Variablen s ist, zeigt sich im Resultat, dass der Ausdruck

$$\frac{\partial^3}{\partial k_\alpha \partial k_\beta \partial k_\gamma} W(s, k)$$

drei Potenzen von s im Nenner hat, die größer als $W(s, k)$ sind.

Wir fassen zusammen:

1. Der Grad der Divergenz einer kompletten s-Integration (über alle Variablen $\{s\}$ zusammen) reduziert sich auf drei Potenzen von s als Resultat der Subtraktion. Dies reicht aus, um das Integral konvergieren zu lassen.

2. Der Grad der Divergenz, unabhängig von den Teilintegrationen über eine Teilmenge von s-Variablen, wird im Allgemeinen durch die Subtraktion nicht reduziert, da diese s-Variablen nicht in Kombination mit k im Integranden auftauchen können. Dabei wird die Divergenz nicht durch die Subtraktion verstärkt. Wir nehmen an, dass alle Teilintegrationen bereits zuvor zum Konvergieren gebracht wurden, sodass sie nach der neuen Subtraktion konvergent bleiben.

Wir wissen *von vornherein*, dass das Matrixelement eine relativistische Invariante ist. Dies erlaubt es uns, seine Struktur präzise anzugeben. In diesem Stadium wissen wir, dass gilt:

$$
\begin{aligned}
M_{\mu\nu}(W) = {} & M_{\mu\nu}^{\text{endlich}}(W) + \int ds\, W_{\mu\nu}(s,0) + \int ds\, k_\alpha \left[\frac{\partial}{\partial k_\alpha} W_{\mu\nu}(s,0) \right] \\
& + \tfrac{1}{2} \int ds\, k_\alpha k_\beta \left[\frac{\partial^2}{\partial k_\alpha \partial k_\beta} W(s,0) \right] \\
= {} & M_{\mu\nu}^{\text{endlich}}(W) + A\,\delta_{\mu\nu} + k_\alpha T_{\alpha\mu\nu} + \tfrac{1}{2} k_\alpha k_\beta T_{\alpha\beta\mu\nu}
\end{aligned}
\tag{841}
$$

Darin ist A eine Konstante. Für die anderen Terme gilt Folgendes:

$$
T_{\alpha\mu\nu} = \int ds \left[\frac{\partial}{\partial k_\alpha} W_{\mu\nu}(s,k) \right]_{k=0}
\tag{842}
$$

ist ein Tensor 3. Stufe, unabhängig von $\boldsymbol{k}$. Dagegen ist

$$
T_{\alpha\beta\mu\nu} = \tfrac{1}{2} \int ds \left[\frac{\partial^2}{\partial k_\alpha \partial k_\beta} W_{\mu\nu}(s,k) \right]_{k=0}
\tag{843}
$$

ein Tensor 4. Stufe, ebenfalls unabhängig von $\boldsymbol{k}$ sowie symmetrisch in α und β.

Die allgemeine Form dieses konstanten Tensors ist

$$
T_{\alpha\beta\mu\nu} = C\,\delta_{\alpha\beta}\delta_{\mu\nu} + D\,\delta_{\alpha\mu}\delta_{\beta\nu} + E\,\delta_{\alpha\nu}\delta_{\beta\mu} + F\,\epsilon_{\alpha\beta\mu\nu}
\tag{844}
$$

wobei C, D, E und F konstant sind und $\epsilon_{\alpha\beta\mu\nu}$ der vollständig antisymmetrische Tensor 4. Stufe ist. Jedoch erfordert die Symmetrie in α und β, dass $F = 0$ und $D = E$ ist, sodass gilt:

$$
\begin{aligned}
T_{\alpha\beta\mu\nu} &= C\,\delta_{\alpha\beta}\delta_{\mu\nu} + D\,(\delta_{\alpha\mu}\delta_{\beta\nu} + \delta_{\alpha\nu}\delta_{\beta\mu}) \\
M_{\mu\nu}(W) &= M_{\mu\nu}^{\text{endlich}}(W) + A\,\delta_{\mu\nu} + \tfrac{1}{2} C\,k^2 \delta_{\mu\nu} + D\,k_\mu k_\nu
\end{aligned}
\tag{845}
$$

Die Eichinvarianz erlaubt es uns, eine weitere Eigenschaft der Koeffizienten zu finden.

Wir nehmen an, dass das Pseudopotenzial $\Lambda\, \partial j_\mu / \partial x_\mu$ auf eine der externen Linien von W wirkt. Grafisch bedeutet dies

$$
- - - - \overset{\nu}{\underset{\mu}{\bigotimes\!\!W}} \qquad \Lambda \frac{\partial j_\mu}{\partial x_\mu}
$$

Einerseits muss dass Matrixelement gleich null sein, und andererseits ist es gleich $k_\mu\,(M_W)_{\mu\nu}$. Daher muss gelten

$$
k_\mu M_{\mu\nu}^{\text{endlich}}(W) + A\,k_\nu + \tfrac{1}{2} C\,k^2 k_\nu + D\,k^2 k_\nu = 0
\tag{846}
$$

Jedoch ist für k in der Nähe von null der Ausdruck $M_{\mu\nu}^{\text{endlich}}$ sicherlich von der Ordnung k^3 oder niedriger. Daher haben wir tatsächlich die ersten zwei Terme der Taylor-Reihe durch Subtraktion erzeugt.

Nun haben wir Term für Term eine Identität (bis zu den Termen mit k^2):

$$A \equiv 0 \qquad D = -\tfrac{1}{2}C \qquad (847)$$

Andererseits hat der Tensor $M_{\mu\nu}^{\text{endlich}}$ die Form

$$M_{\mu\nu}^{\text{endlich}} = F(k^2)\,\delta_{\mu\nu} + G(k^2)\,k_\mu k_\nu \qquad (848)$$

Außerdem muss gelten $k_\mu\, M_{\mu\nu}^{\text{endlich}} = 0$ und daher

$$F(k^2) = -G(k^2) \qquad (849)$$

Weiterhin ist

$$M_{\mu\nu}^{\text{endlich}} = F(k^2)\left[\delta_{\mu\nu}k^2 - k_\mu k_\nu\right] \qquad (850)$$

mit $F(0) = 0$, weil aufgrund der Konstruktion $M_{\mu\nu}^{\text{endlich}} = \mathcal{O}(k^3)$ ist. Zusammengefasst ergibt sich

$$M_{\mu\nu}(W) = \left[k^2\,\delta_{\mu\nu} - k_\mu k_\nu\right]\left[\tfrac{1}{2}C + F(k^2)\right] \qquad (851)$$

Die Funktion $F(k^2)$ ist endlich und berechenbar, und damit ist unser Endergebnis:

$$M_{\mu\nu} = (\text{externe Faktoren})_{\mu\nu}\,\frac{1}{k^2}\,\frac{1}{k^2}\,\left(k^2\,\delta_{\mu\nu} - k_\mu k_\nu\right)\cdot\left[\tfrac{1}{2}C_W + F_W(k^2)\right] \qquad (852)$$

Der Gegenterm zu diesem Teil W der Photonenselbstenergie wird durch den fünften Term im Wechselwirkungs-Lagrangian geliefert:

$$\left. \begin{array}{c} k \quad k \\ \rule[0.5ex]{2em}{0.4pt}\!\ast\!\rule[0.5ex]{2em}{0.4pt} \\ \gamma_\alpha \;\; 5 \;\; \gamma_\beta \end{array} \right\rangle \quad -\tfrac{1}{4}CF_{\mu\nu}F_{\mu\nu} = -\tfrac{1}{4}C\left[\frac{\partial A_\mu}{\partial x_\nu} - \frac{\partial A_\nu}{\partial x_\mu}\right]\left[\frac{\partial A_\mu}{\partial x_\nu} - \frac{\partial A_\nu}{\partial x_\mu}\right]$$

Wir führen eine Fourier-Transformation in den Impulsraum durch. Dieser Beitrag hat die Form

$$M' = (\text{dieselben externen Faktoren bei } W)_{\alpha\beta}\,\frac{\delta_{\alpha\lambda}}{k^2}\,\frac{\delta_{\beta\rho}}{k^2}\left[\delta_{\lambda\mu}k_\nu - \delta_{\lambda\nu}k_\mu\right]$$
$$\times\left[\delta_{\rho\mu}k_\nu - \delta_{\rho\nu}k_\mu\right]\times -\tfrac{1}{2}C \qquad (853)$$

Der Faktor $-\tfrac{1}{2}C$ ist tatsächlich $2\times(-\tfrac{1}{4}C)$, da es im Diagramm $\left\rangle\begin{array}{c}\rule[0.5ex]{1.5em}{0.4pt}\!\ast\!\rule[0.5ex]{1.5em}{0.4pt}\\ A_\alpha \;\; 5 \;\; A_\beta\end{array}\right\langle$ mit $F_{\mu\nu}F_{\mu\nu}$, was in (5) wirkt, zwei Wege gibt, die Operatoren $F_{\mu\nu}F_{\mu\nu}$ mit den Operatoren A_α und A_β bei den zwei anderen Vertices zu paaren. Also ist

$$M' = -\tfrac{1}{2}C(\text{externe Faktoren})_{\mu\nu}\,\frac{1}{k^2}\,\frac{1}{k^2}\left(\delta_{\mu\nu}k^2 - k_\mu k_\nu\right) \qquad (854)$$

Wir sehen, dass wir in der Lage sind, C_W im Matrixelement M zu eliminieren und nur den endlichen Teil zu behalten.

Auf die gleiche Art und Weise fällt es leicht, die Gegenterme (6) und (7) zu verstehen. Hier ein kurzer Blick darauf:

Für (6) gilt $-\frac{1}{2}F_{\mu\nu}F_{\mu\nu}^e$, und das Diagramm sieht so aus:

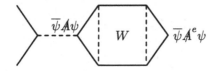

Das entsprechende Matrixelement hat die (auf analoge Weise wie zuvor berechnete) Form

$$M = (\text{externe Faktoren})_\mu\, e_\nu\, \frac{1}{k^2}\left(k^2\delta_{\mu\nu} - k_\mu k_\nu\right) \times \left(C_W + F_W(k^2)\right) \qquad (855)$$

wobei e_ν vom externen Feld stammt. Wir sehen, dass (6) in der Lage ist, C_W zu eliminieren.

Für (7) gilt $-\frac{1}{4}F_{\mu\nu}^e F_{\mu\nu}^e$, und das Diagramm sieht so aus:

Die Form des Matrixelements ist ähnlich:

$$e_\mu e_\nu \left[k^2\delta_{\mu\nu} - k_\mu k_\nu\right] \times \left(C_W + F_W(k^2)\right) \qquad (856)$$

Nun eliminiert der Term (7), also $-\frac{1}{4}F_{\mu\nu}^e F_{\mu\nu}^e$, auch den Term in C_W.

Wir halten kurz inne und betrachten die physikalische Interpretation. Der endliche Term $F_W(k^2)$ ist hier ein Effekt der Vakuumpolarisation unter dem Einfluss eines externen Feldes. Die Energie des externen Feldes ist nämlich

$$-\frac{1}{4}\left(1 + F(k^2)\right)F_{\mu\nu}^e F_{\mu\nu}^e$$

wobei der erste Term die Energiedichte im Vakuum ist und der zweite das Gleiche ist wie der Beitrag aufgrund einer Streuung in einem Dielektrikum . Wir können die Größe $1 + F(k^2)$ als Dielektrizitätskonstante des Vakuums bezeichnen. Die Paare des Elektron-Positron-Feldes des Vakuums wirken wie Atome in einem Festkörper und streuen elektromagnetische Wellen, die sich dort ausbreiten. Für eine Lichtwelle $A^e(x)$ in Abwesenheit einer Ladung gilt die Bewegungsgleichung[4]

$$\Box A^e(x) = 0 \qquad \text{und daher} \qquad k^2 = 0$$

Nun haben wir $F(k^2)$ so definiert, dass $F(0) = 0$ gilt. Damit ist der Brechungsindex des Vakuums für eine gegebene Lichtwelle gleich 1. Die Effekte der Vakuumpolarisation sind nicht beobachtbar, außer in der Nähe einer Ladung oder falls nicht mehr $k^2 = 0$ gilt, sodass $F(k^2) \neq 0$ ist.

9.3.11 (B) Die Streuung von Licht durch Licht

Das Diagramm hat die folgende Form:

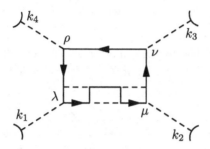

Wir erinnern uns daran, dass $\{s\}$ ein Ensemble von inneren Variablen ist. Wir sehen, dass das Matrixelement die folgende Form hat:

$$M = (\text{Externe Faktoren}) \times \int ds\, J_{\lambda\mu\nu\rho}(s, k_1, k_2, k_3, k_4) \qquad (857)$$

Somit wissen wir, dass

J ein Tensor 4. Stufe ist;

J bestenfalls logarithmisch divergent ist ($O_p = 4$, $O_e = 0$).

Um den endlichen Teil festzulegen, schreiben wir

$$\int J_{\lambda\mu\nu\rho}(s, k_1, k_2, k_3, k_4)\, ds = \int \underbrace{\left(J_{\lambda\mu\nu\rho}(s, k_1, k_2, k_3, k_4) - J_{\lambda\mu\nu\rho}(s, 0, 0, 0, 0) \right)}_{J^{\text{endlich}}_{\lambda\mu\nu\rho}} ds$$

$$+ \int \underbrace{J_{\lambda\mu\nu\rho}(s, 0, 0, 0, 0)}_{\substack{\text{Tensor 4. Stufe, unabh.} \\ \text{von allen } k\text{-Vektoren}}} ds$$

$$(858)$$

---

[4]$\Box$ ist eine alte Form des d'Alembert-Operators $\partial_\mu \partial_\mu = \partial^2$.

Dann hat $J_{\lambda\mu\nu\rho}$ die Form

$$J_{\lambda\mu\nu\rho} = J_{\lambda\mu\nu\rho}^{\text{endlich}} + A\,\delta_{\lambda\mu}\delta_{\nu\rho} + A'\,\delta_{\lambda\nu}\delta_{\mu\rho} + A''\,\delta_{\lambda\rho}\delta_{\mu\nu} + B\epsilon_{\lambda\mu\nu\rho} \qquad (859)$$

Aber die Theorie ist invariant unter einer Eichtransformation. Wir nehmen an, dass das Pseudopotenzial $\Lambda(\partial j_\mu/\partial x_\mu)$ beispielsweise beim Vertex 2 wirkt. Aus der Eichinvarianz folgt die Identität

$$k_{2\nu}\left[J_{\lambda\mu\nu\rho}^{\text{endlich}} + \dots\right] = 0 \qquad (860)$$

Jedoch ist $J_{\lambda\mu\nu\rho}^{\text{endlich}}$ ein Tensor, der gleich null ist für alle k_i, die gleich null sind. Es folgt $A = A' = A'' = B = 0$.

Anmerkung: Tatsächlich ist $J_{\lambda\mu\nu\rho}$ die Summe der Beiträge der Diagramme G, die durch Permutation von $\{k_1, k_2, k_3, k_4\}$ unter den Photonenlinien stammen.

Ein besonderer Fall

Bei der Streuung (in niedrigster Ordnung) eines Photons durch ein Photon ist die Summe der Beträge der drei Diagramme endlich. Eine Subtraktion ist nicht vonnöten:

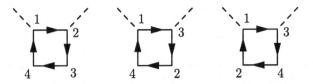

Physikalisch ist das Resultat als Wechselwirkung eines externen Potenzials an einigen Vertices interessant.

Das Diagramm 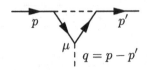 A^e trägt nichts bei (Furrys Theorem).

Aber das Diagramm $\quad A^e$ liefert, wie sich durch eine Permutation der externen

Potenziale ergibt, einen endlichen Beitrag (*Delbrück-Streuung*).

9.3.12 (C) Der Vertexteil

Das Diagramm hat die folgende Form:

Wir bezeichnen den dem Vertex entsprechenden Operator mit Λ_μ.

Das Matrixelement hat die folgende Form:

$$M = (\text{externe Faktoren von } S_F(p) \text{ und } S_F(p')) \times \int ds \, Q_\mu(p, p', s) \qquad (861)$$

Da die logarithmische Divergenz nichts Neues ist, folgt

$$\int ds \, Q_\mu(p, p', s) = \int ds \, [Q_\mu(p, p', s) - Q_\mu(0, 0, s)] + \int ds \, Q_\mu(0, 0, s) \qquad (862)$$

Der letzte Term ist sicherlich von der Form $L'\gamma_\mu$, da er proportional zu einer Dirac-Matrix sein muss, welche wie ein Vektor transformiert. Wir setzen

$$\int ds \, Q_\mu(p, p', s) = \Lambda_\mu'^{\text{endlich}}(p, p') + L'\gamma_\mu \qquad (863)$$

Dies kann man auch anders schreiben:

$$\Lambda_\mu(p, p') + L\gamma_\mu \qquad (864)$$

mit der zusätzlichen Bedingung

$$\Lambda_\mu(p, p') = 0 \quad \text{falls } p = p' \text{ und } (\not{p} - i\mu) = 0 \qquad (865)$$

In der Tat gilt

$$\Lambda_\mu'(p, p) = A(p^2)\gamma_\mu + B(p^2)(\not{p} - i\mu)\gamma_\mu \qquad (866)$$

Wir können $A(p^2)$ in L' mit $\not{p} - i\mu = 0$ einfügen:

$$L = L' + A(-m^2) \qquad (867)$$

Damit wurden zwei Schritte ausgeführt:

1. Subtraktion (ohne physikalische Interpretation des Terms mit $p = p' = 0$),
2. Transformation von L'.

Anmerkung: Ward[5] nutzt eine andere Methode. Er subtrahiert

$$\int ds \, [Q_\mu(p, p', s) - Q_\mu(p_o, p_o, s)]$$

wobei p_o der Wert für ein freies Elektron ist. Aber die möglichen Formen solcher Terme sind sehr kompliziert, da p_o ein Vektor ist. Wir müssen daher für Λ_μ Folgendes schreiben:

$$\Lambda_\mu = L\gamma_\mu + M p_{o\,\mu} + \dots$$

[5] J. C. Ward, „On the Renormalization of Quantum Electrodynamics", *Proc. Phys. Soc.* **A64** (1951) 54–56; „Renormalization Theory of the Interactions of Nucleons, Mesons und Photons", *Phys. Rev.* **84** (1951) 897–901.

Andererseits ist die physikalische Signifikanz unserer Wahl von (L, Λ) einfach: Sie zeigt, dass die Strahlungskorrekturen für sehr kleine Frequenzen gegen null streben. Wir erkennen nun leicht, wie zuvor, die Wirkung der entsprechenden Gegenterme:

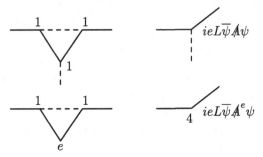

In unserem vorherigen Resultat war der Term mit konstantem L eliminiert. Der endliche Teil von Λ_μ ist geblieben.

Anmerkung: Die Renormierung des Vertex ist eindeutig, da wir der Konvention folgen, dass die Strahlungskorrektur gegen null gehen muss für den Grenzfall, dass der Impuls und die Energie des Photons gegen null streben.

Die Resultate sind auch hier unabhängig von der Wahl der s-Variablen, da $\int ds\, [Q(p, p', s) - Q(0, 0, s)]$ ein absolut konvergentes Integral ist und eine Änderung der Variablen seinen Wert nicht verändert.

In der Mesonentheorie ist die Renormierung eines Vertex nicht eindeutig, da ein Meson nicht die Energie null haben kann und folglich keine „natürliche" Definition des niederfrequenten Limes existiert.

9.3.13 (D) Die Selbstenergie des Elektrons

Das Diagramm hat folgende Form:

Das Matrixelement hat folgende Form:

$$M = (\text{externe Faktoren}) \times \int R(p, s)\, ds \qquad (868)$$

R ist eine Dirac-Matrix. Die Divergenz des Integrals ist linear. Wir subtrahieren:

$$\int \left(R(p, s) - R(0, s) - p_\mu \left[\frac{\partial}{\partial p_\mu} R(p, s) \right]_{p=0} \right) ds$$

Die Größe $\int R(0, s)\, ds$ kann nur eine Konstante Y', multipliziert mit der Dirac-Matrix-*Identität* I_4, sein:

$$\int R(0, s)\, ds = Y' I_4 \qquad (869)$$

Der Term $\int[(\partial/\partial p_\mu)R(p,s)]_{p=0}\,ds$ hat die Form $B'\gamma_\mu$. Damit gilt

$$\int R(p,s)\,ds = R^{\text{endlich}} + Y'I_4 + B'\gamma_\mu p_\mu \tag{870}$$

Wir definieren die Konstanten neu, sodass die Effekte der Selbstenergie des Elektrons für ein freies Elektron null werden:

$$\int R(p,s)\,ds = YI_4 + B(\not{p} - i\mu) + \Sigma(p) \cdot (\not{p} - i\mu) \tag{871}$$

Wir können erneut $\Sigma(p) = 0$ für $\not{p} - i\mu = 0$ wählen. Der Term $\Sigma(p)$ ist endlich und durch die obigen Bedingungen vollständig definiert.

Die Wirkung der Gegenterme lässt sich leicht erkennen:

Y wird durch den Gegenterm (8), $Y\overline{\psi}\psi$, eliminiert: ━━▶━×━━━

$B(\not{p} - i\mu)$ wird durch (9), $B\overline{\psi}\left(\gamma_\mu \dfrac{\partial}{\partial x_\mu} - i\mu\right)\psi$, eliminiert: ━━▶━×━▶━.

Der Faktor $\not{p} - i\mu$ stammt aus der Fourier-Transformation des Differenzialoperators.

9.3.14 (D) Letzte Aufgaben

Zwei Aufgaben bleiben für uns übrig:

A Wir müssen verifizieren, dass die Theorie eichinvariant ist und dass die Ladungsrenormierung für die bestimmten Ladungen konsistent ist.

B Um beim Eliminieren von Divergenzen sicher zu sein, regenerieren wir den Fall, in dem alle divergenten Teildiagramme korrekt geordnet sind.

Aufgabe A

Wir müssen zeigen, dass $Z_1 = Z_2$ ist oder, anders ausgedrückt, dass $L = -B$ gilt. Sei $F(p)$ die Funktion für ein Diagramm des folgenden Typs:

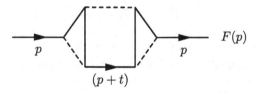

Wir betrachten die entsprechende Menge von Diagrammen, die wir erhalten, wenn wir eine Photonenlinie in die inneren Elektronenlinien auf jede mögliche Weise einfügen. Seien $G_\mu(p,p')$ die Funktionen, die Diagrammen wie diesem entsprechen:

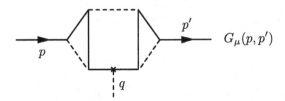

Wir müssen eine Beziehung zwischen F und G finden, um eine Beziehung zwischen L und B herzustellen.

Wir gehen zurück zu einer Linie, an der ein Photon hinzugefügt wird. Wir können die Impulsvariablen so wählen, dass t auf der Abbildung eine Linearkombination der Variablen s ist, d. h. dass gilt: $t = s_1 - s_2 + s_3 \ldots$

$$\xmapsto{\qquad} \overset{p+t}{} \overset{\displaystyle p'+t}{\xmapsto{\qquad}} \;\;\; q = p - p'$$

Dann folgen die Ausdrücke

$$G_\mu(p, p') = \int (F_1)_{p'} \left[\frac{1}{\not{p}' + \not{t} - i\mu} \gamma_\mu \frac{1}{\not{p} + \not{t} - i\mu} \right] (F_2)_p \, ds$$

$$F(p) = \int (F_1)_p \left[\frac{1}{\not{p}' + \not{t} - i\mu} \right] (F_2)_p \, ds \tag{872}$$

Wir berechnen nun $\dfrac{\partial F(p)}{\partial p_\mu}$, was sich auf Folgendes reduziert:

$$\frac{\partial}{\partial p_\mu} \left(\frac{1}{\not{p} + \not{t} - i\mu} \right) = -\lim_{\epsilon \to 0} \frac{1}{\epsilon_\mu} \left[\frac{1}{\not{p} + \not{t} - i\mu} \left[(\not{p} + \not{t} + \not{\epsilon} - i\mu) \right. \right.$$

$$\left. \left. - (\not{p} + \not{t} - i\mu) \right] \frac{1}{\not{p} + \not{t} + \not{\epsilon} - i\mu} \right]$$

$$= -\frac{1}{\not{p} + \not{t} - i\mu} \gamma_\mu \frac{1}{\not{p} + \not{t} - i\mu} \tag{873}$$

Daher gilt

$$-\frac{\partial F(p)}{\partial p_\mu} \equiv \sum G_\mu(p, p) \tag{874}$$

wobei die Summierung hier über die gesamte Klasse von Diagrammen durchgeführt wird, die mit F zusammenhängen. Oder wir schreiben, mit der impliziten Summierung:[6]

$$-\frac{\partial F(p)}{\partial p_\mu} \equiv G_\mu(p, p) \qquad \textit{(Ward-Identität)} \tag{875}$$

---

[6] J. C. Ward, „An Identity in Quantum Electrodynamics", *Phys. Rev.* **78** (1950) 182; siehe auch Y. Takahashi, „On the generalized Ward identity", *Nuovo Cim.* **6** (1957) 371.

Weiterhin ist[7]

$$\frac{\partial F(p)}{\partial p_\mu} = B\gamma_\mu + \Sigma(p)\gamma_\mu + \frac{\partial \Sigma(p)}{\partial p_\mu}(\not{p} - i\mu)$$

$$\equiv -[L\gamma_\mu + \Lambda_\mu(p,p)]$$

(876)

Für ein freies Elektron gilt $\not{p} = i\mu$ sowie

$$\begin{cases} \Lambda_\mu(p,p) = 0 \\ \Sigma(p) = 0 \end{cases}$$

Es folgt also

$$B = -L$$

(877)

Nun nehmen wir ein Diagramm mit einem internen Kreis an:

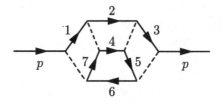

Das Argument vom Beginn des Abschnitts 9.3.14 kann angewendet werden, da die ergänzende Photonenlinie an einer der Elektronenlinien 1, 2 oder 3 eingesetzt wurde. Die Linien 4, 5, 6 und 7 haben Impulse, die von p unabhängig sind. Daher können wir p auf die Impulsvektoren jener Linien verteilen, ohne irgendetwas zu verändern. Es liegt ja nur eine Neudefinition der Integrationsvariablen vor. Das Diagramm reduziert sich dann auf dasselbe wie im vorherigen Fall.

Wir haben gezeigt, dass die Divergenzen von $G_\mu(p,p)$ keine Überlappung aufweisen und daher in einer wohldefinierten Weise isoliert werden können. Es bleibt Folgendes zu zeigen: Wenn wir die unterschiedlichen Gegenterme, die zum Diagramm F gehören, ändern, indem wir eine Photonenlinie auf die gleiche Weise addieren, wie wir es bereits für F selbst getan haben, dann erzeugen diese modifizierten Gegenterme die Terme , die notwendig sind, um die Divergenzen aus jedem der Diagramme von $G_\mu(p,p)$ zu entfernen. Wir werden dies hier nicht tun. Aber wir können uns leicht davon überzeugen, indem wir einige Beispiele durchgehen. Es gilt

$$-\frac{\partial}{\partial p_\mu}(F + \text{Gegenterme}) = \sum(G_\mu + \text{Gegenterme})$$

(878)

wobei die Summe auf der rechten Seite endlich ist. Dann ist $(F + \text{Gegenterme})$ eine Größe, die endlich und wohldefiniert ist.

---

[7]Es gilt $F(p) = \int R(p,s)\,ds$.

Nun ist es an der Zeit, die Konsistenz der Ladungsrenormierung zu diskutieren. Wir erinnern uns, dass gilt:

$$\frac{\hat{e}}{e} = Z_1 Z_2^{-1} Z_3^{1/2} \quad \text{und} \quad Z_3 = 1 + C \tag{879}$$

Darin ist C der Koeffizient für Gegenterme des Typs 5. Die entsprechenden Diagramme haben die folgende Form:

Dann hängt $\hat{e}/e$ nur von Z_3 ab, wenn $Z_1 = Z_2$ gilt, und Z_3 hängt nur von Prozessen mit geschlossenen Polygonen ab.

Wenn zwei Arten von Ladungen vorliegen, beispielsweise die des Elektrons und die des π-Mesons, dann führen wir für jedes Feld, das mit dem elektromagnetischen Feld wechselwirkt, die Renormierungskonstanten $\{Z_1, Z_2, Z_3\}$ bzw. $\{Z_1', Z_2', Z_3'\}$ ein. Z_1 beschreibt die besonderen Eigenschaften des Elektrons:

Dagegen beschreibt Z_1' die Eigenschaften des π-Mesons:

Allgemein gilt dann

$$\begin{cases} Z_1 \neq Z_1' \\ Z_2 \neq Z_2' \end{cases}$$

Jedoch muss Z_3 die Vakuumpolarisation beschreiben, welche durch ein Elektron oder ein Meson erzeugt wird. Beispiele sind

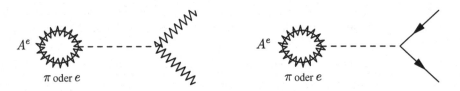

Daher muss gelten $Z_3 = Z_3'$.

Wegen $Z_1 = Z_2$ und $Z_1' = Z_2'$ sichert diese Beziehung den gleichen Wert für die Ladungsrenormierungen des Elektrons und des π-Mesons.

Aufgabe B *Anordnung der Divergenzen*

Nun wollen wir untersuchen, ob man einen Prozess definieren kann, der es erlaubt, die Subtraktion in einer wohldefinierten Reihenfolge der unendlichen Divergenzen entsprechend einigen Teildiagrammen eines gegebenen Diagramms durchzuführen.

Betrachten wir zuerst den einfachen Fall, dass die Divergenzen separierten Teilen oder einem Teil, der innerhalb eines anderen liegt, entsprechen. Ein Beispiel ist

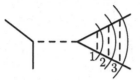

Divergenz 1 wird eliminiert durch das Diagramm

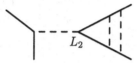

Divergenz 2 wird eliminiert durch das Diagramm

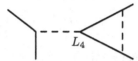

Und die letzte Divergenz wird eliminiert durch das Diagramm

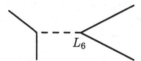

In jedem Stadium sind die übrig bleibenden Integrale logarithmisch divergent. Nun, da die divergenten Teil ineinander liegen, stellen wir die Regel auf, immer zuerst den kleinsten Teil zu separieren. Im gegebenen Beispiel nutzen wir jeden Koeffizienten von L nacheinander. Dies funktioniert deshalb, weil in jedem Prozess im Wesentlichen die gleichen Strahlungskorrekturen auszuführen sind und weil diese durch die Gegenterme mit den Konstanten L, B, ... endlich gemacht werden.

Betrachten wir ein weiteres Beispiel:

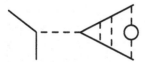

Bevor wir die Divergenz (3) entfernen, müssen wir den Teil der Selbstenergie in der Photonenlinie entfernen. Jedoch liegt diese komplett innerhalb von (3). Dann *separieren* wir die Divergenzen 1 und 2 (dies bereitet keine weiteren Schwierigkeiten). Außerdem können wir damit beginnen, dass wir sie eliminieren:

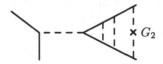

Wir sehen nun, wie sich das Problem darstellt: Wenn zwei divergente Teile D_1 und D_2 vorhanden sind, dann müssen wir wissen, wie wir sie in die richtige Reihenfolge bringen müssen, um die Divergenzen zu entfernen.

Hier nun ein zweiter Fall, mit dem wir sehr einfach beginnen können: Wir nehmen ein Diagramm an, das zwei divergente Teile D_1 und D_2 hat.

Im Fall $D_1 \subset D_2$ sagen wir, dass D_1 vor D_2 kommt, und müssen damit beginnen, die mit D_1 assoziierte Divergenz zu eliminieren.

Den Fall $D_1 \cap D_2 = \emptyset$ behandeln wir analytisch, wobei wir die Tatsache ausnutzen, dass im Matrixelement die Integrationen, die den zwei Teilen D_1 und D_2 entsprechen, keine gemeinsamen Faktoren haben. Dann spielt ihre Reihenfolge keine Rolle.

Der Rest bildet den Ausnahmefall: $D_1 \cap D_2 \neq \emptyset$ und $D_1 \not\subset D_2$.

Ein Beispiel: Das Diagramm hat die Form

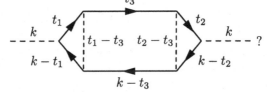

Das Matrixelement hat die Form

$$\int dt_1 \, dt_2 \, dt_3 \, F(t_1) G(t_1, t_3) E(t_3) H(t_2, t_3) J(t_3, t_2) K(t_2)$$

Es gibt zwei logarithmische Divergenzen: eine von der Integration über t_1 und eine von der Integration über t_2 herrührende. Weiterhin gibt es diese Tabelle der Divergenzen:

	$\int dt_1$	$\int dt_2$	$\int dt_3$	$\int dt_1 \, dt_3$	$\int dt_2 \, dt_3$	$\int dt_1 \, dt_2 \, dt_3$
Grad des Zählers	4	4	4	8	8	12
Grad des Nenners	4	4	6	8	8	10
Divergenz	log.	log.	konvergiert	log.	log.	quadratisch

Es gibt zwei Methoden, mit diesem Problem umzugehen:

Nach *Salam*:[8] Dies ist die direkte Methode. Sie besteht darin, die Integrale in beliebiger Reihenfolge aufzuschreiben und für sie einen eindeutigen Subtraktionsprozess zu definieren.

Nach *Ward*:[9] Dies ist die Methode, der wir folgen. Sie besteht darin, die Selbstenergieteile auf ihre Vertexteile zu reduzieren.

Welches sind die möglichen Typen von gemischten Divergenzen?

(a) Zwei Kombinationen von Typen von Selbstenergie-Diagrammen können keinen gemeinsamen Teil haben, es sei denn, einer ist im anderen enthalten. Als Beispiel nehmen wir für D_1:

$$\alpha \quad\text{—}\overset{\frown}{\underset{\smile}{\ }}\text{—}\quad \beta$$

Bei $D_1 \cap D_2 \neq \varnothing$ beinhaltet D_2 eine der zwei Elektronenlinien α und β von D_1. Jedoch beinhaltet es dann das andere und somit D_1.

(b) Ähnlich gilt für die Kombinationen der Typen $(1,3)$ und $(2,3)$:

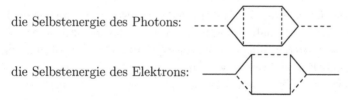

Dann haben wir nur noch zwei Typen von Diagrammen, in denen die zusätzlichen divergenten Teile einen gemeinsamen Teil haben; aber sie beinhalten sich nicht gegenseitig. Dies führt zu den Kombinationen $(3,3)$, die wir bereits kennen:

die Selbstenergie des Photons: ─ ─ ─ ─ ⟨ ▯ ⟩ ─ ─ ─ ─

die Selbstenergie des Elektrons: ─── ⟨ ▯ ⟩ ───

Im Gegensatz dazu kann nicht jeder Vertexteil die gemischten Divergenzen beinhalten, die durch Einsetzen von Selbstenergieteilen in innere Linien entstehen.

[8] A. Salam, „Overlapping Divergences and the S-Matrix", *Phys. Rev.* **82** (1951) 218–227.

[9] J. C. Ward, „On the Renormalization of Quantum Electrodynamics", *Proc. Phys. Soc.* **A64** (1951) 54–56; „Renormalization Theory of the Interactions of Nucleons, Mesons und Photons", *Phys. Rev.* **84** (1951) 897–901.

Erster Fall

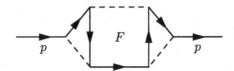

Sei $F(p)$ die Funktion, die diesem Diagramm entspricht. Wir können immer annehmen, dass die inneren Variablen, die zu der offenen Elektronenlinie gehören, von der Form $\not{k} + \not{p}$ sind. Wir haben gesehen, dass gilt:

$$-\frac{\partial F(p)}{\partial p_\mu} = \sum G_\mu(p,p)$$

Dabei müssen wir das Ensemble von Diagrammen betrachten, die durch Hinzufügen einer zusätzlichen Linie entstehen.

Um $-\partial F(p)/\partial p_\mu$ zu finden, ziehen wir die Matrixelemente heran, die G_μ entsprechen, und summieren sie. Jedoch reduziert das Entfernen einer externen Linie in jedem Diagramm die Divergenz. Und weil dies das Diagramm der Selbstenergie in die Summation von Vertexteilen transformiert, können sich die inneren Divergenzen dieser letzten Teile ohne Zweideutigkeit behandeln lassen.

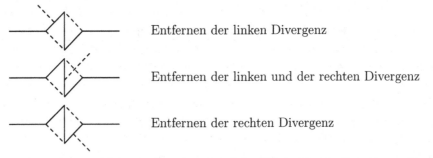

Entfernen der linken Divergenz

Entfernen der linken und der rechten Divergenz

Entfernen der rechten Divergenz

Diese Methode ist erfolgreich, da wir ein Produkt (F) durch eine Summe von Termen G_μ in der Ableitung ersetzt haben. Dies separiert die Divergenzen und erlaubt es uns, diejenigen, die wieder in jedem Term von G_μ auftauchen, zu eliminieren; dort werden sie dann „als Korrekturen verworfen".

Dann erhalten wir F durch Integration

$$F(p) = \int G_\mu \, dp_\mu + K \tag{880}$$

Die begrenzenden Bedingungen sind, dass $F(p)$ in der zweiten Ordnung für ein freies Elektron verschwinden muss. Nun verschwindet G_μ in erster Ordnung; es reicht dann aus, die Beziehung

$$F(p) = \int_{p_o}^{p} G_\mu \, dp_\mu \tag{881}$$

zu verwenden, wobei p_o der Wert von p für ein freies Elektron ist. Hier entspricht $G_\mu(p, p)$ einem physikalischen Prozess, der aber nicht immer der gleiche ist, wie wir es im Fall der Selbstenergie eines Photons sehen werden. Hierbei ist wichtig, dass wir durch die Modifikation einer der Elektronenlinien eines Vertexteils, wobei gemischte Divergenzen erzeugt werden, die Kombination von inneren Divergenzen, die diese gemischte Divergenz erzeugen würden, unterdrückt haben.

Zweiter Fall

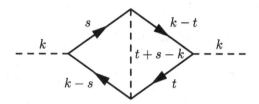

$P(k)$ beinhaltet Faktoren der Form $\dfrac{1}{\not{s} - i\mu}$.

$\dfrac{d}{d\mu}$ ergibt jeweils einen Term der Form $\dfrac{1}{(\not{s} - i\mu)^2}$, der eine Potenz von s zum Nenner hinzufügt.

Wir berechnen nun $\dfrac{d}{d\mu} P(k)$. Wir müssen jede Linie berücksichtigen und die Beiträge addieren:

$$\frac{d}{d\mu} P(k) = \sum W(k, \mu) \tag{882}$$

Das Integral über s, also $\int ds$, ist konvergent; das Integral über t, also $\int dt$, ist ein Vertexteil, von dem wir wissen, wie wir mit ihm umzugehen haben. Die Diagramme

sind ähnlich, aber mit s und t in vertauschten Rollen. Hier sind die Divergenzen ausschließlich logarithmisch. Es ist ausreichend, nur einmal zu differenzieren. Die Terme $W(k, \mu)$ sind keine wirklichen Vertexteile. Da es uns die Differenziation erlaubt, die Elektronenlinien nacheinander zu öffnen, verhalten sie sich bei der Analyse innerer Divergenzen wie Vertexteile.

Wir können dann die $W(k, \mu)$-Terme berechnen und eliminieren die dort auftauchenden Unendlichkeiten. Danach beginnen wir erneut, Funktionen $P(k)$ zu suchen:

$$P^{\text{endlich}}(k) = \int W^{\text{endlich}}(k, \mu) \, d\mu + f(k) \tag{883}$$

(Hier ist $f(k)$ eine beliebige Funktion.)

Im Grenzfall großer Massen muss $P^{\text{endlich}}(k)$ gegen null gehen, denn es gilt: $P^{\text{endlich}}(k) = f(p/\mu)$. Somit ist es immer angebracht,

$$P^{\text{endlich}}(k) = -\int_\mu^\infty W^{\text{endlich}}(k,\mu)\, d\mu \qquad (884)$$

zu setzen.

Zum Schluss fassen wir unsere Ergebnisse zusammen:

Z_2 renormiert die Bewegung eines Elektrons und führt zu Strahlungskorrekturen:

ergibt einen endlichen Teil der Form

$$(\not p - i\mu)F(p)$$

Dabei gilt als eine *Bedingung der Definition* von $F(p)$:

$$F(p) = 0 \qquad \text{falls} \qquad \not p = i\mu \qquad (A)$$

Ähnliches gilt für Z_3; das Diagramm

ergibt einen Beitrag

$$(k^2\delta_{\mu\nu} - k_\mu k_\nu)G(k^2)$$

mit der *definierenden Eigenschaft*

$$G(k^2) = 0 \qquad \text{falls} \qquad k^2 = 0 \qquad (B)$$

Ähnlich ist es bei Z_1. Das Diagramm

ergibt den Beitrag

$$H_\mu(p,p')$$

mit der *definierenden Bedingung*

$$H_\mu(p,p') = 0 \qquad \text{falls} \qquad \not p = i\mu \qquad (C)$$

Die Bedingungen (A), (B) und (C) bestimmen eindeutig die Renormierungskonstanten Z_1, Z_2 und Z_3.

Sei $\psi_\alpha(x)\ldots$ der Operator des renormierten Feldes in der Wechselwirkungsdarstellung, in der die Bewegungsgleichungen der Feldoperatoren die von freien Feldern sind.

Sei $\psi_\alpha^H(x)\ldots$ der Operator des renormierten Feldes in der Heisenberg-Darstellung. Die Bewegungsgleichungen sind die von wechselwirkenden Feldern.

Betrachten wir nun die Zustände eines Elektrons. Die Notation sei folgende:

$|p\,u\rangle$ Elektron, nicht mit dem Maxwell-Feld wechselwirkend

$|p\,u\rangle_t$ wechselwirkendes Elektron;

       Wellenfunktion in der Wechselwirkungsdarstellung

$|0\rangle$ Vakuum der Felder ohne Wechselwirkung

$|0\rangle_t$ Vakuum der wechselwirkenden Felder

       in der Wechselwirkungsdarstellung

Damit ist $M = \langle 0|\psi_\alpha^H(x)|p\,u\rangle$ die Wahrscheinlichkeitsamplitude für die Vernichtung eines Elektrons im Zustand $|p\,u\rangle$ und bemisst in einem gewissen Ausmaß die Intensität der Erzeugung von Teilchen eines Elektron-Positron-Feldes. Es gilt auch

$$M = {}_t\langle 0|\psi_\alpha(x)|p\,u\rangle_t \qquad \text{mit} \quad t = cx_o$$

Wir berechnen M mithilfe einer Expansion aus der Störungstheorie:

$$M = \sum_{n=0}^{\infty} \frac{1}{n!}\left(\frac{e}{-\hbar c}\right)^n \int \cdots \int dx_1\ldots dx_n \, \langle 0|\, T\left(\overline{\psi}A\psi(x_1)\cdots\overline{\psi}A\psi(x_n)\right) \psi_\alpha(x)\,|p\,u\rangle$$

$$(885)$$

Die entsprechenden Feynman-Diagramme sehen wie folgt aus:

Nun ist der gesamte Beitrag dieser Matrixelemente die Summe von allen Diagrammen der Selbstenergie des Elektrons. Jedes Diagramm ergibt einen Beitrag der Form

$$\left\{\frac{1}{\not{p} - i\mu}F(p)(\not{p} - i\mu)\right\}$$

sodass gilt:

$$M = \sum_G \left(\frac{1}{\not{p} - i\mu}F(p)(\not{p} - i\mu)\right) e^{ipx} + M_o \qquad (886)$$

Für $\not{p} = i\mu$ ist der Grenzwert des Ausdrucks unter dem Summenzeichen gleich null, da $F(i\mu) = 0$ ist. Übrig bleibt M_o, entsprechend dem Graphen

Es folgt

$$M = \langle 0|\psi_\alpha(x)|p\,u\rangle = -\frac{1}{(2\pi)^3}\sqrt{\frac{\mu}{p_o}}\,u e^{ipx} \tag{887}$$

sowie

$$\langle 0|\psi_\alpha^H(x)|p\,u\rangle = {}_t\langle 0|\psi_\alpha(x)|p\,u\rangle_{t=cx_o} = \langle 0|\psi_\alpha(x)|p\,u\rangle \tag{888}$$

Vor der Renormierung gilt diese Eigenschaft nicht. Beispielsweise ist

$$\langle 0|\hat\psi_\alpha(x)|p\,u\rangle = Z_2^{1/2}\,\langle 0|\psi_\alpha(x)|p\,u\rangle \tag{889}$$

Wir können sagen, dass Z_2 und Z_3 so definiert sind, dass *für die Elektronen- und Positronenfelder* (als eine Bedingung für Z_2 oder B) Folgendes gilt:

$$\langle 0|\psi_\alpha^H(x)|p\,u\rangle = \langle 0|\psi_\alpha(x)|p\,u\rangle \tag{890}$$

Und *für das transversale elektromagnetische Feld* (als eine Bedingung für Z_3 oder C) gilt[10]

$$\langle 0|A_\mu^H(x)|k\,e\rangle = \langle 0|A_\mu(x)|k\,e\rangle = \sqrt{\frac{\hbar c}{16\pi^2|\boldsymbol{k}|}}\,e_\mu e^{ikx} \tag{891}$$

Der letzte Ausdruck kann auch auf ein externes Potenzial angewendet werden. Schauen wir uns den folgenden Ausdruck genauer an:

$$\langle 0|A_\mu^H(x) + A_\mu^e(x)|k\,e\rangle$$

Darin entspricht der erste Term der durch das Feld induzierten Vakuumpolarisation. Erneut gilt in erster Ordnung in A_μ^e beispielsweise:

$$M_\mu' = \sum_{j=0}^\infty (\cdots) P\left[\overline{\psi}A\psi(x_1)\dots\overline{\psi}A\psi(x_j)\overline{\psi}A^e\psi(x), A_\mu(x)\right] \tag{892}$$

Hier taucht der folgende Diagrammtyp auf:

Summation über diese Diagramme führt zu

$$M = \left(q^2\delta_{\mu\nu} - q_\mu q_\nu\right) F(q^2)\frac{1}{q^2}\,e_\mu(q) \tag{893}$$

Jedoch eliminiert die Eichinvarianz die Terme in $q_\mu q_\nu$, und mit Ortsvariablen anstatt Impulsvariablen folgt dann

$$\langle 0|A_\mu^H(x) + A_\mu^e(x)|k\,e\rangle = A_\mu^e(x) + F(-\Box)A_\mu^e(x) \tag{894}$$

---

[10]Dabei sind die Heisenberg-Operatoren so renormiert, dass ihre Werte mit denen freier Felder übereinstimmen.

wobei $F(-q^2)$ gleich null ist für $q = 0$. Also fehlt F ein konstanter Term.

Wenn das externe Feld nahezu konstant ist, tendiert der Term in $F(-\Box)$ gegen null.

Bei einem konstanten Feld erzeugt die Vakuumpolarisation keine Ladungen, sondern modifiziert nur ihre Verteilung so, dass sie den physikalischen Gesetzen entspricht. Die gesamte Ladung ist die Ladung der Teilchen, welche das externe Feld erzeugen.

Für die Konstanten Z und L müssen wir diesen Diagrammtyp betrachten:

Wir fordern, dass die gesamte Ladung bei einem Zustand, der einem Elektron entspricht, dem observierten (renormierten) Wert entspricht. Daher gilt

$$\langle p\,u|j_\mu^H|p\,u\rangle = {}_t\langle p\,u|j_\mu|p\,u\rangle_t = -e \tag{895}$$

(abgesehen von konstanten Faktoren. Der Ausdruck hierfür lautet $Q = \int j_4^H\,dV$). Diese Beziehung stellt sicher, dass die Ladungen eines wechselwirkenden Elektrons und eines freien Elektrons gleich sind.

Berechnung der renormierten Diagramme der Ordnung $A^e(A)^4$

Wir verwenden Gleichung (805):

$$\mathcal{L}_1 = -\underbrace{ie\overline{\psi}A\psi}_{(1)} - \underbrace{ie\overline{\psi}A^e\psi}_{(2)} + \underbrace{ieL\overline{\psi}A\psi}_{(3)} + \underbrace{ieL\overline{\psi}A^e\psi}_{(4)} - \underbrace{\tfrac{1}{4}CF_{\mu\nu}F_{\mu\nu}}_{(5)}$$

$$-\underbrace{\tfrac{1}{2}CF_{\mu\nu}F_{\mu\nu}^e}_{(6)} - \underbrace{\tfrac{1}{4}CF_{\mu\nu}^e F_{\mu\nu}^e}_{(7)} - \underbrace{\hbar c\mu Y\overline{\psi}\psi}_{(8)} - \underbrace{\hbar cB\overline{\psi}\left(\gamma_\mu\frac{\partial}{\partial x_\mu} - \mu\right)\psi}_{(9)}$$

Die Diagramme und die Terme sind auf den folgenden Seiten abgedruckt.

Vertices	Diagramme	Terme
$(1, 2)$		$M_o L_4 + M_4$
$(1, 2)$		$M_o L_4' + M_2 L_2 + M_4' + (L_2)^2 M_o$
$(1, 2)$		$2\left[M_o L_4^2 + (\delta m\, M_2) + B_2 M_2 \right.$ $\left. + M_4^2 + L_2\,(\delta m\, M_o) + L_2 B_2 M_o \right]$
$(1, 2)$		$2\left[M_o L_4^3 + M_2 L_2 + M_4^3 + (L_2)^2 M_o \right]$
$(1, 2)$		$M_o L_4^4 + C_2 M_2' + C_2 L_2 M_o + M_4^4$
$(1, 2)$		$M_2' L_2 + C_2 M_2' + C_2 L_2 M_o + M_4^5$
$(1, 2)$		$(\delta m + B_2)\,(M_o L_2 + M_2)$
$(1, 2)$		$(\delta m + B_2)^2\, M_o$
$(1, 2)$		$(\delta m + B_2)^2\, M_o$

Vertices	Diagramme	Terme
$(1, 2)$		$(\delta m + B_2)\,(C_2 M_o + M_2')$
$(1, 2)$		$M_4^6 + 2C_2 M_2' + (C_2)^2\, M_o$
$(1, 2)$		$M_4^7 + (\delta m + B_2)\,(C_2 M_o + M_2') + C_4 M_o$
$(1, 2)$		$M_4^8 + 2L_2\,(C_2 M_o + M_2') + C_4' M_o$
$(1, 2)$		$C_2\,(\delta m + B_2)\,M_o + (\delta m_4' + B_4')\,M_o$
$(1, 2)$		$(\delta m_4 + B_4)\,M_o - 2L_2\,(\delta m + B_2)\,M_o$
$(1, 2, 3)$		$-2L_2\,(M_2 + L_2 M_o)$
$(1, 4)$		$-L_2\,(M_2 + L_2 M_o)$
$(1, 2, 3)$		$-L_2\,(M_2' + C_2 M_o)$
$(1, 2, 3)$		$-L_2\,(M_2' + C_2 M_o)$
$(1, 4)$		$-L_2\,(M_2' + C_2 M_o)$

Vertices	Diagramme	Terme
$(1, 2, 5)$		$-C_2 \left(M_2' + L_2 M_o\right)$
$(1, 2, 5)$		$-C_2 \left(M_2' + C_2 M_o\right)$
$(1, 6)$		$-C_2 \left(M_2' + L_2 M_o\right)$
$(1, 6)$		$-C_2 \left(M_2' + C_2 M_o\right)$
$(1, 5, 6)$		$(C_2)^2 M_o$
$(1, 2, 8, 9)$		$-2 \left(\delta m + B_2\right) \left(M_2 + L_2 M_o\right)$
$(1, 2, 8, 9)$		$- \left(\delta m + B_2\right) \left(M_2 + L_2 M_o\right)$
$(1, 2, 8, 9)$		$- \left(\delta m + B_2\right) \left(M_2' + C_2 M_o\right)$
$(1, 2, 8, 9)$		$- \left(\delta m + B_2\right) \left(M_2' + C_2 M_o\right)$
$(1, 2, 8, 9)$		$- \left(\delta m + B_2\right)^2 M_o$
$(1, 2, 8, 9)$		$- \left(\delta m + B_2\right)^2 M_o$

Vertices	Diagramme	Terme
$(2, 8, 9)$		$2 \left(\delta m + B_2\right)^2 M_o$
$(1, 2, 8, 9)$		$-\left(\delta m + B_2\right)^2 M_o$
$(1, 2, 8, 9)$		$-\left(\delta m + B_2\right)^2 M_o$
$(1, 2, 5)$		$-C_2 \left(\delta m + B_2\right) M_o$
$(1, 6)$		$-C_2 \left(\delta m + B_2\right) M_o$
$(1, 6, 8, 9)$		$C_2 \left(\delta m + B_2\right) M_o$
$(1, 2, 3)(1, 2, 3)$		$2L_2 \left(\delta m + B_2\right) M_o$
$(1, 1, 4)$		$L_2 \left(\delta m + B_2\right) M_o$
$(4, 8, 9)$		$-L_2 \left(\delta m + B_2\right) M_o$
$(3, 6)$		$C_2 L_2 M_o$

Vertices	Diagramme	Terme
(4)		$-\left(L_4 + L_4' + 2L_4^2 + 2L_4^3 + L_4^4\right) M_o$
(2, 8, 9)		$-\left(\delta m_4 + B_4 + \delta m_4' + B_4'\right) M_o$
(1, 6)		$-\left(C_4 + C_4'\right) M_o$

Total: $\left\{M_4 + M_4' + 2M_4^2 + 2M_4^3 + M_4^4 + M_4^5 + M_4^6 + M_4^7 + M_4^8\right\}$ (896)

Literaturverzeichnis

[1] Wolfgang Pauli, *General Principles of Quantum Mechanics*, Übers. P. Achuthan und K. Venkatesan, Springer-Verlag, Berlin, 1980. Dies ist eine englische Übersetzung der „Principien der Quantentheorie I" in *Handbuch der Physik*, Bd. 5, 1958, die ihrerseits eine überarbeitete Ausgabe des von Edwards 1947 nachgedruckten Originals aus dem Jahre 1933 sind. Das im Original von 1933 enthaltene Kapitel über die Quantenelektrodynamik ist das Kapitel X im Nachdruck der englischen überarbeiteten Ausgabe.

[2] W. Heitler, *The Quantum Theory of Radiation*, 3. Aufl., Oxford U. P., Oxford, 1954. Neuausgabe 1984 bei Dover Publications.

[3] G. Wentzel, *Introduction to the Quantum Theory of Wave Fields*, Interscience, NY, 1949. Neuausgabe 2003 bei Dover Publications unter dem Titel *Quantum Theory of Fields*.

[4] J. Schwinger, Hrsg., *Selected Papers on Quantum Electrodynamics*, Dover Publications, New York, 1958. In dieser Anthologie finden sich viele der wichtigsten Arbeiten von Feynman, Schwinger und Dyson sowie von anderen Autoren.

[5] Arthur I. Miller, *Early Quantum Electrodynamics: a source book*, Cambridge U. P., Cambridge UK, 1994. Millers Buch umfasst einen wertvollen historischen Essay und englische Übersetzungen von drei Artikeln, die von Dyson zitiert werden: Heisenberg über die Dirac'sche Theorie des Positrons (*Zeitschr. f. Phys.* **90** (1934) 209), Kramers' Vorschlag der Massenrenormierung (*Nuovo Cim.* NS **15** (1938) 108) und die Diskussion von Pauli und Weißkopf über die relativistische (skalare) Viel-Teilchen-Theorie (*Helv. Phys. Acta* **7** (1934) 709).

[6] Silvan S. Schweber, *An Introduction to Relativistic Quantum Field Theory*, Row, Peterson u. Co., Evanston, IL, 1961. Dieses maßgebliche Lehrbuch wurde 2005 von Dover Publications als Paperback neu herausgegeben. Es enthält sehr umfassende Verweise auf Arbeiten zur QED in den Jahren 1926–1960.

[7] Silvan S. Schweber, *QED and the Men Who Made It: Dyson, Feynman, Schwinger and Tomonaga*, Princeton U. P., Princeton NJ, 1994. Eine sehr gut lesbare technische Geschichte der QED.

F. Dyson, *Dyson Quantenfeldtheorie*,
DOI 10.1007/978-3-642-37678-8, © Springer-Verlag Berlin Heidelberg 2014

[8] David Kaiser, *Drawing Theories Apart: the dispersion of Feynman diagrams in postwar physics*, Univ. of Chicago Press, Chicago, 2005. Die Soziologie der Übertragung von Feynmans grafischen Verfahren.

[9] P. A. M. Dirac, „The quantum theory of the electron", *Proc. Roy. Soc. A* **117** (1928) 610.

[10] H. Yukawa, „On the interaction of elementary particles", *Prog. Theo. Phys.* **17** (1935) 48. In Henry A. Boorse und Lloyd Motz, *The World of the Atom*, Bd. II, Basic Books, Inc., New York, 1966, S. 1419–1422.

[11] W. Pauli, „The Connection Between Spin and Statistics", *Phys. Rev.* **58** (1940) 716. In Schwinger, *Selected Papers in Quantum Electrodynamics*, S. 372–378.

[12] W. Pauli und V. Weißkopf, „The quantization of the scalar relativistic wave equation", *Helv. Phys. Acta* **7** (1934) 709. In Miller, *Early Quantum Electrodynamics*, S. 188–205.

[13] R. E. Peierls, „The commutation laws of relativistic field theory", *Proc. Roy. Soc. A* **214** (1952) 143. Man beachte das Erscheinungsjahr 1952.

[14] Theodore A. Welton, „Some Observable Effects of the Quantum-Mechanical Fluctuations of the Electromagnetic Field", *Phys. Rev.* **74** (1948) 1157. Eine moderne und sehr aufschlussreiche Betrachtung von Weltons Werk ist zu finden in Barry R. Holstein, *Topics in Advanced Quantum Mechanics*, Addison-Wesley Publishing Co., Redwood City, CA, 1992, S. 181–184. Ted Welton war ein Freund und Kommilitone von Feynman am MIT. Siehe Schweber, *QED and the Men Who Made It*, S. 375–387.

[15] R. R. Wilson, „Scattering of 1.3^3 MeV Gamma Rays by an Electric Field", *Phys. Rev.* **90** (1953) 720. Wilson war zu jener Zeit an der Cornell University; er bemerkt dazu: „Die hier beschriebenen Messungen wurden alle im Jahr 1951 ausgeführt. Die Publikation wurde bis jetzt zurückgehalten, in der Hoffnung, dass die Rayleigh-Streuung genauer berechnet werden kann."

[16] H. A. Kramers, „The interaction between charged particles and the radiation field", *Nuovo Cim. NS* **15** (1938) 108. Englische Übersetzung in Miller, *Early Quantum Electrodynamics*, S. 254–258.

[17] E. A. Uehling, „Polarization Effects in the Positron Theory", *Phys. Rev.* **48** (1935) 55.

[18] E. C. G. Stueckelberg, „Une propriété de l'opérateur S en mécanique asymptotique", *Helv. Phys. Acta* **19** (1946) 242. Siehe auch D. Rivier u. E. C. G. Stueckelberg (*sic*), „A convergent expression for the magnetic moment of the muon", *Phys. Rev.* **74** (1948) 218.

[19] F. J. Dyson, „Heisenberg operators in quantum electrodynamics", *Phys. Rev.* **82** (1951) 428. Dyson führt auf S. 429–430 den Begriff „Normalprodukt" ein.

[20] Hans A. Bethe u. Edwin E. Salpeter, *Quantum Mechanics of One- and Two-Electron Atoms*, Springer-Verlag, Berlin, 1957. Neuausgabe bei Plenum Publishing Co., New York, 1977, (Paperback). Dies ist eine überarbeitete und aktualisierte Version des von Dyson zitierten Artikels: H. A. Bethe, „Quantenmechanik der Ein- und Zwei-Elektronenprobleme", *Handbuch der Physik*, Bd. 24/1, Springer, Berlin, 1933. Die für Gl. (710) relevante Formel findet sich in der neuen Arbeit mit genau derselben Bezeichnung (3.26) auf S. 17. Man beachte, dass Bethe und Salpeter Hartrees „atomare Einheiten" verwenden, sodass Abstände in Vielfachen von a_o angegeben sind.

[21] M. Baranger, H. A. Bethe u. R. P. Feynman, „Relativistic Corrections to the Lamb Shift", *Phys. Rev.* **92** (1953) 482.

[22] E. E. Salpeter, „Mass Corrections to the Fine Structure of Hydrogen-Like Atoms", *Phys. Rev.* **87** (1952) 328.

[23] M. Baranger, F. J. Dyson u. E. E. Salpeter, „Fourth-Order Vacuum Polarization", *Phys. Rev.* **88** (1952) 680.

[24] E. E. Salpeter, „The Lamb Shift for Hydrogen and Deuterium", *Phys. Rev.* **89** (1953) 93.

[25] J. M. Jauch und F. Rohrlich, *The Theory of Photons and Electrons*, Addison-Wesley Publishing Co., Cambridge, MA, 1955.

[26] E. T. Jaynes, „Disturbing the Memory", 1984, http://bayes.wustl.edu/etj/node2.html; link #18

[27] F. J. Dyson, „The Radiation Theories of Tomonaga, Schwinger and Feynman", *Phys. Rev.* **75** (1949) 486.

[28] F. J. Dyson, „The S-Matrix in Quantum Electrodynamics", *Phys. Rev.* **75** (1949) 1736.

[29] F. J. Dyson, „Advanced Quantum Mechanics", 1951, http://hrst.mit.edu/hrs/renormalization/dyson51-intro/index.html

Sachverzeichnis

Printed in the United States
By Bookmasters